·2025全国一级建造师执业资格考试经典题荟萃·

市政公用工程管理与实务百题讲坛

主 编 胡宗强

中国建设科技出版社有限责任公司
China Construction Science and Technology Press Co., Ltd.
北 京

图书在版编目（CIP）数据

市政公用工程管理与实务百题讲坛/胡宗强主编.
北京：中国建设科技出版社有限责任公司，2025.3.
（2025全国一级建造师执业资格考试经典题荟萃）.
ISBN 978-7-5160-4338-7

Ⅰ.TU99-44

中国国家版本馆CIP数据核字第20244KC430号

市政公用工程管理与实务百题讲坛
SHIZHENG GONGYONG GONGCHENG GUANLI YU SHIWU BAITI JIANGTAN
主　编　胡宗强

出版发行：	中国建设科技出版社有限责任公司
地　　址：	北京市西城区白纸坊东街2号院6号楼
邮　　编：	100054
经　　销：	全国各地新华书店
印　　刷：	北京印刷集团有限责任公司
开　　本：	787mm×1092mm　1/16
印　　张：	21.5
字　　数：	480千字
版　　次：	2025年3月第1版
印　　次：	2025年3月第1次
定　　价：	**99.80元**

本社网址：www.jskjcbs.com，微信公众号：zgjskjcbs
请选用正版图书，采购、销售盗版图书属违法行为
版权专有，盗版必究。本社法律顾问：北京天驰君泰律师事务所，张杰律师
举报信箱：zhangjie@tiantailaw.com　　举报电话：（010）63567684
本书如有印装质量问题，由我社事业发展中心负责调换，联系电话：（010）63567692

序 言

"2025全国一级建造师执业资格考试经典题荟萃"系列丛书共6册，分别为：

《市政公用工程管理与实务百题讲坛》　　　　胡宗强　主编
《建筑工程管理与实务百题讲坛》　　　　　　龙炎飞　主编
《机电工程管理与实务百题讲坛》　　　　　　杨海军　主编
《建设工程经济百题讲坛》　　　　　　　　　黄金芳　主编
《建设工程项目管理百题讲坛》　　　　　　　李　娜　主编
《建设工程法规及相关知识百题讲坛》　　　　唐　忍　主编

本系列丛书以"百题讲坛"的形式，筛选出历年有价值的经典题，并根据最新考纲编写了有针对性的模拟题，对其精准剖析，帮助考生掌握考点、全面了解命题思路及考试趋势，同时提高学习效率。

公共基础科目

"建设工程经济""建设工程项目管理"和"建设工程法规及相关知识"三门公共基础科目，全部为客观题，以如下编写原则，形成公共基础科目的"百题讲坛"：

① 紧跟命题趋势，直击得分核心；
② 甄选热点经典，全新精解精讲；
③ 考点分门别类，知识系统全面；
④ 更新标准规范，依据最新考纲。

市政公用工程管理与实务科目

本书进行了全面修订和更新，修订内容主要涉及题目的增补删改、解析内容的优化和知识点的调整。本书分为两部分：第一部分为52道经典一建案例题（2013—2024年）；第二部分为53道经典案例模拟题。本书通过对这105道案例题的深入解析，希望能够帮助考生厘清分析思路，揣摩命题考点，并掌握答题方法和技巧，从而事半功倍、攻克难关。

建筑工程管理与实务科目

本书通过对历年经典题和最新考纲的深入研究和把控，做了较大规模修改。本书分为两部分：第一部分为知识点索引，对应关联 94 道经典案例题，全面系统梳理关键考点；第二部分为 94 道经典案例题，结合最新标准规范和命题趋势，精准剖析，举一反三，对知识点纵横引申。

机电工程管理与实务科目

本书为 2025 "百题讲坛"新增科目，分为两部分：第一部分为 70 道一建经典案例题；第二部分为 30 道二建经典案例题。本书在精准剖析这 100 道案例题的基础上，每道案例题均增设了"分析思路及作答要求"，进一步根据现行标准规范对知识点进行拓展补充，以便考生学得系统全面，从而灵活应试。

本系列丛书的作者均为在教学一线工作多年的权威、资深专家，对考试和考生学习情况都十分了解，解析内容经反复推敲，力争精练准确。在"2025 全国一级建造师执业资格考试经典题荟萃"系列丛书编写过程中，虽经反复推敲核正，仍难免有疏漏和不妥之处，恳请广大读者提出宝贵的意见和建议。

编 委 会
2025 年 1 月

目 录

第一部分
52道经典一建案例题（2013—2024年）

案例1　2024年一建案例题一 ·················· 1
案例2　2024年一建案例题二 ·················· 5
案例3　2024年一建案例题三 ·················· 9
案例4　2024年一建案例题四 ·················· 13
案例5　2024年一建案例题五 ·················· 17
案例6　2023年一建案例题一 ·················· 21
案例7　2023年一建案例题二 ·················· 23
案例8　2023年一建案例题三 ·················· 26
案例9　2023年一建案例题四 ·················· 28
案例10　2023年一建案例题五 ················· 32
案例11　2022年一建补考案例题一 ············· 36
案例12　2022年一建补考案例题二 ············· 39
案例13　2022年一建补考案例题三 ············· 41
案例14　2022年一建补考案例题四 ············· 44
案例15　2022年一建补考案例题五 ············· 48
案例16　2022年一建案例题一 ················· 51
案例17　2022年一建案例题二 ················· 54
案例18　2022年一建案例题三 ················· 57
案例19　2022年一建案例题四 ················· 60
案例20　2022年一建案例题五 ················· 63

案例 21	2021 年一建案例题一	66
案例 22	2021 年一建案例题二	69
案例 23	2021 年一建案例题三	71
案例 24	2021 年一建案例题四	74
案例 25	2021 年一建案例题五	77
案例 26	2020 年一建案例题一	82
案例 27	2020 年一建案例题二	85
案例 28	2020 年一建案例题三	88
案例 29	2020 年一建案例题四	91
案例 30	2020 年一建案例题五	95
案例 31	2019 年一建案例题一	99
案例 32	2019 年一建案例题二	101
案例 33	2019 年一建案例题三	104
案例 34	2019 年一建案例题四	107
案例 35	2019 年一建案例题五	111
案例 36	2018 年一建案例题一	114
案例 37	2018 年一建案例题三	118
案例 38	2018 年一建案例题四	122
案例 39	2018 年一建案例题五	125
案例 40	2017 年一建案例题二	129
案例 41	2017 年一建案例题三	133
案例 42	2017 年一建案例题四	136
案例 43	2017 年一建案例题五	138
案例 44	2016 年一建案例题四	142
案例 45	2016 年一建案例题五	145
案例 46	2015 年一建案例题四	149
案例 47	2015 年一建案例题五	153
案例 48	2014 年一建案例题三	156
案例 49	2014 年一建案例题四	159
案例 50	2014 年一建案例题五	163
案例 51	2013 年一建案例题四	167
案例 52	2013 年一建案例题五	170

第二部分
53 道经典案例模拟题

案例 53	模拟题一	173
案例 54	模拟题二	177
案例 55	模拟题三	181
案例 56	模拟题四	185
案例 57	模拟题五	188
案例 58	模拟题六	191
案例 59	模拟题七	194
案例 60	模拟题八	196
案例 61	模拟题九	200
案例 62	模拟题十	203
案例 63	模拟题十一	207
案例 64	模拟题十二	210
案例 65	模拟题十三	213
案例 66	模拟题十四	217
案例 67	模拟题十五	220
案例 68	模拟题十六	222
案例 69	模拟题十七	226
案例 70	模拟题十八	228
案例 71	模拟题十九	232
案例 72	模拟题二十	235
案例 73	模拟题二十一	237
案例 74	模拟题二十二	240
案例 75	模拟题二十三	242
案例 76	模拟题二十四	245
案例 77	模拟题二十五	247
案例 78	模拟题二十六	250
案例 79	模拟题二十七	253

案例 80	模拟题二十八	256
案例 81	模拟题二十九	259
案例 82	模拟题三十	262
案例 83	模拟题三十一	265
案例 84	模拟题三十二	267
案例 85	模拟题三十三	270
案例 86	模拟题三十四	272
案例 87	模拟题三十五	275
案例 88	模拟题三十六	279
案例 89	模拟题三十七	282
案例 90	模拟题三十八	285
案例 91	模拟题三十九	288
案例 92	模拟题四十	291
案例 93	模拟题四十一	294
案例 94	模拟题四十二	297
案例 95	模拟题四十三	300
案例 96	模拟题四十四	303
案例 97	模拟题四十五	306
案例 98	模拟题四十六	309
案例 99	模拟题四十七	312
案例 100	模拟题四十八	317
案例 101	模拟题四十九	321
案例 102	模拟题五十	325
案例 103	模拟题五十一	327
案例 104	模拟题五十二	330
案例 105	模拟题五十三	333

第一部分

52道经典一建案例题
（2013—2024年）

案例1　2024年一建案例题一

背景资料

某城镇主干道向郊外延伸新建。道路红线内地勘报告揭示地层分布第①层0~0.8m为杂填土，第②层0.8~2m为砂质黏土。路基施工范围内地下水丰富，开挖路段地下水接近路床底标高。该项目设计定位为绿色建造示范工程，拟采用海绵城市专项设计，并在项目中引进绿色建造新技术，如装配式检查井、生态植草沟、沥青智能摊铺及智能压实等。本项目新建道路横断面如图1所示，生态植草沟及人行道透水铺装详细做法如图2所示。

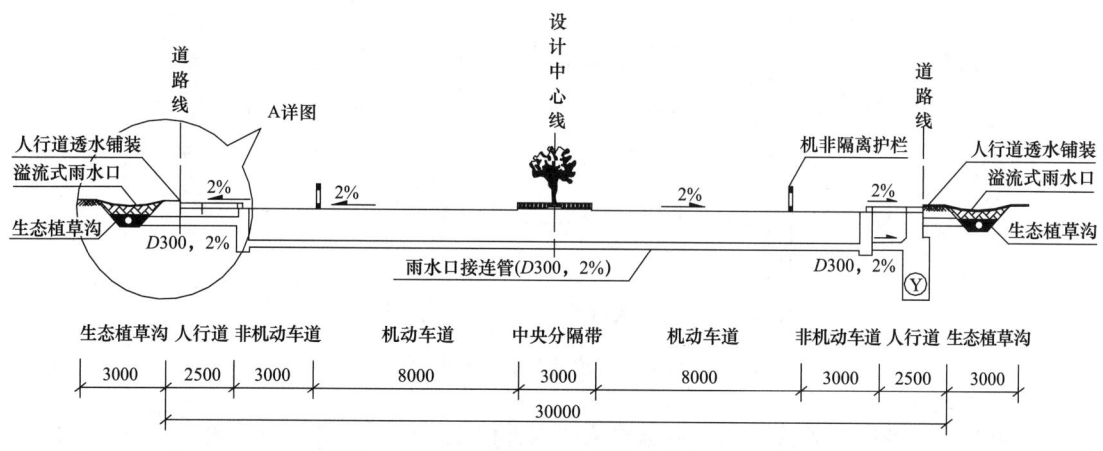

图1　新建道路横断面示意图（单位：mm）

路基施工时恰逢雨期，项目部为赶工期扩大施工断面将三个桩号路段连续开挖，开挖至路床顶面标高时遇到雷雨停止施工。虽及时设置排水边沟，在大雨过后，经过晾晒的路床在碾压时，表面仍出现大面积"弹簧土"。经工序验收，监理对路基压实度不满足设计要求提出了整改意见。

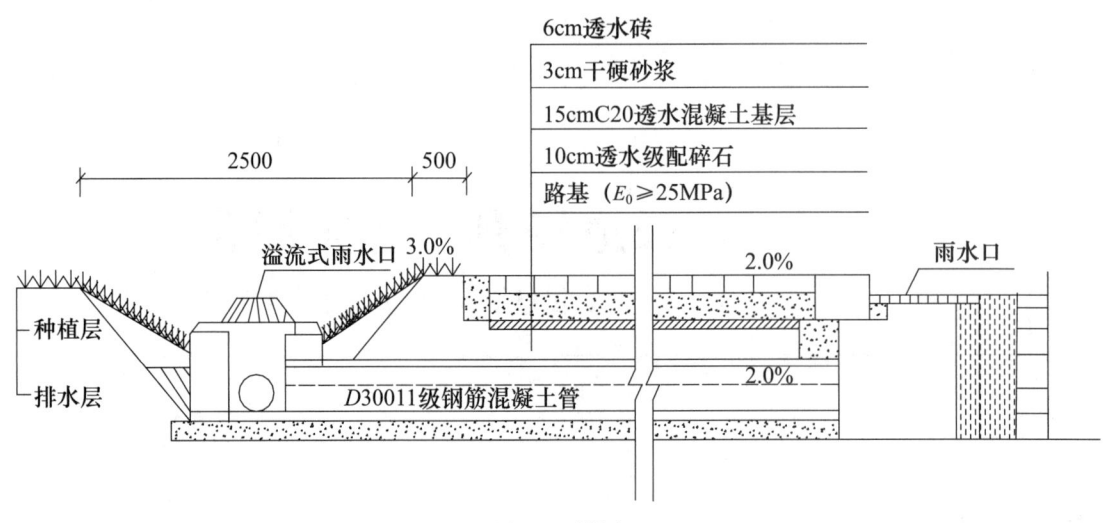

图 2　A 详图

由于沥青智能摊铺及智能压实施工为四新技术，项目部在施工前选取试验段展开试验，确定了各项施工参数。

人行道砖采用环保材料再生透水砖，材料进场检验发现其透水系数为 $4.0×10^{-3}$ cm/s，不满足设计要求，供应商给予换货。人行道铺装完成后，项目部自检发现人行道道口盲道砖铺设不满足无障碍设计要求，现场铺装如图 3 所示。

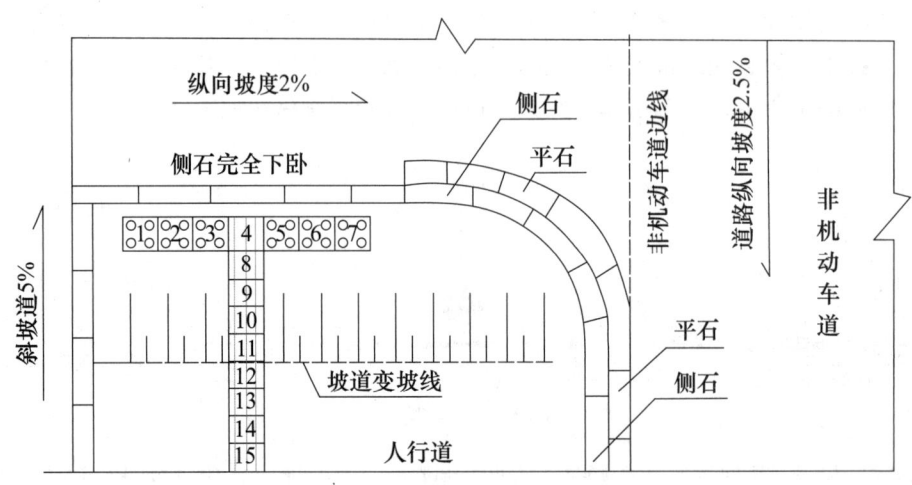

图 3　人行道口盲道砖铺装局部平面示意图

为更好地实现雨水集蓄回用，生态植草沟内种植土进行了改良，以满足水生植物生长要求及提高雨水下渗速度，施工完成后，经雨季测试海绵设施运行状况良好。

▶ 问题

1. 为解决地下水对路基的影响，挖方路段可采用何种降水排水方案？

2. 根据施工背景，如何杜绝再次出现"弹簧土"？雨期开挖采取哪些措施可有效保证路床压实度合格？

3. 具备条件的道路可集成哪些先进技术以实现沥青智能摊铺及压实？

4. 人行道透水砖透水系数应达到多少才能满足透水要求？图3所示盲道砖铺设有哪几处错误（用盲道砖编号作答）？说明错误的原因。

5. 为更好地实现雨水集蓄回用，生态植草沟底部还应铺设哪些材料？

参考答案

1. 为解决地下水对路基的影响，挖方路段可采用何种降水排水方案？

【参考答案】

应设置暗沟、渗沟等降排水方案。

【解析】

本小题考核内容为记忆性知识点，但命题人筛选的考点较为偏僻。所以，尽管这些知识点出自教材，仍有许多考生未能拿到分数。该题作为2024年考试的第一问，也充分体现了本年度考题的最大特点：教材内的考核点更加偏向"犄角旮旯"的内容，另一部分则集中在实操性较强的题目。因此，在后期备考过程中，考生一定不能只关注所谓的高频考点，对于教材中"边缘"内容，也需要投入适度的精力，避免因忽视冷门知识点而失分。

2. 根据施工背景，如何杜绝再次出现"弹簧土"？雨期开挖采取哪些措施可有效保证路床压实度合格？

【参考答案】

（1）杜绝"弹簧土"：

① 晾晒后需对土体含水率检测，含水率超标时可掺加石灰或换填。

② 控制压实机具和压实遍数。

（2）保证路床压实度：

① 分段快速施工。

② 留好横坡，做好截水沟，路床顶预留300~500mm土层。

③ 坚持当天挖完、压完。

④ 因雨翻浆地段，换料重做。

【解析】

本题涉及两个小问题，第一个是如何杜绝"弹簧土"现象，第二个是雨期开挖时如何采取有效措施确保路床压实度合格。虽然这两个问题看似相关，但从题干和问题的角度来看，它们的解决办法有所不同。

关于"弹簧土"问题，根本原因是土体的含水率过高，碾压时仅进行了晾晒处理，但未能彻底解决土体水分问题。所以，除晾晒外，还可以通过掺加石灰、换填土壤等方法来调整土壤的含水率。此外，在碾压过程中，选择合适的压实机具和碾压方式，也是有效预防"弹簧土"现象的关键所在。

关于雨期开挖时如何确保路床压实度合格的问题，不能简单地理解为雨期施工中的常规措施。这里强调的是"雨期开挖"这一特殊条件，结合题干中提到的开挖段过长等情况，可以推测出此题的采分点：首先，需采取快速施工措施，尽量缩短开挖段的施工时间，减少雨水对土壤湿度的影响；其次，确保合理的横坡设计，及时排水，避免积水对路床的湿度造成过多影响；再次，要预留一定的施工厚度，以应对可能的压实不足问题；最后，应确保当天完成压实作业，避免土体因受潮过久而失去适宜的含水率，导致压实效果不合格。

3. 具备条件的道路可集成哪些先进技术以实现沥青智能摊铺及压实？

【参考答案】

宜采用数字化、网联化、智能化集成的先进施工技术，例如，利用卫星定位、三维数据模型（BIM）、激光控制等先进技术手段以实现沥青智能摊铺及压实。

【解析】

本小题涉及2024年教材中新增加的内容，针对的是市政工程中较为先进的技术应用。对于其他专业，这类考点是比较常见的，但对于市政专业来说，这类知识点的比重通常较低。可能是由于新大纲的调整，教材中增加了许多新的技术点，因此命题者有意降低难度，这类题目在整体考试中出现的比重相较往年有所增加。所以，在备考过程中，特别是对于涉及新工法和新技术的内容，考生应给予更多关注和重视，确保全面掌握教材中新增的知识点。

4. 人行道透水砖透水系数应达到多少才能满足透水要求？图3所示盲道砖铺设有哪几处错误（用盲道砖编号作答）？说明错误的原因。

【参考答案】

（1）透水砖的透水系数应大于1.0×10^{-2} cm/s。

（2）4、8错误；11、12错误。

（3）错误原因为：

① 行进盲道终点处应设置提示盲道；4、8应为提示盲道。

② 人行道中有坡道时，应在变坡点位置设提示盲道；11、12应为提示盲道。

【解析】

本题依据现行标准《透水路面砖和透水路面板》GB/T 25993—2023中的相关规定。该标准中第6.5条明确要求透水系数标准为：A级透水系数应$\geq 2.0 \times 10^{-2}$ cm/s，B级透水系数应$\geq 1.0 \times 10^{-2}$ cm/s。然而，题目并未说明透水砖的等级，因此，即使按较低的B级标准，本工程的透水系数依然不符合要求。

该考点属于典型的超纲内容，且是"硬超纲"内容。这种考核形式已在2023年和2024年连续两年出现。透水系数的具体数值来源于标准的直接引用，无法通过分析或推导得出，所以这道题的设计并非为了考查考生的分析能力。面对这种题目，考生应保持冷静，切不可让其影响整体答题心态。这类题目很可能是命题者有意设置的，用以考查考生在面对陌生知识点时的应试心态和处理能力。正确的策略是稳定心态，客观作答，避免让这类超纲内容影响全局表现。

对于盲道砖铺设错误及理由的考核，虽属于超纲题目，但属于"软超纲"。这类题目并不要求考生完全依赖教材内容，而是更多地考查考生的逻辑分析能力和常识理解。例如，只要清楚提示盲道与行进盲道不能混用这一基本原则，就能抓住题目核心。此外，考生还可以根据案例提供的信息，结合施工常识按照"欲加之罪，何患无辞"的思路，逐一寻找可能的错误点。

5. 为更好地实现雨水集蓄回用，生态植草沟底部还应铺设哪些材料？

【参考答案】

防水土工布、透水土工布、碎石砾石、渗透管。

【解析】

生态植草沟的底部需要铺设防水土工布、透水土工布和碎石砾石，这些材料的设置是为了更好地实现雨水的集蓄回用。生态植草沟的工作原理是：雨水流经植草沟时，部分雨水被植物吸收用于生长，其余雨水则通过植草沟底部渗透进入雨水收集系统。为了实现这一功能，首先需要在沟内铺设改良的种植土，以满足植物的生长需求。其次，为了保证雨水能够顺利下渗，种植土下方必须设置碎石砾石层，以提供良好的渗透性。再次，为了防止种植土与碎石砾石层混杂，需要在两者之间铺设透水土工布，确保雨水能够顺畅下渗至排水系统中。最后，为了防止所有下渗雨水流失到地下，保证雨水被有效收集和利用，还需要在碎石砾石层的底部铺设防水土工布和渗透管。因此，防水土工布、透水土工布、碎石砾石及渗透管的共同作用，能够实现雨水的高效集蓄与回用。

案例 2　2024 年一建案例题二

某公司承建一项城市更新项目。为解决行人出行对既有道路交通平面交叉干扰的问题，需修建人行天桥一座。天桥平面位置如图 1 所示。项目位置交通流量大，临近居民区，周边环境复杂，施工场地狭窄。

该天桥全长 80.0m，宽 3.9m。主桥部分分为两跨，结构形式为下承式钢桁架桥。两跨分别为 52.0m 和 28.0m，立面图如图 2 所示。主桥钢桁架梁落在盖梁上。主梁设计梁高为

4.0m，梁宽为3.9m，钢桁架梁安装连接采用焊接工艺。

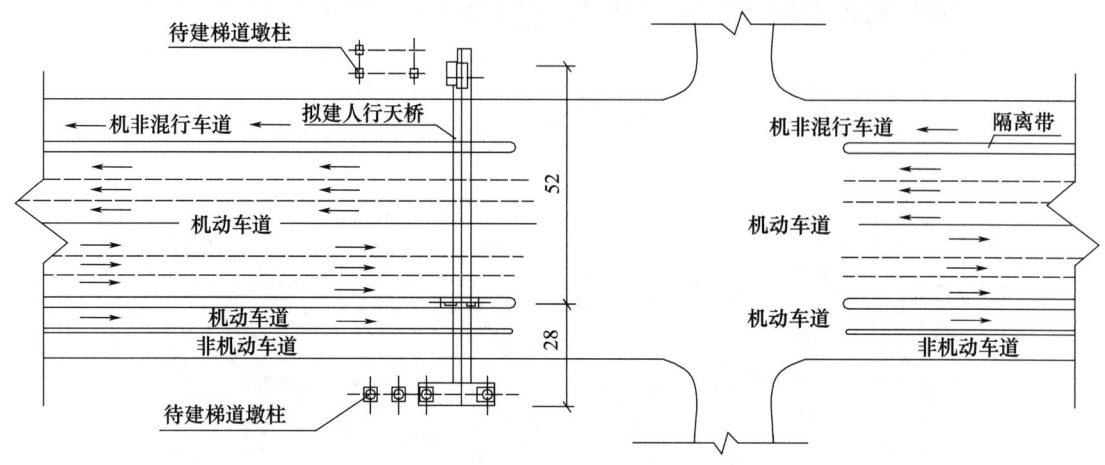

图1 天桥平面位置示意图（单位：m）

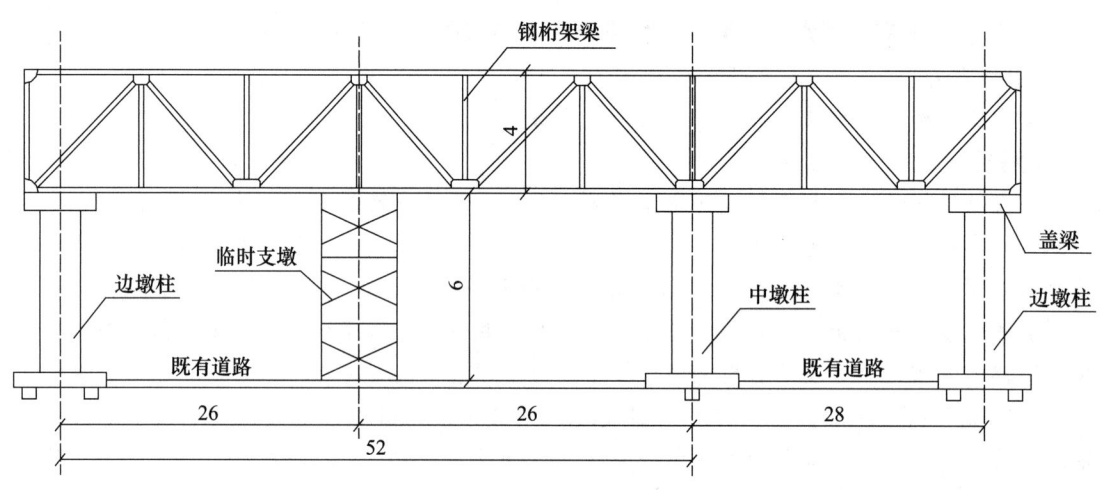

图2 立面图（单位：m）

项目部进场后认真学习图纸，根据现场实际情况，做了以下工作：

一、施工方案提出交通流量大，居民区施工条件复杂，将钢桁架梁委托给能满足制造条件的钢结构厂加工。这样既可保证钢桁架梁桥的质量，工期也有保障。

二、由于该项目部首次承接钢桁架梁桥项目，全体工程技术人员认真研究了桥梁上部结构及组成部分，为打造桥梁精品工程提供了保证。

三、钢桁架梁安装是技术要求较高的工作，工程技术人员严格按相关规范编写了作业指导书。

四、现场吊装是这个项目的关键环节，特别是在交通流量大、施工场地狭窄、靠近居民区的区域，施工措施需完善。

五、搭设临时支墩需占用主路一股机动车道，届时施工计划安排将部分车道申请临时封闭。

> 问题

1. 项目部派技术人员全程参与了钢桁架梁加工，并圆满完成了加工任务。钢桁架梁出厂前必须要验收的工作是哪三项？
2. 简支钢桁架梁桥上部结构由哪些部分组成？
3. 作业指导书指出，如现场焊接无设计要求，钢桁架梁梁段杆件焊缝连接时，纵向及横向焊接顺序应如何进行？
4. 钢桁架梁安装前施工现场需做的工作中除临时支墩拼装外，还有几项工作要做？
5. 在市政道路搭设临时支墩（图2）前需办理哪些手续？分别应由哪些部门审核批准？

> 参 考 答 案

1. 项目部派技术人员全程参与了钢桁架梁加工，并圆满完成了加工任务。钢桁架梁出厂前必须要验收的工作是哪三项？

【参考答案】

钢桁架梁出厂前必须要验收的工作是试拼装、钢梁质量和应交付的文件这三项。

【解析】

本题考查记忆性知识点，重点检验考生对钢桁架梁出厂前验收流程的理解。请考生牢记，题目明确指出"哪三项"，意味着答题时仅能列出以下三项内容：试拼装、钢梁质量检查，以及应交付文件的完整性。阅卷时，将仅对答题卡上列出的前三项答案进行评判，因此，考生必须严格按照题目要求作答，切勿超出规定答案数量，即便多写也不会计入评分范围。

2. 简支钢桁架梁桥上部结构由哪些部分组成？

【参考答案】

主桁架、连接系（纵向、横向）、节点板、桥面板。

【解析】

此知识点源自《公路钢结构桥梁设计规范》JTG D64—2015。对于具备一定识图能力的人而言，通过分析简支钢桁架梁桥的立面图，也能识别出部分结构组成。在考试时，如果碰上这类超纲题目，不必过度担忧。一方面，能完整答对这类题目的考生数量极少；另一方面，其并非拉开分数差距的关键考题。所以，保持平常心，尽力作答即可。

3. 作业指导书指出，如现场焊接无设计要求，钢桁架梁梁段杆件焊缝连接时，纵向及横向焊接顺序应如何进行？

【参考答案】

纵向：从跨中向两端。

横向：从中线向两侧对称进行。

【解析】

本题是一个典型的记忆性知识点题目，相关规范和教材中均有明确的规定。即便在紧张的考试环境中一时忘记了这个知识点，我们也可以通过逻辑推理来得出正确答案。

考虑到钢梁焊缝的焊接顺序，无非就是从中间向两边延伸，或者从两边向中间汇聚。然而，在焊接过程中，金属会因为受热而发生变形，进而产生一定的应力。如果采用从两边向中间焊接的方式，那么焊接产生的应力很可能会在中心位置集中，对结构的稳定性造成不利影响。相反，如果采用从中间向两边焊接的方式，那么焊接产生的应力就会向四周均匀释放，从而降低对结构稳定性的影响。因此，根据这个逻辑推理过程，我们可以得出正确的焊接顺序。

4. 钢桁架梁安装前施工现场需做的工作中除临时支墩拼装外，还有几项工作要做？
【参考答案】
① 编写专项方案、进行安全技术交底。
② 对临时结构、吊机和钢梁本身进行检查、验算。
③ 对墩顶顶面高程、中线及各孔跨径进行复测。
④ 应查验构件的相关证书，对有缺陷和变形的杆件进行矫正。
⑤ 做好交通导行、试吊工作，布置现场隔离和防护设施。

【解析】

本题目属于记忆性知识点的考核，但并不要求完全照搬教材原文，可根据实际情况进行阐述，并遵循冗余原则进行适当扩展。

钢桁架梁安装前，施工现场除了需要进行临时支墩的拼装外，还必须编制专项方案、组织交底并对钢桁架梁、临时结构和吊机等设备的技术参数进行核查和验算，确保与设计要求一致。施工单位还应在现场进行测量，校核实际数据与设计数据的一致性。此外，还应查阅相关质量证明文件，全面检查构件的实际质量。若发现构件存在缺陷，应及时采取矫正措施，确保构件符合质量要求，保障使用性能。

在施工过程中，为确保作业安全和吊装顺利进行，还需要做好交通导行工作，保障周围道路的畅通与安全。在正式吊装之前，还应进行试吊操作，验证吊装设备和构件的稳定性与可靠性。最后，为保障施工人员和周边环境的安全，应提前布置施工现场的隔离与防护设施，防止施工过程中对周边人员和环境造成不必要的影响。

5. 在市政道路搭设临时支墩（图2）前需办理哪些手续？分别应由哪些部门审核批准？
【参考答案】
（1）需办理占路审批手续、交通导行手续及临时支墩专项方案审批手续。
（2）占路手续应由市政工程主管部门和公安交通管理部门批准；交通导行手续应由公安交通管理部门及道路管理部门的批准；专项方案应由专家组和道路管理部门批准。

【解析】

本题涉及占路审批手续、交通导行及专项方案审批。首先，占路审批的流程相对简单，由市政工程主管部门和公安交通管理部门审批。需要注意的是，交通导行和占用道路属于不同概念，分别需要办理独立的审批手续。交通导行不仅需要公安交通管理部门审批，还需要道路管理部门的批准。

虽然2024年新大纲已删除交通导行的知识点，但考生仍需对该内容有所了解。

此外，钢桥支撑体系的专项方案既可以单独编制，也可以纳入钢箱梁专项施工方案。由于本题没有明确说明具体背景，建议在回答时同时考虑单独编制的情况，避免漏答。

案例3　2024年一建案例题三

背景资料

某企业承接生活垃圾填埋场建造项目，交于项目部施工，建设地点位于城市西北方向约20km处，地理环境良好，在公路一侧。现状场地为干涸多年河道，总体平坦长约500m，开口宽180～200m，土地利用类型为荒地，设计日处理垃圾100t，有效库容60万m³，使用年限为10年。项目部接到施工任务后，组织施工人员认真研读施工图纸和有关技术资料，测量组进入现场放线，接收、建立并复测两类控制点，以便做好图纸会审和设计交底的准备工作。

生活垃圾填埋场库区主要施工内容是土方工程，库区底部地基处理前必须将干涸河底的腐殖土挖除（另行堆放后用），原土碾压密实后再回填600mm厚黄土作为库区底部基础处理，以防垃圾填埋厂启用后产生渗漏。库区底部基础分三层施工，每层施工工序为A、B、C。

库区地基处理验收合格后便进行库区渗沥液防渗系统与收集导排系统工程施工，如图1所示。库区渗沥液防渗系统与收集导排系统由五道工序组成为：①铺设4800g/m²GCL（纳基膨润土防水毯）、②铺设HDPE膜（2.0mm）、③铺设200g/m²土工布、④铺设600g/m²土工布、⑤铺设300mm厚卵石渗滤液导流层。铺设HDPE膜（2.0mm）质量验收合格后，进行余下三道工序施工。

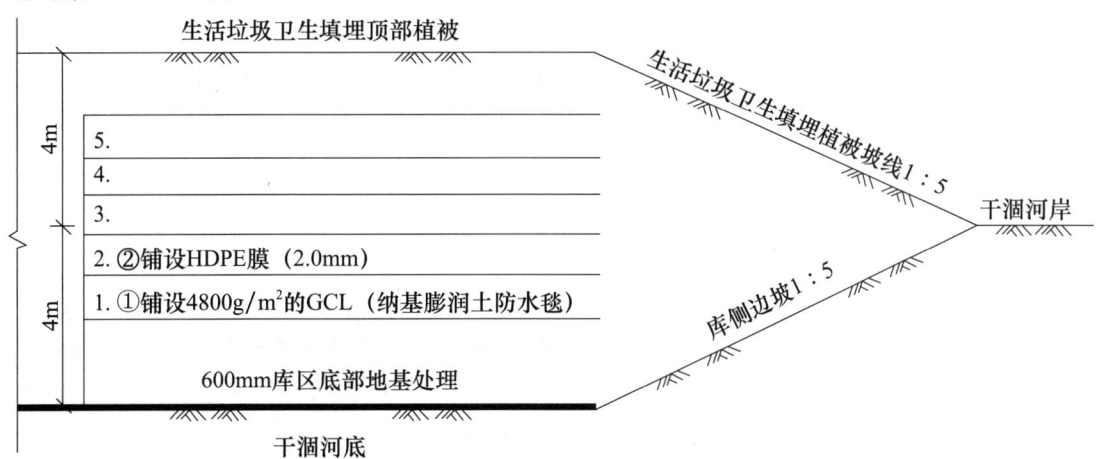

图1　库区渗沥液防渗系统与收集导排系统示意图

生活垃圾填埋场全部施工项目完成验收后，移交给营运部门，并开始接收附近的城区生活垃圾卫生填埋工作，生活垃圾卫生填埋工艺流程如图2所示，直至库区的封场生态保护修复。

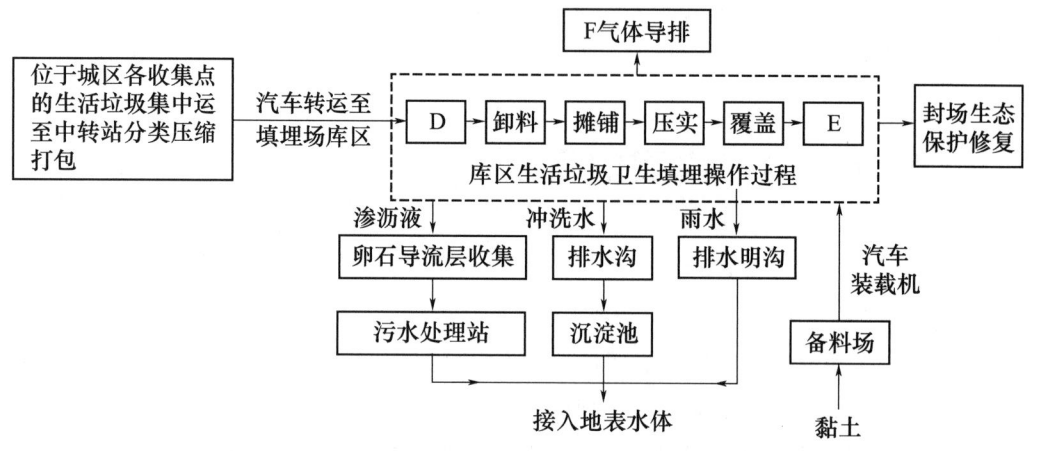

图2　生活垃圾卫生填埋工艺流程

> 问题

1. 项目部测量组在现场接收、建立并复测哪两类控制点？图纸会审和设计交底会议由哪个单位组织？
2. 按库区底部基础回填要求，黄土分三层回填的施工工序中A、B、C分别对应哪三项具体工作。
3. 在施工现场铺设HDPE膜（2.0mm）的焊接工艺有哪几种？分别用什么方法进行质量检测？
4. 填写库区渗沥液防渗系统与收集导排系统示意图中3~5的编号。
5. 库区生活垃圾卫生填埋过程中D、E为哪项操作过程？F为哪种气体？

> 参考答案

1. 项目部测量组在现场接收、建立并复测哪两类控制点？图纸会审和设计交底会议由哪个单位组织？

【参考答案】

（1）高程控制点、导线控制点。

（2）建设单位。

【解析】

本题虽然是垃圾填埋场工程的考题，但第一小问与垃圾填埋场的相关内容无关，它属于所有市政工程通用考点。任何市政工程，测量组在现场接收、建立并复测的控制点都是高程控制点和导线控制点。这两类控制点构成了施工现场的三维控制体系。开工前，施工单位现场接收的这两类控制点可以为后期工程施工提供有效的三维控制，确保工程精度。高程控制点主要用于控制垂直方向上的高度，导线控制点则用于控制水平方向上的位置。通过这两类控制点，施工单位能够有效地控制工程的整体位置、形状和高度，保证施工过程中的每一环节都符合设计要求，从而避免因控制不准确导致的质量问题。

图纸会审和设计交底的组织单位是工程领域中的基础常识，堪称该年度难度最低的案例题目。

2. 按库区底部基础回填要求，黄土分三层回填的施工工序中 A、B、C 分别对应哪三项具体工作。

【参考答案】

A—摊铺（填筑）；B—碾压；C—质量检验。

【解析】

本题考查的是垃圾填埋场基础黄土回填的施工工序。虽然教材和规范中未明确列出详细的基础处理工序，但可参考常见的道路回填土施工流程。在实际工程中，基础回填的第一步是摊铺（填筑），即将黄土均匀地铺设在待回填区域，确保其厚度和表面平整度符合设计要求。第二步是碾压，通过施加压力使黄土密实，达到设计标准的密实度，从而增强基础的稳定性。第三步是质量检验，采用专业检测工具对回填土的压实度、含水率等指标进行检测，确保其符合设计和规范要求。该题目属于实操类考核，强调考生对施工工序的理解和应用，因此在备考过程中，考生应注重掌握施工常识并学会将其应用到不同类型的工程中，做到举一反三、触类旁通。

3. 在施工现场铺设 HDPE 膜（2.0mm）的焊接工艺有哪几种？分别用什么方法进行质量检测？

【参考答案】

（1）有双缝热熔焊接、单缝挤压焊接两种。

（2）双缝热熔焊缝采用气压检测法，破坏性（剪切、剥离）检测；单缝挤压焊缝采用真空及电火花测试法，破坏性（剪切、剥离）检测。

【解析】

本题为记忆性知识点的考核。垃圾填埋场的主要内容包括防渗系统和渗沥液收集导排系统，其中渗沥液收集导排系统已在 2014 年进行过考核，而防渗系统此前仅考核过膨润土防水毯（当年称为 GCL 垫）。作为防渗系统的核心组成部分，HDPE 膜（高密度聚乙烯膜）尚未在案例中考核过，因此 2024 年对该知识点的考核可以说是"实至名归"。

4. 填写库区渗沥液防渗系统与收集导排系统示意图中 3~5 的编号。

【参考答案】

3：④铺设 $600g/m^2$ 土工布。

4：⑤铺设 300m 厚卵石渗滤液导流层。

5：③铺设 $200g/m^2$ 土工布。

【解析】

该小问属于能力考核题目，在考试当年的教材中，并未对该内容进行系统介绍。题目的依据来源于《生活垃圾卫生填埋处理技术标准》GB/T 50869—2013，其中图形取自该规范第8.2.4条的内容。然而，由于垃圾填埋场并非高频考点，在备考过程中不可能针对所有相关规范进行全面拓展学习。不过，本题可以通过常识分析得出答案。案例背景中给出的五个工序为：铺设 $4800g/m^2$ GCL（纳基膨润土防水毯）、铺设 HDPE 膜（2.0mm）、铺设 $200g/m^2$ 土工布、铺设 $600g/m^2$ 土工布、铺设 300mm 厚卵石渗滤液导流层。从下往上，图中已完成标记的工序包括：铺设 $4800g/m^2$ GCL（纳基膨润土防水毯）和铺设 HDPE 膜（2.0mm），剩余的三个工序需要进行排序。

在这三个工序中，有两个涉及土工布的铺设（标准不同），另一个是铺设卵石渗滤液导流层。结合教材中垃圾填埋场防渗系统的图示，HDPE 膜这一主要防渗系统的上方需要铺设土工布，用于保护 HDPE 膜不被卵砾石损坏。但是，另一层土工布在图示中未明确展示。不过，通过常识可以分析得出：卵砾石的上方与填埋场垃圾直接接触，如果不进行隔离，垃圾中的淤泥和杂质可能会渗入卵砾石层，影响卵砾石的过滤和导流效果。因此，在卵砾石与垃圾之间需要设置土工布过滤层。这一原理与海绵城市中透水土工布的作用相似。换言之，土工布应分别铺设在卵砾石的上下两侧。

关键问题在于：$600g/m^2$ 的土工布应位于卵砾石的上方还是下方？即便缺乏专业知识，也可以从字面分析得出答案。$600g/m^2$ 土工布的单位面积质量为 $600g/m^2$，比 $200g/m^2$ 土工布（单位面积质量为 $200g/m^2$）更厚，具有更高的断裂强度和抗拉强度。这意味着在承受压力或拉力时，$600g/m^2$ 土工布能够更好地保持结构完整性，提供更强的防护效果。因此，应将质量更高的 $600g/m^2$ 土工布用于 HDPE 膜上方作为保护层。相应地，$200g/m^2$ 土工布则用于卵砾石与填埋垃圾之间，起到隔离和过滤的作用。

综上，正确的工序排序为：铺设 $600g/m^2$ 土工布、铺设 300mm 厚卵石渗滤液导流层、铺设 $200g/m^2$ 土工布。

5. 库区生活垃圾卫生填埋过程中 D、E 为哪项操作过程？F 为哪种气体？
【参考答案】
D 为计量；E 为灭虫；F 为沼气（甲烷）。
【解析】

本题考核的是新大纲中新增的生活垃圾卫生填埋典型工艺流程图内容。尽管这一内容来源于教材原文，但该考点相对偏僻，考生在备考过程中往往未给予足够重视。因此，在未来备考时，无论教材中的施工流程部分看似多么基础或冷门，都应足够重视，切不可掉以轻心。

案例 4　2024 年一建案例题四

背景资料

某施工单位中标一项城市更新项目,施工内容主要为排水箱涵工程,总长度为 2500m。排水箱涵位于既有道路下方,采用明挖法施工,具体包括基坑支护、止水帷幕、钢筋混凝土箱涵施工及道路恢复。设计要求施工期间基坑边缘 1.5m 范围内不得堆载。箱涵工程的主要参数为:混凝土强度等级 C35,抗渗等级 P8,每 20m 设置一道变形缝。箱涵结构及基坑支护结构的断面图如图所示。

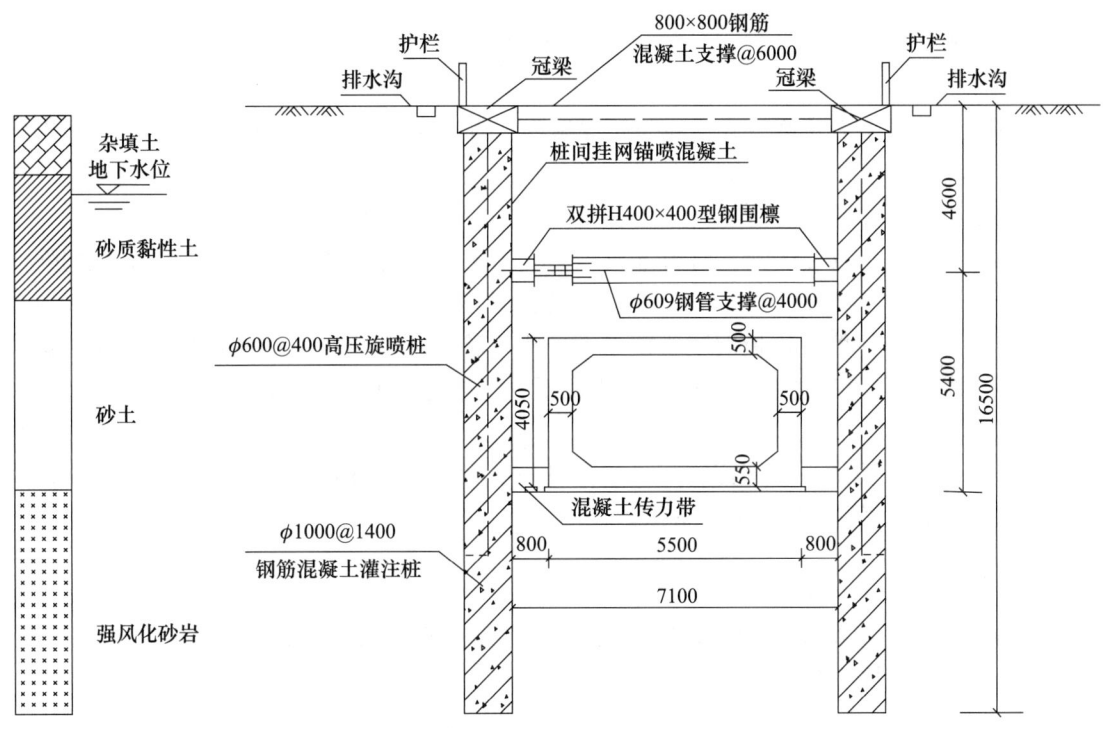

箱涵结构及基坑支护断面图(单位:mm)

施工过程中发生了以下事件:

事件一:项目部依据设计图纸编制了基坑支护及开挖施工专项方案,钻孔灌注桩采用旋挖钻机施工,工艺流程为:测量定位→下挖成孔→下钢筋笼→浇筑混凝土→跳桩挖孔。高压旋喷桩采用双管法施工,工艺流程为:钻机就位→钻孔→置入注浆管→A→拔出注浆管。基坑采用机械分层、分段挖土,每层挖土厚度不超过 1.5m,基坑分段开挖长度为 20m,分层开挖高度至钢筋混凝土内支撑底标高时,施工冠梁及钢筋混凝土内支撑。当第一道支撑混凝土强度达到设计要求的 80% 后,进行第二层土方开挖。桩间采用挂网喷射混凝土支护,随土方开挖及时支护，严格遵守基坑开挖原则。

事件二：基坑施工正值雨期，项目部在基坑外侧设置了排水沟，基坑外地面进行了压实处理，基坑开挖时，坑内排水采取明排疏干。同时，项目部应对基坑坍塌准备了如下应急抢险物资：发电机、木方、土袋、砂袋、临时抢险材料、堵漏材料及设备等。

事件三：由于施工场地狭窄，钢支撑临时进场堆放在基坑外临边护栏处，占用了挖机的站位。当基坑开挖到深度7m时，尚无法安装第二道钢支撑，项目部安全员现场检查发现，局部桩间喷射的混凝土出现部分脱落，已有渗水及涌砂现象，救援人员利用第一道钢筋混凝土支撑梁作为抢险通道在其上行走救援，传递堵漏物资。安全员认为现场违章作业严重，发出了立即整改通知。

事件四：项目部编制了箱涵主体结构施工方案，在底板施工完成后，侧墙顶板的模板支架进入已完成的底板现场，同时跳仓进行另一块底板浇筑工作。方案中分析了箱涵施工中存在的各类安全质量风险，其中包括模板支架、钢筋混凝土浇筑施工、结构易渗漏部位、影响后续道路施工质量的工序及安全风险，并制定了相应的对策。

> 问题

1. 事件一中，双管法高压旋喷的介质有哪些？高压旋喷注浆的工艺流程中A代表哪项工作？旋喷注浆参数通过何种方式确定？

2. 事件二中，抢险物资清单缺少哪些应对基坑坍塌必用的应急物资？

3. 面对事件三中存在的施工材料堆放、钢支撑架设、锚喷混凝土、桩间渗水、救援人员这五个安全隐患，给出五个相对应的防范措施。

4. 事件四中，侧墙及顶板混凝土浇筑时，用于检验混凝土强度的试件应在哪里取样？侧墙混凝土浇筑原则有哪些？顶板混凝土强度至少应达到设计强度的多少可以拆除模板支架体系？

5. 事件四中，箱涵主体结构施工易渗漏部位有哪些？为保证道路达到施工质量要求，项目部需对哪道工序进行质量风险管控？

> 参考答案

1. 事件一中，双管法高压旋喷的介质有哪些？高压旋喷注浆的工艺流程中A代表哪项工作？旋喷注浆参数通过何种方式确定？

【参考答案】

（1）喷射介质：高压水泥浆液，压缩空气。

（2）A代表：高压喷射注浆。

（3）旋喷注浆参数：应根据土质条件、加固要求通过试验或根据工程经验确定。

【解析】

高压旋喷桩是一种广泛应用于地基加固和止水帷幕施工的技术，常见于施工现场。近年来，在公路专业和市政二建考试中多次出现，体现了其在实际工程中的重要性，也凸显了考试内容对于施工技术多样性和实践性的全面要求。

2. 事件二中，抢险物资清单缺少哪些应对基坑坍塌必用的应急物资？
【参考答案】
抽水设备（水泵、水龙带），袋装水泥，临时支护材料（支撑、锚杆），注浆设备。
【解析】
基坑坍塌是安全考核中最重要的考点之一，在历年案例考核中多次出现。本次考核的内容在教材中有原文内容，考核形式为补充题。不过，在作答该题目时，需对教材内容进行适当拓展。例如，补充的抽水设备，可细化为水泵、水龙带等具体设备，临时支护材料也可以进一步写明具体形式，如支撑和锚杆等。此外，还应增添一些教材中未明确提及，但符合实际需求的物资，如注浆设备等。

3. 面对事件三中存在的施工材料堆放、钢支撑架设、锚喷混凝土、桩间渗水、救援人员这五个安全隐患，给出五个相对应的防范措施。
【参考答案】
（1）施工材料堆放：合理布置现场，钢支撑分批次进场，基坑边2m范围内不得堆载。
（2）钢支撑架设：遵循"先撑后挖"原则，支撑未到位严禁开挖。
（3）锚喷混凝土：及时喷射，控制配比、塌落度、凝结时间与厚度。
（4）桩间渗水：地面硬化，局部注浆，确保旋喷桩质量与施工顺序。
（5）救援人员：培训与交底，使用安全梯上下。
【解析】
本题是典型的市政专业考题，看似简单，但回答时常会觉得不知从何下笔，写完后又总觉得没有说清楚。尽管每一句话似乎都与题目相关，但却难以抓住要点。回答这类题目时，关键是要紧扣案例背景，而不是单纯地与教材中的某一句话对号入座。教材中的知识是为了解决问题提供参考资料，可以使用，但答案中不应只是简单堆砌资料。作答时，始终要根据案例背景来组织内容，确保回答简洁且有针对性。

第一个考核点是针对施工材料堆放安全隐患的防范措施。许多考生在作答时，往往堆砌大量内容，如"基坑边严禁堆放、堆放前进行荷载计算、控制安全距离、设置限高和限距牌、物料堆放设置警示标志"等。这种答题方式虽然详尽，但忽略了考试的核心采分逻辑。一个题目有五个考点时，答案文字不可能过于冗长，否则采分点的设置将失去实际操作性。尽管教材中提到的堆放材料限高、限距、限重等是通用的安全措施，但案例背景中并未提到钢支撑堆放存在超高、超重或未计算荷载等问题，因此这些内容并非本题的关键采分点，不过题干中提及了堆载要求（设计要求施工期间基坑边缘1.5m范围内不得堆载），但该规定未达到安全规定的2m，所以在作答时，对基坑周边堆载的距离要有响应。另外，答案的核心应结合案例背景，从根本上解决问题。要捕捉命题人的采分点，关键在于紧扣案例背景。案例背景明确指出"由于施工场地狭窄，钢支撑临时进场堆放在基坑外临边护栏处，占用了挖机的站位"。因此，针对这一隐患，合理的防范措施是避免钢支撑占用挖掘机站位。解决方案应从场地设计入手，合理布置施工现场，并确保钢支撑按需分批进场，有序安排施工，这才是本题的核心采分点。

本题后面的四个考核点与第一个考核点略有不同，需要对教材中大量的信息进行筛选，避免答案过于冗长。例如，第二个考核点是关于钢支撑的架设，应结合案例背景"基坑开挖到深度7m时，尚无法安装第二道钢支撑"。由此可知，最重要的采分点是"先撑后挖、支撑未到位严禁开挖"。至于钢支撑安装的细节，并不是本题的核心采分点。

同理，第三、第四及第五个考核点也需要紧扣案例背景进行分析，结合实际问题提出针对性的措施，而非想当然地认为命题人是在考核教材中的某一句话。答案应以解决案例背景中的问题为出发点，提炼关键采分点，避免对教材内容的生搬硬套，确保内容简洁且直击要害。

4. 事件四中，侧墙及顶板混凝土浇筑时，用于检验混凝土强度的试件应在哪里取样？侧墙混凝土浇筑原则有哪些？顶板混凝土强度至少应达到设计强度的多少可以拆除模板支架体系？

【参考答案】
(1) 浇筑地点现场取样。
(2) 墙体混凝土左右对称、水平、分层连续灌注。
(3) 顶板混凝土强度至少应达到设计强度的75%。

【解析】
本题的三问均为记忆性考点，其中第一和第三小问曾在案例考题中出现过，而第二小问"侧墙混凝土浇筑原则"尽管为首次涉及，但其难度系数较低。

需要特别注意的是第三小问"顶板混凝土强度至少应达到设计强度的多少才可以拆除模板支架体系"。判断的核心在于顶板跨度是>8m还是≤8m。

结合案例背景及图形分析，该箱涵的宽度为5.5m，长度方向每20m设置一道变形缝。依据建筑力学基本原理，箱涵顶板属于单向板结构，受力钢筋按照短边方向（即5.5m方向）布置。因此，顶板的实际跨度为5.5m，符合≤8m的条件。即模板支架拆除时混凝土强度需达到设计强度的75%即可。

5. 事件四中，箱涵主体结构施工易渗漏部位有哪些？为保证道路达到施工质量要求，项目部需对哪道工序进行质量风险管控？

【参考答案】
(1) 底板与侧墙施工缝，分仓变形缝，后浇带、穿墙管、对拉螺栓等。
(2) 箱涵土方回填压实。

【解析】
本题设有两个小问，均为应用性考点。第一小问考查钢筋混凝土结构施工中容易渗漏的部位。虽然教材中未直接列出这些位置，但结合节点防水的相关内容，可以推测渗漏易发部位包括施工缝、变形缝、后浇带、穿墙管、对拉螺栓等。这些位置在节点防水模块中被重点介绍，说明其在实际施工中最容易出现渗漏问题。

第二小问为实操性考点，难度较低。案例背景明确指出箱涵位于道路下方，而影响道路质量的关键因素是填土的压实度。然而，结构周围的填土压实度往往难以有效控制。因此，为保证道路恢复施工的质量，需对箱涵回填土这一工序进行质量风险管控。

案例5　2024年一建案例题五

背景资料

某公司承建一座城市桥梁工程，双向四车道，桥宽28m。跨径组合为2×（4×35m）预制预应力混凝土T梁，先简支后连续结构。下部结构为柱式墩，180cm钻孔灌注桩。T梁先简支后连续结构如图1和图2所示。

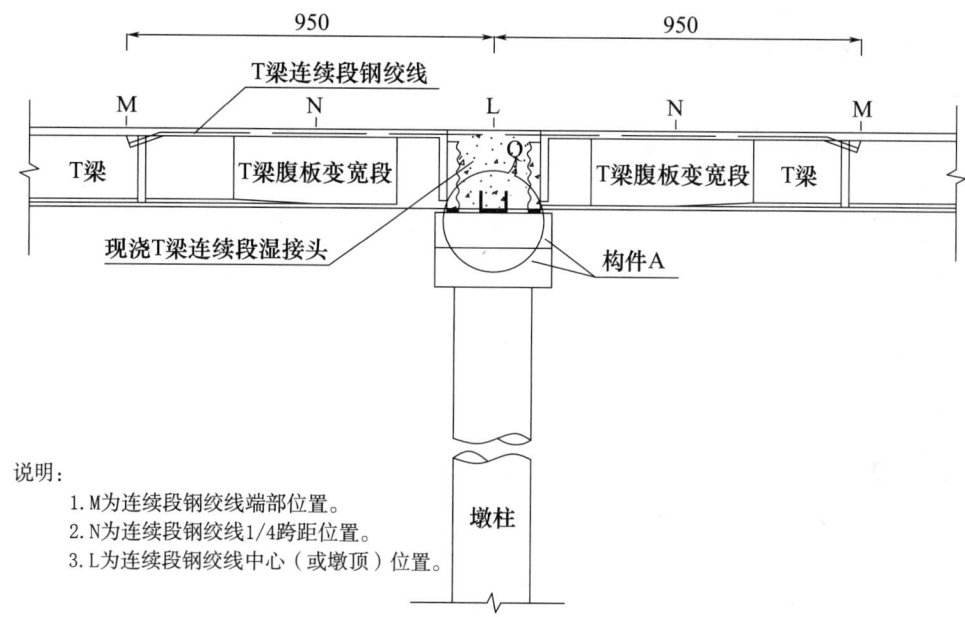

图1　T梁先简支后连续墩顶结构纵剖面示意图

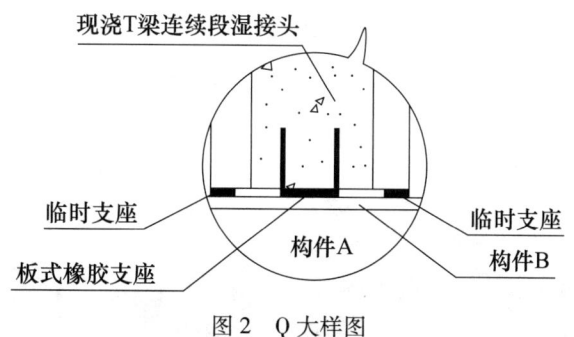

图2　Q大样图

项目部编制的施工组织设计部分内容如下：

（1）将上部结构T梁安装施工工序划分为①T梁预制、②T梁吊装、③张拉T梁连续段钢绞线、④安装板式橡胶支座、⑤安装临时支座、⑥拆除临时支座、⑦现浇T梁连续段湿接头、⑧现浇 T 梁翼板湿接缝。施工工艺流程为：①T 梁预制→C→②T 梁吊装→D→E→F→G→H→桥面系施工。

（2）根据上部结构的结构形式及施工技术方案选择临时支座的使用材料或设备，在具备施工条件时开展临时支座拆除。

（3）在 T 梁安装施工过程中，适时开展 T 梁连续段湿接头、T 梁翼板湿接缝的现场浇筑施工。

（4）T 梁连续段钢绞线施工前，项目部开展主要准备工作如下：

① 指派技术人员主持钢绞线张拉施工工作，编制专项施工方案等，然后施工人员开展钢绞线张拉施工作业交底。

② 检验锚具、夹具、钢绞线的型号、规格等参数及张拉设备是否符合设计要求。

③ 检查钢绞线的张拉设备是否符合使用规定。

> 问题

1. 写出图中构件 A、B 的名称。
2. 写出施工组织设计（1）中施工工序 C~H 的名称（用背景资料中序号①~⑧作答）。
3. 临时支座用什么材料或设备？什么时候拆除临时支座？临时支座拆除的目的？
4. T 梁连续段钢绞线受什么力（如压力）？整个预应力筋哪个地方受力最大（用字母表示）。
5. 上部结构达到什么条件浇筑湿接缝和湿接头？
6. 张拉工作由谁主持？张拉人员应具备什么条件，张拉设备有哪些规定（要求）？

> 参考答案

1. 写出图中构件 A、B 的名称。

【参考答案】

A—盖梁；B—垫石。

【解析】

这道题本身并无争议，只是很多考生缺乏识图的基本功，没有理解盖梁中间那道线的含义。盖梁由上部的矩形和下部的梯形组成，在盖梁侧面，矩形与梯形的衔接处会出现一条明显的过渡线。因此，在左视图中，盖梁的中间应表现出这一条线。

盖梁

第一部分 52道经典一建案例题（2013—2024年）

2. 写出施工组织设计（1）中施工工序 C~H 的名称（用背景资料中序号①~⑧作答）。

【参考答案】

C—⑤安装临时支座；D—⑧现浇 T 梁翼板湿接缝；E—④安装板式橡胶支座；
F—⑦现浇 T 梁连续段湿接头；G—③张拉 T 梁连续段钢绞线；H—⑥拆除临时支座。

【解析】

本题属于施工工序对号入座类的题目，具有一定的难度。该类型的题目，每个工序都对应一个采分点，因此答题时，建议考生首先确定无争议的工序，确保基础得分，再对剩余有争议的工序进行逐个剖析。

在本题中，工序 C 没有争议。工序 C 位于 T 梁预制之后，且紧接着是 T 梁吊装，因此工序 C 的内容只能是为吊装前做好准备工作，即⑤安装临时支座。同样，最后两个工序 G 和 H 也没有争议。根据"先简支后连续"的施工原则，最终需要完成体系转换，完成受力体系转换必然是先③张拉 T 梁连续段钢绞线，然后再⑥拆除临时支座。

对于剩余的三个工序 D、E、F，争议主要集中在湿接头和湿接缝混凝土的浇筑顺序。在实际施工中，这两部分混凝土的浇筑顺序可能因实际情况不同而变化，但在背景资料中没有给出明确提示。因此，解答时应以教材为依据。根据教材内容，一孔梁安装完成后即可浇筑湿接缝混凝土，而一联梁安装完成后才浇筑湿接头混凝土。这意味着湿接缝混凝土应当早于湿接头混凝土进行浇筑。

在本案例中，一联梁由四孔（跨）组成，每一跨安装完成后便可开始浇筑湿接缝混凝土。由于不同跨的 T 梁并非同时安装，在第一跨吊装后即可开始浇筑湿接缝混凝土，而其他跨的 T 梁可能尚未吊装完成，因此工序 D 应为⑧现浇 T 梁翼板湿接缝，最为合理。

剩余的工序 E 和 F 较为清晰，且教材中已有相关说明：永久支座应在湿接头底模安装之前完成安装。因此，工序 E 应为④安装板式橡胶支座，而工序 F 应为⑦现浇 T 梁连续段湿接头，这一点符合施工的标准顺序。

3. 临时支座用什么材料或设备？什么时候拆除临时支座？临时支座拆除的目的？

【参考答案】

（1）临时支座有：砂桶或砂箱、千斤顶、硫磺砂浆、圆木、混凝土垫块等。

（2）孔道压浆后，浆体达到设计强度后拆除临时支座。

（3）临时支座拆除是为了完成体系转换，由简支梁变成连续梁。

【解析】

本题由三个小问构成，后两问依据教材知识点即可作答，难度较低，答案易理解。而第一小问属于实操题，教材中无原文，但能通过分析得出答案。临时支座，顾名思义，是在施工中起临时支撑的作用，待孔道内浆体达到设计强度后要拆除，所以其既要具备一定强度，又要便于拆除。在临时支座的发展进程中：出现过硫磺砂浆支座，拆除时靠通电使其逐步熔化；木支座与混凝土支座，拆除靠剔凿；千斤顶支座拆除最简单，依靠自身升降调节功能；目前使用最多的是砂桶（或砂箱），拆除时靠砂桶内砂子缓慢外流来实现。

4. T梁连续段钢绞线受什么力（如压力）？整个预应力筋哪个地方受力最大（用字母表示）。

【参考答案】

T梁连续段钢绞线受拉力（拉应力）；整个预应力筋 L 位置受力最大。

【解析】

本题通过图示展现 T 梁连续段在支座上方的负弯矩区，且钢绞线位于 T 梁上半部分，据此可直观判断钢绞线在该位置承受拉力（拉应力）。虽结构受力分析一般较复杂，但本题图中受力特征明显，借助基础施工常识就能得出答案。

此外，对于预应力筋受力最大位置的分析也不难。已知预应力在连续段承受拉应力，根据力学原理，负弯矩区的中间位置受力最大，而此位置正是图中的 L 区域，这是基于力学基本规律和图示信息的直接推理结果。

5. 上部结构达到什么条件浇筑湿接缝和湿接头？

【参考答案】

横向湿接缝：应在一孔梁、板全部安装完成后方可进行施工。

湿接头：应在一联梁全部安装完成后再浇筑湿接头混凝土。

【解析】

本题考点为记忆性知识点，旨在考查上部结构浇筑湿接缝和湿接头的条件。这一考点与第 2 问的内容存在关联，可作为第 2 问排序的有力佐证。

6. 张拉工作由谁主持？张拉人员应具备什么条件，张拉设备有哪些规定（要求）？

【参考答案】

（1）张拉工作由项目技术负责人主持。

（2）张拉作业人员应经培训考试合格后方可上岗。

（3）张拉设备的校准期限不得超过半年，且不得超过 200 次张拉作业；张拉设备应配套校准，配套使用。

【解析】

张拉工作的主持者和张拉人员应具备的条件，这两个考点源自《城市桥梁工程施工与质量验收规范》CJJ 2—2008 中 8.4.1 的规定：预应力钢筋张拉需由工程技术负责人主持，且张拉作业人员应经培训考核合格后才可上岗。不过在 2024 年新大纲里，这两个知识点的相关内容已被删除。然而，市政专业常见的做法是对教材中已删除的知识点进行考核。本题的第三个考点源于教材原文，这种教材内外知识点相结合的考核形式是市政专业常采用的考核方式之一。

案例6 2023年一建案例题一

背景资料

某公司承建了城市主干路改扩建项目，全长5km，宽60m，现状道路机动车道为22cm水泥混凝土路面+36cm水泥稳定碎石基层+15cm级配碎石垫层，在土基及基层承载状况良好路段，保留现有路面结构直接在上面加铺6cmAC-20C+4cmSMA-13，拓宽部分结构层与既有道路结构层保持一致。

拓宽段施工过程中，项目部重点对新旧搭接处进行了处理，以减少新旧路面差异沉降。浇筑混凝土前，对新旧路面接缝处凿毛、清洁、涂刷界面剂，并做了控制不均匀沉降变形的构造措施，如下图所示。

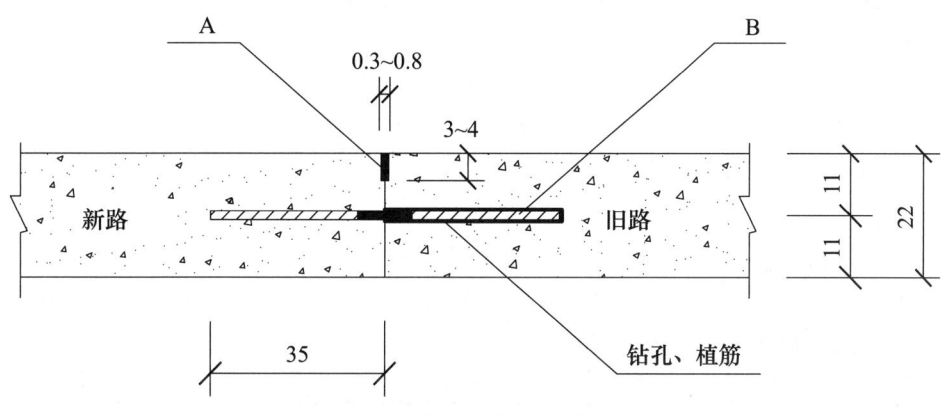

新旧路面接缝构造示意图（单位：cm）

根据旧水泥混凝土路面评定结果，项目部对现状道路面层及基础病害进行了修复处理。

沥青摊铺前，项目部对全线路缘石、检查井、雨水口标高进行了调整，完成路面清洁及整平工作，随后对新旧缝及原水泥混凝土路面做了裂缝控制处治措施，随即封闭交通开展全线沥青摊铺施工。

沥青摊铺施工正值雨季，将全线分为两段施工，并对沥青混合料运输车增加防雨措施，保证雨期沥青摊铺的施工质量。

问题

1. 指出图中A、B的名称。
2. 根据水泥混凝土路面板不同的弯沉值范围，分别给出0.2~1.0mm及1.0mm以上的维修方案；基础脱空处理后，相邻板间弯沉差宜控制在多少以内？
3. 补充沥青下面层摊铺前应完成的裂缝控制处治措施具体工作内容。
4. 补充雨期沥青摊铺施工质量控制措施。

参考答案

1. 指出图中A、B的名称。

【参考答案】

A的名称：填缝料（嵌缝料）。

B的名称：拉杆（螺纹钢筋）。

【解析】

本题涉及水泥混凝土路面的拓宽，旨在控制不均匀沉降和变形。原有路面基础由于长时间承受上部荷载的压力，因此后期沉降量较小。然而，新浇筑的混凝土路面由于基础施工时间较短，沉降幅度可能较大。为解决这一问题，采用了植筋的构造措施，通过拉杆（螺纹钢筋）形成新旧混凝土道路之间的连接。

2. 根据水泥混凝土路面板不同的弯沉值范围，分别给出0.2~1.0mm及1.0mm以上的维修方案；基础脱空处理后，相邻板间弯沉差宜控制在多少以内？

【参考答案】

（1）当板边实测弯沉值在0.20~1.00mm时，应钻孔注浆处理。

（2）当板边实测弯沉值大于1.00mm时，应拆除后重新铺筑混凝土面板。

（3）相邻板弯沉差应控制在0.06mm内。

【解析】

本题考核的内容在当年考试用书中并未提及，属于"硬超纲"知识点。该知识点在新大纲体系下的教材中有具体介绍，内容引自《城镇道路养护技术规范》CJJ 36—2016。该规范对水泥混凝土路面修补方案的规定如下：

6.3.7 可采用弯沉仪或探地雷达等设备检测水泥混凝土路面板的脱空，并应根据检测结果确定修补方案，修补方案应符合下列规定：

1 当板边实测弯沉值在0.20~1.00mm时，应钻孔注浆处理，注浆后两相邻板间弯沉差宜控制在0.06mm以内。

2 当板边实测弯沉值大于1.00mm或整块水泥混凝土板面板破碎时，应拆除后铺筑混凝土面板，并应符合本规范第6.4.1条的规定。

市政专业考试有时会出现一些超纲题目，可分为"软超纲"和"硬超纲"两种。有些内容虽然在教材中未有相关介绍，但是可以通过相关专业的共通点分析得出答案，称为"软超纲"题目。例如某些材料进场的检查验收（外观要求、证书要求、复试要求、存放要求），或者一些设备构件等安装要求（平稳、直顺、稳定、牢固）。这类题目考核的是对基础知识的灵活运用及利用所学知识解决实际问题的能力。然而还有一类考题，例如本题考点及二建市政专业曾经考核过的盘扣式脚手架钢管壁厚、扫地杆距地面距离等，均未在当年的教材中有相关介绍，并且考核的主要内容也是数字，很难通过分析得出答案，这种题目称为"硬超纲"题目。"硬超纲"题目有较强的专业性，非具体专业考生很难在考场中"蒙"对答案，好在这种题目出现率非常低，在考场中不能因此耽误其他题目的作答。

3. 补充沥青下面层摊铺前应完成的裂缝控制处治措施具体工作内容。
【参考答案】
（1）用沥青密封膏处理接缝。
（2）设置应力消减层。
（3）铺设土工合成材料并张拉、固定。
（4）洒布粘层油。
【解析】
在水泥混凝土路面上加铺沥青混凝土面层时，为了防止反射裂缝，需要采取相应的措施来处理旧水泥混凝土路面，常见的措施包括设置应力消减层和铺设土工合成材料。尽管应力消减层和土工织物都可用于防止反射裂缝，但它们在结构和功能上有所不同。

应力消减层，又称应力吸收层或沥青橡胶夹层，主要用于将因裂缝位移引起的应力分散在夹层内，从而减少或避免反射裂缝的产生。它通常采用柔软材料，如沥青橡胶混合料，被放置在水泥混凝土路面和沥青混凝土面层之间，以吸收和分散应力，减轻裂缝的传递。

土工合成材料，如玻璃纤维网格或土工织物，主要通过阻止裂缝的传递来防止出现反射裂缝的发生。它们被铺设在水泥混凝土路面和沥青混凝土面层之间，起到隔离和分散应力的作用，防止裂缝从底层传递到面层。

具体选择哪种方法取决于工程要求、设计规范和可行性等因素。在考试中，建议同时提及这两种方法，以涵盖命题者给出的采分点。

4. 补充雨期沥青摊铺施工质量控制措施。
【参考答案】
（1）不允许在下雨或下层潮湿时施工。
（2）摊铺时基面应干燥。
（3）缩短施工（摊铺）长度。
（4）加强与沥青拌合厂、气象部门联系。
（5）及时摊铺、及时完成碾压。
【解析】
沥青混凝土雨期施工考核频率并不高，但偏偏在2023年一、二建均有考核。应对雨期施工可采取以下措施：快速施工、缩短施工段，以减少受雨水影响的时间；与相关方紧密沟通，确保信息畅通、协调配合，提高施工效率；现场施工要求快速，确保工期内快速完成；运料车覆盖防雨，保证基层干燥。采取这些措施的目的是在雨期条件下尽可能保证施工的顺利进行。

案例7　2023年一建案例题二

今夏某公司承建一座城市桥梁二期匝道工程，为缩短建设周期，设计采用钢-混凝土组合

梁结构，跨径组合为3×（3×20）m，桥面宽度7m，横断面路幅划分为0.5m（护栏）+6m（车行道）+0.5m（护栏）。上部结构横断面上布置5片纵向H型钢梁，每跨间设置6根横向连系钢梁，形成钢梁骨架体系，桥面板采用现浇C50钢筋混凝土板；下部结构为盖梁及φ130cm桩柱式墩，基础采用φ130cm钢筋混凝土钻孔灌注桩（一期已完成）；重力式U形桥台；桥面铺装采用厚6cm SMA-13沥青混凝土。横断面如下图所示。

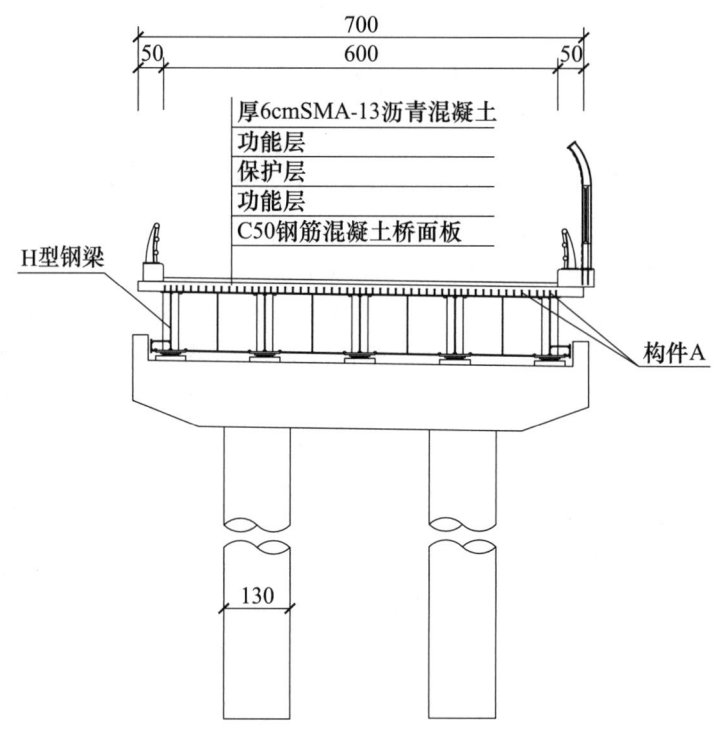

桥梁横断面构造示意图（尺寸单位：cm）

项目部编制的施工组织设计有如下内容：

（1）将上部结构的施工工序划分为：①钢梁制作；②桥面板混凝土浇筑；③组合吊模拆除；④钢梁安装；⑤组合吊模搭设；⑥养护；⑦构件A焊接；⑧桥面板钢筋制安。施工工艺流程为：①钢梁制作→B→C→⑤组合吊模搭设→⑧桥面板钢筋制安→②桥面板混凝土浇筑→D→E。

（2）根据桥梁结构特点及季节对混凝土拌合物的凝结时间、强度形成和收缩性能等方面的需求，设计给出了符合现浇桥面板混凝土的配合比。

（3）桥面板混凝土浇筑施工按上部结构分联进行，浇筑的原则和顺序严格执行规范的相关规定。

> 问题

1. 写出图中构件A的名称，并说明其作用。
2. 施工组织设计（1）中，指出施工工序B~E的名称（用背景资料中的序号①~⑧作答）。
3. 施工组织设计（2）中，指出本项目桥面板混凝土配合比须考虑的基本要求。
4. 施工组织设计（3）中，指出桥面板混凝土浇筑施工的原则和顺序。

第一部分　52道经典一建案例题（2013—2024年）

参考答案

1. 写出图中构件A的名称，并说明其作用。

【参考答案】

（1）A的名称：传剪器（或剪力键、剪力钉）。

（2）A的作用：使钢梁与钢筋混凝土板共同工作（或共同受力、形成整体作用）。

【解析】

市政教材中将钢梁表面焊接的竖向短钢筋称为传剪器，在《公路桥涵施工技术规范》JTG/T 3650—2020中称为剪力钉，而在钢结构中也可将其称为剪力键。对于这种拿不准到底写哪一种答案的情况，最佳办法是将几种名称均罗列出来。其作用是为了确保钢梁和混凝土这两种具有不同膨胀系数的材料能够形成一个整体并共同工作，可避免结构间的滑移。

2. 施工组织设计（1）中，指出施工工序B~E的名称（用背景资料中的序号①~⑧作答）。

【参考答案】

（1）工序B的名称：⑦构件A焊接（或传剪器焊接）。

（2）工序C的名称：④钢梁安装。

（3）工序D的名称：⑥养护。

（4）工序E的名称：③组合吊模拆除。

【解析】

本题目中共计给出8个工序：①钢梁制作；②桥面板混凝土浇筑；③组合吊模拆除；④钢梁安装；⑤组合吊模搭设；⑥养护；⑦构件A焊接；⑧桥面板钢筋制安。施工工艺流程为：①钢梁制作→B→C→⑤组合吊模搭设→⑧桥面板钢筋制安→②桥面板混凝土浇筑→D→E。

比较容易确定的是D、E，因为在②桥面板混凝土浇筑这个工序之后，对混凝土进行养护，养护完成后拆除模板是最基本的施工常识，所以工序D是⑥，工序E是③。

B、C在剩余的④钢梁安装和⑦构件A（传剪器）焊接中选择，其先后次序有争议。在实际施工时有两种情况：一种是将钢梁的传剪器全部焊接完成再进行安装，另一种是将钢梁安装完成后在桥面焊接传剪器。然而，市政教材中明确指出先焊接传剪器再现场安装钢梁。因此，工序B应该是⑦，工序C应该是④。

3. 施工组织设计（2）中，指出本项目桥面板混凝土配合比须考虑的基本要求。

【参考答案】

桥面混凝土须具备缓凝、早强、补偿收缩性。

【解析】

题目要求指出本项目桥面板混凝土配合比应考虑的基本要求。本题在案例背景中有明显的提示："根据桥梁结构特点及季节对混凝土拌合物的凝结时间、强度形成和收缩性能等方面的需求，设计给出了符合现浇桥面板混凝土的配合比"，再结合案例背景中"今夏某公司承建一座城市桥梁二期匝道工程，为缩短建设周期……"，不难看出命题人考核的就是教材中该知识点。

4. 施工组织设计（3）中，指出桥面板混凝土浇筑施工的原则和顺序。

【参考答案】

（1）混凝土浇筑的原则：全断面、连续浇筑。

（2）混凝土浇筑的顺序：顺桥向自跨中向支点处交会，或由一端开始浇筑；横桥向应由中间开始向两侧扩展。

【解析】

市政专业考试中难以把握的因素之一是考试题型的不确定性。考试中常常会出现识图、计算，以及未在教材中介绍的工法等内容。然而，有时也会直接考核教材原文，就像这个问题一样，答案完全可以在教材中找到。因此，在备考过程中，应该有针对性地记忆一些教材中的施工原则、施工顺序等内容，特别要关注新版大纲中增加的内容。

案例 8　2023 年一建案例题三

某公司承接一项管道埋设项目，将其中的雨水管道埋设安排所属项目部完成，该地区土质为黄土，合同工期 13 天。项目部为了能顺利完成该项目，根据自身的人员、机具设备等情况，将该工程施工中的诸多工序合理整合成三个施工过程（挖土、排管、回填），划分三个施工段并确定了每段工作时间，编制了用双代号网络计划表示的进度计划，如下图所示。

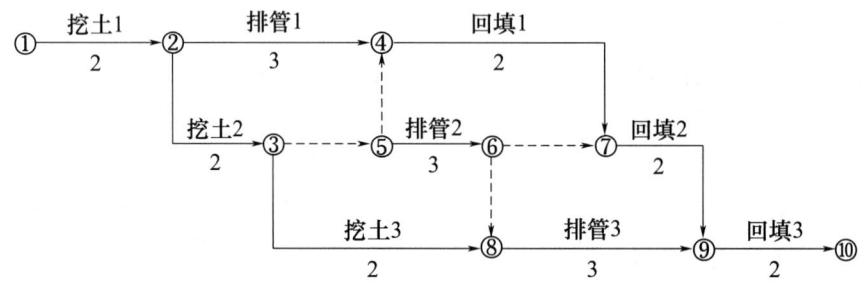

双代号网络计划表示的进度计划图

问题

1. 改正图中的错误（用文字表示）。

2. 写出排管 2 的紧后工作与紧前工作。

3. 图中的关键线路为哪条？计划工期为多少天？能否按合同工期完成该项目？

4. 该雨水管道在回填前是否需要做严密性试验？我国有哪三种地区的土质，施工雨水管道回填前必须做严密性试验？

第一部分　52道经典一建案例题（2013—2024年）

参考答案

1. 改正图中的错误（用文字表示）。

【参考答案】

虚线箭头应由④指向⑤。

【解析】

尽管一建市政专业在双代号网络图方面的考核难度相对较低，作为应试者仍然需要了解其中的基本常识。

首先，箭线方向应该从较小的节点指向较大的节点。箭线表示工作或任务的关系，箭头指向后续工作或任务，如果箭线方向相反，会导致逻辑混乱，不符合常识。

其次，在网络图中应准确、合理地表示逻辑关系。例如，在本题中，如果从节点⑤指向节点④，将导致挖土2成为回填1的紧前工作，实际上挖土2和回填1是相互独立的任务。因此，应避免这种不合理的逻辑关系。

最后，网络图应准确反映任务之间的先后顺序和依赖关系。在流水作业中，排管2受排管1的工作影响，具有时序上的先后顺序，但在本题中未体现出排管1和排管2的顺序。

2. 写出排管2的紧后工作与紧前工作。

【参考答案】

（1）排管2紧后工作：排管3、回填2。

（2）排管2紧前工作：排管1、挖土2。

【解析】

本小问涉及网络图的基本常识内容。首先，需要强调的是，排管2的紧后工作和紧前工作是根据已经改正后的网络图确定的，并不能基于之前错误的网络图确定。其次，应注意答题的一些细节，例如本题要求写出排管2的紧后工作和紧前工作，那么作答时尽可能按照题目的顺序，先回答紧后工作，再回答紧前工作。

3. 图中的关键线路为哪条？计划工期为多少天？能否按合同工期完成该项目？

【参考答案】

（1）①→②→④→⑤→⑥→⑧→⑨→⑩。

或：挖土1→排管1→排管2→排管3→回填3。

（2）计划工期：2+3+3+3+2=13天=合同工期13天。

（3）能（可以）按合同工期完成该项目。

【解析】

本题存在争议，焦点在于确定关键路径和计算总工期时，是基于案例背景中错误的网络图还是基于已经改正的网络图。在考试中，对案例背景中的网络图进行逻辑修订可以分为两种情况：

第一种情况是案例背景中的网络图存在缺陷，需要优化，但本身是可实施的。

第二种情况是如本题中的形式，案例背景中给出的网络图逻辑混乱，实际上不可实施。

排管 1 和排管 2 之间缺乏逻辑关系。根据本工程的每项工作时间，在不增设附加条件的情况下，该工程 12 天是无法完成的。

因此，即使题目没有明确要求按照修改后的网络图找出关键路径和计算总工期，我们仍然应该根据正确的网络图进行作答。这是因为改正后的网络图更符合实际情况，能够提供准确的结果。

另外，本题要求确定关键线路，但并未明确要求使用何种表达方式。一般情况下，可以使用节点和箭线的形式表示，当然在考试中，为了确保准确性，可以在答题卡中同时使用节点+箭线和工作+箭线的方式进行表达。

4. 该雨水管道在回填前是否需要做严密性试验？我国有哪三种地区的土质，施工雨水管道回填前必须做严密性试验？

【参考答案】

（1）不需要。

（2）有湿陷性黄土（湿陷土）地区土质、膨胀土地区土质、流砂土地区的土质时，施工雨水管道回填前必须做严密性试验。

【解析】

关于无压管道的严密性试验，一建市政教材对此有两部分描述。第一部分"污水、雨污水合流管道及湿陷土、膨胀土、流砂地区的雨水管道，必须经严密性试验合格后方可投入运行"。该描述依据的是《给水排水管道工程施工及验收规范》GB 50268—2008 中 9.1.1 的规定。第二部分"湿陷性黄土、膨胀土和流砂地区雨水管渠及其附属构筑物应经严密性试验合格后方可投入运行"。该描述依据的是《城乡排水工程项目规范》GB 55027—2022 中 3.3.7 的规定。考试时，可以按照本题的答题方式去捕捉采分点。

案例 9  2023 年一建案例题四

背景资料

某公司承建一项城市综合管廊项目，为现浇钢筋混凝土结构，结构外形尺寸为 3.7m×8.0m，标准段横断面布置有 3 个舱室。明挖法施工，基坑支护结构采用 SMW 工法桩+冠梁及第一道钢筋混凝土支撑+第二道钢管撑，基坑支护结构横断面如图 1 所示。

项目部编制了基坑支护及开挖专项施工方案，施工工艺流程如下：施工准备→平整场地→测量放线→SMW 工法桩施工→冠梁及混凝土支撑施工→第一阶段土方开挖→钢围檩及钢管撑施工→第二阶段土方开挖→清理槽底并验收。专项方案组织专家论证时，专家针对方案提出如下建议：补充钢围檩与支护结构连接细部构造；明确钢管撑拆撑实施条件。

问题一：项目部补充了钢围檩与支护结构连接节点图，如图 2 所示，明确了钢管撑架设及拆除条件，并依据修改后的方案进行基坑开挖施工，在第一阶段土方开挖至钢围檩底下方 500mm 时，开始架设钢管撑并施加预应力，在监测到支撑轴力有损失时，及时采取相应措施。

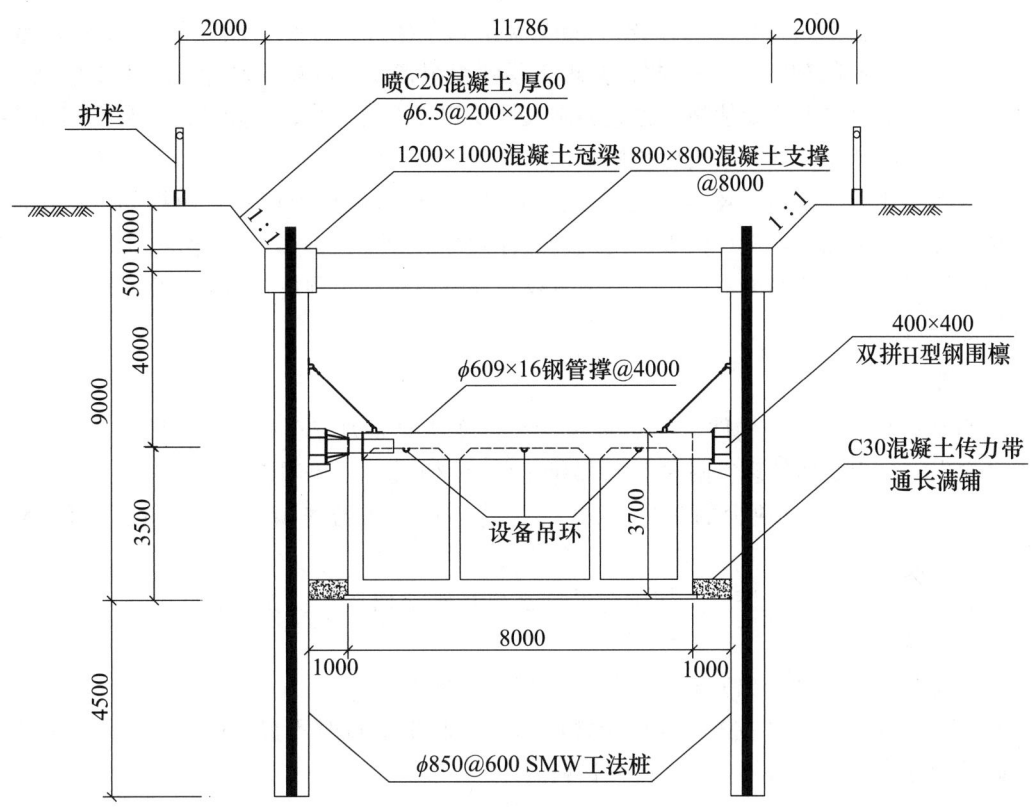

图1 基坑支护结构横断面示意图（尺寸单位：mm）

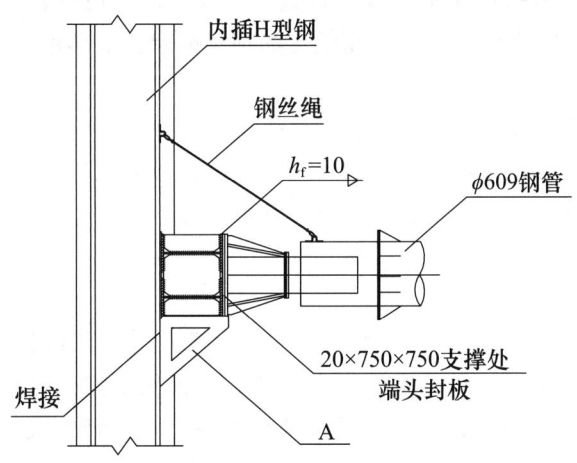

图2 钢围檩与支护结构连接节点示意图（尺寸单位：mm）

问题二：项目部按以下施工工艺流程进行管廊结构施工。

施工准备→垫层施工→底板模板施工→底板钢筋绑扎→底板混凝土浇筑→拆除底板侧模→传力带施工→拆除钢管撑→侧墙及中隔墙钢筋绑扎→侧墙内模及中隔墙模板安装→满堂支架搭设→B→侧墙外模安装→顶板钢筋绑扎→侧墙、中隔墙及顶板混凝土浇筑→模板支架拆除→C→D→土方回填至混凝土支撑以下500mm→拆除混凝土支撑→回填完毕。

问题三：满堂支架采用 φ48mm×3.5mm 盘扣式支架，立杆纵、横向间距均为 900mm，步距 1200mm，顶托安装完成后，报请监理工程师组织建设、勘察、设计及施工单位技术负责人、项目技术负责人、专项施工方案编制人员及相关人员验收，专业监理工程师指出支架搭设不完整，需补充杆件并整改后复检。

问题四：侧墙、中隔墙及顶板混凝土浇筑前，项目部质检人员对管廊钢筋、保护层垫块、预埋件、预留孔洞等进行检查，发现预埋件被绑丝固定在钢筋上，预留孔洞按其形状现场割断钢筋后安装了孔洞模板，吊环采用螺纹钢筋弯曲做好了预埋，检查后要求现场施工人员按规定进行整改。

> 问题

1. 问题一中，图2中构件A的名称是什么？施加预应力应在钢管撑的哪个部位？支撑轴力有损失时，应如何处理？附着在H型钢上的钢丝绳起什么作用？

2. 问题二中，补充缺少的工序B、C、D的名称，现场需满足什么条件方可拆除钢管撑？

3. 问题三中，顶托在满堂支架中起的什么作用？如何操作？支架验收时项目部还应有哪些人员需要参加？

4. 专业监理工程师指出支架不完整，补写缺少的部分。

5. 问题四中，预埋件应该如何固定才能避免混凝土浇筑时不覆盖不移位？补写孔洞钢筋正确处理办法。设备吊环应采用何种材料制作？

> 参考答案

1. 问题一中，图2中构件A的名称是什么？施加预应力应在钢管撑的哪个部位？支撑轴力有损失时，应如何处理？附着在H型钢上的钢丝绳起什么作用？

【参考答案】

（1）A的名称：钢支架（临时角撑、钢牛腿）。

（2）施加预应力应在钢管撑的活络头端（活络端、活动端）。

（3）轴力有损失时，应再次施加预应力（补加轴力）。

（4）钢丝绳作用：钢支撑防坠落（防掉落）。

【解析】

本题涉及四个小问，因此每个小问的分值不会太高。图2的名称是"钢围檩与支护结构连接节点示意图"。结合图1，可以看到构件A位于钢围檩下方，起到承托钢围檩重力的作用。该知识点在2021年二建考试中，命题人将该构件标记为钢支架。在不同地方，这个构件可能有不同的名称，如钢牛腿、临时角撑等。在这种图形中，对构件名称的多写不会扣分，因此大多数考生仍然能够得分。

基坑中的钢管支撑一端固定于围护结构，另一端为活动端，钢支撑利用活动端的活络头施加预应力。因此，在本题中，写活络头端或活动端均可得分。

第三小问是一个曾经考核过的考点，也是教材的原文内容。

前面已经提到，钢支撑需要施加预应力。然而，由于基坑的变形导致钢支撑的预应力损失和变化，存在钢支撑发生坠落事故的风险。在这种情况下，钢丝绳可以发挥作用，用于固定和束缚钢支撑，防止其坠落到基坑内。

2. 问题二中，补充缺少的工序 B、C、D 的名称，现场需满足什么条件方可拆除钢管撑？

【参考答案】

（1）工序 B：顶板模板安装。工序 C：外防水施工。工序 D：防水保护层施工。

（2）拆撑条件：传力带强度满足设计要求。

【解析】

在本题中，工序 B 属于结构施工的常识内容，从命题者展示的工序中可以明确得知，该综合管廊的侧墙、中墙和顶板是一次性浇筑的。在浇筑混凝土之前，侧墙和中墙的钢筋及其模板、顶板的支架和钢筋等工序已经展示。因此，工序 B 应是顶板的模板。至于工序 C 和工序 D，它们的前序工作是模板支架的拆除，后续工作是回填。因此，综合管廊的外防水施工和防水保护层施工最符合题意。

3. 问题三中，顶托在满堂支架中起的什么作用？如何操作？支架验收时项目部还应有哪些人员需要参加？

【参考答案】

（1）作用：调整标高（高程），稳定支撑横梁。

（2）操作：顶模安装后，根据测量结果旋转调节装置，达到高程后，锁定固定部件。

（3）还需参加人员：项目负责人、项目专职安全生产管理人员（专职安全员）、施工员、施工班组长。

【解析】

无论是碗扣式支架、轮扣式支架、扣件式支架还是盘扣式支架，都需要配置可调拖撑（顶托）和可调底座（底托）。底托用于在支架搭设初期进行高度调整，确保支架的基础水平稳固。然而，一旦支架搭建完成，支架杆件相互连接后，底托无法再进行调整。若需要微调支架的高程或预拱度，只能通过旋转顶托的调节装置进行调整。此外，顶托的上部采用 U 形槽设计，能够稳定支撑横梁。

在案例背景中，参加验收的人员包括监理、建设、勘察、设计及施工单位技术负责人，项目技术负责人，专项施工方案编制人员。在补充相关人员时，应围绕施工单位的项目部展开。项目负责人（项目经理）一定要参加，另外项目专职安全生产管理人员（专职安全员）也必须参加。此外，搭设支架的操作方班组长及现场监督指挥人员、施工员也有可能是本题的采分点。

4. 专业监理工程师指出支架不完整，补写缺少的部分。

【参考答案】

应补写斜撑（斜杆）、扫地杆（钢管加固）、剪刀撑、可调底座。

【解析】

本题考核的内容是盘扣式支架（支撑架）。即使对该支架不熟悉，考生也可以根据通用的支架知识进行作答。例如，在案例背景中提到了顶托，应该联想到支架的底座（可调底座）。背景还提及了立杆纵向和横向的间距，以及步距的数值，但没有提到扫地杆、剪刀撑和斜撑等加固杆件的名称。这些设施应该是需要补充的内容。

5. 问题四中，预埋件应该如何固定才能避免混凝土浇筑时不覆盖不移位？补写孔洞钢筋正确处理办法。设备吊环应采用何种材料制作？

【参考答案】

（1）固定方式：预埋件应焊接（或用螺栓固定）在模板上。

（2）孔洞钢筋处理方法：孔洞应按图配筋，并将洞口钢筋加固补强。

（3）设备吊环应采用未经冷拉的 HPB300 热轧光圆钢筋制作。

【解析】

本题涉及的技术知识相对专业，许多考生可能没有相关知识储备。然而，市政专业考试的特点是技术方面的内容考核广泛，但深度有限。遇到这类问题时，考生应根据案例背景整理答案。

对于第一个问题，施工班组为了避免混凝土浇筑过程中预埋件被覆盖和位移，选择将预埋件通过绑丝固定在钢筋上。即使没有实际工程经验，考生也可以从命题人给出的背景资料中分析出预埋件固定在钢筋上是不合适的。因此，正确的选择是将预埋件固定在模板上。在钢筋上使用绑丝固定显然不够牢固，因此可以焊接或使用螺栓将预埋件固定在模板上。

对于第二个问题，即"预留孔洞按其形状现场割断钢筋后安装了孔洞模板"，考生需要给出正确的孔洞钢筋处理方法。既然现场按照预留洞的形状切割钢筋不正确，那么合理的解决方法是按照图纸要求进行配筋，在配筋阶段保留洞口位置，并对预留洞口钢筋加固。

第三个问题涉及教材原文的内容，即使没有记住该知识点，也可以从案例背景中的螺纹钢筋不合理推断出应该使用光圆钢筋。

案例 10　2023 年一建案例题五

某公司中标城市轨道交通工程，项目部编制了基坑明挖法、结构主体现浇的施工方案。根据设计要求，本工程须先降方至两侧基坑支护顶标高后再进行支护施工，降方深度为6m，黏性土层，1∶0.375 放坡，坡面挂网喷浆。横断面如下图所示。施工前对基坑开挖专项方案进行了专家论证。

基坑支护结构分别由地连墙及钻孔灌注桩两种形式组成，两侧地连墙厚度均为 1.2m，深度为 36m。两侧围护桩均为 ϕ1.2m 钻孔灌注桩，桩长 36m，间距 1.4m。围护桩及桩间土采用网喷 C20 混凝土。中隔土体采用管井降水，基坑开挖部分采用明排疏干。基坑两端未接邻标段封堵墙。

基坑采用三道钢筋混凝土支撑+两道 ϕ609mm×16mm 钢支撑，隧道内净高 12.3m，汽车吊配合各工序吊装作业。

施工期间对基坑监测的项目有围护桩及降方层边坡顶部水平位移、支撑轴力,随时分析监测数据。

地下水分布情况如横断面示意图所示。

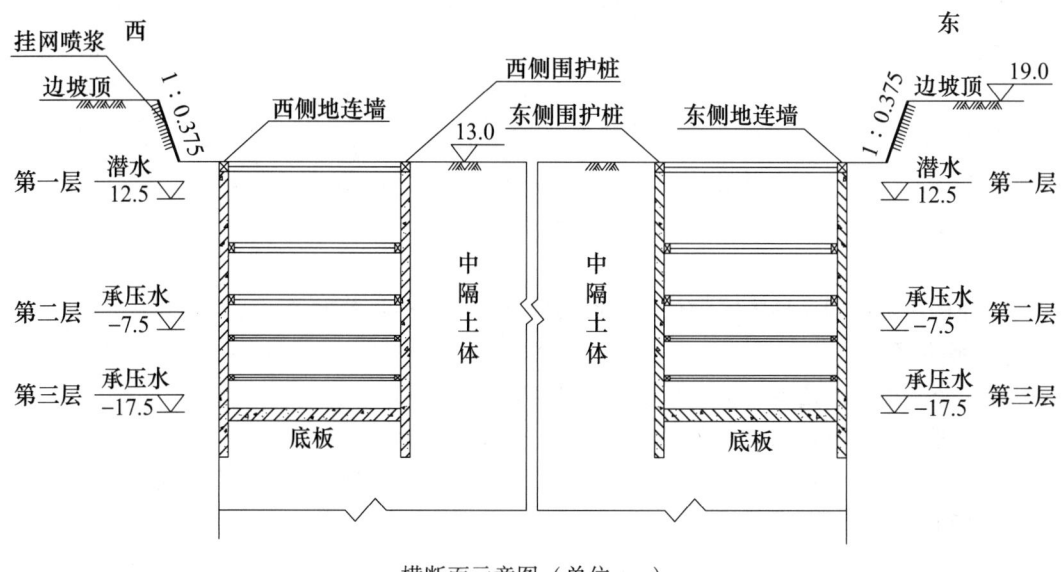

横断面示意图(单位:m)

> 问题

1. 本工程涉及超过一定规模的危险性较大的分部分项工程较多,除降方和基坑开挖支护方案外,依据背景资料,另补充三项需专家论证的专项施工方案。
2. 分析两种不同支护方式的优点及两种降排水措施产生的效果。
3. 本工程施工方案只考虑采用先降方后挂网喷浆护面措施,还可以使用哪些常用的坡脚及护面措施?
4. 降方工作坡面喷浆不及时,发生边坡失稳迹象可采取的措施有哪些?
5. 补充基坑监测应监测的项目。

> 参考答案

1. 本工程涉及超过一定规模的危险性较大的分部分项工程较多,除降方和基坑开挖支护方案外,依据背景资料,另补充三项需专家论证的专项施工方案。

【参考答案】

(1) 降水工程专项施工方案。

(2) 隧道混凝土模板支撑体系(混凝土模板支撑工程)专项施工方案。

(3) 地下连续墙钢筋笼吊装专项施工方案。

【解析】

本题属于"两专"考点,难度系数较高,主要原因是题目要求写出需要专家论证的三个专项施工方案。如果题目没有明确规定方案的数量,回答起来相对简单,因为可以对案例背景中描述不是很清晰的专项方案进行论证。然而,如果案例背景明确规定了需要论证的方案数量，回答时不能超过规定的数量，因为在阅卷时，只会考虑前三项的答案作为评分标准，从第四项以后的答案不会计入评分。

首先，根据案例背景，降水采用管井和集水明排方式，且基坑深度超过5m，因此降水方案是必答项。其次，隧道内净高为12.3m，超过了8m，且为现浇结构，因此隧道顶板的支撑（支架）工程的专项方案也需专家论证。本题第三个需要专家论证的专项方案有一定的难度。根据建办质〔2018〕31号文的要求，隧道模比较合理，但是根据市政专业考试要求，需要对案例背景进行实质性响应。在本题背景中，特意交代采用汽车吊配合吊装作业，并且地连墙深度达到36m，厚度达到1.2m。因此，根据命题者的思路，第三个专项方案应该是地下连续墙钢筋笼吊装专项方案。

2. 分析两种不同支护方式的优点及两种降排水措施产生的效果。

【参考答案】

（1）外侧选择地连墙起止水帷幕作用（隔离地下水）。

（2）内侧选择围护桩（钻孔灌注桩），降低工程造价。

（3）两种降排水措施产生的效果：疏干土体以提升其强度，创造无水作业环境。

【解析】

钻孔灌注桩和地连墙两种支护方式都有很多优点，但是本题要结合案例背景分析：为什么本工程中外侧采用地连墙支护而内侧核心土位置采用钻孔灌注桩支护？钻孔灌注桩和地连墙两种支护结构有相同点和不同点的优势，既然在不同位置采用了不同方式，所以需要从两种支护方式优点的不同点展开回答。根据背景图，本工程地下水位较高，因此地连墙不仅作为支护结构，还承担止水帷幕的作用。如果基坑两侧采用钻孔灌注桩，则无法满足止水效果。然而，在隧道中隔土采用了管井降水后，不再需要设置帷幕。如果仍然采用地连墙，会增加成本。为了降低工程造价，中隔土位置的支护采用钻孔灌注桩即可。

本题的第二个问题是降排水措施的效果，也就是降水措施的最终目的。降水后，基坑和沟槽中土体的水分被排除，土体的强度得以提升，并且确保后续施工在干燥、无水的作业环境中进行。

3. 本工程施工方案只考虑采用先降方后挂网喷浆护面措施，还可以使用哪些常用的坡脚及护面措施？

【参考答案】

（1）叠放砂包或土袋。

（2）水泥砂浆或细石混凝土抹面。

（3）锚杆喷射混凝土护面。

（4）塑料膜或土工织物覆盖坡面。

（5）土钉墙。

【解析】

在基坑放坡开挖中，为了保障边坡的稳定性，以及防止基坑坡面被雨水冲刷，可以采取堆载、硬化和覆盖三种措施。在案例背景中提到的挂网喷浆护面属于硬化措施的一种。

除此之外，硬化措施还可以采用水泥砂浆或细石混凝土抹面、锚杆喷射混凝土护面、土钉墙等方法。堆载保护措施是直接在坡脚和坡面位置堆放砂包或土袋等材料的方式来增加边坡的稳定性。另一种简单的保护措施是覆盖，可以在坡面上直接覆盖塑料膜或土工织物等材料。

4. 降方工作坡面喷浆不及时，发生边坡失稳迹象可采取的措施有哪些？

【参考答案】

可以采取以下措施：加强监测、注浆加固、削坡、坡顶卸荷（载）、坡脚压（堆）载、必要时基坑回填。

【解析】

在回答本题时，一定要仔细阅读题目和案例背景资料。根据背景资料，本工程的基坑是分两步进行开挖的。开挖深度为6m的降方采用了放坡开挖的方式，坡度为1∶0.375，并进行了坡面挂网喷浆。题目要求写出在降方工作中，如果坡面喷浆不及时，发生边坡失稳迹象可采取的措施。因此增设支撑等内容与答案无关，不是本题的采分点。另外，从图中也可以明显看出，地下水埋深为6.5m，在降方工作中不会对其造成影响。所以，本题的采分点主要围绕注浆、监测、削坡、堆载、卸载和回填等方向展开。

5. 补充基坑监测应监测的项目。

【参考答案】

基坑监测应监测的项目还有：支护桩（墙）、边坡顶部竖向位移；支护桩（墙）体水平位移；地表沉降；竖井井壁支护结构净空收敛；地下水位。

【解析】

2023年考题是基于当年教材编写的。当时，教材中基坑工程监测项目表格依据的是《建筑基坑工程监测技术标准》GB 50497—2019。然而，在2024年新大纲体系下，教材对基坑工程监测项目表格进行了调整，新表格依据的是《城市轨道交通工程监测技术规范》GB 50911—2013。这两部规范在监测项目的规定上有一定区别。学习经典题的目的是应对未来的考试，因此本题目及参考答案均依据当前新教材内容进行整理。

本题背景资料虽然没有明确提及基坑的级别（一级、二级或三级），但从案例图示可知基坑总开挖深度超过了36m。根据《城市轨道交通工程监测技术规范》GB 50911—2013，这种情况下的基坑被归类为一级基坑。根据该规范，一级基坑应测项目包括以下10项：支护桩（墙）、边坡顶部水平位移；支护桩（墙）、边坡顶部竖向位移；支护桩（墙）体水平位移；立柱结构竖向位移；立柱结构水平位移；支撑轴力；锚杆拉力；地表沉降；竖井井壁支护结构净空收敛；地下水位。

根据案例背景描述"施工期间对基坑监测的项目有围护桩及降方层边坡顶部水平位移、支撑轴力"，那么在答案中，这两项一定不会是采分点。此外，案例背景资料没有提及工程中有锚杆或支撑立柱的信息，因此立柱结构竖向位移、立柱结构水平位移和锚杆拉力也不会是本题的采分点。综上所述，在考试时只需要回答新教材表格中其他五项基坑监测项目即可。

案例 11　2022 年一建补考案例题一

背景资料

甲公司中标某城市主干道工程项目，全长 960m，宽 30m。道路结构为：上面层 40mm 厚 AC-13，中面层 60mm 厚 AC-20，底面层 80mm 厚 AC-25，基层 300mm 厚水泥稳定碎石，底基层 400mm 厚石灰土。该工程工期要求 8 月 15 日开工，10 月 30 日竣工。

路基施工过程中，项目桩号中段受地下一条光缆迁移滞后的影响，导致该路段无法贯通。经与相关部门协商，项目部将该段的施工推迟，并对进度计划做了适当的调整，见下表。

进度计划表

工作名称	工期（天）																					
	1	2	3	4	5	6	7	8	9	10	11	12	13	14	15	16	17	18	19	20	21	… 30
路基	■																					
石灰土底基层		■	■	■	■	■	■	■	■	■												
水泥稳定碎石基层											■	■	■	■	■	■	■	■				
面层																			■	■		
收尾竣工验收																					■	■

项目部安排中段石灰土底基层的摊铺工作在 11 月 2 日开始，当天气象预报最高温度为 5℃。项目部对施工班组提出了保工期要求，在剩余时间内要求完成进度计划，采取保证石灰土底基层质量控制的措施有：提高掺灰量，控制好虚铺厚度，石灰土应当天碾压成活，横向接缝应尽量减少，碾压时采用先轻型、后重型压路机碾压。

为保证按工期交工，项目部将平石、路缘石安砌项目经建设单位批准分包给了乙公司。乙公司编制了施工方案并履行审批手续后，立即组织了施工。

在施工方案中路缘石、平石安砌包括：①施工准备；②铺筑水泥砂浆；③测量放线；④开挖基槽；⑤场地清理；⑥勾缝及浇筑靠背混凝土；⑦安砌路缘石、平石；⑧成品复测等 8 个工序。

竣工两个月后，发现在该路中段，后期施工的路面出现多条间隔 30~40m 的横向贯穿裂缝。

问题

1. 补充项目部关于石灰土底基层施工质量控制措施。

2. 甲公司的分包做法是否正确？说明理由。乙公司立即组织了施工是否妥当？说明理由。
3. 路面出现横向贯穿裂缝的主要原因是什么？
4. 将路缘石、平石安砌工程的工序进行排序。

参考答案

1. 补充项目部关于石灰土底基层施工质量控制措施。
【参考答案】
（1）厂拌、原材料检验，调整拌合用水量、强制式拌合。
（2）运输中覆盖保温。
（3）日气温最高时段摊铺。
（4）碾压时控制压实机具和含水率。
（5）压实后覆盖养护并封闭交通。

【解析】
根据案例背景资料，项目部对石灰土底基层的质量控制措施涵盖了原材料拌合、摊铺和碾压等环节。但是，有几个细节没有提到，需要补充。第一，在材料拌合过程中，应注意石灰的质量控制和合理的用水量。第二，材料的运输需要考虑保温措施，以确保低温条件下材料质量的稳定。第三，摊铺时应关注环境温度，特别是在11月2日最高气温仅为5℃的情况下，需要采取保温措施。第四，在碾压阶段，选择适宜的压实机具，并控制石灰土的含水率，以提高底基层的密实度和稳定性。第五，在养护阶段，需要覆盖养护和封闭交通，以保持底基层的温度稳定，并防止外界因素对养护层的影响。

2. 甲公司的分包做法是否正确？说明理由。乙公司立即组织了施工是否妥当？说明理由。
【参考答案】
（1）甲公司的分包做法正确。
理由：平石、路缘石安砌不属于道路主体工程，故可以分包，且分包已得到建设单位批准。
（2）乙公司立即组织了施工不妥。
理由：施工前还应进行现场调查、培训考核、安全技术交底后方可施工。

【解析】
本题是一道管理题目，其中第一小问涉及分包，这是一建市政专业常见的考点，难度相对较低。回答这类题目的核心在于确定该工程是否属于主体结构。主体结构工程不允许进行分包，而非主体工程可以进行分包。此类题目有时会设置隐藏的采分点，例如本题中特意强调经建设单位批准，这通常是其中的一个采分点。

第二小问涉及立即组织施工的问题。这类问题通常意味着某些必要的工作未能及时完成。从管理的角度来看，除了编写并审批方案外，还需要进行现场调查、培训考核和安全技术交底等工作。这几个方向基本涵盖了本小问的采分点。

3. 路面出现横向贯穿裂缝的主要原因是什么？

【参考答案】
（1）石灰土底基层长期低于5℃，导致后期强度未增长。
（2）底基层和基层一次性摊铺厚度超标。
（3）基层未制定冬期施工措施。
（4）底基层与基层横向接缝未能错开。
（5）底基层和基层养护时间不足。
（6）沥青面层冬期施工未采取有效措施。

【解析】
本题需要与案例背景充分结合才能获取更多的采分点。

首先，本工程采用石灰土作为底基层，在11月2日进行施工，施工时最高气温仅为5℃。由于施工完后的养护期更接近冬季，温度逐渐降低。而石灰土在低于5℃时强度几乎无法增长，在后期施工时使用振动压路机进行碾压，可能导致底基层出现碎裂情况。

其次，本工程的底基层厚度为400mm，基层厚度为300mm。根据横道图中基层与底基层施工的时间为8天和9天，而规范规定基层（底基层）养护的时间不能少于7天。因此，基层和底基层的摊铺和碾压只能在1~2天内完成，无法实现分层施工，一次性摊铺碾压很难保证达到所需的压实度要求。此外，基层（底基层）的养护时间至少应为7天，但在温度较低的情况下，养护时间应适度延长。在本工程中，养护时间不足也是导致裂缝出现的一个重要原因。

再次，题目中只提到底基层施工制定了质量保证措施，而基层和面层施工更接近冬季，在案例背景中并未提及制定保护措施的信息，所以这也可能是裂缝产生的原因之一。

最后，案例背景中提到在底基层施工时应尽量减少横向接缝，但并不能完全避免接缝的存在。根据案例背景中描述的情况，在间隔30~40m的位置出现的横向贯穿裂缝很有可能是基层与底基层的横向接缝位置，而且不排除在施工过程中未能确保底基层与基层接缝错开足够的距离，导致应力集中。由于接缝本身是受力的薄弱部位，最终导致裂缝向面层传导。

本题的设问相对较少，所以每个问题的分值可能较高。因此，在回答时应该用简洁的语言多梳理几条可能涉及的采分点。

4. 将路缘石、平石安砌工程的工序进行排序。

【参考答案】
①施工准备→③测量放线→④开挖基槽→②铺筑水泥砂浆→⑦安砌路缘石、平石→⑧成品复测→⑥勾缝及浇筑靠背混凝土→⑤场地清理。

【解析】
本小问并非题中的问题，而是通过本案例增加的一个考点。它以排序题的形式出现，涉及路缘石和平石的安装顺序。尽管这个问题不属于教材内容，但它属于施工现场的常识，备考时可以将其作为一个补充知识点，这样的知识储备有可能在未来考试中发挥重要作用。

案例 12　2022 年一建补考案例题二

背景资料

某公司承建一项管道工程，长度 350m，管径 2.4m。管道为钢筋混凝土管，采用土压平衡式顶管机，配备 200t×4 千斤顶，单向顶进方式。根据现场条件和设计要求确定了工作井位置。工作井采用现浇钢筋混凝土沉井结构。邻近新建管位既有建筑物和其他管线不在拆迁范围。管道顶进纵剖面如下图所示。

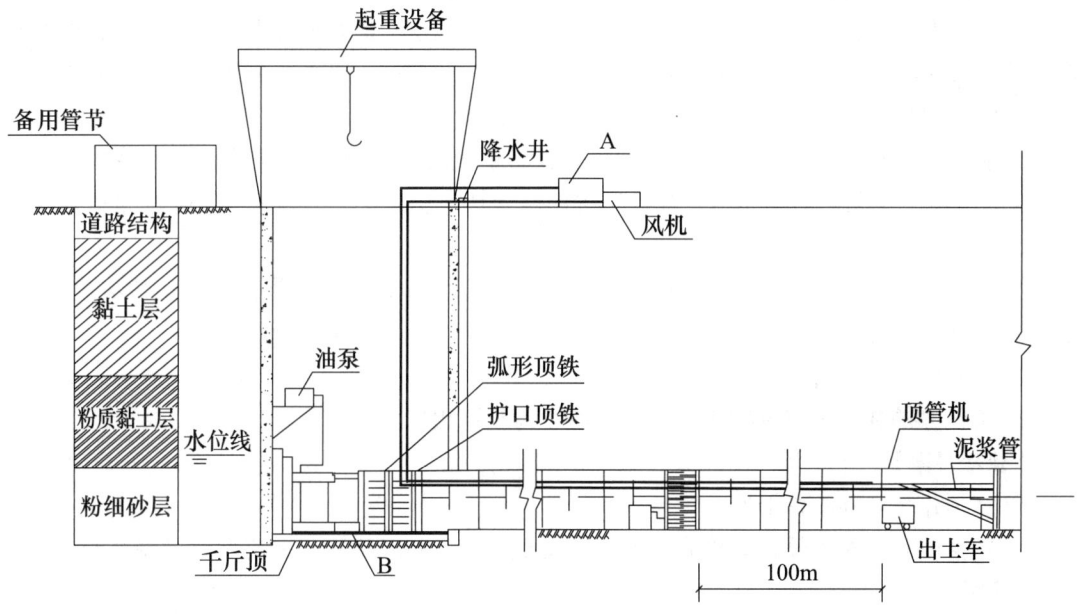

管道顶进纵剖面示意图

在项目部编制的施工组织设计中，针对本工程的特点和难点，制定了以下技术措施：
（1）为解决顶距长、阻力大带来的顶进困难，拟更换较大顶力的千斤顶，以增大顶力。
（2）为防止顶进过程遇软弱土层时管节漂移，加强管道轴线测量，及时调整顶管机的机头方向。
（3）在顶进过程中，当管线偏移量达到允许偏差值时，应进行纠偏。
（4）在顶进过程中，应对周边环境进行监测。
该施工组织设计报单位技术负责人审批，未通过。单位技术负责人对以上技术措施中的三项措施提出修改意见。

问题

1. 写出图中 A、B 的名称。
2. 工作井的井位宜布置在上游还是下游？写出原因。

3. 写出顶进过程中，对周边环境需监测的内容。
4. 修改项目部制定的三项技术措施中不正确之处。

参考答案

1. 写出图中 A、B 的名称。
【参考答案】
A：泥浆泵。B：导轨。
【解析】
在土压平衡顶管施工中，泥浆具有两个主要作用。首先，泥浆可以减小管道与周围土体之间的摩擦阻力，从而使顶管推进更加顺利。其次，在顶进面前方遇到硬质土体时，可以用泥浆来改良土体。泥浆的注入可以软化硬质土体，提高土体的可塑性，从而便于推进管道。这与盾构中的渣土改良是一个道理。无论是减小摩擦阻力还是对硬质土体进行改良，泥浆都需要通过泥浆泵加压来将泥浆输送到具体位置。因此，在背景图中，A 代表的是泥浆泵，起到加压输送泥浆的作用。

图中 B 的名称为导轨，这是顶管施工中常用的设备。导轨位于顶管坑始发井内，其作用是为顶管机械提供导向和支撑，确保顶进的准确性和稳定性，使顶管机械能够沿着预定轨道推进。

在备考过程中，理解和掌握各种工法，并将其进行简明图示，是应对考试的有效策略。这有助于加深对施工过程和关键设备的理解，提高解题的效率和准确性。

2. 工作井的井位宜布置在上游还是下游？写出原因。
【参考答案】
（1）工作井宜布置在下游。
（2）单向长距离顶管，工作井在下游可便于排水和物料运输，且有利于控制高程。
【解析】
在本工程中，顶管长度为 350m，采用单侧顶进方式。地下管道通常具有一定的坡度。如果选择从上游工作井向下游顶进，地下水或顶管坑上方的雨水等将流向顶管机的机头位置，给施工带来很大麻烦。另外，在土压平衡顶管施工中，需要将开挖面的土方运送至工作井。由于工作井位于下游，运土车可以自上游向下游运输土方，这样做便于施工。此外，当进行管道顶进时，管口位置容易发生下沉现象。选择从下游向上游顶进有利于控制管道的垂头现象。因为从下游向上游顶进时，管道会受到土体的支撑，降低了管口下沉的风险。

综上所述，对于本工程而言，将工作井布置在下游位置有利于土方运输，同时有助于控制管道的垂头现象。此外，还便于排水。这些因素有助于确保顶管施工的顺利进行。

3. 写出顶进过程中，对周边环境需监测的内容。
【参考答案】
监测邻近管线变形、沉降、位移；监测邻近建筑物沉降、位移、变形，道路沉降、隆起等。

【解析】

在案例背景中提到，邻近新建管位存在既有建筑物和其他管线，它们不在拆迁范围内。因此，需要监测的对象主要是既有建筑物和其他管线。监测项目指的是监测对象的空间几何变化，即周边管线和邻近建（构）筑物的变形、沉降和位移等。在本题的答案中，关于周边道路的沉降和隆起是基于冗余原则给出的答案，或许可获得更多的分值。

解答问题时，需要分析问题的方向和角度，厘清思路，并结合自己的知识储备，综合考虑多个因素，这是获取采分点的基本原则。

4. 修改项目部制定的三项技术措施中不正确之处。

【参考答案】

（1）顶进困难时，应采用管节外表面熔蜡、管道外围压注触变泥浆或在管道中间设置中继间的措施。

（2）软弱土层顶进时，将前3~5节管体与顶管机连成一体。

（3）管线偏移时，应采取勤测量、勤纠偏、微纠偏（及时纠偏和小角度纠偏）的措施。

【解析】

在顶管过程中遇到顶进困难时，不能随意增加千斤顶的顶力，因为顶管坑围护结构、后背墙、管道强度和千斤顶构成一个整体系统，单独加大千斤顶的顶力可能导致管道或接口破损、后背墙变形等问题。对于顶进距离较长造成的顶力增大，可以采取在管节外表面熔蜡、向管道外注入触变泥浆或在管道中间加入中继间等措施。

在软弱土层顶进时，因为在顶管施工中，混凝土管道之间为柔性接口，管节容易发生漂移。为解决这个问题，可以提高管道的整体性，将前面3~5节管体与顶管机连接起来。

当顶管过程中发生管道偏移时，需要进行纠偏。与定向钻、夯管、箱涵顶进、盾构等工法中的偏移处理方式相似，应及时发现偏差并进行纠偏，同时采用小角度纠偏的方法。

案例 13　2022 年一建补考案例题三

某公司承建一低压燃气管道工程，设计长度为510m，管径为DN200钢管，在现状人行步道下直埋敷设，土质为黏土，无地下水。设计燃气管道位置如图中A、B、C所示。

因路政部门不允许在机动车道开槽施工，项目部编制如下施工方案：采用夯管法埋设DN250钢管作为燃气管道外套管穿越机动车道，从现状埋深1m的直埋电缆上方通过，为减少夯管总长度拟斜穿路口，如图中AC段所示。

经过资料查阅和现场实际调查，发现待夯管位置的路基土体密实，预计夯管阻力较大，会对夯管施工造成困难。为了应对这一情况，施工单位决定采取相应减阻措施。

项目部质检部门对直埋和拟用于套管内的燃气钢管焊缝进行了无损检测的抽检。检验发现某处直埋钢管焊缝不合格，经处理后检验合格，即开始下一道工序。

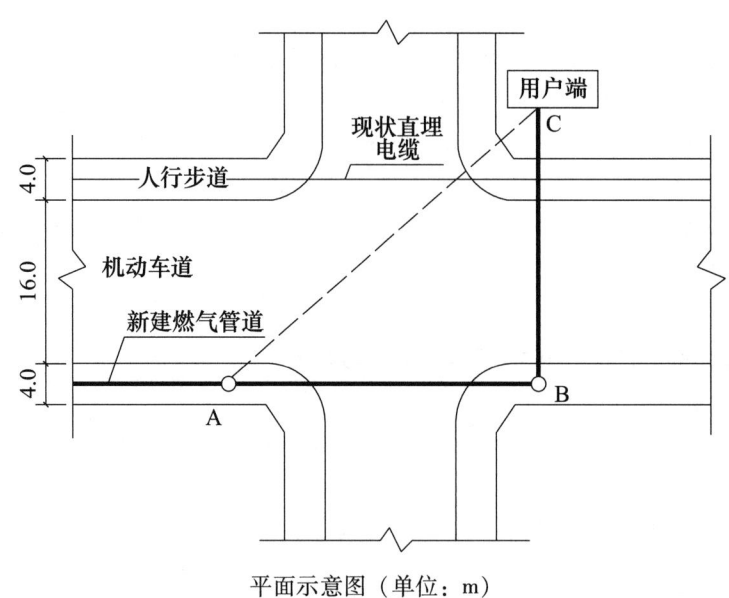

平面示意图（单位：m）

某日，一市民路过夯管工作坑作业区时，不慎滑入工作坑内摔伤，引发民事纠纷。

夯管完成后，项目部将焊接检验合格的燃气钢管穿入套管，对燃气管道与夯管端部进行了节点处理。

> 问题

1. 改正施工方案中套管选择、线路等不符合规定的做法。
2. 改正焊缝检验及处理的不妥之处。
3. 写出项目部在工作坑作业区安全防护方面应采取的措施。
4. 写出项目部在夯管过程中应采取的减阻措施。
5. 对燃气管道与夯管端部应采取何种处理方式？

> 参考答案

1. 改正施工方案中套管选择、线路等不符合规定的做法。
【参考答案】
(1) 燃气管道应垂直穿越道路。
(2) 燃气套管应从电缆下方穿过，以保证夯管覆土厚度大于1m。
(3) 套管直径应比管道直径大100mm（或套管直径应不小于300mm）。
【解析】
本题是一道改错题，涉及燃气管道外套管采用夯管法施工，准备从现状埋深1m的直埋电缆上方穿越。这个考点相对较隐蔽，因为夯管法要求穿越城市道路时，夯管覆土不小于2倍管径，且不得小于1m，所以本案例中夯管管道必须从燃气管道下方穿越。除此之外，本题还包括两个简单的考点：第一是燃气管道套管的直径应比被保护管道直径增加100mm；第二是燃气管道穿越道路时应垂直穿越。

2. 改正焊缝检验及处理的不妥之处。
【参考答案】
(1) 套管内焊缝应 100%检测。
(2) 应再双倍抽检该焊工所焊的同批焊缝,按原检测方法进行检验,第二次抽检仍出现不合格焊缝,应对该焊工所焊全部同批焊缝按原检测方法进行检验。
【解析】
本题涉及两个知识点:第一个是套管内的焊缝必须进行百分之百的无损检测,确保焊缝质量;第二个是管道焊接中最常见的检验要求,即对不合格焊缝的后期检验,应加倍抽检,若再次出现不合格情况,则对该焊工所焊接的所有焊缝进行全面检验。这两个知识点都相对容易得分。

3. 写出项目部在工作坑作业区安全防护方面应采取的措施。
【参考答案】
(1) 上下夯管坑设有安全梯。
(2) 设置高度不低于 2.5m 的硬质金属围挡,并派专人检查维护。
(3) 现场出入口设专人值守,非施工人员不能进入。
(4) 设置警示标志和夜间警示红灯。
【解析】
本小问是作业现场的安全防护问题,市政专业一、二建曾多次考核。

4. 写出项目部在夯管过程中应采取的减阻措施。
【参考答案】
(1) 首节管设置管靴,并在管靴后设置减阻泥浆注浆孔。
(2) 在管外壁注入润滑液或润滑脂等措施,或直接采用内外涂塑钢管。
(3) 对夯进段土体进行预注浆改良。
(4) 采用高频低幅方式夯进。
【解析】
夯管法是一种用于穿越既有道路、河道或铁路的管道施工方法。在施工过程中,通过在拟穿越的河道或构筑物两端设置夯管工作坑,采用夯击的方式将管道从下方穿越出来。夯击过程中,管道的内外壁与土体接触,产生摩擦力。随着夯击管道长度的增加,摩擦力也逐渐增大。此外,管道前方的密实坚硬土质还会带来较大的阻力。为了确保夯进顺利进行,需要采取减小摩擦阻力和管道前方阻力的措施。

影响摩擦力的因素有两个——摩擦面积和摩擦系数。由于摩擦面积无法改变,因此只能通过降低摩擦系数来减小摩擦力。可以通过管道本身和外部因素两个方面来降低摩擦系数。管道本身方面,可以采用涂塑钢管(下图)等进行改善。外部因素方面,可以在管道外壁上注入润滑剂、润滑脂,或者在管靴后方注入触变泥浆等措施来减小摩擦系数。

减小管道前方土体阻力也可以从两个方面进行:首先,可以对管道前方的土体进行注浆,使夯击面前方的土体变软。其次,在夯击过程中,可以采用高频低幅的方式进行夯击,以减小前方土体的阻力。

涂塑钢管

5. 对燃气管道与夯管端部应采取何种处理方式?

【参考答案】

燃气管道与夯管的端部应进行密封处理,并且应该在端部安装检漏管。

【解析】

本工程的核心任务是在现有道路上进行燃气管道的穿越施工,我们采用夯管法来安装过路套管。为确保穿越道路的燃气套管的安全性,需要对套管的两端进行密封,并且安装检漏管。这个知识点过去常出现在选择题中,但随着考试年份的积累,选择题和案例题的考点往往可以自由转换使用。

 2022 年一建补考案例题四

背景资料

甲公司参与某钢结构人行天桥工程的施工投标,并商定与钢结构制作加工合作伙伴乙钢构厂共同实施。中标后,甲公司与乙钢构厂共同实施了人行天桥的加工制造任务。

人行天桥跨越既有城市主干路,主干路横断面为三幅路,混凝土路面。主桥上部结构采用钢箱梁,宽3.5m,跨径30.5m,桥下净高5.5m;四个方向坡道上部结构采用三跨式现浇C40钢筋混凝土连续梯板,宽2.5m;主桥下部结构采用Y形薄壁墩,坡道下部结构采用圆柱墩,基础采用ϕ1200mm混凝土钻孔灌注桩。主桥构造纵断面及钢梁安装如下图所示。

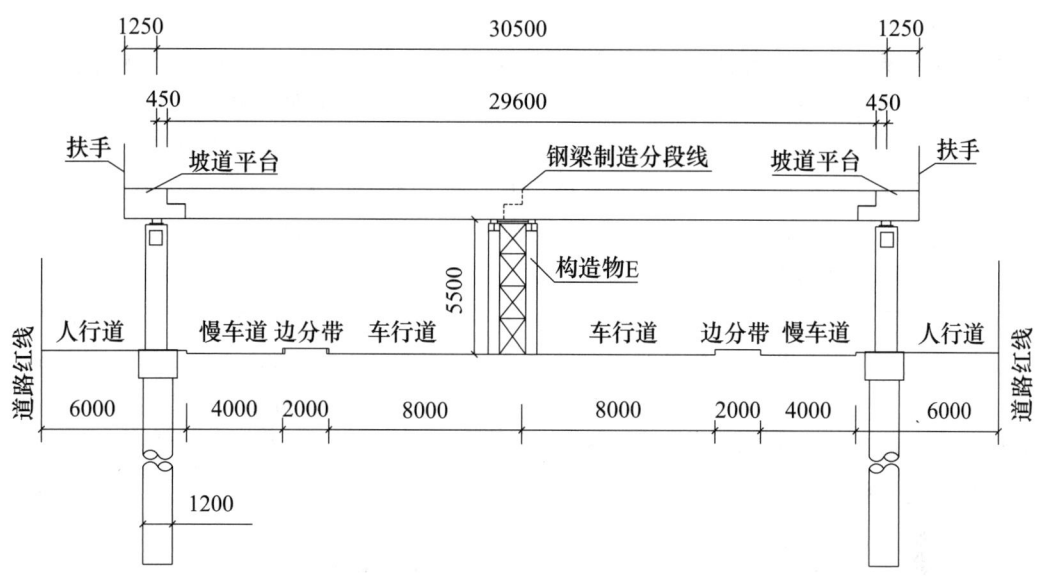

主桥构造纵断面及钢梁安装示意图（尺寸单位：mm）

项目部编制施工组织设计时，根据《危险性较大的分部分项工程安全管理规定》和《住房城乡建设部关于实施〈危险性较大的分部分项工程安全管理规定〉有关问题的通知》的规定，编制了危险性较大的分部分项工程的专项施工方案。施工组织设计明确如下事项：

（1）将钢箱梁制作加工的工序划分为：①钢材矫正；②加工切割；③矫正、制孔及边缘加工；④放样画线；⑤组装与焊接；⑥工厂涂装；⑦构件变形矫正；⑧试拼装。同时，编制了钢箱梁制作加工工艺流程：①钢材矫正→④放样画线→②加工切割→A→B→C→D→⑥工厂涂装。

（2）钢箱梁从跨中分两节段在钢构厂制作完成后，通过公路运输至现场。安装时，在钢箱梁跨中分段位置处的车行道路面上设置构造物 E，如图所示。

问题

1. 甲公司和乙公司可以什么方式合作？乙公司应具备什么条件？
2. 写出工艺流程中 A、B、C、D 代表的工序。
3. 写出构筑物 E 的名称及作用。
4. 从受力角度写出构造物 E 应满足的要求。
5. 本工程涉及的危大工程可能有哪些？
6. 本工程中钢梁安装最适宜的方法是什么？

参考答案

1. 甲公司和乙公司可以什么方式合作？乙公司应具备什么条件？
【参考答案】
（1）可通过采购合同或专业分包形式进行合作。
（2）乙公司具有相应的资质等级、施工技术标准、质量管理体系、质量控制及检验制度。

【解析】

在回答本题之前，让我们先回顾一下2013年一建市政案例题，该题目也涉及钢梁的制作和安装。案例背景描述了根据招标文件和程序，将钢梁加工分包给专业公司，并签订了相应的分包合同。这个案例背景清晰地展示了当时命题者的思路，即将钢梁加工作为专业分包进行处理。因此，在本题中，可以推断甲公司与乙公司可选择采用专业分包形式进行合作。此外，案例背景还提到乙公司是一家专门从事钢结构制作加工的钢构厂，因此甲公司也可以选择与乙公司签订采购合同来合作。

关于乙公司应具备的条件，教材中的描述并不清晰。原文提到，钢梁应由具备相应资质的企业制造，并且需要符合《钢结构工程施工质量验收标准》GB 50205—2020 的相关规定。除此之外，对于钢构加工企业并没有其他的要求。然而，在查阅资料后了解到该标准的3.0.1 条款规定了以下内容：钢结构工程施工单位应有相应的施工技术标准、质量管理体系、质量控制及检验制度，施工现场应有经审批的施工组织设计、施工方案等技术文件。因此，乙公司除了需要具备相应的资质等级外，还需要按照该标准的要求进行回答。

该题目的第二小问充分体现了市政专业考试的特点，即教材中只要求符合某规范的规定，而在考试中，就会直接拿出该规范的内容进行考核。所有为施工现场供应构件的单位，要求相似，主要围绕资质等级、质量管理体系、质量控制、质量检验、技术标准等内容展开。

2. 写出工艺流程中 A、B、C、D 代表的工序。

【参考答案】

A—③（矫正、制孔及边缘加工）；

B—⑤（组装与焊接）；

C—⑦（构件变形矫正）；

D—⑧（试拼装）。

【解析】

本题是一个工序类题目，采用对号入座的考核形式。它属于教材原文内容，只是首次将构件加工厂的施工流程内容用于案例题考核。题目中有8个工序，其中4个工序的位置已经确定，要求考生将剩余的4个工序进行对号入座。

剩余的工序包括：③矫正、制孔及边缘加工；⑤组装与焊接；⑦构件变形矫正；⑧试拼装。在解答这道题时，需要特别关注金属构件加工中特有的工序"矫正"。矫正是指对金属材料或金属构件进行处理，以修正其变形。在案例背景中，剩余的四个工序中有两个涉及矫正，分别是③和⑦。

在施工流程中，工序②加工切割之后是需要补充的工序A。金属材料的切割通常可以使用气割或等离子气割的方法，但这些方法都需要通过高温加热金属来进行切割，这可能导致金属材料发生一定程度的变形。因此，工序A必然需要进行矫正。现在的问题是，工序A到底是工序③矫正、制孔及边缘加工，还是工序⑦构件变形矫正呢？综合分析后发现，工序⑦构件变形矫正是在加工完成后对构件进行的矫正工作，而工序③矫正、制孔及边缘加工是施工过程中对金属材料的矫正。因此，工序A应为工序③矫正、制孔及边缘加工比较合理。

完成了工序③后，工序 B 应该从剩余的⑤、⑦、⑧三个工序中选择。首先可以排除⑦构件变形矫正，因为工序③是矫正、制孔及边缘加工，并未涉及加热工作，而工序⑧的试拼装属于对加工完成的成品进行的工作，因此工序 B 应该是⑤组装与焊接。由于工序⑤涉及焊接，所以在该工序之后需要继续进行矫正，因此工序 C 应该是⑦构件矫正。最后，只剩下一个工序，即工序 D 是⑧试拼装。

3. 写出构筑物 E 的名称及作用。
【参考答案】
（1）构筑物 E 的名称是临时支架（临时支撑、施工支架）。
（2）作用：在钢箱梁的安装过程中，承担桥梁施工荷载的同时，起稳定和安全作用，并提供操作平台。
【解析】
在本题中，E 是设置在车行道路面上的临时支架或临时支撑，并非永久性的下部结构。根据图中所示，钢箱梁被分成两段，在钢构厂制作完成，并且可以清晰地看到临时支架上方有钢箱梁拼接的接口缝。因此，临时支架的主要作用是在钢箱梁安装过程中承担上部的施工荷载，保证结构稳定和安全。另外，考虑到钢箱梁的宽度为 3.5m，在拼接过程中需要一个操作平台，所以在适当的位置，临时支架可以铺设足够的脚手板，成为拼接箱梁所需的操作平台。

4. 从受力角度写出构造物 E 应满足的要求。
【参考答案】
应满足以下要求：承载上部钢箱梁的自重荷载及施工荷载之和，并在不同受力状态下确保足够的强度、刚度、稳定性及安全性。
【解析】
本题要求从受力角度写出临时支架的要求。因此，材料要求、位置要求、基础要求和搭设要求等均不是本题的采分点。临时支架主要承受钢梁的自重荷载及安装过程中的施工荷载。即使对支架的受力情况不清楚，从考试获取采分点的角度来看，也需要写出支架的强度、刚度和稳定性。此外，由于支架设置在现况道路上，还需要满足安全性的要求，以确保不对道路交通和行人造成危险。

5. 本工程涉及的危大工程可能有哪些？
【参考答案】
本工程涉及的危大工程包括：钢结构安装工程；采用非常规起重方法安装工程；混凝土模板支撑工程；基坑土方开挖、支护工程。
【解析】
本题属于"两专"考点，题目要求列举本工程涉及的危大工程，即需要编制安全专项施工方案的分部分项工程，并非要求写出超过一定规模的危大工程（需要组织专家论证的工程），回答时需要区分。

本工程中的钢梁现场安装属于钢结构安装工程，对于钢结构安装工程都需要编制安全专项施工方案。由于钢箱梁的跨度较长且宽度较大，重力肯定超过10kN，通常会采用双机抬吊等非常规起重方法进行吊装。天桥坡道为现浇混凝土，根据图中显示天桥桥下净空为5.5m，所以该处的混凝土模板支撑工程需要编制安全专项施工方案。另外，由图可知，天桥步道位置的桩顶与墩柱底之间为扩大部分，即便施工时基坑不超过3m，因处于步道位置，也依然要编制安全专项施工方案。

6. 本工程中钢梁安装最适宜的方法是什么？
【参考答案】
本工程中钢梁安装最适宜的方法是支架架设法（临时支架架设法）。
【解析】
在城区内，常用的钢梁安装方法包括自行式吊机整孔架设法、门架吊机整孔架设法、支架架设法、缆索吊机拼装架设法、悬臂拼装架设法和拖拉架设法等。根据案例背景图形，在所跨越的道路中间已经安装了临时支架。因此，在这个工程中，最适合的安装方式应该是支架架设法，也可以称为临时支架架设法。

案例 15　2022 年一建补考案例题五

某公司承建一座半地下大型现浇钢筋混凝土结构蓄水池，外形尺寸为 100m×50m×8.6m，水池露出地表 1.5m，场区内地下水较丰富，混凝土设计强度 C35、防渗等级 P8。蓄水池设计采用分块组合结构，由 1#、2#、3#、4# 分块及后浇带组成（施工缝略），结构尺寸如图所示，池体埋地部分自上而下为杂填土、黏土层、粉质黏土及中细砂层。

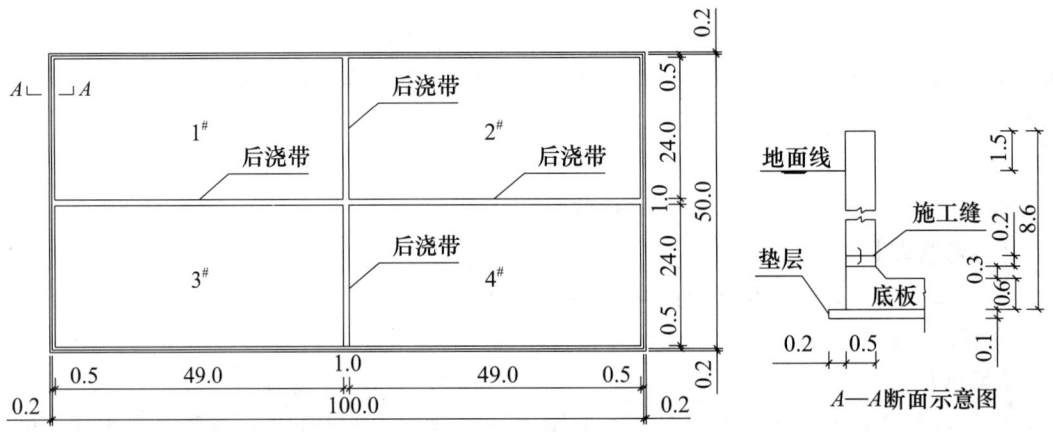

蓄水池组合分段结构平面示意图（单位：m）

项目部编制了基坑开挖专项施工方案,组织了专家论证,专家论证意见为"修改后通过"。项目部立即开始基坑放坡开挖,采用管井降水,将地下水位控制在基坑垫层以下0.5m,确保基坑无水作业。

施工管理人员对蓄水池的钢筋、混凝土的数量进行了计算,制定了材料使用计划。试验人员按照每100m³混凝土为一个验收批留置一组抗压试块,每500m³混凝土为一个验收批留置一组抗渗试块的要求进行了试块制作。

侧壁施工时,模板采用一次安装到顶,侧墙中间部位预留一排浇筑窗口的施工方法,窗口的水平净距为3m。安装窗口模板的时间不超过前一层混凝土的终凝时间。混凝土浇筑完成后,对结构进行了7天养护。

池体结构施工完成后,项目部组织了水池满水试验。试验流程为:试验准备→A→水池内水位观测→B→整理试验结论。

> 问题

1. 列式计算本工程降水深度。
2. 写出需要专家论证的理由,专家至少需要几名,论证结果"修改后通过"直接实施是否正确?
3. 列式计算1#块底板混凝土浇筑方量(保留2位小数),根据计算结果应分别预留多少组抗压和抗渗试块?
4. 改正模板安装及混凝土养护部分的错误做法。
5. 补全满水试验流程中A和B的名称。

> 参考答案

1. 列式计算本工程降水深度。

【参考答案】

8.6−1.5+0.1+0.5=7.7m

【解析】

降水深度为自地面算起至基坑底面以下设计要求的动水位间的深度。降深又称水位降深值,是指降水期间的地下水位变幅。学习过程中不能将两个概念混淆。

2. 写出需要专家论证的理由,专家至少需要几名,论证结果"修改后通过"直接实施是否正确?

【参考答案】

(1) 基坑开挖深度为7.2m,超过了5m,故基坑开挖和降水需要专家论证。

(2) 至少需要5名专家。

(3) 不正确。

理由:按专家意见修改后的专项施工方案应当由该施工单位技术负责人审核签字、加盖单位公章,并由总监理工程师审查签字、加盖执业印章后方可实施,且修改情况应及时告知专家。

【解析】

本题属于"两专"的集中考核点,涵盖多个方面的知识。除了简单的图形计算外,还需要根据危大工程的规定判断案例背景中哪些分部分项工程需要组织专家论证,并了解专家人数的要求。"修改后通过"的专项方案审批程序与最初审批程序相同,不过新版大纲下教材内容并未提及一个重要的知识点,即修改情况应及时告知专家。后期如果再考核到这个知识点,一定要将这句话罗列在答案中。

在备考过程中,应将更多精力投入到"两专"中尚未考核过的内容上。这些内容可能涉及危大工程规定、专家论证的程序和要求,以及修改后通过的方案的相关程序。通过对相关内容的深入学习,可以更好地应对这些冷门考点。

3. 列式计算 1# 块底板混凝土浇筑方量(保留 2 位小数),根据计算结果应分别预留多少组抗压和抗渗试块?

【参考答案】

(1)浇筑混凝土方量:

① 底板混凝土方量:$(24+0.5) \times (49+0.5) \times 0.6 = 727.65 m^3$

② 部分侧墙(导墙)混凝土方量:$(24+0.5+49) \times (0.3+0.2) \times 0.5 = 18.375 m^3$

③ 腋角部分混凝土方量:$(24+49) \times 0.3 \times 0.3 \times 0.5 = 3.285 m^3$

④ 1# 块底板混凝土浇筑方量:$727.65+18.375+3.285 = 749.31 m^3$

(2)留置抗压试块 8 组;留置抗渗试块 2 组。

【解析】

本题是识图计算题目,总体来说图形并不复杂。遇到这种混凝土方量计算的情况,需要将背景资料中的图形进行拆分。例如,本题将混凝土分成纯底板部分、池壁部分(侧墙部分)和腋角部分。

纯底板部分的计算相对简单,只需按照 1# 块底板的长度×宽度×板厚计算即可,需要注意的是,侧墙位置下面也有底板,所以在计算长度和宽度时需要考虑。部分侧墙的计算难度系数也不大,相当于墙宽×墙高×侧墙的长度,在计算侧墙长度时,要注意拐角不能重复计算。腋角位置相当于在侧墙下面的一个小直角三角形,按照三角形的截面面积×长度计算即可。在本题中,腋角的墙角也有少量重合部分,但根据造价规则,这些细节位置的重叠不需要扣除,即便真要扣除,也会发现并不影响计算结果。

4. 改正模板安装及混凝土养护部分的错误做法。

【参考答案】

(1)侧墙应预留两排浇筑窗口,窗口水平净距不宜超过 1.5m。

(2)安装每层窗口模板的时间不超过前一层混凝土的初凝时间。

(3)混凝土浇筑完成后,对结构进行 14 天养护。

【解析】

根据本题案例背景的图形,水池的高度为 8.6m,底板的厚度为 0.6m,底板施工缝位置距离底板顶面以上 0.5m,因此侧墙的总高度为 7.5m。如果只在侧墙预留一排浇筑窗口,窗口的高度将超过3m，不符合规范要求。为了满足规范要求，需要在侧墙预留两排浇筑窗口。

在侧墙预留浇筑窗口时，当混凝土浇筑到窗口位置时，应尽快封闭该窗口，并准备进行上一层的混凝土浇筑。由于侧墙窗口位置不允许出现施工缝，因此后续的混凝土必须在前一层混凝土初凝之前完成浇筑。尽管教材中没有明确说明这一点，但根据施工常识可以得出这个结论。

窗口水平净距和混凝土养护时间这些数值是需要纯记忆的考点，因此需要平时多积累。

5. 补全满水试验流程中A和B的名称。
【参考答案】
A是水池注水；B是蒸发量测定。
【解析】
给排水构筑物功能性试验是市政专业中的重要考点。过去的考试主要集中在注水次数、浸湿面积计算及试验过程中需要检查的项目等方面。然而，本题要求学生在试卷上补充教材中的试验流程，这是首次出现这种情况。这一变化从侧面反映出，命题人更加关注教材中的一些细节，并将其作为备考的重点。

案例16 2022年一建案例题一

某公司承建了一项城市主干道改扩建工程，全长3.9km，建设内容包含道路工程、排水工程、杆线入地工程等。道路工程将既有28m的路幅主干道向两侧各拓宽13.5m，建成55m路幅的城市中心大道，路幅分配情况如下图所示。排水工程将既有车行道下直径1200mm的合流管作为雨水管，西侧非机动车道下新建一条直径1200mm的雨水管，两侧非机动车道下各新建一条直径400mm的污水管，并新建接户支管及接户井，将周边原接入既有合流管的污水就近接入，实现雨污分流。杆线入地工程将既有架空电力线缆及通信电缆进行杆线入地，敷设在地下相应的管位。

工程进行中发生了以下一系列事件：

事件一：道路开挖时在桩号K1+350路面下深-0.5m处发现一处横穿道路的燃气管道，项目部施工时对燃气管道采取了保护措施。

事件二：将用户支管接入到新建接户井时，项目部安排的作业人员缺少施工经验，打开既有污水井的井盖稍作散味处理就下井作业，致使下井的一名工人在井内当场昏倒，被救上时已无呼吸。

事件三：桩号K0+500~K0+950东侧为路堑，由于坡上部分房屋拆迁难度大，设计采用重力式挡土墙进行边坡垂直支护，以减少征地拆迁。

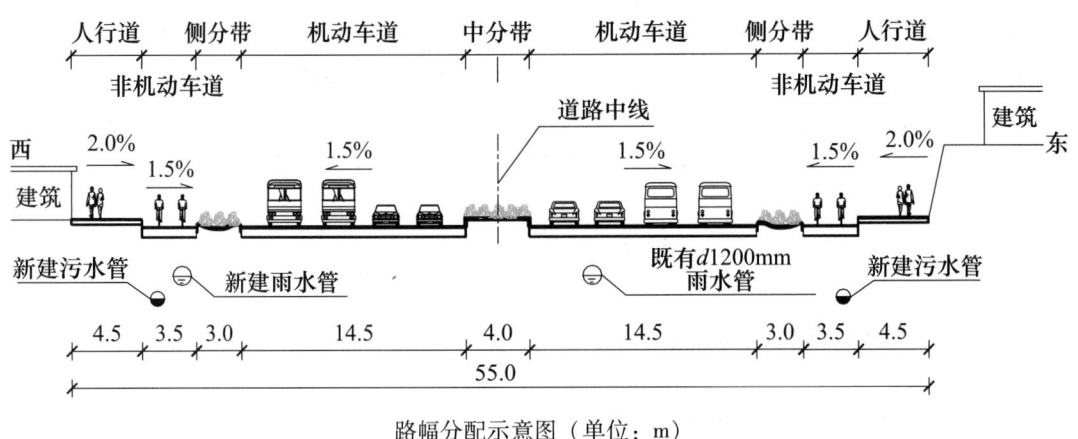

路幅分配示意图（单位：m）

> 问题

1. 写出市政工程改扩建时设计单位一般都会将电力线缆、通信电缆敷设的安全位置；明确西侧雨水管线、污水管线施工须遵循的原则。
2. 写出事件一中燃气管道的最小覆土厚度；写出开挖及回填碾压时对燃气管道采取的保护措施。
3. 写出事件二中下井作业前需办理的相关手续及应采取的安全措施。
4. 事件三中重力式挡土墙的结构特点有哪些？

> 参 考 答 案

1. 写出市政工程改扩建时设计单位一般都会将电力线缆、通信电缆敷设的安全位置；明确西侧雨水管线、污水管线施工须遵循的原则。

【参考答案】

（1）敷设于人行道下方、污水支管上方，且保持安全距离。

（2）须遵循先深后浅、先主线后支线的原则。

【解析】

本小题考核施工现场常识。在新建、改扩建的道路及综合管线工程中，电力电缆和通信电缆（强、弱电工程）通常会敷设在人行道下，以最大限度减少电缆与其他管线的交叉。此外，在教材中对综合管廊有如下描述：缆线综合管廊采用浅埋沟道方式建设，设有可开启盖板但其内部空间不能满足人员正常通行要求，用于容纳电力电缆和通信线缆。缆线综合管廊宜设置在人行道下。在本题案例背景中涉及新建污水管线，因此需要确保强、弱电管线与污水管线保持安全距离。若两者交叉，应选择从污水管线上方穿越。

2. 写出事件一中燃气管道的最小覆土厚度；写出开挖及回填碾压时对燃气管道采取的保护措施。

【参考答案】

（1）最小覆土厚度应为0.9m。

（2）开挖时的保护措施：管线周围1m范围应采用人工开挖；对暴露的管线进行悬吊

（或支撑）保护，并派专人检查、监督和监测。

（3）回填碾压保护措施：采取人工回填；管道外设包封或置于管沟、套管内。

【解析】

本题第一个问题是关于燃气管道的最小覆土厚度。争议点在于最小覆土厚度的计算起点是机动车道、非机动车道、绿化带还是人行道。根据本题的背景资料描述，本工程为城市主干道改扩建工程，原路宽为28m，道路开挖时在桩号K1+350路面下深−0.5m处发现一处横穿道路的燃气管道。由此可知，本工程是对城市主干道进行拓宽，因此原先的28m宽度对应的是机动车道，而机动车道下方的燃气管道的覆土厚度应为0.9m，而原道路下方的燃气管道的覆土深度为0.5m（不满足最小覆土厚度要求）。

本题的后两个考点是关于开挖和回填碾压对燃气管道的保护措施。在这里，燃气管道是一条已存在的管道。在进行雨污水管线的开挖时，需要在燃气管道周围1m范围内进行人工开挖。开挖后，对于横跨沟槽的管线，需要采取支撑或悬吊保护措施，并进行实时的检查、监督和监测工作。在回填过程中，首先要选择人工回填方式。为预防碾压对管道造成损坏，可以在管道周围采取混凝土包封或砌筑方沟的措施。此外，还可以将管道放置于套管内以提供额外的保护。

管沟　　　　　　　　　套管　　　　　　　　混凝土包封

3. 写出事件二中下井作业前需办理的相关手续及应采取的安全措施。

【参考答案】

（1）手续：办理有限空间安全作业审批手续。

（2）安全措施：

① 工人经过培训上岗并进行安全技术交底。

② 打开井盖强制通风，检测气体（氧气含量、可燃性气体、有毒有害气体）。

③ 下井人员配备防毒面具、通信设备，井上安排专人看护并准备急救器材。

【解析】

本工程工人进入使用中的污水井，属于有限空间作业，具有一定风险，必须办理有限空间作业的审批手续后方可施工。

有限空间作业的安全措施属于市政专业的高频考点。新版大纲中对有限空间作业要求做了详细规定，是未来市政专业的重要考点之一。此类题型采分点一般围绕着培训、考试、交底，佩戴防毒面具、防护腰带、安全帽，以及穿防水鞋等展开。密闭空间工作场所的采分点一般有强制通风、气体检测、安全照明（36V 以下低压防水灯）等内容。井口位置的采分点一般有专人指挥看护、配备急救器材等内容。如果涉及夜间作业，还应有照明、警示灯、反光锥桶等内容。

4. 事件三中重力式挡土墙的结构特点有哪些？
【参考答案】
（1）依靠墙体自重抵挡土压力作用。
（2）形式简单，就地取材，施工简便。
【解析】
重力式挡土墙有两种形式：一种是浆砌块石砌筑，另一种是现浇混凝土。现浇混凝土挡墙又分为片石混凝土和钢筋混凝土两种形式。在案例背景中并未说明具体采用哪一种形式，所以回答时，只需要将重力式挡土墙的相同特点写出即可。

案例17　2022 年一建案例题二

某公司承建一项市政管沟工程，其中穿越城镇既有道路的长度为75m，采用φ2000mm 泥水平衡机械顶管施工。道路两侧设顶管工作井、接收井各一座，结构尺寸如下图所示，两座井均采用沉井法施工，开挖前采用管井降水。设计要求沉井分节制作、分次下沉，每节高度不超过 6m。

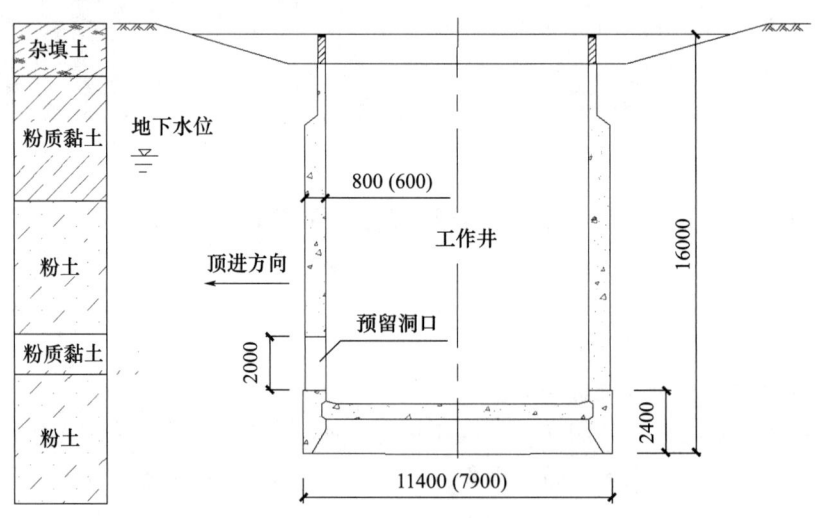

沉井剖面示意图（单位：mm）
（注：括号内数字为接收井尺寸）

项目部编制的沉井施工方案如下：
（1）测量定位后，在刃脚部位铺设砂垫层，铺垫木后进行刃脚部位钢筋绑扎、模板安装、浇筑混凝土。

（2）刃脚部位施工完成后，每节沉井按照 满堂支架 → 钢筋制安 → A → B → C → 内外支架加固 → 浇筑混凝土 的工艺流程进行施工。

（3）每节沉井混凝土强度达到设计要求后，拆除模板，挖土下沉。沉井分次下沉至设计标高后进行干封底作业。

> 问题

1. 沉井分几次制作（含刃脚部分）？写出施工方案（2）中 A、B、C 代表的工序名称。
2. 写出沉井混凝土浇筑原则及应该重点振捣的部位。
3. 施工方案（3）中，封底前对刃脚部位如何处理？底板浇筑完成后，混凝土强度应满足什么条件方可封堵泄水井？
4. 写出支架搭设需配备的工程机械名称。支架搭设人员应具备什么条件方可作业？

> 参考答案

1. 沉井分几次制作（含刃脚部分）？写出施工方案（2）中 A、B、C 代表的工序名称。

【参考答案】

沉井分 4 次制作。

A 的名称：内模安装。

B 的名称：穿对拉螺栓。

C 的名称：外模安装。

搭设支架（脚手架）

钢筋制安　　　　　　　内模安装

穿对拉螺栓　　　　　　　　外模安装

【解析】

背景资料中强调刃脚完成后进行沉井施工，并且图中也显示刃脚与沉井之间设有施工缝，沉井包括刃脚高度共16m，刃脚高度是2.4m，那么沉井井筒高度为13.6m，按照每次浇筑不超过6m，需要预制3次，加上之前的刃脚施工，整个沉井预制需要4次。

本小题需要补充三个连续的工序，难度系数比较高。背景资料描述为"刃脚部位施工完成后，每节沉井按照 满堂支架 → 钢筋制安 →A→B→C→ 内外支架加固 → 浇筑混凝土 的工艺流程进行施工"。此流程中已经将沉井侧墙施工中的支架、钢筋、混凝土全部列出，而唯独没有模板的工序，考虑到沉井井壁较厚，所以内、外模板应该单独施工，常规的模板施工顺序一般是先内模后外模。而案例背景中需要补充的是三个工序，那么在内、外模中间还应加一个穿对拉螺栓的工序，因为内模安装完成以后，需要将对拉螺栓穿过内模和钢筋，在安装外模时，将外模套在对拉螺栓上再进行紧固。另外，本工程在图上的首节沉井标识有预留洞口，但是背景资料描述"刃脚部位施工完成后，每节沉井按照 满堂支架 → 钢筋制安 →……的工艺流程进行施工"，注意这里强调了"每节"，所以补充工序应排除预留洞口的施工，因为只有首节沉井设有预留洞口，而上面两节沉井并没有设置。

2. 写出沉井混凝土浇筑原则及应该重点振捣的部位。

【参考答案】

（1）浇筑原则：混凝土应对称、均匀、水平连续、分层浇筑。

（2）重点振捣的部位：施工缝、预留洞口、预埋件及钢筋密集部位。

【解析】

在一、二建市政专业考试中，施工原则是经常被考核的内容。施工原则通常是一些简明扼要的施工要求，朗朗上口。例如，管道施工的原则包括先地下后地上、先深后浅、先主体后附属。基坑开挖支护的原则包括先撑后挖，分层、分步、分段开挖，由上而下。混凝土浇筑的原则包括对称、均匀、水平连续、分层等。混凝土振捣的原则包括既不漏振，又不过振，重点部位还需要进行二次振捣。

在本工程中，需要重点振捣的部位也是通用的知识点。无论是哪个混凝土结构的浇筑，需要重点振捣的部位大多包括施工缝位置、预留洞口周围、预埋件和钢筋密集部位。

3. 施工方案（3）中，封底前对刃脚部位如何处理？底板浇筑完成后，混凝土强度应满足什么条件方可封堵泄水井？

【参考答案】

（1）封底前刃脚部位处理：清理、检查，用大石块垫实。

（2）底板混凝土达到设计强度等级，方可封堵泄水井。

【解析】

新大纲删除了沉井封底的具体做法，但沉井属于非常重要的工法。本小问可作为教材沉井知识的拓展：干封底的施工步骤包括将刃脚用大石块垫实，对刃脚进行清理、检查完好度，用砂石回填超挖部分，浇筑垫层，沉井与底板接触位置凿毛，绑扎钢筋，预留泄水孔，浇筑底板混凝土，封填泄水孔等工序。封填泄水井的前提条件是封底底板混凝土达到设计强度，那么即使停止抽水，地下水位上升，也不会对托举沉井结构的底板造成破坏。

4. 写出支架搭设需配备的工程机械名称。支架搭设人员应具备什么条件方可作业？

【参考答案】

（1）工程机械名称：汽车吊机（起重机、吊车）、水泵、小型夯压机。

（2）搭设人员条件：持特殊工种操作证（持证上岗），经专业培训、考试、体检，进行安全技术交底，佩戴劳动保护用品（安全帽、安全带、防滑鞋）。

【解析】

沉井施工涉及内外支架（脚手架）的安装和拆除。外支架通常只搭设一次，并且需要与沉井的井壁分离。本工程采用分节制作和分次下沉的方式进行沉井施工。在沉井下沉的过程中，需要多次搭建和拆除内支架，并且竖向运输支架杆件需要使用吊车（吊机）。在每次搭设支架之前，必须对支架的地基进行夯实处理。因此，会使用小型夯实机械。如果担心施工过程中支架基础受水浸泡，还应考虑使用水泵等排水设施。

在考试中，对于涉及施工现场操作人员条件或要求的题目，考生常常不知道从哪个角度和方向回答。我们可以思考一下命题者考核这类题目的目的，是不是为了评估施工操作人员是否具备从事该工作的能力，并且这些能力应该如何得以体现？通常，我们可以从证书、培训、考试、交底等几个方面展开回答。当然，考虑到操作人员的健康和安全防护同样重要，在考试中还应该强调体检和劳动保护方面的内容。

案例18　2022年一建案例题三

某项目部在10月中旬中标南方某城市道路改造二期工程，合同工期3个月，合同工程量为道路改造部分长300m、宽45m，既有水泥混凝土路面加铺沥青混凝土面层与一期路面顺接。新建污水系统DN500埋深4.8m，旧路部分开槽埋管施工，穿越一期平交道口部分采用不开槽施工，该段长90m，接入一期预留的污水接收井，如下图所示。

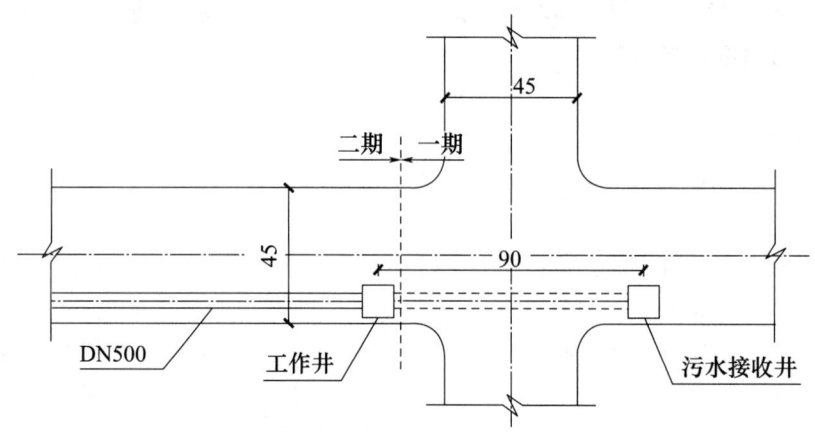

二期污水管道穿越一期平交道口示意图（单位：m）

项目部根据现场情况编制了相应的施工方案：

(1) 道路改造部分：对既有水泥混凝土路面进行充分调查后，做出以下结论。①对有破损、脱空的既有水泥混凝土路面，全部挖除，重新浇筑；②新建污水管线采用开挖埋管。

(2) 不开槽污水管施工部分：设一座工作井，工作井采用明挖法施工，将一期预留的接收井打开并做好接收准备工作。

(3) 污水检查井位于车行道上，检查井井盖采用 C 级 250kN 等级的可调式防沉降井盖，井盖可插入井座深度为 100mm。

该方案报监理工程师审批后没能通过被退回，要求进行修改后上报，项目部认真研究后发现以下问题：

(1) 既有水泥混凝土路面的破损、脱空部位不应全部挖除，应先进行维修。
(2) 施工方案中缺少既有水泥混凝土路面作为道路基层加铺沥青混凝土的具体做法。
(3) 施工方案中缺少工作井位置选址及专项方案。
(4) 井盖选型存在问题。

【问题】

1. 对已确定的破损、脱空部位进行基底处理的方法有几种？分别是什么方法？
2. 对旧水泥混凝土路面调查时，采用何种设备检测水泥混凝土路面板的脱空情况？
3. 改正方案三中车行道上的检查井井盖选型。
4. 既有水泥混凝土路面作为道路基层加铺沥青混凝土前，哪些构筑物的高程需做调整？
5. 工作井位置应按什么要求选定？

【参考答案】

1. 对已确定的破损、脱空部位进行基底处理的方法有几种？分别是什么方法？

【参考答案】

有两种方法：

(1) 开挖式基底处理，即换填基底材料。
(2) 非开挖式基底处理，即注浆填充脱空部位的空洞。

【解析】

在对既有水泥混凝土路面进行铺设沥青混凝土面层时，原混凝土面层将成为沥青路面的基层。针对原水泥混凝土面层存在的破损和脱空情况，需要分别采取不同的处理方法。对于已经破损的部分，需要进行全部开挖，并填充新材料。而对于板底脱空的情况，只需要对脱空区域进行注浆修补即可，而不需要进行全面的凿除处理。

值得注意的是，这个考点在 2017 年已经考核过，而 2022 年的试卷特点是对曾经的真题考点进行重复考核的情况较多。

2. 对旧水泥混凝土路面调查时，采用何种设备检测水泥混凝土路面板的脱空情况？
【参考答案】
采用弯沉仪或探地雷达（地质雷达）等设备检测水泥混凝土路面板的脱空情况。
【解析】
地下管线渗漏、地下孔洞等调查最常见的方法就是雷达，考试的时候分不清采用哪种雷达，可以按照本题答案的方式去捕捉采分点。

3. 改正方案三中车行道上的检查井井盖选型。
【参考答案】
检查井井盖宜采用承载能力 D 级 400kN 及以上等级的可调式防沉降检查井盖，井盖可插入井座深度宜为 150mm。
【解析】
一般改错题中有数字的，往往都是数字问题，新大纲体系下教材增加的内容在备考中应重点关注。

4. 既有水泥混凝土路面作为道路基层加铺沥青混凝土前，哪些构筑物的高程需做调整？
【参考答案】
对沿线检查井、雨水口、平侧石（或路缘石、平石）进行高程调整。
【解析】
在旧路面加铺新面层之前，需要对原有路面进行铣刨处理。然而，铣刨掉的厚度一般只有 1~2cm，而加铺的面层厚度一般最低不会小于 3cm。因此，加铺面层后，原路面上的雨水口、检查井和平侧石（路缘石、平石）的顶面高程与最终路面高程会存在高差。为了解决这个问题，需要调整。

5. 工作井位置应按什么要求选定？

【参考答案】

（1）满足设计要求、环境要求、施工安全要求、文明施工及社会交通要求。

（2）考虑管道轴线、检查井里程、物料存放和不开槽施工设备安装的要求。

【解析】

市政考题的一个显著特点是，它们表面上看起来不难，但实际上采分点难以把握。人们常常会发现每一种答案似乎都有一定道理，但又存在不完美之处，令人不够满意。本小题充分体现了市政考题的这个特点。

针对这类市政考题的特点，建议在回答时从两个方面入手：首先，从较为"虚"的管理方向展开，例如本题中要考虑工作井是否符合设计要求、环境要求、施工安全要求、文明施工要求和社会交通要求等；其次，从较为"实"的方向列举要求，例如管线的轴线、检查井里程、物料存放、不开槽设备安装等。

通过从更多的角度展示可能的采分点，可以更好地应对这种模糊不清的问题，并获得相应的分数。

案例 19　2022 年一建案例题四

背景资料

某公司承建一项污水处理厂工程，水处理构筑物为地下结构，底板最大埋深 12m，富水地层设计要求管井降水并严格控制基坑内外水位标高变化。基坑周边有需要保护的建筑物和管线。项目部进场开始水泥土搅拌桩止水帷幕和钻孔灌注桩围护结构的施工。主体结构部分按方案要求对沉淀池、生物反应池、清水池采用单元组合式混凝土结构分块浇筑工法，块间留设后浇带。主体部分混凝土设计强度为 C30，抗渗等级 P8。

受拆迁滞后影响，项目实施进度计划延迟约 1 个月，为保障项目按时投入使用，项目部提出在后浇带部位采用新的工艺以缩短工期，该工艺获得了业主、监理和设计方批准并取得设计变更文件。

底板倒角壁板施工缝止水钢板安装质量是影响构筑物防渗性能的关键，项目部施工员要求施工班组按图纸进行施工，质量检查时发现止水钢板安装如下图所示。

混凝土浇筑正处于夏季高温，为保证混凝土浇筑质量，项目部提前与商品混凝土搅拌站进行沟通，对混凝土配合比、外加剂进行了优化调整。项目部针对高温时现场混凝土浇筑也制定了相应措施。

在项目部编制的降水施工方案中，将降水抽排的地下水回收利用，做了如下安排：一是用于现场扬尘控制，进行路面洒水降尘；二是用于场内绿化浇灌和卫生间冲洗。另有富余水量做了溢流措施排入市政雨水管网。

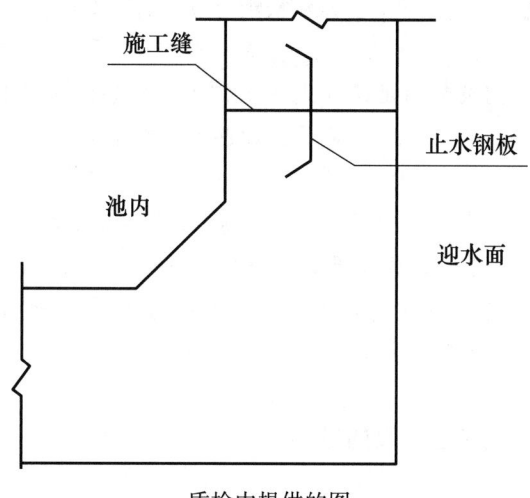

质检中提供的图

> **问题**

1. 写出能够保证工期、保证质量的后浇带部位工艺名称和混凝土强度。
2. 指出图中的错误之处；写出可与止水钢板组合应用的提高施工缝防水质量的止水措施。
3. 写出高温时混凝土浇筑应采取的措施。
4. 该项目降水后基坑外是否需要回灌？说明理由。
5. 补充项目部降水回收利用的用途。
6. 完善降水排放的手续和措施。

> 参考答案

1. 写出能够保证工期、保证质量的后浇带部位工艺名称和混凝土强度。
【参考答案】
（1）连续式膨胀加强带。
（2）混凝土强度C35（比主体结构混凝土高一等级）。
【解析】
为了防止混凝土硬化过程中的体积收缩导致产生拉应力，在混凝土结构浇筑过程中需要设置后浇带。后浇带的钢筋与主体钢筋一次性绑扎完成。在混凝土浇筑时，会每隔一定距离留出0.6~1m的位置不进行浇筑，待先期浇筑的混凝土龄期达到42天后再在该位置进行后续浇筑。因此，后浇带施工会导致整体结构施工周期较长。为了缩短工期，可以考虑将后浇带的位置改为膨胀加强带的形式进行浇筑。膨胀加强带有连续式、间歇式和后浇式三种形式，而本案例特别强调要缩短工期，因此需要采用连续式膨胀加强带。

针对混凝土强度的要求，无论是后浇带还是膨胀加强带的混凝土，都需要提高一个等级。根据背景资料中提到的混凝土等级为C30，所以需要提高一个等级，即达到C35的强度要求。

2. 指出图中的错误之处；写出可与止水钢板组合应用的提高施工缝防水质量的止水措施。

【参考答案】

（1）错误之处：止水钢板朝向错误（或止水钢板开口朝向背水面）。

（2）采用遇水膨胀止水条、预埋注浆管、凹凸缝、背贴式止水带。

【解析】

本题的第一小问是图形改错。这类题目的难度系数通常不高，常见的错误往往非常明显。止水钢板的功能是用于止水，因此开口的方向应该朝向迎水面。至于提高施工缝防水质量的措施，可以从多个方向和角度进行罗列，这些措施有采用背贴式（外贴式）止水带、凹凸形施工缝、遇水膨胀止水条、预埋注浆管等。

3. 写出高温时混凝土浇筑应采取的措施。

【参考答案】

（1）夜间或早晚温度低时浇筑（或避开高温时段浇筑）。

（2）加罩棚防晒，将待浇筑面、钢筋、模板和泵送管洒水降温。

（3）工序衔接紧密，缩短浇筑时间。

（4）控制混凝土入模温度且分层浇筑。

【解析】

本小题看似简单，但很多考生丢分。首先，由于没有认真阅读题目，考生忽略了题目要求针对高温时的混凝土"浇筑"采取的措施，回答时过多地涉及水泥、砂石要求、原材料降温、配比等与本案例无关的内容，这些内容在本题中是没有分数的。本题的关键点是浇筑时间、现场防晒降温、工序衔接、浇筑分层等方面。此外，回答此类题时，要仔细思考要表达的核心和关键内容是什么，语言要精简，不要拖泥带水。

4. 该项目降水后基坑外是否需要回灌？说明理由。

【参考答案】

（1）需要回灌。

（2）理由：基坑处于富水地层，周边有需要保护的建筑物和管线且地下水位降幅较大，设计还要求严格控制基坑内外水位标高变化，回灌防止沉降过大。

【解析】

背景资料中提到该构筑物为地下结构，底板埋深为12m，表明降水深度较大。尽管设置了帷幕，但无法完全阻止地下水从帷幕底部绕流进入基坑内部，导致基坑外地下水位下降。因此，在施工过程中需要通过坑外回灌来保持地下水位稳定。很多考生在面对这类说明理由的题目时常常不知如何着手。实际上，这类题目的关键点通常就隐藏在案例背景中，备考时要学会挖掘和分析背景资料中的信息。

5. 补充项目部降水回收利用的用途。

【参考答案】

用途：混凝土洒水养护、水池功能性试验用水、坑外回灌用水、洗车池用水、消防、水池抗浮备用水等。

【解析】

本题其实是在变相考核施工现场临时用水。在建筑专业中有临时用水的介绍，而市政专业没有相关内容。不过，施工现场临时用水属于常识，市政考试考核到这些知识点也实属正常。因此，对于那些虽未在教材中提及但属于施工现场常识的知识点，应该重点关注。

6. 完善降水排放的手续和措施。

【参考答案】

（1）手续：排入市政管网前必须经排水主管部门批准。

（2）措施：设置沉淀池（沉砂池、留泥井）、计量表等，沉淀、澄清、过滤后排放。

【解析】

在本工程中，当地下水利用后需要将多余水排入市政雨水管网时，首先需要"登门造访"，即获得排水部门的批准。在排放前，对拟排放的水进行简单处理是必要的，常见的处理方式包括沉淀、过滤和澄清。因此，应设置沉淀池（或沉砂池）来实施处理。此外，需要对排入市政管网的水量进行统计，因此要安装计量表。

案例 20　2022 年一建案例题五

某公司承建一座城市桥梁工程，双向六车道，桥面宽度 36.5m。主桥设计为 T 形刚构，跨径组合为 50m+100m+50m；上部结构采用 C50 预应力混凝土现浇箱梁；下部结构采用实体式钢筋混凝土墩台，基础采用 ϕ200cm 钢筋混凝土钻孔灌注桩。桥梁立面构造如下图所示。

项目部编制的施工组织设计有如下内容：

（1）上部结构采用搭设满堂式钢支架的施工方案。

（2）将上部结构箱梁划分成①、②、③、④、⑤等五种类型节段，⑤节段为合龙段，长度 2m；确定了施工顺序。上部结构箱梁节段划分如下图所示。

施工过程中发生如下事件：

事件一：施工前，项目部派专人联系相关行政主管部门办理施工占用审批许可。

事件二：施工过程中，受主河道水深的影响及通航需求，项目部取消了原施工组织设计中上部结构箱梁②、④、⑤节段的满堂式钢支架施工方案，重新变更了施工方案，并重新组织召开专项施工方案专家论证会。

事件三：施工期间，河道通航不中断。箱梁施工时，为防止高空作业对桥下通航的影响，项目部按照施工安全管理相关规定，在高空作业平台上采取了安全防护措施。

事件四：合龙段施工前，项目部在箱梁④节段的悬臂端预加压重，并在浇筑混凝土过程中逐步撤除。

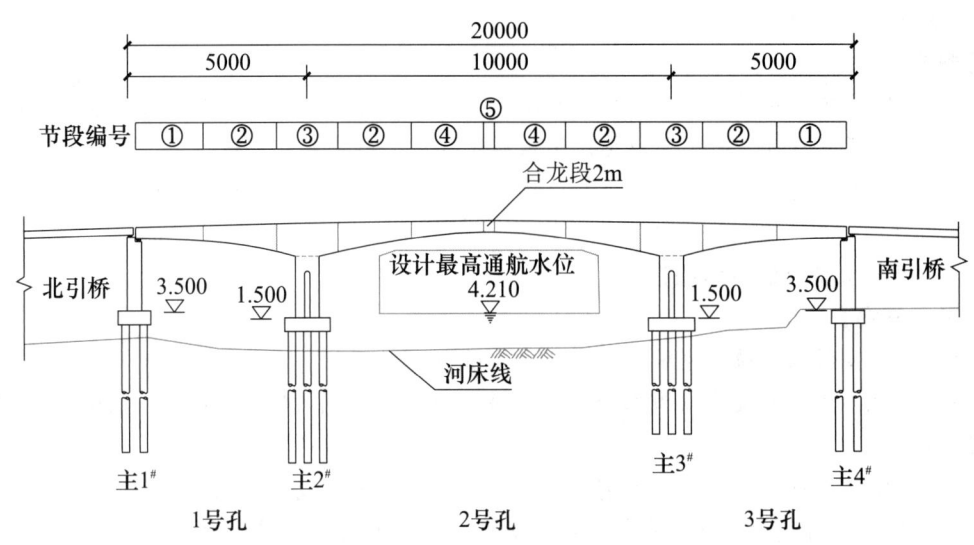

桥梁立面构造及上部结构箱梁节段划分示意图
（标高单位：m；尺寸单位：cm）

问题

1. 指出事件一中，"相关行政主管部门"有哪些？
2. 事件二中，写出施工方案变更后的上部结构箱梁的施工顺序（用图中的编号"①~⑤"及"→"表示）。
3. 事件二中，指出施工方案变更后上部结构箱梁适宜的施工方法。
4. 上部结构施工时，哪些危险性较大的分部分项工程需要组织专家论证？
5. 事件三中，分别指出箱梁施工时高空作业平台及作业人员应采取哪些安全防护措施？
6. 指出事件四中预加压重的作用。

参考答案

1. 指出事件一中，"相关行政主管部门"有哪些？

【参考答案】

相关行政主管部门有城市管理部门（或市政工程行政主管部门）、河道管理部门、航道管理部门（或交通行政主管部门）、水利行政主管部门（或水务管理部门）、海事行政主管部门。

【解析】

新建市政路桥等线性工程施工与既有线路（铁路、河道、市政道路）出现空间立体交叉时，会对既有线路的通行造成一定影响，因此需要跟既有线路的产权单位、管理单位和使用单位打招呼、办理手续。这些单位名称各地称呼不同，在考试中需要将这些单位的名称尽量多列举。本工程是跨越既有河道，所以尽可能将交通、河道、水利、水务、航道、海事，甚至是市政工程行政主管部门都写出来，这样必然可涵盖采分点。

2. 事件二中，写出施工方案变更后的上部结构箱梁的施工顺序（用图中的编号"①~⑤"及"→"表示）。

【参考答案】

变更后的上部结构施工顺序为③→②→①→④→⑤。

【解析】

本题目争论焦点在①和④的施工顺序上。我们都知道悬臂浇筑施工需要保证对称，使悬臂梁两端尽量保持平衡。原来箱梁设计是满堂支架施工，后期只是将上部的②、④、⑤三段变更为悬臂浇筑。换言之，①段依然是支架施工，那么将南北两端的①段搭设支架，连通②段与两侧墩柱，虽然T形刚构两侧箱梁长度不均等，但是边跨处有支撑，不会造成T形刚构偏斜。但如果在②段施工完成后直接施工④段，悬臂梁会因两端受力不平衡而造成跨中端向下变形，有人提出可以压配重解决变形问题，但④段是一个动态的施工过程，那么配重加载也需要随着④段的施工而进行动态调整，施工难度要比先施工①段难度大得多。

3. 事件二中，指出施工方案变更后上部结构箱梁适宜的施工方法。

【参考答案】

适宜的施工方法为悬臂浇筑法（或挂篮法）。

【解析】

案例背景是原跨越河道的桥梁采用满堂式钢支架，后受到河道水深与通航影响，更换成另一种施工方式，问最适宜的施工方法。结合背景资料图形的桥梁变截面形式、⑤段为合龙段等信息，不难回答出最适宜的施工方法为悬臂浇筑法（挂篮法）。

4. 上部结构施工时，哪些危险性较大的分部分项工程需要组织专家论证？

【参考答案】

需组织专家论证的分部分项工程有满堂式钢支架工程（或承重支撑体系）、挂篮工程、起重机械安装拆卸工程、落地式钢管脚手架工程。

【解析】

"两专"属于市政专业重要的案例考点，其依据为建办质〔2018〕31号文的规定。然而，在本案例背景中，除了满堂式钢支架外，无法找到其他需要进行专家论证的分部分项工程信息。例如，脚手架工程没有提供高度信息，起重机械安装拆卸工程也未给出起重量和高度。此外，挂篮工程也不在建办质〔2018〕31号文中的范围内。

如果只列举一项满堂式钢支架工程（或承重支撑体系），可能存在漏答风险。因此，尽可能多列一些背景中的分部分项工程。在罗列答案时，也要注意一个细节——尽管本工程中的承台施工可能涉及基坑的土方开挖、支护和降水等工作，但题目已明确说明是上部结构施工，因此下部结构施工的要点肯定不会有分值。

5. 事件三中，分别指出箱梁施工时高空作业平台及作业人员应采取哪些安全防护措施？

【参考答案】

（1）作业平台上满铺（密铺）脚手板和防护栏杆，作业平台下设置水平安全网（或脚手架防护层），设置限高牌（架）、防撞设施、安全警示标志、夜间警示灯及照明设施。

（2）作业人员：应佩戴安全防护用品（安全带、安全帽），穿防滑鞋，并准备好救生设备（救生衣、救生圈）。

【解析】

在河道上面高空作业平台的安全防护措施需要从两个角度回答：一是保证上方作业人员不会坠落的设施，如铺板、挂网（竖向及水平）、护栏和踢脚板；二是对于平台本身的保护，主要防止被撞击，采分点主要集中在防撞设施、限高限宽设施、警示标志、照明设施、夜间警示灯等内容。作业人员安全防护主要是安全防护用品和万一坠入河中应配备的救生用品。

6. 指出事件四中预加压重的作用。

【参考答案】

（1）保持悬臂端挠度稳定。

（2）控制合龙段设计标高（高程），确保高差不超标。

【解析】

合龙前采取在悬臂端压配重，并在混凝土浇筑过程中逐步撤除配重。这种做法可以确保悬臂端在混凝土浇筑期间保持稳定的高程，从而保持挠度稳定。在考试中，应全面考虑保持挠度稳定、控制标高和限制高差等潜在的得分点。

案例 21　2021 年一建案例题一

某公司承接一项城镇主干道新建工程，全长 1.8km，勘察报告显示 K0+680～K0+920 为暗塘，其他路段为杂填土且地下水丰富。设计单位对暗塘段采用水泥土搅拌桩方式进行处理，杂填土段采用改良土换填的方式进行处理。全路段土路基与基层之间设置一层 200mm 厚级配碎石垫层，部分路段垫层顶面铺设一层土工格栅，K0+680、K0+920 处地基处理横断面示意如下图所示。

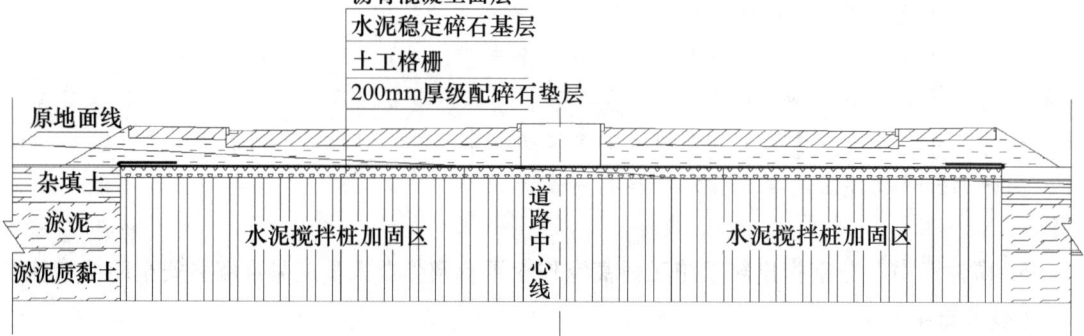

K0+680、K0+920 处地基处理横断面示意图

项目部确定水泥掺量等各项施工参数后进行水泥搅拌桩施工，质检部门在施工完成后进行了单桩承载力、水泥用量等项目的质量检验。

垫层验收完成，项目部铺设固定土工格栅和摊铺水泥稳定碎石基层，采用重型压路机进行了碾压，养护3天后进行下一道工序施工。

项目部按照制定的扬尘防控方案，对土方平衡后多余的土方进行了外弃。

> 问题

1. 土工格栅应设置在哪些路段的垫层顶面？说明其作用。
2. 水泥搅拌桩在施工前采用何种方式确定水泥掺量？
3. 补充水泥搅拌桩地基质量检验的主控项目。
4. 改正水泥稳定碎石基层施工中的错误之处。
5. 项目部在土方外弃时应采取哪些扬尘防控措施？

参 考 答 案

1. 土工格栅应设置在哪些路段的垫层顶面？说明其作用。

【参考答案】

（1）土工格栅设置路段：水泥土搅拌桩处理段与改良换填段交接处（或K0+680处和K0+920处）。

（2）作用：减少不均匀沉降（或减少反射裂缝）。

【解析】

本道路工程包括三种形式，即水泥土搅拌桩处理路段、改良土换填处理路段和两种处理法衔接路段。题干中提到在部分路段铺设土工格栅，说明并非全路段都需要铺设。水泥土搅拌桩处理的复合地基效果非常好，几乎不存在不均匀沉降的问题。另外，主要路段是杂填土段，采用了换填处理，即更换了合格的土方进行填充。经过处理的路段属于正常路段，无须再铺设土工格栅。因此，在本题中，需要在搅拌桩和换填处理的衔接部位设置土工格栅。案例背景资料和图形名称中都给出了衔接部位的里程桩号，分别为K0+680和K0+920。因此，在这两个位置上需要进行土工格栅的铺设。

只要能准确确定在哪个位置铺设土工格栅，其作用也就能清晰回答。在道路经过水泥土搅拌桩处理后，形成了复合路基，其沉降量非常小。相比之下，换填处理的路基虽然得到改善，但其沉降量较大。因此，在搅拌桩和换填处理路基的分界点铺设土工格栅的目的是防止不均匀沉降的发生。

2. 水泥搅拌桩在施工前采用何种方式确定水泥掺量？

【参考答案】

（1）试桩（或成桩试验）。

（2）依据成熟的施工经验确定水泥掺量。

【解析】

在考试中遇到依据××确定用量或掺量、依据××确定参数等问题时，采分点通常涉及试验。本工程是打桩，因此可以回答试验桩、试桩（或成桩试验）等。对于熟悉教材的考生，还可以回答依据成熟的施工经验确定水泥掺量。实际上，成熟的施工经验也是以无数次试验作为基础得到的。

3. 补充水泥搅拌桩地基质量检验的主控项目。
【参考答案】
水泥搅拌桩地基质量检验的主控项目：复合地基承载力、桩长、桩身强度、搅拌叶回转直径。
【解析】
本小问所考核的内容在教材中没有相应介绍，而相关的知识点可以在《建筑地基基础工程施工质量验收标准》GB 50202—2018 中找到。根据该标准 4.11.4 水泥土搅拌桩地基质量检验标准，主控项目包括六个项目，即复合地基承载力、单桩承载力、水泥用量、搅拌叶回转直径、桩长和桩身强度。而在案例背景中已经提及了单桩承载力和水泥用量这两个项目，因此只需要补充完整其他四个项目即可。

尽管教材没有涵盖这些超纲内容，但通过分析可以推断出部分可能的采分点。由于采用水泥土搅拌桩的目的是加固地基并形成复合地基，以确保道路在荷载作用下不会出现不均匀沉降，因此可以推测复合地基承载力是一个重要的考核点。此外，水泥土搅拌桩本身的参数如桩长、桩径和桩身强度等，也是加固完成的水泥土搅拌桩的关键参数。

4. 改正水泥稳定碎石基层施工中的错误之处。
【参考答案】
（1）土工格栅验收合格后摊铺水泥稳定碎石基层。
（2）应采用先轻型、后重型压路机碾压。
（3）养护至少 7 天。
【解析】
本小问相对比较简单，完全是最基础的记忆考点：先轻后重、养护至少 7 天。另外，需要注意背景资料描述的是"项目部铺设固定土工格栅和摊铺水泥稳定碎石基层"，这两道工序都属于隐蔽工程，需要进行验收。在改错题中应尽量写出正确的施工顺序，即土工格栅验收合格后摊铺水泥稳定碎石基层。

5. 项目部在土方外弃时应采取哪些扬尘防控措施？
【参考答案】
（1）出口设冲洗池和吸湿垫。
（2）车辆不得装载过满且密闭覆盖（遮盖）。
（3）转弯上坡减速慢行。
（4）规划专门路线并洒水降尘。
（5）如有遗撒派专人清扫。
【解析】
本小题涉及环保文明施工，而在当前的一建市政专业中，此类管理考点相对较少。回答此类题目时，应力求简洁明了。通常，扬尘防控题目的采分点主要围绕以下内容展开：冲洗池、吸湿垫、少装慢行、覆盖（遮盖）、洒水、减速慢行、专人清扫等。

案例22 2021年一建案例题二

某区养护管理单位在雨季到来之前，例行对城市道路与管道巡视检查，在K1+120和K1+160步行街路段沥青路面发现多处裂纹及路面严重变形。CCTV影像显示，两井之间的钢筋混凝土平接口抹带脱落，形成管口漏水。

养护单位经研究决定，对两井之间的雨水管采取开挖换管施工，如下图所示。管材仍采用钢筋混凝土平口管。开工前，养护单位用砖砌封堵上下游管口，做好临时导水措施。

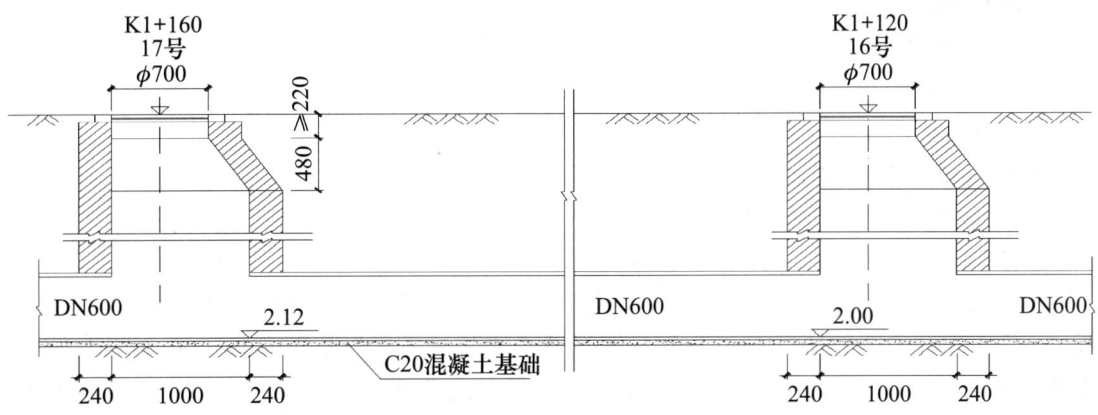

更换钢筋混凝土平口管纵断面示意图
（标高单位：m；尺寸单位：mm）

养护单位接到巡视检查结果处置通知后，将该路段采取1.5m低围挡封闭施工。为方便行人通行，设置安全护栏将施工区域隔离，设置不同的安全警示标志、道路安全警告牌、夜间挂闪烁灯示警，并派养护工人维护现场行人交通。

【问题】

1. 地下管线管口漏水会对路面产生哪些危害？
2. 两井之间实铺管长为多少？铺管应从哪号井开始？
3. 用砖砌封堵管口是否正确？最早什么时候拆除封堵？
4. 项目部在对施工现场安全管理采取的措施中，有几处描述不正确，请改正。

【参考答案】

1. 地下管线管口漏水会对路面产生哪些危害？
【参考答案】
管线漏水会冲刷管口周边土体导致路面变形、开裂及轻微塌陷，影响行人安全。

【解析】
地下管线管口漏水的后果是管口周边土体会被软化形成泥浆，顺着管道缝隙进入管道内部，造成管道周边渐渐产生较大的空隙，进而会形成道路结构层的变形、裂缝和轻微塌陷等问题。这也从另一个侧面说明，在湿陷土、膨胀土、流砂等地区的雨水管线需要进行功能性试验的原因。

在市政专业考题中，许多题目明确了回答问题的方向，但在编写答案时往往容易出现表达不清晰的情况。本小问正是这类题目的代表之一。题目要求描述管口漏水对路面的危害，并在案例背景中提到了路面出现裂纹和严重变形等情况。这种题目的关键在于采用递进式的回答，即对这些危害进行延伸。例如，路面的变形可能导致裂纹的形成，而进一步的裂纹可能导致路面的塌陷，最终对行人的安全产生影响。

2. 两井之间实铺管长为多少？铺管应从哪号井开始？

【参考答案】
（1）实铺管长为：
$0.7 \div 2 = 0.35m$
$1 - 0.35 = 0.65m$
$1160 - 1120 - 0.35 - 0.65 = 39m$
（2）铺管应从 16 号井开始。

【解析】
本题的考核内容是根据案例背景中的图形信息进行计算，重点在于对施工图纸的熟悉程度。背景资料中提到，16 号检查井和 17 号检查井之间的里程桩号差值为 40m。然而，问题要求的是实际铺管长度，需要考虑井室中没有铺管的距离。根据图中信息，井筒直径为 700mm（0.7m），井筒中心线到垂直井壁之间的距离为 0.35m。由于检查井的直径为 1m，因此井筒中心线到井壁的另一侧距离为 0.65m。综上所述，本工程的铺管长度为 $1160-1120-0.35-0.65=39m$。

本小问也有人按照两个井室管内底高差计算了管道的斜长，这种思路不妥。因为即使对斜长进行计算，长度的增加也不足 0.2mm。

3. 用砖砌封堵管口是否正确？最早什么时候拆除封堵？

【参考答案】
（1）用砖砌封堵管口正确。
（2）最早拆除时间：换管后管口抹带达到设计强度且功能性试验（闭水试验）合格。

【解析】
管道暂不接通支线或分段施工的管线，通常都需要对分界点进行管道封堵，一般封堵采用两种形式，管道直径 600mm 以下采用充气橡胶气囊进行封堵，而管道直径大于等于 600mm，采用砖砌封堵。本工程为直径 600mm 的管道，所以采用砖砌封堵方式正确。本工程是雨水管线且未说明土质情况，但背景资料交代管口漏水已对上方道路造成影响，所以新建管线必须进行功能性试验，而管堵自然也需要管道功能性试验合格后拆除。当然为保证不漏水，砌筑管堵必须用水泥砂浆，那么拆除管堵时，会有冲击震动，所以拆除管堵时必须保证管口抹带强度达到设计要求。

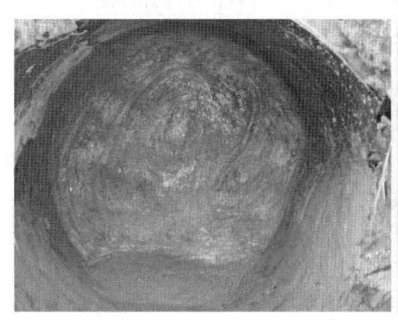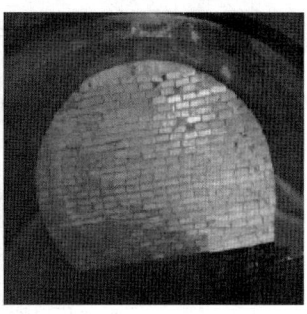

管道砖砌封堵

4. 项目部在对施工现场安全管理采取的措施中，有几处描述不正确，请改正。

【参考答案】

（1）改正：采用高围挡，高度不低于 2.5m。

（2）改正：设置道路安全指示牌。

（3）改正：夜间设红灯示警，并增设照明设施、反光标志（反光锥筒）。

（4）改正：设专职交通疏导员（安全员）。

【解析】

本题为改错题，属于传统案例考点，一般改错题需要就背景描述的实质性内容进行修改。例如：题干中是低围挡，那么修改项就应该有高围挡；题干中围挡高度 1.5m，结合背景资料为城市步行街，则需要修改为不低于 2.5m；因为道路部分路段施工，所以在道路上设置的不应该是警告牌，而应该是指示牌，将施工区域隔离，明示通行区域；夜间施工闪烁灯也不严谨，按照规矩应该设置红灯示警，并且应该有照明设施和反光标志；养护人员维护交通也不合理，应该是专职交通疏导员或者安全员疏导交通。

案例 23 2021 年一建案例题三

背景资料

某项目部承接一项河道整治项目，其中一段景观挡土墙，长为 50m，连接既有景观挡土墙。该项目平均分为 5 个施工段施工，端缝为 20mm。第一施工段临河侧需沉 6 根基础方桩，基础方桩按"梅花形"布置，如下图所示。围堰与沉桩工程同时开工，依次再进行挡土墙施工，最后完成新建路面施工与栏杆安装。

项目部根据方案使用柴油锤沉桩，遭附近居民投诉，监理随即叫停，要求更换沉桩方式。完工后，进行挡土墙施工，挡土墙施工工序有机械挖土、A、碎石垫层、立基础模板、B、浇筑混凝土、立墙身模板、浇筑墙体，压顶采用一次性施工。

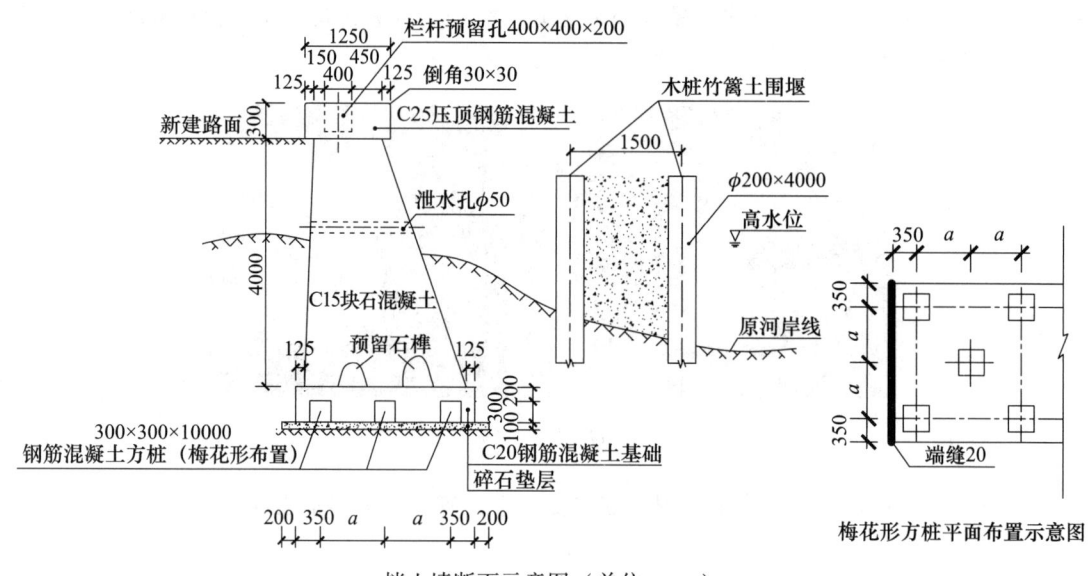

挡土墙断面示意图（单位：mm）

问题

1. 根据上图所示，该挡土墙结构形式属哪种类型？端缝属哪种类型？
2. 计算 a 的数值与第一段挡土墙基础方桩的根数。
3. 监理叫停施工是否合理？柴油锤沉桩有哪些原因会影响居民？可以更换哪几种沉桩方式？
4. 根据背景资料，正确写出 A、B 工序名称。

参考答案

1. 根据上图所示，该挡土墙结构形式属哪种类型？端缝属于哪种类型？

【参考答案】

（1）该挡土墙属于重力式挡土墙。

（2）端缝属于变形缝（沉降缝）。

【解析】

图形中已经标识很清楚，墙体采用的是 C15 块石混凝土，并且题干的工序介绍中，墙身施工只有模板和混凝土，并未介绍有钢筋一项，所以挡土墙并非钢筋混凝土挡土墙（衡重式、悬臂式、扶壁式）。在常规的挡土墙中，最符合的就是重力式挡土墙。不管是哪一类挡土墙，在每一段墙体两端设置的都是变形缝，也就是沉降缝。

2. 计算 a 的数值与第一段挡土墙基础方桩的根数。

【参考答案】

$(50÷5-0.35×2)÷10=0.930m$

或 $(50000÷5-350×2)÷10=930mm$

方桩的根数：6+5+6=17 根。

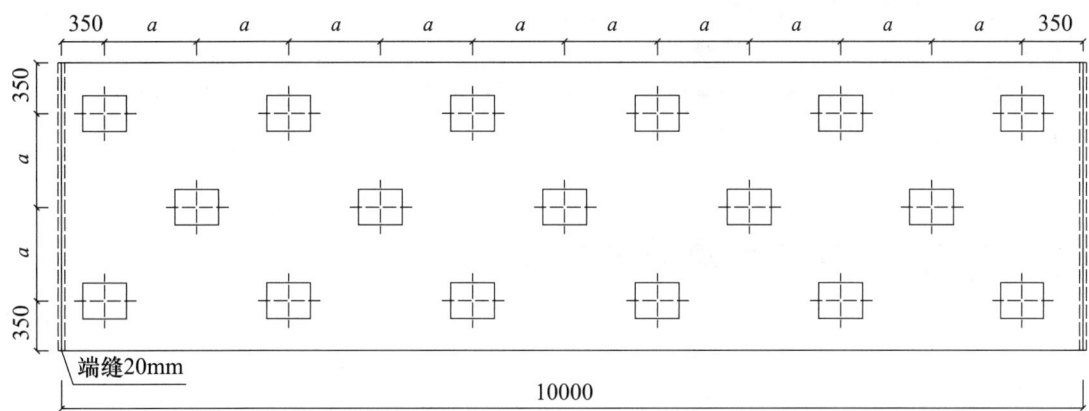

【解析】

本工程挡土墙共计长度50m，平均分为5个施工段施工，端缝为20mm，也就是说每段挡土墙是10m。在市政工程中铺设路缘石、安装防撞墩等，假如待安装构件位置为500mm，构件之间有10mm缝隙，那么构件实际净尺寸就是490mm。换句话说，这个500mm是从安装的缝隙中间到下一个缝隙中间的距离，这个500mm既包括构件本身，又包括两边各自半个缝隙，用数字表示为5+490+5=500mm。本案例从图上可以很清晰地看到，端头350mm是从缝中开始计量。第一施工段临河侧需沉6根基础方桩，而桩与桩之间的间距是2a，那么可以得出 5×2a+0.35+0.35=10m，即 a=0.93m 或 930mm。

3. 监理叫停施工是否合理？柴油锤沉桩有哪些原因会影响居民？可以更换哪几种沉桩方式？

【参考答案】

(1) 监理叫停施工合理。

(2) 原因：柴油机产生的废气和噪声；锤头锤击桩（或桩帽）产生的噪声。

(3) 可以更换为振动沉桩、静力压桩或钻孔埋桩。

【解析】

本小问属于综合题型，既包括现场管理内容，又有教材原文记忆内容，同时也涉及依据背景资料分析的内容。柴油机沉桩对附近居民影响最主要的是噪声（柴油机本身噪声和锤头锤击桩头噪声），当然还可以写柴油机废气对居民的影响。在实际施工中除了锤击沉桩以外，还可以采用振动沉桩、静力压桩和钻孔埋桩等方式。

4. 根据背景资料，正确写出A、B工序名称。

【参考答案】

A：破除（凿除）桩头，人工清底。

B：绑扎基础钢筋。

【解析】

本小题考核的是按照施工顺序补充施工工序，但本题需要具备较强的识图能力才能拿到全部分数。在图中，挡土墙下方有混凝土方桩，因此在开挖土方和基础施工之前，需要按常规剔凿或破除桩头。案例背景明确提到了机械挖土，说明在施工基础之前需要进行人工清底工序。此外，图中明确标识了钢筋混凝土基础，而相应工序的描述是"立基础模板、B、浇筑混凝土"。因此，B 工序必然是绑扎基础钢筋。

案例 24　2021 年一建案例题四

某公司承建一座城市桥梁工程，双向四车道，桥跨布置为 4 联×（5×20m），上部结构为预应力混凝土空心板，横断面布置空心板共 24 片。桥墩构造横断面如图 1 所示，空心板中板的预应力钢绞线设计有 N1、N2 两种形式，均由同规格的单根钢绞线索组成，空心板中板构造及钢绞线索布置如图 2 所示。

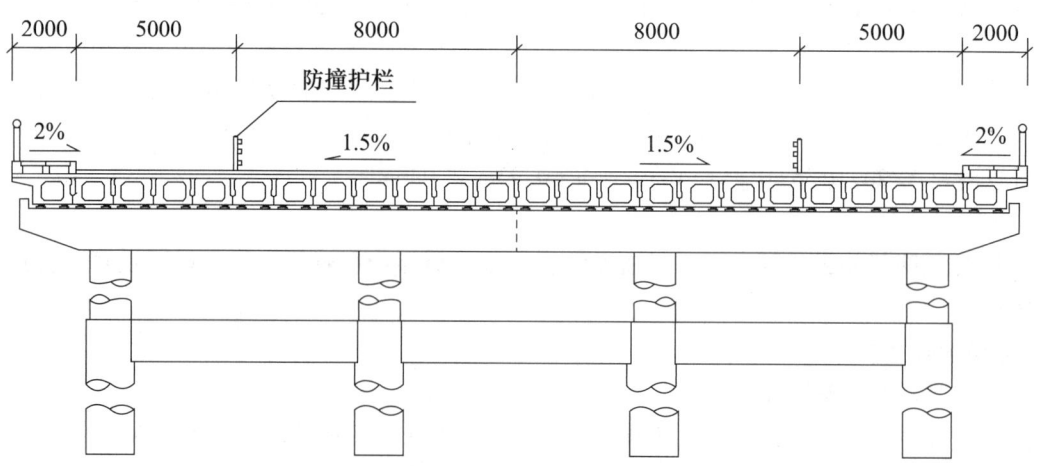

图 1　桥墩构造横断面示意图（尺寸单位：mm）

项目部编制的空心板专项施工方案有如下内容：

（1）钢绞线采购进场时，材料员对钢绞线的包装、标志等资料进行查验，合格后入库存放。随后，项目部组织开展钢绞线见证取样送检工作，检测项目包括表面质量等。

（2）计算汇总空心板预应力钢绞线用量。

（3）空心板预制侧模和芯模均采用定型钢模板。混凝土浇筑完成后及时组织对侧模及芯模进行拆除，以便最大限度地满足空心板预制进度。

（4）空心板浇筑混凝土施工时，项目部对混凝土拌合物进行质量控制，分别在混凝土搅拌站和预制厂浇筑地点随机取样检测混凝土拌合物的坍落度，其值分别为 A 和 B，并对坍落度测值进行评定。

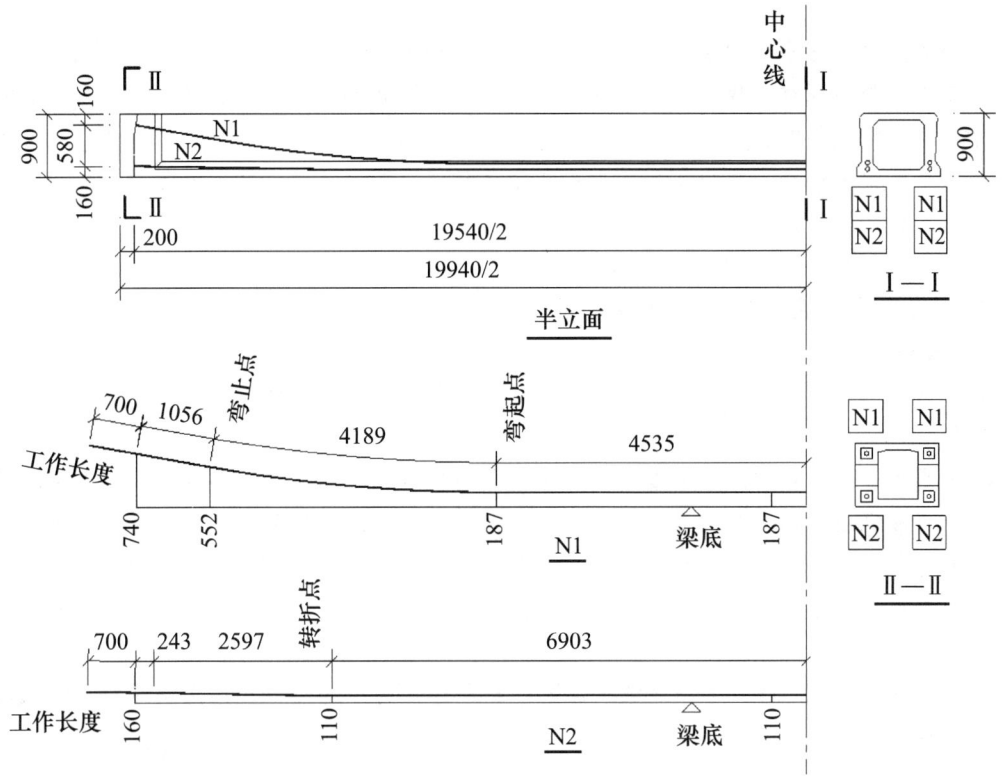

图 2 空心板中板构造及钢绞线索布置半立面示意图（尺寸单位：mm）

> 问题

1. 结合图 2，分别指出空心板预应力体系属于先张法和后张法、有粘结和无粘结预应力体系中的哪种体系？
2. 指出钢绞线存放的仓库需具备的条件。
3. 补充施工方案（1）中钢绞线入库时材料员还需查验的资料；指出钢绞线见证取样还需检测的项目。
4. 列式计算全桥空心板中板的钢绞线用量（单位 m，计算结果保留 3 位小数）。
5. 分别指出施工方案（3）中空心板预制时侧模和芯模拆除所需满足的条件。
6. 指出施工方案（4）中坍落度值 A、B 的大小关系；混凝土质量评定时应使用哪个数值？

> 参考答案

1. 结合图 2，分别指出空心板预应力体系属于先张法和后张法、有粘结和无粘结预应力体系中的哪种体系？

【参考答案】

空心板预应力体系属于后张法、有粘结预应力体系。

【解析】

本小题实际上相当于两道判断题，即使没有学习过相关专业课程，也有一定概率得分。从图2中可以观察到空心板中的钢绞线并非直线型，因此不可能是先张法。而无粘结预应力多用于给排水构筑物的施工，由于钢绞线与混凝土无粘结，仅依靠端头锚固，因此在承受较大动载荷的桥梁等结构中很少使用。如果采用无粘结预应力体系，案例背景资料中就一定会有相应描述；否则，按照常规的有粘结预应力体系判断即可。

2. 指出钢绞线存放的仓库需具备的条件。
【参考答案】
钢绞线存放的仓库应干燥、防潮（垫高）、通风良好、无腐蚀气体和介质。
【解析】
不管是钢筋还是钢绞线，只要是常规的金属材料都怕生锈，而潮湿就是锈蚀最主要的原因，所以存放钢绞线或其他常用金属材料的仓库都必须满足的条件就是干燥，而通风、防潮、垫高也是保证干燥的具体措施。除了潮湿以外，金属材料亦不能接触腐蚀性气体介质，这些内容都属于生活常识。

3. 补充施工方案（1）中钢绞线入库时材料员还需查验的资料；指出钢绞线见证取样还需检测的项目。
【参考答案】
（1）入库还需补充的查验项目有质量证明文件（产品合格证、出厂检验报告）、规格和进场试验报告。
（2）见证取样还需检测的项目有直径偏差、力学性能试验。
【解析】
本题两小问的答案均未出现在新版教材中，但是材料入库前检查资料属于常识性内容；见证取样这部分内容在《城市桥梁工程施工与质量验收规范》CJJ 2—2008 及《公路桥涵施工技术规范》JTG/T 3650—2020 中均有相应介绍，包括表面质量、直径偏差和力学性能试验。

4. 列式计算全桥空心板中板的钢绞线用量（单位 m，计算结果保留3位小数）。
【参考答案】
（1）全桥空心板中板片数：4×5×（24-2）= 440 片
（2）每片空心板中板的钢绞线长度：
单根 N1：（4535+4189+1056+700）×2=20960mm=20.960m
单根 N2：（6903+2597+243+700）×2=20886mm=20.886m
每片空心板：（20.960+20.886）×2=83.692m
（3）全桥空心板中板钢绞线用量：440×83.692=36824.480m

【解析】

本小题涉及两个考点。第一个考点是近年来较为常见的类型，要求根据案例背景文字和图形计算桥梁的空心板或梁的数量。该工程的桥跨布置为 4 联×（5×20m），采用预应力混凝土空心板作为上部结构。横断面中共布置了 24 片空心板，但要求计算的是中板的钢绞线数量，因此需要减去两边的空心板数量。中间板的数量为 4×5×（24-2）= 440 片。

第二个考点是计算每片空心板的钢绞线长度，这要求具备良好的识图能力。容易出错的地方是，无论是钢绞线 N1 还是 N2，在图 2 中给出的长度都只是一片梁一半的长度，需要将图中数值相加后乘以 2。此外，一片空心板中有两束 N1 和两束 N2，也需要累加计算。

5. 分别指出施工方案（3）中空心板预制时侧模和芯模拆除所需满足的条件。

【参考答案】

（1）空心板侧模拆除需满足的条件：

非承重侧模应在混凝土强度能保证结构棱角不损坏时方可拆除，混凝土强度宜为 2.5MPa 及以上。

（2）空心板芯模拆除需满足的条件：

芯模内模应在混凝土抗压强度能保证结构表面不发生塌陷和裂缝时，方可拔出。

【解析】

本小问内容为教材原文考点，以前也曾多次考核。

6. 指出施工方案（4）中坍落度值 A、B 的大小关系；混凝土质量评定时应使用哪个数值？

【参考答案】

（1）坍落度值 $A>B$（或坍落度值 $B<A$）。

（2）混凝土质量评定时应使用 B 值。

【解析】

坍落度是反映混凝土的流动性和可塑性的一个重要指标。它是通过混凝土试验时观察混凝土坍落高度的变化来确定的。混凝土拌合后，随着水分的蒸发和水泥的水化反应，坍落度一定会逐渐减小。因此，我们常常将混凝土浇筑入模前的坍落度作为质量评定的标准。

案例 25　2021 年一建案例题五

某公司承建一项城市主干路工程，长度 2.4km，在桩号 K1+180～K1+196 位置与铁路斜交，采用四跨地道桥顶进下穿铁路的方案。为保证铁路正常通行，施工前由铁路管理部门对铁路线进行加固。顶进工作坑顶进面采用放坡加网喷混凝土方式支护，其余三面采用钻孔灌注桩加桩间网喷支护，施工平面及剖面图如图 1 和图 2 所示。

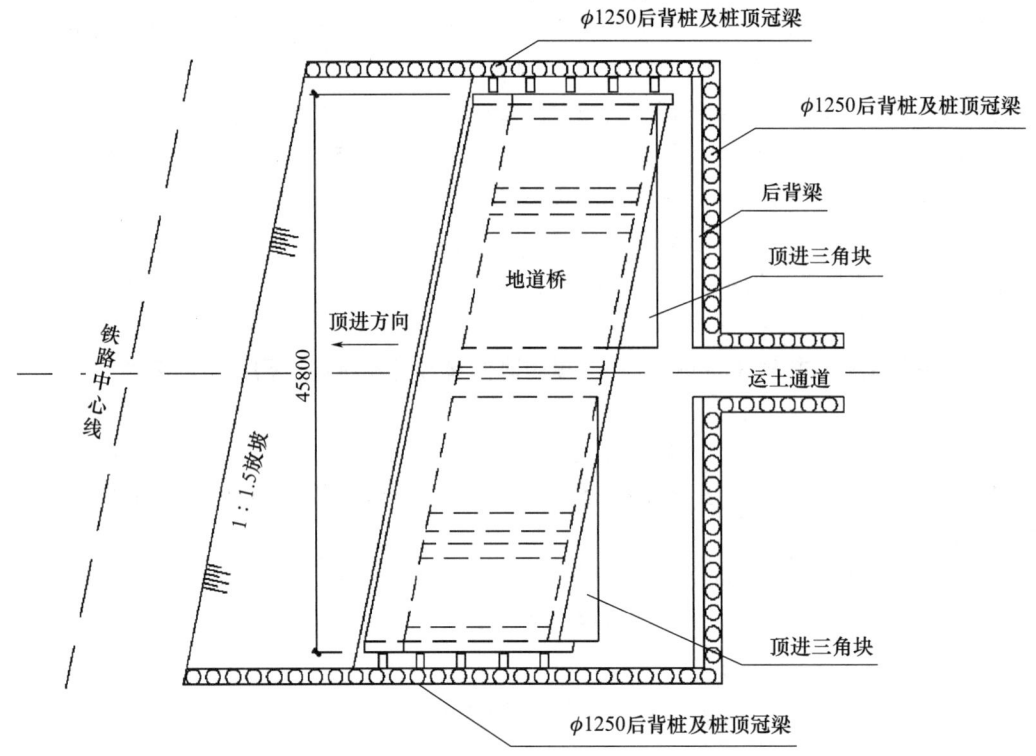

图1 地道桥施工平面示意图（单位：mm）

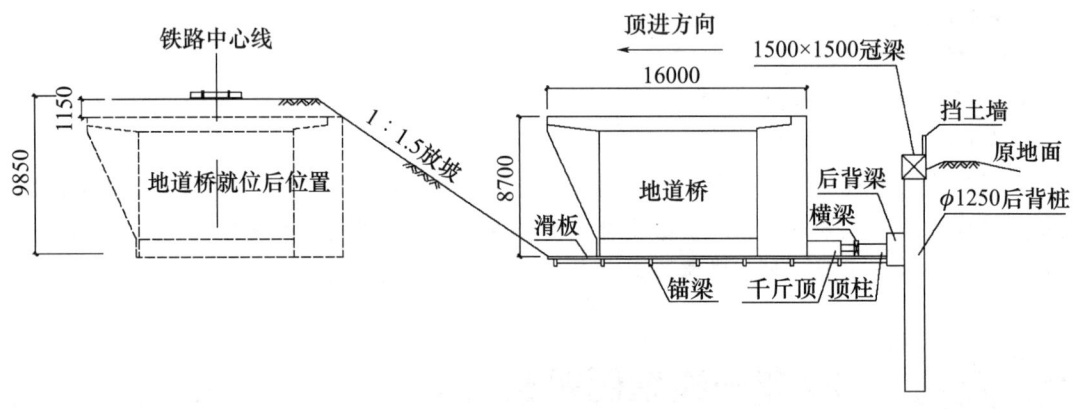

图2 地道桥施工剖面示意图（单位：mm）

项目部编制了地道桥基坑降水、支护、开挖、顶进方案并经过相关部门审批。施工流程如图3所示。

混凝土钻孔灌注桩施工过程包括以下内容：采用旋挖钻成孔，桩顶设置冠梁。钢筋笼主筋采用直螺纹套筒连接，桩顶锚固钢筋按伸入冠梁长度500mm进行预留，混凝土浇筑至桩顶设计高程后，立即开始相邻桩的施工。

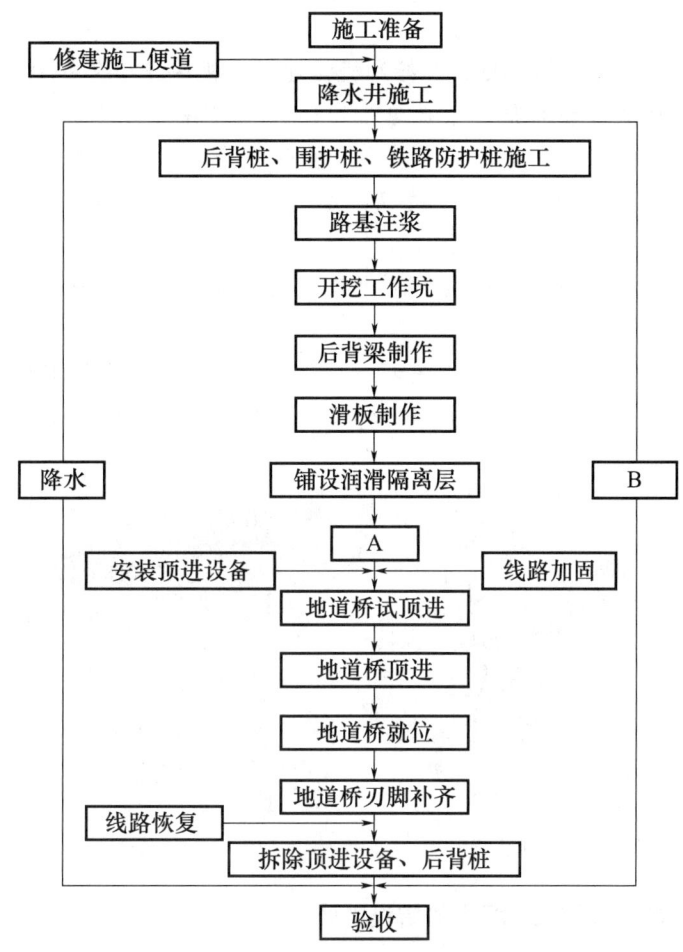

图 3 地道桥施工流程图

> 问题

1. 直螺纹连接套筒进场需要提供哪项报告？写出钢筋丝头加工和连接件检测专用工具的名称。
2. 改正混凝土灌注桩施工过程中的错误之处。
3. 补全施工流程图中 A、B 名称。
4. 地道桥每次顶进，除检查液压系统外，还应检查哪些部位的使用状况？
5. 在每一顶程中测量的内容是哪些？
6. 地道桥顶进施工应考虑的防排水措施是哪些？

> 参考答案

1. 直螺纹连接套筒进场需要提供哪些报告？写出钢筋丝头加工和连接件检测专用工具的名称。

【参考答案】

（1）型式检验报告；套筒机械性能检验报告。

（2）检测专用工具有通止规（通规、止规）、钢筋数显扭力（矩）扳手。

【解析】

钢筋连接方式主要有绑扎连接、焊接和机械连接。机械连接又有套筒挤压连接和直螺纹套筒丝扣连接。直螺纹套筒是厂家批量生产的,而钢筋端头丝扣是现场进行加工。对于厂家批量生产的套筒,进场时需要提供型式检验报告(型式检验报告是很多设备或成品构件进场均需提供的)。在现场加工的钢筋丝头也需逐个进行检测,检测的方法是用通止规检查,检查钢筋丝头时用一个标准内丝管(相当于螺母)进行检查,而对于接头套管,则需要对标准外丝(相当于螺栓)进行检查,检查时还需要采用专用的钢筋数显扭矩扳手进行拧紧。

本小问考核内容较为专业,平时没有现场施工经验的考生很难将本小题分值全部拿到,在后期备考中一定要在这个方向多做储备,尽量多了解施工现场的常识内容,在备考中可能有意想不到的收获。

通止规　　　　　　扭力(矩)扳手

2. 改正混凝土灌注桩施工过程中的错误之处。
【参考答案】
(1) 改正:桩顶钢筋深入长度应为冠梁厚度(桩顶钢筋深入长度应不小于冠梁厚度)。
(2) 改正:混凝土浇筑应超过桩顶设计高程0.3~0.5m。
(3) 改正:应隔桩(跳桩)施工(相邻桩混凝土终凝后施工)。
【解析】

本小问涉及三个知识点。围护结构混凝土灌注施工时宜高出设计文件规定的标高300~500mm,以及成桩需要隔桩(跳桩)施工为教材内容,相对比较简单。而本小问另外一个考点相对隐蔽,桩顶锚固钢筋按伸入冠梁长度500mm进行预留,有可能是很多考生的盲区,但完全可以通过分析得分。既然是改错题,那么这种数值一定会有问题,应朝着质量和安全更为合理的方向修改数值,钢筋进入冠梁距离越长,结合效果越好,最长可以与整个冠梁厚度一样。这样作答一定可以拿到采分点。

3. 补全施工流程图中A、B名称。
【参考答案】
A:预制地道桥(地道桥制作)。B:监测(监控量测)。

第一部分 52道经典一建案例题（2013—2024年）

【解析】

本小问属于按照施工顺序补充施工工序系列。本工程主要施工内容为地道桥顶进，从给定工序"滑板制作、铺设隔离层、A、地道桥试顶进、地道桥顶进、地道桥就位、地道桥刃脚补齐……"可以分析得出，A 之后的工序均是围绕地道桥展开，即 A 工序之后才出现地道桥，所以 A 工序应为地道桥制作或预制地道桥。同时，降水和监测是贯穿整个施工过程的两项工作，故而 B 工序应该是监测或监控量测。

4. 地道桥每次顶进，除检查液压系统外，还应检查哪些部位的使用状况？

【参考答案】

还应检查传力设备（顶柱）、后背梁、后背桩与冠梁、滑板、地道桥结构、刃脚（钢刃脚）、三角块的变形情况。

【解析】

注意本题图上还有千斤顶，但是千斤顶（顶镐）属于液压系统。不过拿不准是不是采分点时，也可以写在试卷上。本题如果记不住教材中的相应介绍，完全可以从图形上找到采分点信息。本题图中标识了顶柱、后背桩、后背梁、冠梁、滑板、三角块、地道桥等文字，而且后置的地道桥带有刃脚，所以可以通过识图完成作答。

5. 在每一顶程中测量的内容是哪些？

【参考答案】

测量的内容是轴线偏差、高程（标高）偏差、中边墙竖向弯曲值、顶程及总进尺。

【解析】

测量最主要的工作就是测量待测物的位置，包括竖直方向的变化（高程或标高）、前后方向的变化（顶程及总进尺）及左右方向的变化（轴线偏差值）。另外，地道桥在顶进过程中受力较大，会造成结构本身产生变化，因此也需要测量中墙和边墙的弯曲值。

6. 地道桥顶进施工应考虑的防排水措施是哪些？

【参考答案】

（1）坑顶地面硬化并设防淹墙（挡水围堰）、排水沟（截水沟）。
（2）坑底设排水沟、集水井、水泵（排水设施）和应急供电设施。
（3）工作坑上方设置作业棚（防雨棚）。
（4）加强基坑巡视检查。

【解析】

本题属于基坑雨期施工考点，基坑雨期施工采分点一般会围绕着基坑顶、基坑坡面和基坑底的防护措施展开。基坑顶的采分点一般包括硬化、排水沟（截水沟）、防淹墙（挡水围堰）等；基坑坡面的采分点一般有硬化或者覆盖等；基坑底采分点一般包括排水沟、集水坑、抽水设施、应急供电等；对于本工程中铁道桥顶进施工，还需注意防雨棚等采分点。另外，考核施工措施多数会有管理因素的采分点，一般就是巡视检查、定期维护等。

案例26 2020年一建案例题一

背景资料

某单位承建城镇主干道大修工程，道路全长2km，红线宽50m，路幅分配情况如图1所示。现状路面结构为40mmAC-13细粒式沥青混凝土上面层，60mmAC-20中粒式沥青混凝土中面层，80mmAC-25粗粒式沥青混凝土下面层。工程主要内容为：①对道路破损部位进行翻挖补强；②铣刨40mm旧沥青混凝土上面层后，加铺40mmSMA-13改性沥青混凝土上面层。

接到任务后，项目部对现状道路进行综合调查，编制了施工组织设计和交通导行方案，并报监理单位及交通管理部门审批，导行方案如图2所示。因办理占道、挖掘等相关手续，实际开工日期比计划日期滞后2个月。

道路封闭施工过程中，发生如下事件：

事件一：项目部进场后对沉陷、坑槽等部位进行了翻挖探查，发现左幅基层存在大面积弹软现象，立即通知相关单位现场确定处理方案，拟采用400mm厚水泥稳定碎石分两层换填，并签字确认。

事件二：为保证工期，项目部集中力量迅速完成了水泥稳定碎石基层施工，监理单位组织验收结果为合格。项目部完成AC-25下面层施工后对纵向接缝进行简单清扫便开始摊铺AC-20中面层，最后转换交通进行右幅施工。由于右幅道路基层没有破损现象，考虑到工期紧，在沥青摊铺前对既有路面铣刨、修补后，项目部申请全路封闭施工，报告批准后开始进行上面层摊铺工作。

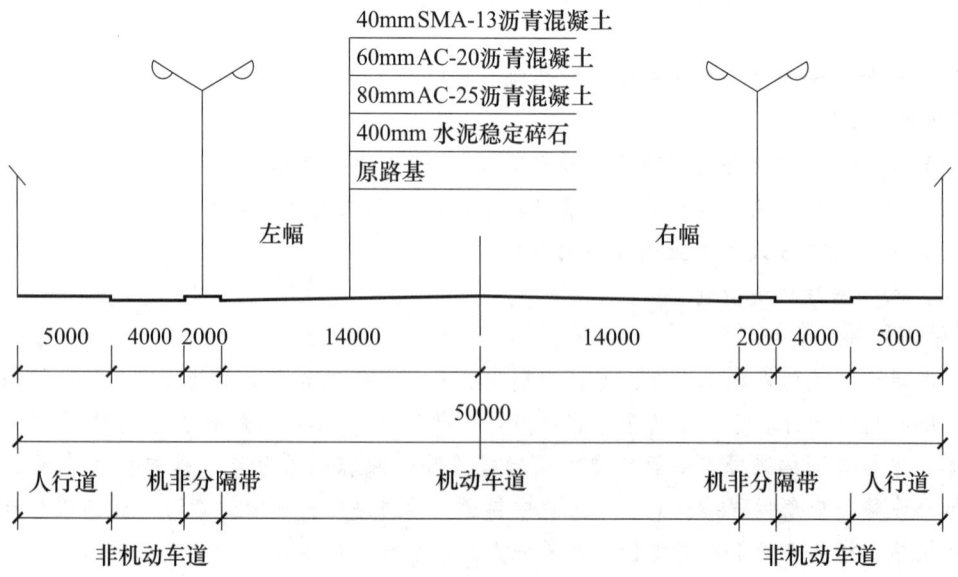

图1 三幅路横断面图（单位：mm）

第一部分　52道经典一建案例题（2013—2024年）

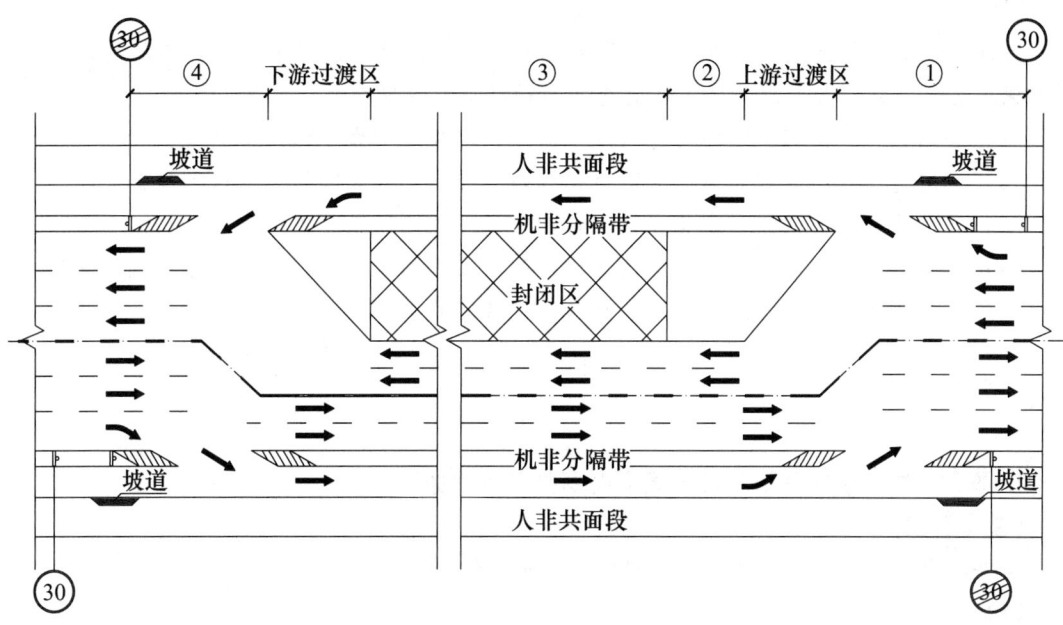

图2　左幅交通导行平面示意图

> 问题

1. 交通导行方案还需要报哪些部门审批？
2. 根据交通导行平面示意图，请指出图中①、②、③、④各为哪个疏导作业区？
3. 事件一中，确定基层处理方案需要哪些单位参加？
4. 事件二中，水泥稳定碎石基层检验与验收的主控项目有哪些？
5. 请指出沥青摊铺工作的不当之处，并给出正确做法。

> 参考答案

1. 交通导行方案还需要报哪些部门审批？
【参考答案】
还应报道路管理部门和市政工程行政主管部门审批。
【解析】
尽管教材对交通导行这个知识点进行了删减，但仍然在多个章节中提及。考虑到该知识点在市政专业中的广泛应用，且有可能成为超纲考核的内容，故在此依然保留该考点。
交通导行办理手续除了需要到交通管理部门进行审批以外，还应到道路管理部门进行审批，同时交通导行需要占用城市道路，作答时尽量将占用道路的审批单位（市政工程行政主管部门）也写在答案中。

2. 根据交通导行平面示意图，请指出图中①、②、③、④各为哪个疏导作业区？
【参考答案】
①—警示区（警告区）；②—缓冲区；③—作业区（工作区）；④—终止区。

【解析】

对既有道路进行大修维护或增设管线等工作时，为避免交通事故，常采取在现有道路上划定施工区域，并设置前后辅助区域的交通导行措施。主要涉及以下施工区域：

(1) 警示区：提醒驾驶人即将进入施工区域，增强注意力和保持警觉。
(2) 上游过渡区：提前警示、调整行驶线路、控制车速，确保安全进入施工区。
(3) 缓冲区：逐渐减速、调整车辆位置，为进入作业区做准备。
(4) 作业区：实际进行施工作业的区域，驾驶人需遵守规则和限制，保障施工安全。
(5) 下游过渡区：平滑过渡，车辆从作业区恢复到正常行驶状态。
(6) 终止区：结束交通导行措施，车辆回归正常道路，提醒驾驶人注意道路和其他车辆。

3. 事件一中，确定基层处理方案需要哪些单位参加？

【参考答案】

需要建设单位、监理单位、设计单位、勘察单位参加。

【解析】

在案例背景中，拟改建的道路基层出现了大面积弹软现象，处理这种情况肯定需要设计单位的参加，因为其需要根据实际情况计算换填厚度并提出相应的处理方案。此外，换填可能导致设计变更，因此监理单位也需要参加并确认相关变更。如果不确定是否要涉及建设单位和勘察单位，可以将它们一并回答，有助于提高得分率。

4. 事件二中，水泥稳定碎石基层检验与验收的主控项目有哪些？

【参考答案】

原材料质量、压实度、7天无侧限抗压强度。

【解析】

新教材在道路工程中只涉及质量控制指标，没有详细介绍主控项目。道路基层的质量控制指标包括无机结合料稳定基层原材料质量、压实度及7天无侧限抗压强度等，这些要求应符合规范规定。其实道路基层的质量控制指标就是主控项目。

在《城镇道路工程施工与质量验收规范》CJJ 1—2008 的 7.8 检验标准中，对这些无机结合料稳定基层的质量验收标准进行了如下描述：

7.8.2 水泥稳定土类基层及底基层质量检验应符合下列规定：
主控项目：
1 原材料质量检验应符合下列要求：……
2 基层、底基层的压实度应符合下列要求：……
3 基层、底基层7天的无侧限抗压强度应符合设计要求。

5. 请指出沥青摊铺工作的不当之处，并给出正确做法。

【参考答案】

不当之处：接缝未进行处理。

正确做法：左幅施工采用冷接缝时，将右幅的沥青混凝土毛槎切齐，接缝处涂刷粘层油并对接槎软化再铺新料，上面层摊铺前纵向接缝处铺设土工格栅或土工布、玻纤网等土工织物，上下层接槎位置错开300~400mm。

【解析】
对于这类改错题，需要针对背景资料作答，背景中描述到"对纵向接缝进行简单清扫便开始摊铺AC-20中面层"，那么接缝处理就是本题的采分点。对于沥青混凝土的冷接缝处理措施有切割整齐、涂刷粘层油、软化接槎、接缝铺设土工布、上下层接缝位置错开等采分点。

案例27 2020年一建案例题二

背景资料

某公司承建一项城市污水管道工程，管道全长1.5km，采用DN1200mm的钢筋混凝土管，管道平均覆土深度约6m。

考虑现场地质水文条件，项目部准备采用"拉森钢板桩+钢围檩+钢管支撑"的支护方式，沟槽支护情况详见下图。

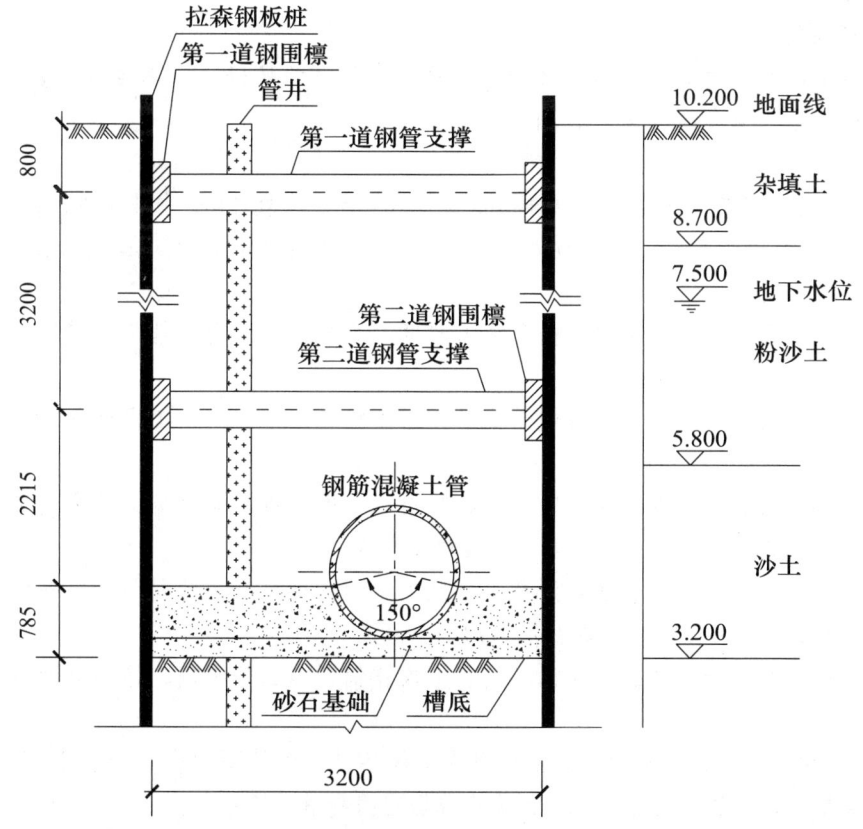

沟槽支护示意图（标高单位：m；尺寸单位：mm）

项目部编制了"沟槽支护、土方开挖"专项施工方案,经专家论证,因缺少降水专项方案被判定为"修改后通过"。项目部经计算补充了管井降水措施,包括成孔设备、洗井后的单井试抽要求等内容。方案获"通过",项目进入施工阶段。

在沟槽开挖到槽底后进行了分项工程质量验收,槽底无水浸、扰动,槽底高程、中线、宽度符合设计要求。项目部认为沟槽开挖验收合格,拟开始后续垫层施工。

在完成下游 3 个井段管道安装及检查井砌筑后,抽取其中 1 个井段进行了闭水试验,实测渗水量为 0.0285L/(min·m)[规范规定 DN1200mm 钢筋混凝土管合格渗水量不大于 43.30m^3/(24h·km)]。

为加快施工进度,项目部拟增加现场作业人员。

> 问题

1. 写出钢板桩围护方式的优点。
2. 管井洗井后进行单井试抽,试抽时应做好哪些记录?
3. 写出项目部"沟槽开挖"分项工程质量验收中缺失的项目。
4. 列式计算该井段闭水试验渗水量结果是否合格。
5. 写出新进场工人上岗前应具备的条件。

参考答案

1. 写出钢板桩围护方式的优点。

【参考答案】

优点是钢板桩强度高、桩与桩之间连接紧密、隔水效果好(止水性能好)、施工方便(或施工灵活)、可重复(反复)使用。

【解析】

市政专业考核中有一个频繁出现的题型,即要求考生回答案例背景中某一种工法的优点。这种题型涉及一些在考试用书中没有相应介绍的工法,那么如何在考试中答出这些工法的优点呢?

可以从以下角度作答:

(1) 质量方面:强调该工法可提高施工精度、减少误差,增强结构稳定性,改善材料利用率,降低质量缺陷的发生率等。

(2) 进度方面:指出该工法可快速施工,缩短施工周期,减少工期延误,简化操作步骤,优化施工流程等。

(3) 成本方面:说明该工法可以减少材料浪费、提升机具利用率、减少人工投入、避免窝工,提高工程施工效率,降低返工、维护成本等。

(4) 安全方面:强调该工法可降低事故发生率,提供更好的防护装备以确保设备的安全性和可靠性,优化作业环境,减少潜在的安全隐患。

(5) 施工方面:强调该工法在施工过程中操作简便,工序清晰、操作灵活、便于监控与协调。

(6) 现场方面:说明该工法适应不同的现场条件,如地下水、复杂管线、差异土质、复杂地形等情况,能够应对各种挑战,优化现场空间利用。

(7) 效果方面:指出该工法施工后的成品具有较好止水性、抗冻性、抗震性、抗风性、耐久性和满足设计功能要求。

从以上角度展开回答，即使遇到平时不熟悉的工法，也可以全面回答出该工法的优点，争取分数。

2. 管井洗井后进行单井试抽，试抽时应做好哪些记录？

【参考答案】

抽水时应做好工作压力、水位、抽水量的记录。

【解析】

本小题原考点在新教材中已被删除，本次替换的内容是新教材的原文，未来考试一定要注意新大纲调改的内容。

3. 写出项目部"沟槽开挖"分项工程质量验收中缺失的项目。

【参考答案】

缺失的项目有地基承载力应符合设计要求。

【解析】

本题考核内容为《给水排水管道工程施工及验收规范》GB 50268—2008 中的沟槽开挖与地基处理要求。根据 4.6.1 的规定，以下是相关要求：

（1）原状地基土不得扰动、受水浸泡或受冻；

（2）地基承载力应满足设计要求；

（3）进行地基处理时，压实度、厚度应满足设计要求；

（4）沟槽开挖的允许偏差应符合规定，检查项目包括槽底高程、槽底中线每侧宽度、沟槽边坡。

在作答时，根据案例背景信息，知道沟槽是有支护开挖的，故不涉及沟槽边坡。另外，槽底没有水浸和扰动，这意味着不需要进行地基处理。因此，在回答中只需要提及地基承载力即可。如果对规范内容不太熟悉，可能将槽底的土质、平整度、槽底坡度等内容也回答出来，但只要答案中提及地基承载力这一项，就能得分。

4. 列式计算该井段闭水试验渗水量结果是否合格。

【参考答案】

实际渗水量可换算为：

$0.0285 \text{L}/(\min \cdot \text{m}) = 24 \times 60 \times 0.0285 \text{m}^3/(24\text{h} \cdot \text{km}) = 41.04 \text{m}^3/(24\text{h} \cdot \text{km})$

$41.04 \text{m}^3/(24\text{h} \cdot \text{km}) < 43.30 \text{m}^3/(24\text{h} \cdot \text{km})$

实际渗水量小于规范规定的渗水量，所以该井段闭水试验渗水量合格。

或

合格渗水量：

$43.30 \text{m}^3/(24\text{h} \cdot \text{km}) = 43.30 \div (24 \times 60) \text{L}/(\min \cdot \text{m}) = 0.030 \text{L}/(\min \cdot \text{m})$

$0.0285 \text{L}/(\min \cdot \text{m}) < 0.030 \text{L}/(\min \cdot \text{m})$

实测渗水量小于合格渗水量，所以该井段闭水试验渗水量合格。

【解析】

案例背景中，实测渗水量为 0.0285L/（min·m），规范规定的合格渗水量为 43.30m³/（24h·km）。为了判断闭水试验渗水量是否合格，需要统一实测渗水量和规范规定的单位。可以将实测渗水量的单位换算成规范的渗水量单位，也可以将规范规定的渗水量单位换算成实测渗水量的单位，只要统一单位后进行对比即可。一般情况下，将实测渗水量换算成规范的渗水量更为合理，因为规范规定的数值作为定值更具参考意义。

题目中实测渗水量的分母单位是 min·m，分子的单位是 L，规范规定渗水量的分母单位是 24h·km，而分子单位是 m³。为了进行计算，将实测渗水量的分子和分母同时扩大 1000 倍，分子中的 L 相当于变成了 m³，分母中的 m 变成了 km，但数值保持不变。将实测渗水量的分母 min 换成 24h 相当于将其扩大了 60×24 倍；相应地，分子的数值也需要扩大 60×24 倍。

5. 写出新进场工人上岗前应具备的条件。

【参考答案】

（1）与企业签订劳动合同。

（2）进行了公司、项目、班组的三级岗前教育培训并经考核合格。

（3）特殊工种需持证上岗。

（4）进行了安全技术交底。

【解析】

本题考核内容属于现场管理中的综合考题，要言简意赅，采分点围绕着劳动合同、教育培训、持证上岗、考试合格及安全技术交底等。

案例28 2020年一建案例题三

某公司承建一座跨河城市桥梁。基础均采用 ϕ1500mm 钢筋混凝土钻孔灌注桩，设计为端承桩，桩底嵌入中风化岩层 2D（D 为桩基直径）；桩顶采用盖梁连接；盖梁高度为 1200mm，顶面标高为 20.000m。河床地层揭示依次为淤泥、淤泥质黏土、黏土、泥岩、强风化岩、中风化岩。

项目部编制的桩基施工方案明确如下内容：

（1）下部结构施工采用水上作业平台施工方案。水上作业平台结构为 ϕ600mm 钢管桩+型钢+人字钢板搭设。水上作业平台如下图所示。

（2）根据桩基设计类型及桥位水文、地质等情况，设备选用"2000 型"正循环回转钻机施工（另配牙轮钻头等），成桩方式未定。

（3）图中构件 A 名称和使用的相关规定。

（4）由于设计对孔底沉渣厚度未做具体要求，灌注水下混凝土前，进行二次清孔，当孔底沉渣厚度满足规范要求后，开始灌注水下混凝土。

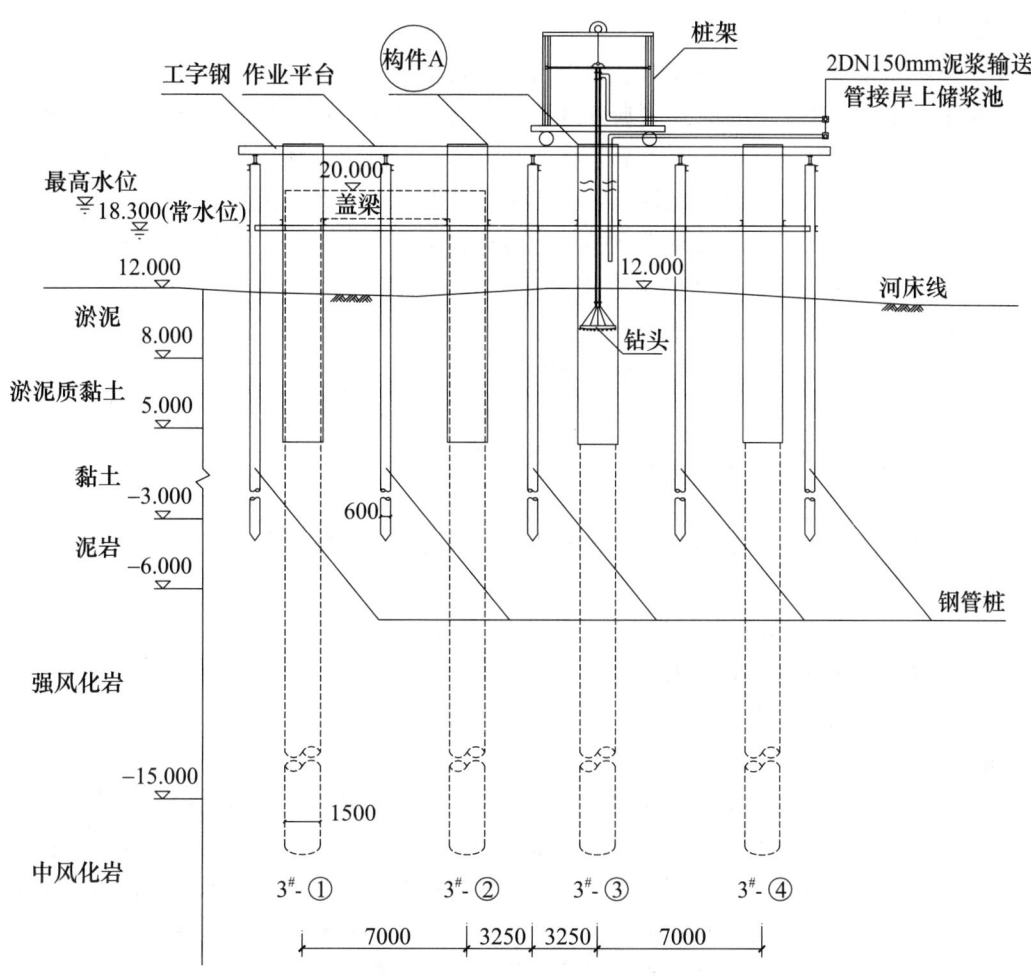

3#墩水上作业平台及桩基施工横断面布置示意图

（标高单位：m；尺寸单位：mm）

> 问题

1. 结合背景资料及上图，指出水上作业平台应设置哪些安全设施？
2. 施工方案（2）中，指出项目部选择钻机类型的理由及成桩方式。
3. 施工方案（3）中，所指构件A的名称是什么？构件A施工时需使用哪些机械配合？构件A应高出施工水位多少米？
4. 结合背景资料及上图，列式计算3#-①桩的桩长。
5. 在施工方案（4）中，指出孔底沉渣厚度的最大允许值。

> 参考答案

1. 结合背景资料及上图，指出水上作业平台应设置哪些安全设施？
【参考答案】
水上作业平台上应设置：周边护栏及防撞设施；警示标志、警示灯及照明设施；防触电设施；台面防滑设施；护筒孔口加盖；救生衣及救生圈等。

【解析】

安全防护属于市政案例的高频考点。以往在门洞支架、基坑或沟槽边进行了考核，而本题则放在了水上作业平台上进行。在回答这类题目时，除了掌握通用的知识点外，还需要结合背景资料。例如，作业平台护栏、警示标志、警示灯、照明设施和防撞设施等是常见的安全防护设施。然而，在本题中，钢制水上作业平台涉及用电，在施工过程中需要考虑防触电设施。背景资料中提到平台面采用人字钢板，因此在施工中需要考虑到平台的防滑设施，如铺设橡胶垫。图中有护筒，且护筒直径必须大于桩基直径（1500mm），因此在施工中需要设置防止坠落到孔内的设施，这就需要在参考答案中增加护筒孔口加盖的采分点。此外，水上作业平台的施工还需要考虑到救生衣和救生圈等设施。

在解答本题时需要注意，安全设施和安全措施之间存在一定的区别。如果问题要求回答"安全措施"，答案还可以增加一些采分点，如"专人巡视检查"和"定期维护"。

2. 施工方案（2）中，指出项目部选择钻机类型的理由及成桩方式。
【参考答案】

（1）选择钻机类型的理由：持力层为中风化岩层，牙轮钻头可在岩层中钻进；正循环回转钻机能满足现场中风化岩以上地质钻进要求，并保证护壁效果。

（2）成桩方式为泥浆护壁成孔桩。

【解析】

市政专业经常出现这类题目，要求简述施工中选择施工机械设备的理由。这类题目在教材中没有具体原文，考核的是考生对某一工法设备的熟悉程度，以及有机结合背景资料和语言组织能力。回答这类题目时，需要学会拆分背景资料条件，例如，在本题中提到了牙轮钻头，它的作用是在持力层的中风化岩层中钻进。而上部土质相对较软，选择正循环钻机能够满足这些地质条件，并且正循环钻机在成孔过程中有相对较好的护壁效果。

3. 施工方案（3）中，所指构件A的名称是什么？构件A施工时需使用哪些机械配合？构件A应高出施工水位多少米?
【参考答案】

（1）构件A的名称：钢护筒。

（2）构件A埋设需使用的机械设备有吊机、振动锤（或冲击锤）、泥浆泵或小型抓斗机。

（3）构件A应高出施工水位2m。

【解析】

根据图中的信息，本工程的桩基直径为1500mm，护筒直径必须大于桩直径，并且护筒长度要达到15m以上（依据图形估算）。因此，在埋设过程中需要配备吊机进行操作。护筒的埋设深度需要达到河床底以下7~8m。为确保护筒顺利埋入，施工过程中需要使用振动锤进行振动下压。当护筒进入河床底后，为继续下沉护筒，需要利用泥浆泵或小型抓斗机清除护筒内的土体，以减小护筒与土壤之间的摩擦力，便于护筒继续下沉至预定位置。

4. 结合背景资料及上图，列式计算 $3^{\#}$-①桩的桩长。

【参考答案】

$3^{\#}$-①桩的桩长：20.000-1.200-（-15.000-2×1.500）= 18.800+18.000 = 36.800m

【解析】

图纸中的数字计算题是市政考试中的主要内容之一，而竖向计算是其中的常见类型。需要注意的是，计算所需的数据并没有完全在图形中呈现出来。例如，图中提供了盖梁顶的高程，而盖梁的厚度则是在背景资料中给出的。因此，在解答这类题目时，务必注意将图形和背景资料相结合，综合利用相关信息。

5. 在施工方案（4）中，指出孔底沉渣厚度的最大允许值。

【参考答案】

孔底沉渣厚度最大允许值为 100mm。

【解析】

因为桩端要进到中风化岩 3m，属于端承型桩，所以孔底沉渣厚度不应大于 100mm。需要注意，端承桩和摩擦桩在一、二建中规定的数值不一样，要依据各自的考试用书作答。

摩擦型桩和端承型桩区别如下：

（1）摩擦型桩又分摩擦桩和端承摩擦桩。摩擦桩在承载能力极限状态下，桩顶竖向荷载由桩侧阻力承受，桩端阻力小到可忽略不计，而端承摩擦桩在承载能力极限状态下，桩顶竖向荷载主要由桩侧阻力承受，而桩端阻力也分担部分荷载。

（2）端承型桩又分端承桩和摩擦端承桩。端承桩在承载能力极限状态下，桩顶竖向荷载由桩端阻力承受，桩侧阻力小到可忽略不计；摩擦端承桩在承载能力极限状态下，桩顶竖向荷载主要由桩端阻力承受，而桩侧阻力也分担部分荷载。

案例 29 2020 年一建案例题四

某市为了交通发展，需修建一条双向快速环线（图1），里程桩号为 K0+000～K19+998.984。建设单位将该建设项目划分为 10 个标段，项目清单见表1。当年 10 月份进行招标，拟定工期为 24 个月，同时成立了管理公司，由其代建。

表 1　某市快速环路项目清单

标段号	里程桩号	项目内容
①	K0+000～K0+200	跨河桥
②	K0+200～K3+000	排水工程、道路工程
③	K3+000～K6+000	沿路跨河中小桥、分离式立交、排水工程、道路工程

续表

标段号	里程桩号	项目内容
④	K6+000~K8+500	提升泵站、分离式立交、排水工程、道路工程
⑤	K8+500~K11+500	A
⑥	K11+500~K11+700	跨河桥
⑦	K11+700~K15+500	分离式立交、排水工程、道路工程
⑧	K15+500~K16+000	沿路跨河中小桥、排水工程、道路工程
⑨	K16+000~K18+000	分离式立交、沿路跨河中小桥、排水工程、道路工程
⑩	K18+000~K19+998.984	分离式立交、提升泵站、排水工程、道路工程

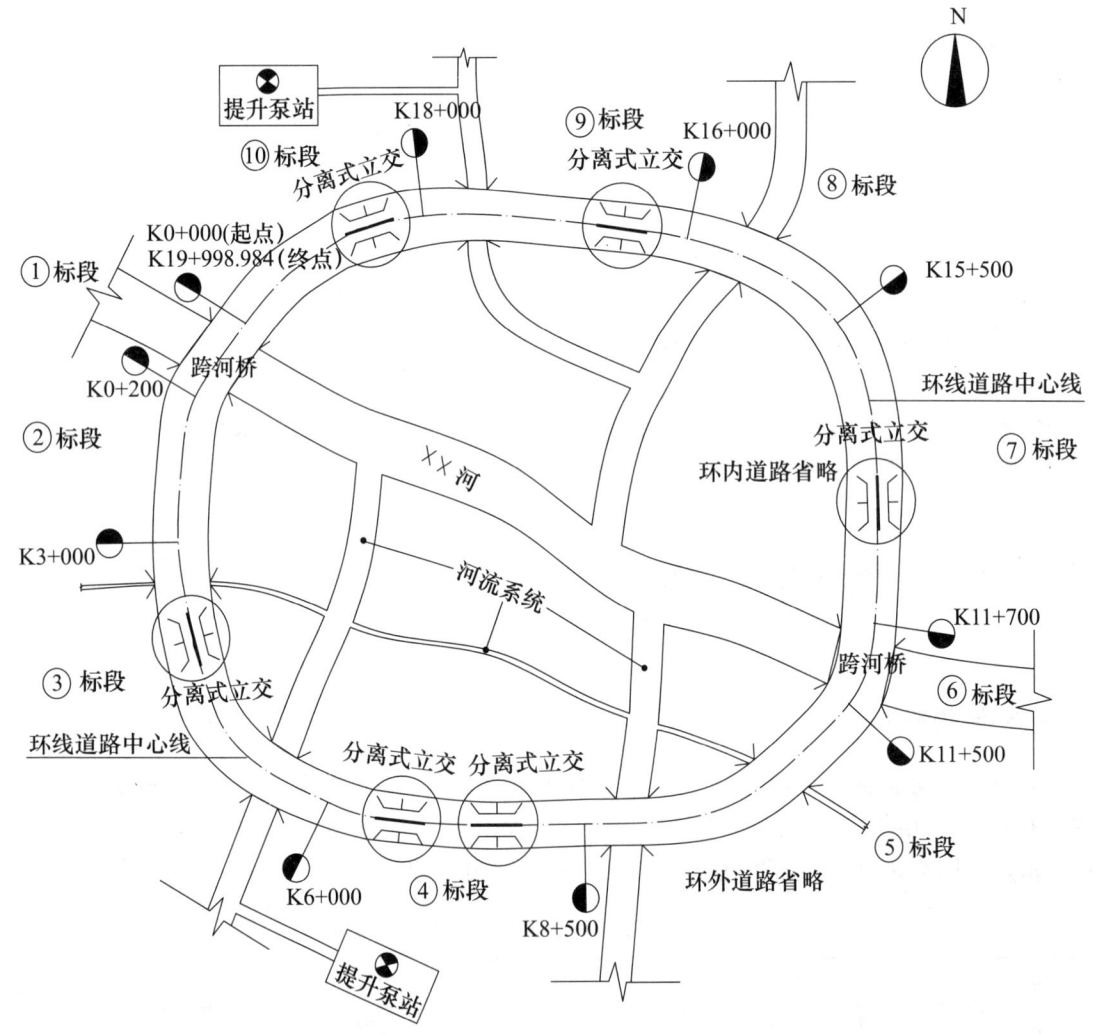

图 1 某市双向快速环线平面示意图

各投标单位按要求中标后，管理公司召开设计交底会，与会的有设计、勘察、施工单位等。

开会时，有③、⑤标段的施工单位提出自己中标的项目中各有1座泄洪沟小桥的桥位将制约相邻标段的通行，给施工带来不便，建议改为过路管涵，管理公司表示认同，并请设计单位出具变更通知单，施工现场采取封闭管理，按变更后的图纸组织现场施工。

③标段的施工单位向管理公司提交了施工进度计划横道图（图2）。

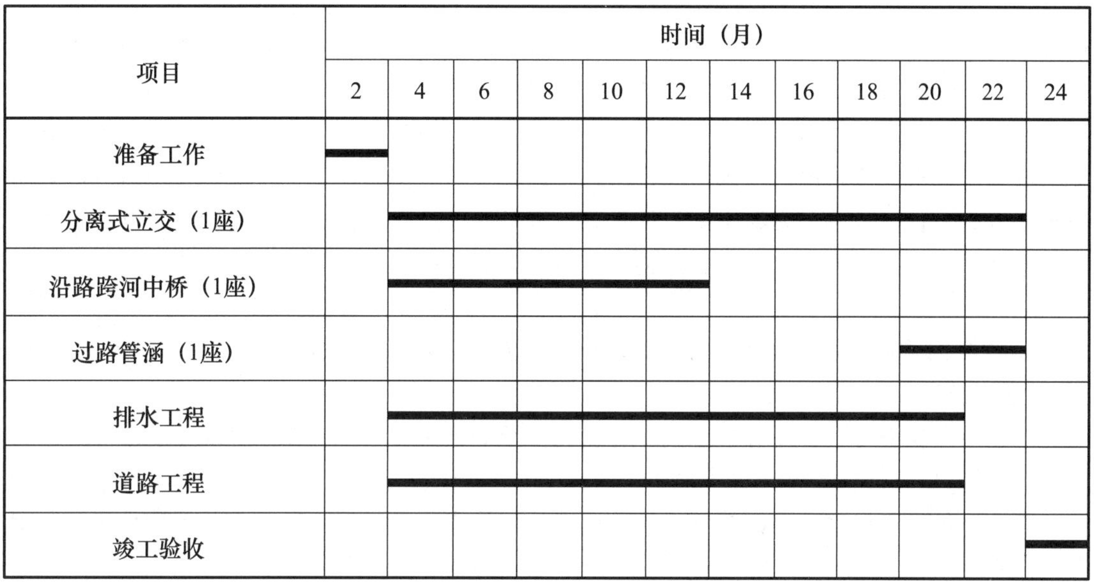

项目	时间（月）											
	2	4	6	8	10	12	14	16	18	20	22	24
准备工作												
分离式立交（1座）												
沿路跨河中桥（1座）												
过路管涵（1座）												
排水工程												
道路工程												
竣工验收												

图2 ③标段施工进度计划横道图

> 问题

1. 按表1所示，根据各项目特征，该建设项目有几个单位工程？写出其中⑤标段A的项目内容？⑩标段完成的长度为多少米？

2. 成立的管理公司担当哪个单位的职责？与会者还缺哪家单位？

3. ③、⑤标段的施工单位提出变更申请的理由是否合理？针对施工单位提出的变更设计申请，管理公司应如何处理？为保证现场封闭施工，施工单位最先完成与最后完成的工作是什么？

4. 写出③标段施工进度计划横道图中出现的不妥之处。应该怎样调整？

> 参考答案

1. 按表1所示，根据各项目特征，该建设项目有几个单位工程？写出其中⑤标段A的项目内容？⑩标段完成的长度为多少米？

【参考答案】

（1）该建设项目有10个单位工程。

（2）⑤标段A的项目内容有沿路跨河中小桥、排水工程、道路工程。

（3）⑩标段完成的长度：

（K19+998.984）－（K18+000）＝19998.984－18000＝1998.984m

【解析】

建筑领域中对于建设工程项目、单项工程、单位工程（子单位工程）、分部工程（子分部工程）、分项工程和检验批的规定，不同专业人士对工程项目的划分存在不同的理解。市政工程由于与建筑工程和公路工程有许多不同之处，因此在项目划分方面更加复杂。在本题中，一个标段涉及道路、桥梁、排水和提升泵站等复杂工程。施工单位与建设单位可以签订单项合同，其中道路、桥梁、给排水管线和提升泵站作为本标段的单位工程。另一种方式是施工单位与建设单位签订一个单位合同，将道路、桥梁、给排水管线和泵站等分别作为子单位工程。在本题的参考答案中，采用了后一种划分方式。

对于⑤标段A项目的内容，采用了一种新型的考试形式，主要考核识图、识表和综合分析能力。在图表信息中，其他标段的项目内容相当于图例，我们需要确定在图上⑤标段A绘制了哪些项目。然而，需要注意的是，此类题目评分规则类似于选择题，即只需回答本标段所包含的项目，不要写出其他标段包含但本标段没有的项目。

2. 成立的管理公司担当哪个单位的职责？与会者还缺哪家单位？

【参考答案】

成立的管理公司担当建设单位（甲方）的职责；与会者还缺少监理单位。

【解析】

管理公司又称代建公司，常在市政基础设施建设中代表政府部门承担代理建设单位的职责。这种管理公司相当于建设单位聘请的一个管理团队。

3. ③、⑤标段的施工单位提出变更申请的理由是否合理？针对施工单位提出的变更设计申请，管理公司应如何处理？为保证现场封闭施工，施工单位最先完成与最后完成的工作是什么？

【参考答案】

（1）变更理由合理。

（2）与相邻标段施工单位核实，安排监理单位审查，管理公司自己进行签认（审批），协调设计单位出具设计变更，委托监理单位出具变更令。

（3）最先完成的是搭建围挡（围墙）及出入口的定位。最后完成的是拆除围挡及场地恢复。

【解析】

第一小问存在争议，很多考生写的是变更不合理。然而，从题干中可以看出，变更已经发生，并且根据建造师考试的规则，只有施工单位的做法可能是错误的，建设方的错误情况很少见。因此，更适合命题人的思路是认为变更的理由是合理的。

本题目中，管理公司行使的是建设单位职责，回答问题时应综合考虑与相邻标段的核实、监理公司的审查、管理公司的审批、设计单位的变更方案及监理单位的变更令等变更流程的各个方面。同时，着重从管理公司的角度出发，强调在变更过程中安排、协调和委托等工作的重要性。

本小题的第三问是"为保证现场封闭施工，施工单位最先完成与最后完成的工作是什么"。回答该问题时一定要注意，这两项工作的目的是确保现场的封闭管理，而现场封闭自然是搭设围挡，最后施工全部完成后将围挡拆除。

4. 写出③标段施工进度计划横道图中出现的不妥之处。应该怎样调整？

【参考答案】

不妥之处①：过路管涵竣工在道路工程竣工后。调整：过路管涵在排水工程之前竣工。

不妥之处②：排水工程与道路工程同步竣工。调整：排水工程在道路工程之前竣工。

【解析】

本题看似是一个管理部分网络图的题目，但实际上是一个施工部署和施工工序安排问题。本工程③标段中包含沿路跨河中桥、过路管涵、分离式立交、排水工程、道路工程等多个单位工程，施工时需要合理安排施工顺序。从背景和图上可以得出，排水工程及过路管涵在道路以下，那么排水工程一定是在道路工程之前竣工，因为排水工程一般是在道路的路基范围内，而路基施工完成以后才可以进行道路的基层和面层施工。由背景资料可知，本工程设置排水管涵最主要的目的就是使相邻标段顺利通行，那么应该在排水工程之前完成，这样才不至于影响到相邻标段施工，所以将管涵竣工安排在排水工程竣工前是最合理的选择。

案例30　2020年一建案例题五

A公司承建某地下水池工程，为现浇钢筋混凝土结构。混凝土设计强度为C35，抗渗等级为P8。水池结构内设有三道钢筋混凝土隔墙，顶板上设置有通气孔及人孔，水池结构如图1和图2所示。

A公司项目部将场区内降水工程分包给B公司。结构施工正值雨期，为满足施工开挖及结构抗浮要求，B公司编制了降排水方案，经项目部技术负责人审批后报送监理单位。

水池顶板混凝土采用支架整体现浇，项目部编制了顶板支架支拆施工方案，明确了拆除支架时混凝土强度、拆除安全措施，如设置上下爬梯、洞口防护等。

项目部计划在顶板模板拆除后，进行底板防水施工，然后进行满水试验，被监理工程师制止。

项目部编制了水池满水试验方案，方案中对试验流程、试验前准备工作、注水过程、水位观测、质量、安全等内容进行了详细的描述，经审批后进行了满水试验。

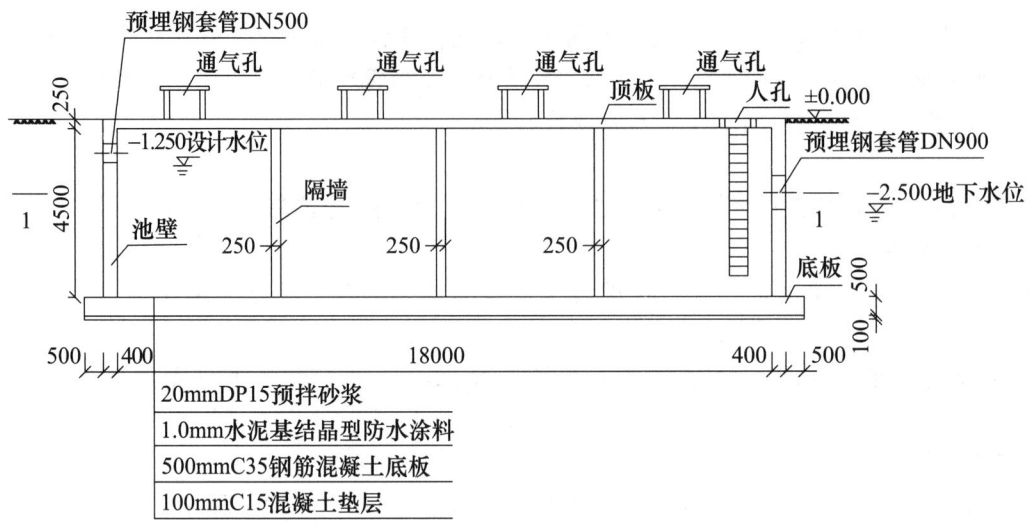

图 1 水池剖面图（标高单位：m；尺寸单位：mm）

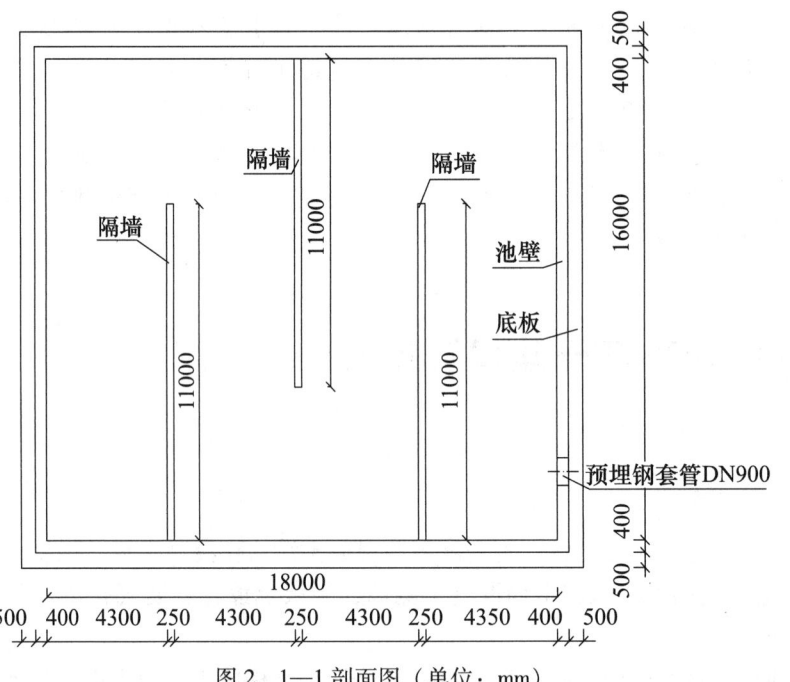

图 2 1—1 剖面图（单位：mm）

> 问题

1. B 公司方案报送审批流程是否正确？说明理由。
2. 请说明 B 公司降水注意事项、降水结束时间。
3. 项目部拆除顶板支架时混凝土强度应满足什么要求？请说明理由。拆除支架时，还有哪些安全措施？
4. 请说明监理工程师制止项目部施工的理由。
5. 满水试验前，需要对哪个部位进行压力验算？水池注水过程中，项目部应关注哪些易渗漏水部位？除了对水位观测外，还应进行哪个项目观测？

6. 请说明满水试验水位观测时，水位测针的初读数与末读数的测读时间；计算池壁和池底的浸湿面积（单位：m²）。

参 考 答 案

1. B 公司方案报送审批流程是否正确？说明理由。

【参考答案】

流程不正确。

理由：由图计算可知，本工程基坑开挖深度超过 5m，深基坑专项方案应组织专家论证，经过论证的方案应由 A、B 公司的技术负责人审批、加盖单位公章后送审。

【解析】

根据案例背景提供的图形信息，可以得知水池为全地下结构，内部净高为 4500mm，顶板厚度为 250mm，底板厚度为 500mm，垫层厚度为 100mm，基坑开挖深度为 5.35m。因此，基坑开挖、支护和降水工程需要编制安全专项施工方案，并组织专家进行论证。专家论证后的专项施工方案需要由总分包单位的技术负责人进行审批，并在加盖单位公章后进行送审。所以 B 公司的项目技术负责人审批送审的做法不符合规定。

2. 请说明 B 公司降水注意事项、降水结束时间。

【参考答案】

（1）降水注意事项：

① 施工期间降排水不能间断，并对地下水监测。

② 保障降水设备、配电设施安全。

③ 雨期施工辅以集水明排等水池抗浮措施。

（2）降水结束时间：构筑物具备抗浮条件时方可停止降水。

【解析】

背景资料中强调"为满足施工开挖及结构抗浮要求，B 公司编制了降排水方案"且"结构施工正值雨期"，回答降水注意事项时也应该从"满足开挖要求""结构抗浮"和"雨期施工"这几个方向来考虑，所以本题答案需要从"地下水位控制高度""施工期间降水不间断"和"雨期施工结合集水明排"这几个方面组织语言。

3. 项目部拆除顶板支架时混凝土强度应满足什么要求？请说明理由。拆除支架时，还有哪些安全措施？

【参考答案】

（1）应满足设计强度的 100%。

理由：顶板跨度大于 8m（本工程跨度 16m），支架拆除时，强度需达到设计强度的 100%。

（2）安全措施还有：

① 池内进行通风和气体检测，低压防水灯照明。

② 应有专人值守（专人指挥）。

③ 拆除人员佩戴安全防护用品（安全帽、安全带、防滑鞋等）。
④ 由上而下逐层拆除（先支后拆、后支先拆），严禁上下同时作业。
⑤ 杆件、模板严禁抛掷，分类码放。

【解析】
本题属于支架模块的题目，但不能简单地将教材中桥梁支架拆除的知识点完全照搬过来。原因是本工程涉及有盖水池，拆除内部模板和支架还需要进行有限空间作业，因此在此过程中需要考虑通风、气体检测、照明等方面的采分点。

4. 请说明监理工程师制止项目部施工的理由。

【参考答案】
理由：按规范要求，现浇混凝土水池满水试验在主体结构防水层施工前进行（应在满水试验合格后进行防水作业）。

【解析】
水池满水试验用于检验结构的自防水性能。因此，在现浇水池施工完成后，尚未进行内外防水施工之前，应进行满水试验。如果满水试验结果显示水池的渗水量未超过规范规定的允许值，表明结构的自防水质量符合标准。此时，可以进行内外防水或防腐等施工，并最终进行回填处理。

5. 满水试验前，需要对哪个部位进行压力验算？水池注水过程中，项目部应关注哪些易渗漏水部位？除了对水位观测外，还应进行哪个项目观测？

【参考答案】
（1）对预埋钢套管的临时封堵部位进行压力验算。
（2）应关注池壁与底板相接处施工缝部位、预埋钢套管外侧与混凝土接触位置、钢套管内部封堵位置、外墙对拉螺栓锥形孔封堵位置、闸门。
（3）水池沉降量的观测。

【解析】
本小问中，答案（1）和（3）的内容可以在教材中找到，而答案（2）涉及的考点在教材中找不到。但通过常理分析并结合图形和背景资料，可以得出答案。首先，由于水池底板以上不少于200mm的位置需要设置施工缝，因此在满水试验时，需要重点关注施工缝的部位。其次，图中标明了预埋钢套管，所以需要关注套管外侧与混凝土接触的位置及内部的封堵情况（可能导致漏水问题）。另外，对于任何混凝土结构，对拉螺栓处都是容易出现渗漏的部位，在试验中应重点关注。同样，进水口、放空管和其他位置的闸阀也应予以关注。

6. 请说明满水试验水位观测时，水位测针的初读数与末读数的测读时间；计算池壁和池底的浸湿面积（单位：m^2）。

【参考答案】
（1）初读数时间：注水至设计水深24h后。末读数时间：测读初读数24h后。
（2）池壁和池底的浸湿面积。

满水试验设计水位高度：（4.5+0.25）－1.25=3.5m

池壁浸湿面积：（18+16）×2×3.5=238m²

池底浸湿面积：18×16－11×0.25×3=288－8.25=279.75m²

【解析】

本题的争议点在于计算浸湿面积时是否需要扣除内隔墙与池底和池壁接触的面积。首先，根据图形中明确给出的内隔墙尺寸，完全具备将内隔墙与池底、池壁接触面积进行计算的条件。其次，内隔墙与池底和池壁的接触位置本来就没有被浸湿，因此在计算浸湿面积时，应考虑将这些未被浸湿的部分面积扣除。

然而，在规范和教材中，关于满水试验的计算有以下规定：水池渗水量按照池壁（不包括内隔墙）和池底的浸湿面积进行计算。这句话明确了池壁渗水量计算时不需要考虑内隔墙的影响，因此在计算池壁浸湿面积时，不需要考虑内隔墙与池壁接触的面积。然而，在计算池底浸湿面积时，需要扣除内隔墙与池底接触但未被浸湿的部分面积。

此外，本题图中侧墙位置有套管，有些考生将套管面积减掉了，但这样的做法是不妥的。因为套管位置本身也需要封堵，而且封堵位置一般是砖砌体，也存在渗水的可能性。因此，在计算浸湿面积时，不能扣除套管的面积。

案例 31　2019 年一建案例题一

甲公司中标某城镇道路工程，设计道路等级为城市主干路，全长 560m。横断面形式为三幅路，机动车道为双向六车道。路面面层结构设计采用沥青混凝土，上面层为厚 40mm SMA-13 改性沥青混凝土，中面层为厚 60mm AC-20，下面层为厚 80mm AC-25。

施工过程中发生如下事件：

事件一：甲公司将路面工程施工项目分包给具有相应施工资质的乙公司施工。建设单位发现后立即制止了甲公司的行为。

事件二：路基范围内有一处干涸池塘，甲公司将原始地貌杂草清理后，在挖方段取土一次性将池塘填平并碾压成型，监理工程师发现后责令甲公司返工处理。

事件三：甲公司编制的沥青混凝土施工方案包括以下要点。

（1）上面层摊铺分左、右幅施工，每幅摊铺采用一次成型的施工方案，2台摊铺机成梯队方式推进，并保持摊铺机组前后错开 40~50m 距离。

（2）上面层碾压时，初压采用振动压路机，复压采用轮胎压路机，终压采用双轮钢筒式压路机。

（3）该工程属于城镇主干路，沥青混凝土面层碾压结束后需要快速开放交通，终压完成后拟洒水加快路面的降温速度。

事件四：确定了路面施工质量检验的主控项目及检验方法。

> 问题

1. 事件一中，建设单位制止甲公司的分包行为是否正确？说明理由。
2. 指出事件二中的不妥之处，并说明理由。
3. 指出事件三中的错误之处，并改正。
4. 写出事件四中沥青混凝土路面面层施工质量检验的主控项目（原材料除外）及检验方法。

> 参考答案

1. 事件一中，建设单位制止甲公司的分包行为是否正确？说明理由。

【参考答案】

正确。

理由：路面结构工程属于主体结构，甲公司违反了《中华人民共和国建筑法》有关"主体结构的施工必须由总承包单位自行完成"的规定，其行为属于违法分包。

【解析】

"主体结构和关键部位必须自行完成，不得分包"是常识考点，所以只要明白路面结构属于道路工程的主体，就不会丢分。

2. 指出事件二中的不妥之处，并说明理由。

【参考答案】

（1）"将原始地貌杂草清理后，在挖方段取土一次性将池塘填平并碾压成型"不妥（或未按照规范要求进行填土路基施工）。

（2）理由：

① 未对池塘边坡坡度和淤泥厚度进行勘察。

② 未对地基进行承载力检验。

③ 未对陡于1∶5的池塘边坡修筑台阶。

④ 未在填筑过程中进行分层填筑。

⑤ 未编写处理方案并报驻地监理批准。

【解析】

需要注意，本题的考点是找出不妥之处并说明理由，而不是找出不妥之处，写出正确做法。这两种考题在答题模式上有一定区别。写出正确做法是描述应该如何去做，而说明理由是指出没有按照应该做的方式去做。因此，写出正确做法时通常使用"应"，而说明理由时多采用"未"。

此外，在市政考试中，很多管理和技术部分的知识点通常会结合在一起考核。因此，在答题时，最好能提及"未按照规范要求进行施工"及一些"监理审批"等相关内容。

3. 指出事件三中的错误之处，并改正。

【参考答案】

（1）"摊铺机组前后错开40~50m"错误。正确做法：应前后错开10~20m距离。

（2）"初压采用振动压路机，复压采用轮胎压路机"错误。正确做法：初压应采用钢轮压路机或关闭振动的振动压路机；复压应采用振动压路机。

（3）"终压完成后拟洒水加快路面的降温速度"错误。正确做法：应待摊铺表面层自然降温至50℃后，方可开放交通。

【解析】

新大纲体系下，SMA属于密级配沥青混合料。按照规定，密级配沥青混合料复压可以优先采用轮胎压路机，但是如果是改性沥青SMA，依然不适合用轮胎压路机。

4. 写出事件四中沥青混凝土路面面层施工质量检验的主控项目（原材料除外）及检验方法。

【参考答案】

主控项目有压实度、面层厚度、弯沉值。

压实度检验方法是查试验记录（马歇尔击实试件密度、实验室标准密度）。

面层厚度检验方法是钻孔或刨挖，用钢尺量。

弯沉值检验方法是弯沉仪检测。

【解析】

该考点在新大纲体系下的教材介绍并不清晰，本题答题依据《城镇道路工程施工与质量验收规范》CJJ 1—2008的相关规定，沥青混凝土道路的主控项目及检验方法作为超纲点准备。

案例32　2019年一建案例题二

某公司承建长1.2km的城镇道路大修工程，现状路面层为沥青混凝土，主要施工内容包括：对沥青混凝土路面沉陷、碎裂部位进行处理；局部加铺网孔尺寸10mm的玻纤网以减少旧路面对新沥青面层的反射裂缝；对旧沥青混凝土路面铣刨拉毛后加铺厚40mm AC-13沥青混凝土面层，道路平面如下图所示。机动车道下方有一DN800mm污水管线，垂直于该干线有一DN500mm混凝土污水管支线接入，由于污水支线不能满足排放量要求，拟在原位更新为DN600mm，更换长度50m，如下图中2~2′#井段。

项目部在处理破损路面时发现挖补深度介于50~150mm，拟用沥青混凝土一次补平。在采购玻纤网时被告知网孔尺寸10mm的玻纤网缺货，拟变更为网孔尺寸20mm的玻纤网。

交通部门批准的交通导行方案要求：施工时间为22:00至次日5:30，不断路施工。为加快施工进度，保证每日5:30前恢复交通，项目部拟提前一天采取机械撒布乳化沥青（用量0.8L/m²），为第二天沥青面层摊铺创造条件。

项目部调查发现：2~2′#井段管埋深约3.5m，该深度土质为砂卵石，下穿既有电信、电力管道（埋深均小于1m），2′#井处具备工作井施工条件，污水干线夜间水量小且稳定，支管接入时不需导水，2~2′#井段施工期间上游来水可导入其他污水管。结合现场条件和使用需求，项目部拟从开槽法、内衬法、破管外挤法及定向钻法等4种方法中选择一种进行施工。

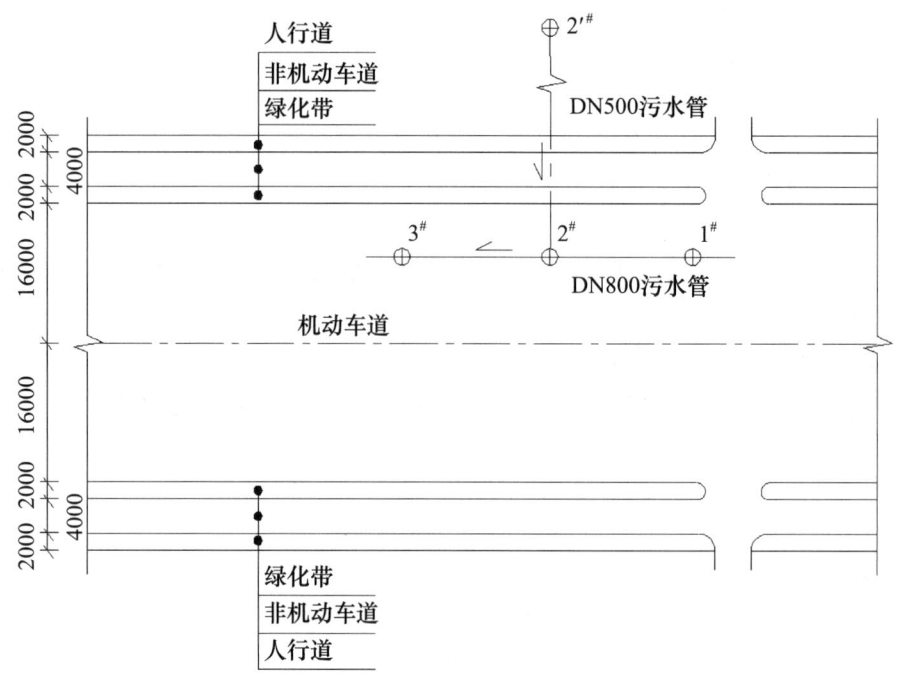

道路平面示意图（单位：mm）

在对 2# 井内进行扩孔接管道作业之前，项目部编制了有限空间作业专项施工方案和事故应急预案并经过审批；在作业人员下井前打开上、下游检查井通风，对井内气体进行检测后未发现有毒气体超标；在打开的检查井周边摆放了反光锥桶，完成上述准备工作后，检测人员带着气体检测设备离开了现场，此后 2 名作业人员佩（穿）戴防护设备下井施工。由于施工时扰动了井底沉积物，有毒气体逸出，造成作业人员中毒，虽救助及时未造成人员伤亡，但暴露了项目部安全管理的漏洞，监理因此开出停工整改通知。

> 问题

1. 指出项目部对破损路面处理的错误之处并改正。
2. 指出项目部玻纤网更换的错误之处并改正。
3. 改正项目部为加快施工进度所采取的措施的错误之处。
4. 四种管道施工方法中哪种方法最适合本工程？分别简述其他三种方法不适合的主要原因。
5. 针对管道施工时发生的事故，补充项目部在安全管理方面应采取的措施。

> 参 考 答 案

1. 指出项目部对破损路面处理的错误之处并改正。

【参考答案】

错误之处：挖补深度介于 50~150mm 之间，拟用沥青混凝土一次补平。

改正：分层摊铺，每层最大厚度不宜超过 100mm。

【解析】

本题为数字类考点。在道路施工中，路基填土施工，一般要求层厚不超过300mm，半刚性基层摊铺碾压，一般要求层厚不超过200mm，而沥青混凝土面层摊铺厚度一般为100mm。

2. 指出项目部玻纤网更换的错误之处并改正。

【参考答案】

错误之处：擅自将玻纤网网孔尺寸变更为20mm。

正确做法：按照变更流程进行设计变更；玻纤网网孔尺寸宜为上层沥青材料最大粒径的0.5~1.0。

【解析】

本题涉及两个考点，第一个考点是变更玻纤网未按照正确程序进行，第二个考点相对而言比较隐蔽，本工程沥青粒径为AC-13mm，依据要求玻纤网孔径应采用摊铺沥青粒径的0.5~1.0，所以玻纤网孔尺寸应在6.5~13mm。

3. 改正项目部为加快施工进度所采取的措施的错误之处。

【参考答案】

项目部应该在面层施工当天（夜）洒布粘层油，洒布用量应满足规范要求（0.3~0.6L/m²）。

【解析】

本题需要改正的错误有两点：一是粘层油需要当天洒布；二是教材中未曾介绍的粘层油洒布用量，在《城镇道路工程施工与质量验收规范》CJJ 1—2008 表8.4.2 沥青路面粘层材料的规格和用量中对乳化沥青用量有要求。

表8.4.2 沥青路面粘层材料的规格和用量

下卧层类型	液体沥青		乳化沥青	
	规格	用量（L/m²）	规格	用量（L/m²）
新建沥青层或旧沥青路面	AL（R）-3~AL（R）-6 AL（M）-3~AL（M）-6	0.3~0.5	PC-3 PA-3	0.3~0.6
水泥混凝土	AL（M）-3~AL（M）-6 AL（S）-3~AL（S）-6	0.2~0.4	PC-3 PA-3	0.3~0.5

注：表中用量是指包括稀释剂和水分等在内的液体沥青、乳化沥青的总量，乳化沥青中的残留物含量是以50%为基准。

4. 四种管道施工方法中哪种方法最适合本工程？分别简述其他三种方法不适合的主要原因。

【参考答案】

破管外挤法最适合本工程。

其他三种不适合原因：内衬法施工不能扩大管径；定向钻法精度低，且不适合砂卵石地层；开槽法需要支撑、施工时间长且对交通影响大。

【解析】

背景资料中交代"2#井处具备工作井施工条件"，暗示命题人认定的施工方法是非开槽施工。另外，背景资料介绍土质为砂卵石（可以压密地层），破管外挤对地层影响相对较小，且上部为电力、电信管线，管线垂直间距达2.5m，少许变形对管线影响不大。

5. 针对管道施工时发生的事故，补充项目部在安全管理方面应采取的措施。

【参考答案】

（1）对作业人员进行专项培训考核并进行安全技术交底。

（2）备有送、排风设备且人员下井期间不间断通风。

（3）井下作业时，不能中断气体检测工作，且配备救援器材。

（4）按交通方案设置反光锥桶、安全标志、警示灯，设专人维护交通秩序。

（5）安排具备有限空间作业监护资格的人在现场监护。

【解析】

本题要求补充安全管理方面应采取的措施，案例背景中涉及以下措施：编制专项施工方案和事故应急预案并经过审批；下井前通风，对井内气体进行检测；检查井周边摆放了反光锥桶；作业人员佩（穿）戴防护设备。除此以外，针对安全管理最容易想到的是培训、考核、交底、通风设备、不间断通风、毒气随时监测、救援器材、专人疏导交通、通信等文字。这类题目采分点需要多方位罗列，但又要控制文字，所以这里尽量多采用"和、且、并、或、及"等文字作为连接词，使两个或者多个方面的内容在一句话中交代清楚，从而减少答案的文字数量。

案例33 2019年一建案例题三

某市政企业中标一城市地铁车站项目，该项目地处城郊接合部，场地开阔，建筑物稀少，车站全长200m，宽19.4m，深度16.8m，设计为地下连续墙围护结构，采用钢筋混凝土支撑与钢管支撑，明挖法施工。本工程开挖区域内地层分布为回填土、黏土、粉砂、中粗砂及砾石，地下水位于3.95m处。详见下图。

项目部依据设计要求和工程地质资料编制了施工组织设计。施工组织设计明确以下内容：

（1）工程全长范围内均采用地下连续墙围护结构，连续墙顶部设有800mm×1000mm的冠梁。钢筋混凝土支撑与钢管支撑的间距：垂直间距为4～6m，水平间距为8m。主体结构采用分段跳仓施工，分段长度为20m。

第一部分 52道经典一建案例题(2013—2024年)

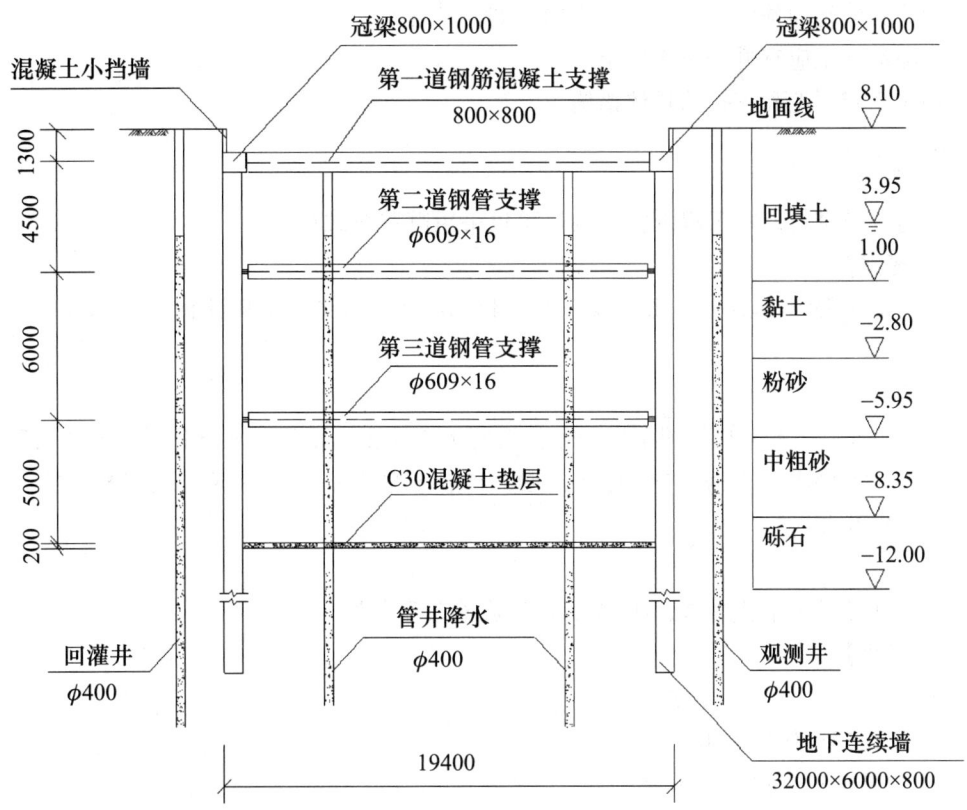

地铁车站明挖施工示意图(高程单位:m;尺寸单位:mm)

(2)施工工序为:围护结构施工→降水→第一层土方开挖(挖至冠梁底面标高)→A→第二层土方开挖→设置第二道支撑→第三层土方开挖→设置第三道支撑→最底层开挖→B→拆除第三道支撑→C→负二层中板、中板梁施工→拆除第二道支撑→负一层侧墙、中柱施工→侧墙顶板施工→D。

(3)项目部对支撑作业做了详细的布置:围护结构第一道采用钢筋混凝土支撑,第二、三道采用 φ609mm×16mm 的钢管支撑,钢管支撑一端为活络头,采用千斤顶在该侧施加预应力。预应力加设后的 12h 内应加密监测频率。

(4)后浇带设置在主体结构中间部位,宽度为 2m,当两侧混凝土强度达到 100%设计值时,开始浇筑。

(5)为防止围护结构变形,项目部制定了开挖和支护的具体措施:
① 开挖范围及开挖、支护顺序均应与支护结构设计工况相一致。
② 挖土要严格按照施工组织设计规定进行。
③ 土方开挖时严格遵循自上而下分层、分段的原则进行。
④ 严格换撑、拆撑验收,严禁支撑架设滞后、违规换撑、拆撑。

【问题】

1. 根据背景资料,本工程围护结构还可以采用哪些方式?
2. 写出施工工序中代号 A、B、C、D 对应的工序名称。

3. 钢管支撑施加预应力后，预应力损失如何处理？
4. 后浇带施工应有哪些技术要求？
5. 补充完善开挖和支护的具体措施。

参考答案

1. 根据背景资料，本工程围护结构还可以采用哪些方式？
【参考答案】
还可以采用 SMW 工法桩、钻孔咬合桩、钻孔灌注桩与水泥土搅拌桩（高压旋喷桩）帷幕结合的方式。

【解析】
需要注意的是，本题根据图形围护结构还需要兼作止水帷幕，能够同时起到这两种作用的围护结构还有 SMW 工法桩、钻孔咬合桩，或者采用灌注桩与水泥土搅拌桩（高压旋喷桩）相结合的形式。

2. 写出施工工序中代号 A、B、C、D 对应的工序名称。
【参考答案】
A——设置冠梁、第一道支撑。
B——底板、部分侧墙施工。
C——负二层侧墙、中柱施工。
D——拆除第一道支撑、回填。

【解析】
根据施工工序描述的"降水→第一层土方开挖（挖至冠梁底面标高）→A→第二层土方开挖"，可以确定第一层土方开挖完成后需要进行冠梁的施工，而在工序 A 之后立即进行第二层土方开挖。因此，工序 A 应包括设置冠梁及第一道支撑这两个工序。这样的安排确保了在进行第二层土方开挖时，冠梁已经设置完毕并且第一道支撑已经安装好。

根据"设置第三道支撑→最底层开挖→B→拆除第三道支撑"可以分析出，工序 B 替代了第三道支撑的工作，而底板可以充当这种替代角色。考虑到底板与侧墙的施工缝通常设置在底板顶面以上一定的距离，因此可以将工序 B 合并为底板及部分侧墙施工。

根据"拆除第三道支撑→C→负二层中板、中板梁施工"，并结合"拆除第二道支撑→负一层侧墙、中柱施工→侧墙顶板施工"可以推断，在负二层进行中板、中板梁施工之前，工序 C 应为负二层侧墙、中柱施工。

根据背景信息，第三道和第二道支撑在结构施工中已经拆除。最后一项工序 D 应该是在结构完成后拆除第一道支撑。考虑到车站主体完成后，所有的支撑都将被拆除，车站顶板以上的区域需要进行回填。因此，可以将拆除第一道支撑和回填工作合并在工序 D 中。

3. 钢管支撑施加预应力后，预应力损失如何处理？
【参考答案】
施加预应力后，发现预应力损失时，应再次施加（复施加）预应力。

【解析】

钢支撑施加预应力以后，钢支撑之间的拼装间隙会消除，不过支撑后背土体也会有一些压缩，预应力会出现一些损失，所以此时需要在活络头位置使用千斤顶再次施加预应力至设计值。

4. 后浇带施工应有哪些技术要求？

【参考答案】

（1）钢筋与主体结构一次绑扎，模板、支架独立设置。
（2）两侧混凝土养护42天后，对已浇筑部位两侧凿毛、清理。
（3）用高一个强度等级的补偿收缩（微膨胀）混凝土浇筑。
（4）在温度最低时（夜间）浇筑，养护时间不应低于28天。

【解析】

关于后浇带的考点采分点相对较多，罗列采分点时既要全面又要文字精简。依据新大纲，参考答案中养护时间28天。在新大纲中，给排水构筑物和地铁车站结构中，关于后浇带养护时间不一样，需要按照案例背景对应的专业作答。

5. 补充完善开挖和支护的具体措施。

【参考答案】

（1）严格控制开挖与支撑之间的时间、空间间隔，严禁超挖。
（2）采用换撑方案时应先撑后拆，支撑不到位严禁开挖土体。
（3）开挖过程中，必须采取措施防止碰撞支撑、地连墙或扰动基底原状土。
（4）异常情况时，应停止挖土，并查清原因且采取措施，正常后继续挖土。

【解析】

在当前的一建市政教材中，该知识点与原考试内容存在一些差异。为此对题干内容进行了修订，以便与最新的教材相适应，也更符合当前考试形式。

题目要求补充开挖与支护的具体措施。案例背景中提到基坑开挖、支护、结构施工及支护结构拆除等工序交替进行。因此，在回答时，需要围绕支撑与支护展开，并注意以下采分点：控制开挖与支护之间的时间和空间间隔，先撑后挖，换撑时的先撑后拆等。此外，在存在多道支撑的基坑中挖土时，挖掘机必须小心谨慎，既不能碰撞支撑和围护结构，又不能扰动基底原状土。最后，还要涉及基坑开挖过程中的安全问题，这是通用的安全考点。具体采分点包括停止施工、继续监测、启动预案、查明原因、采取措施和继续施工等。

案例34　2019年一建案例题四

某公司承建一座城市快速路跨河桥梁，该桥由主桥、南引桥和北引桥组成，分东、西双幅分离式结构，主桥中跨下为通航航道，施工期间航道不中断。主桥的上部结构采用三跨式预应

力混凝土连续刚构，跨径组合为75m+120m+75m；南、北引桥的上部结构均采用等截面预应力混凝土连续箱梁，跨径组合为（30m×3）×5；下部结构墩柱基础采用混凝土钻孔灌注桩，重力式U形桥台；桥面系护栏采用钢筋混凝土防撞护栏；桥宽35m，横断面布置采用0.5m（护栏）+15m（车行道）+0.5m（护栏）+3m（中分带）+0.5m（护栏）+15m（车行道）+0.5m（护栏）；河床地质自上而下为厚3m淤泥质黏土层、厚5m砂土层、厚2m砂层、厚6m卵砾石层等；河道最高水位（含浪高）高程为19.5m，水流流速为1.8m/s。桥梁立面布置如下图所示。

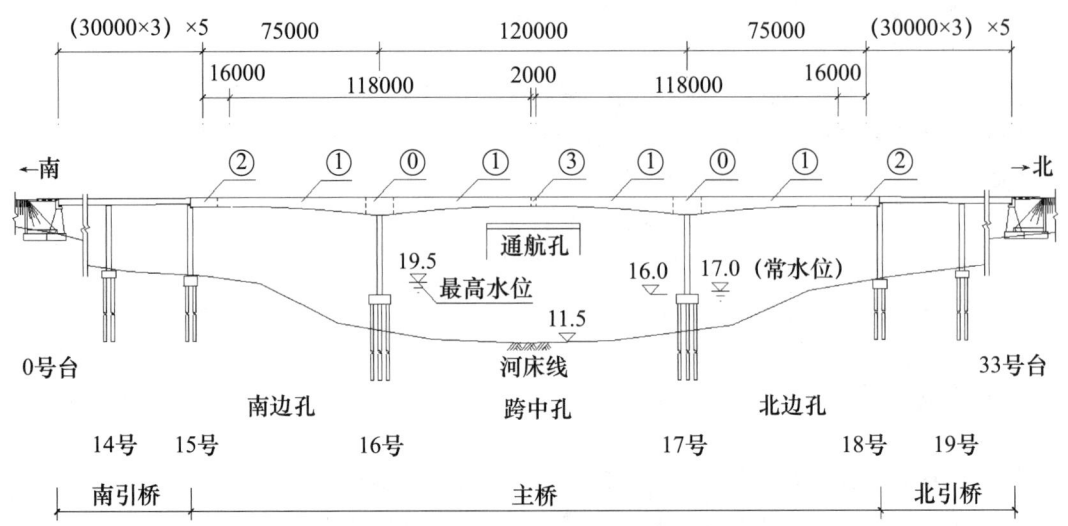

桥梁立面布置及主桥上部结构施工区段划分示意图
（高程单位：m；尺寸单位：mm）

项目部编制的施工方案有如下内容：

（1）根据主桥结构特点及河道通航要求，拟定主桥上部结构的施工方案。为满足施工进度计划要求，施工时将主桥上部结构划分为⓪、①、②、③等施工区段。其中，施工区段⓪的长度为14m，施工区段①每段施工长度为4m，采用同步对称施工原则组织施工，主桥上部结构施工区段划分如图所示。

（2）由于河道有通航要求，在通航孔施工期间采取安全防护措施，确保通航安全。

（3）根据桥位地质、水文、环境保护、通航要求等情况，拟定主桥水中承台的围堰施工方案，并确定了围堰的顶面高程。

（4）防撞护栏施工进度计划安排，拟组织2个施工班组同步开展施工，每个施工班组投入1套钢模板，每套钢模板长91m，每套钢模板的施工周转效率为3天。施工时，钢模板两端各0.5m作为导向模板使用。

▶ 问题

1. 列式计算该桥多孔跨径总长；根据计算结果指出该桥所属的桥梁分类。
2. 施工方案（1）中，分别写出主桥上部结构连续刚构及施工区段②最适宜的施工方法；列式计算主桥16号墩上部结构的施工次数（施工区段③除外）。
3. 结合图及施工方案（1），指出主桥"南边孔、跨中孔、北边孔"先后合龙的顺序（用"南边孔、跨中孔、北边孔"及箭头"→"作答。当同时施工时，请将相应名称并列排列）。指出施工区段③的施工时间应选择在一天中的什么时候进行？

4. 施工方案（2）中，在通航孔施工期间应采取哪些安全防护措施？

5. 施工方案（3）中，指出主桥第16、17号墩承台施工适宜的围堰类型；围堰顶高程应为多少米？

6. 根据施工方案（4），列式计算防撞护栏的施工时间（忽略伸缩缝位置对护栏占用的影响）。

参考答案

1. 列式计算该桥多孔跨径总长；根据计算结果指出该桥所属的桥梁分类。
【参考答案】
75+120+75+30×3×5×2＝1170m
因桥梁总长1170m＞1000m，所以该桥为特大桥。
【解析】
本小问关键点是看懂图，题干中"南、北引桥的上部结构均采用等截面预应力混凝土连续箱梁，跨径组合为（30m×3）×5"的意思是南引桥与北引桥均为5联，每一联由三跨组成，每一跨的长度是30m。掌握此点后，即可计算出桥梁全长。

2. 施工方案（1）中，分别写出主桥上部结构连续刚构及施工区段②最适宜的施工方法；列式计算主桥16号墩上部结构的施工次数（施工区段③除外）。
【参考答案】
主桥上部结构最适宜的施工方法如下。
连续刚构：悬臂浇筑法（⓪号段为托架或膺架，①号段为挂篮）。
施工区段②：支架法。
主桥16号墩上部结构的施工次数如下。
单幅：悬臂施工次数+⓪施工次数+②施工次数（边跨合龙段）＝（118-14）÷（4×2）+1+1＝15次。
双幅：15×2＝30次。
【解析】
从图上可知，主桥16号墩上部结构长度为118000mm，换算单位后为118m，施工区段⓪的长度为14m，那么可知施工区段①的长度为118m-14m＝104m，而区段①每段施工长度为4m，这里需要注意悬臂浇筑是两侧对称进行，所以一次施工长度为4m×2＝8m，由此可得施工区段①的施工次数为104m÷8m/次＝13次。主桥16号墩上部施工次数还需要计算墩顶⓪施工段以及边跨合龙施工段，所以共计施工13+1+1＝15次。另外，本题在背景资料中明确分东、西双幅分离式结构，所以在计算这个16号墩上部施工次数时，需要考虑双幅施工次数问题。为了保证得分，可以将单幅施工次数与双幅施工次数分别计算出来。

3. 结合图及施工方案（1），指出主桥"南边孔、跨中孔、北边孔"先后合龙的顺序（用"南边孔、跨中孔、北边孔"及箭头"→"作答。当同时施工时，请将相应名称并列排列）。指出施工区段③的施工时间应选择在一天中的什么时候进行？
【参考答案】
（1）主桥合龙的顺序：南边孔、北边孔→跨中孔。

(2)施工区段③的施工时间:应在一天中温度最低时段(夜间)进行。
【解析】
一定要注意括号的应用,因为不知道"温度最低"和"夜间"哪个是本题的采分点。

4. 施工方案(2)中,在通航孔施工期间应采取哪些安全防护措施?
【参考答案】
(1)设置限高、限宽、限速及其他安全警示标志。
(2)通航孔的两边应加设护桩及防撞设施。
(3)夜间设照明设施、反光标志、警示红灯。
(4)挂篮作业平台上必须满铺(密铺)脚手板,平台下应设置水平安全网。
(5)专人巡视检查,定期维护。
【解析】
本题目属于支架常识内容,曾经多次考核,但多是考核在道路上设置门洞支架。本小问采分点与道路上门洞支架安全防护措施大同小异,需要尽量多方位多角度作答,但同时需要控制文字总数量。

5. 施工方案(3)中,指出主桥第16、17号墩承台施工适宜的围堰类型;围堰顶高程应为多少米?
【参考答案】
(1)承台施工适宜的围堰类型:底钢套箱(筒)围堰(或钢板桩围堰)。
(2)围堰顶高程应为20.0~20.2m。
【解析】
本题目需要采用分析排除法。案例背景中介绍水流流速为1.8m/s,所以可以排除土围堰和土袋围堰。从图上看,承台位置水深约8m,所以竹、铁丝笼围堰和木桩竹条土围堰、竹篱土围堰在本工程中并不适用。堆石土围堰要求河床渗水性很小,且石块能就地取材,本工程也不具备。目前国内极少应用混凝土板桩,所以也不可能是本题所用围堰方式。双壁钢围堰要求河床要平且较深的水域(一般要在水深20m以上)才采用。剩下可供选择的围堰是钢板桩围堰和钢套箱围堰。

如果从图中分析,本工程的承台属于高承台,且承台底面距离河床有着明显的一段距离,这种情况采用钢套箱(筒)围堰(有底套箱围堰)更适合,且背景特意提示水流流速为1.8m/s。在教材中钢板桩围堰对水流流速没有明确规定,但套箱(筒)围堰明确规定需要流速≤2.0m/s,如果从这个角度分析,本工程应该采用钢套(筒)箱围堰。但案例背景中特意提到了土质,"河床地质自上而下为厚3m淤泥质黏土层、厚5m砂土层、厚2m砂层、厚6m卵砾石层等",如果单从土质上分析,钢板桩围堰也适合本工程。不妨将钢套(筒)箱围堰和钢板桩围堰都写出来。

6. 根据施工方案(4),列式计算防撞护栏的施工时间(忽略伸缩缝位置对护栏占用的影响)。
【参考答案】
(1)护栏总长度:
$(75+120+75+30\times15\times2)\times2\times2=1170\times2\times2=4680m$

(2) 施工时间：

4680÷[2×(91-2×0.5)]×3=4680÷180×3=78 天

【解析】

因为案例背景特别交代了"桥宽35m，横断面布置采用0.5m（护栏）+15m（车行道）+0.5m（护栏）+3m（中分带）+0.5m（护栏）+15m（车行道）+0.5m（护栏）"，所以确定防撞护栏为四道，那么防撞护栏总长度为1170m×4=4680m。而每套钢模板长91m，钢模板两端各0.5m作为导向模板使用，也就是说每次施工模板有效利用率为90m，即每次施工防撞护栏90m。有两个队伍同时施工，每个队伍各投入一套模板，每3天周转一次，即可得出施工时间4680÷（90×2）×3=78 天。

案例 35　2019 年一建案例题五

某项目部承接一项顶管工程，其中DN1350mm管道为东西走向，长度90m。DN1050mm管道为偏东南方向走向，长度80m。设计要求始发工作井y采用沉井法施工，接收井A、C为其他标段施工（下图），项目部按程序和要求完成了各项准备工作。

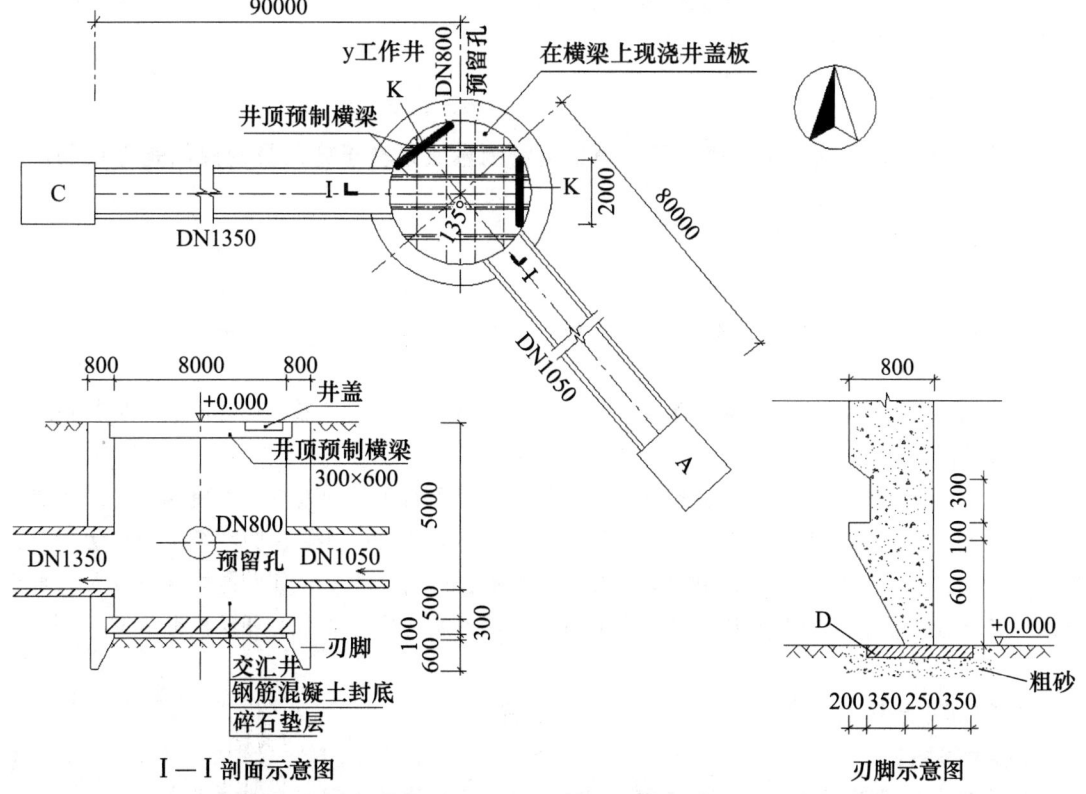

示意图（高程单位：m；其他单位：mm）

开工前，项目部测量员带一测量小组按建设单位给定的测量资料进行高程点与 y 井中心坐标的布设，布设完毕后随即将成果交予施工员组织施工。

按批准的进度计划先集中力量完成 y 井的施工作业，按沉井预制工艺流程，在已测定的圆周中心线上按要求铺设粗砂与 D，采用定型钢模进行刃脚混凝土浇筑，然后按顺序先设置 E 与 F、安装绑扎钢筋，再设置内、外模，最后进行井壁混凝土浇筑。

下沉前，需要降低地下水（已预先布置了喷射井点），采用机械取土。为防止 y 井下沉困难，项目部预先制定了下沉辅助措施。

y 井下沉到位，经检验合格后，顶管作业队进场按施工工艺流程安装设备：K→千斤顶就位→观测仪器安放→铺设导轨→顶铁就位。为确保首节管节能顺利出洞，项目部按预先制定的方案在 y 井出洞口处进行土体加固。加固方法采用高压旋喷注浆，深度 6m（地质资料显示为淤泥质黏土）。

问题

1. 按测量要求，该小组如何分工？测量员将测量成果交予施工员的做法是否正确，应该怎么做？
2. 按沉井预制工艺流程写出 D、E、F 的名称。
3. 降低地下水的高程为多少米（列式计算）？有哪些机械可以取土？
4. 写出 K 的名称，应该布置在何处？按顶管施工的工艺流程，管节启动后，出洞前应检查哪些部位？
5. 加固出洞口的土体用哪种浆液，有何作用？注意顶进轴线的控制，做到随偏随纠，通常纠偏有哪几种方法？

参考答案

1. 按测量要求，该小组如何分工？测量员将测量成果交予施工员的做法是否正确，应该怎么做？

【参考答案】

（1）分工如下。

① 测量人员：复核测量资料，查验仪器，使用仪器观测、记录并计算。

② 配合人员：辅助测量，扶塔尺、撒灰线、砸木桩、桩点保护。

（2）不正确，应将复测合格的测量成果上报监理工程师，待监理工程师复检合格后再进行施工。

【解析】

分工是根据不同的技能或社会要求，将工作任务分配给不同的人员，并使他们的工作相互补充。在案例背景中，测量小组的分工涉及每个成员需要承担的具体任务。测量小组由项目部测量员和辅助测量人员组成，其中测量员是专业人员，而辅助测量人员则是非专业人员。题目要求明确专业人员和非专业人员在分工中的角色。通过厘清这个关系，可以得出答案。

2. 按沉井预制工艺流程写出 D、E、F 的名称。

【参考答案】

D 为垫木或素混凝土；E 为内支架（内脚手架）；F 为外支架（外脚手架）。

【解析】

关于 D 的名称,可能是垫木,也可能是素混凝土。最好的做法是将两者都写出来。至于 E 和 F 的名称不够明确,可以通过图形和背景进行分析。根据图形,浇筑的刃脚高度只有 1.5m,而沉井的高度有 6.5m。因此,在刃脚混凝土浇筑完成后,绑扎沉井侧壁钢筋之前必须搭设支架(脚手架)。此外,井筒的厚度为 800mm,如果只在单侧设置脚手架(支架),无法满足施工要求。因此,需要在内外侧都设置支架(脚手架),以满足井筒的施工需求。

3. 降低地下水的高程为多少米(列式计算)?有哪些机械可以取土?

【参考答案】

(1) 降低地下水的高程为:

$(5000+500+300+100+600) \div 1000 + 0.5 = 7m$

$0.000m - 7m = -7.000m$

(2) 取土机械有伸缩臂挖掘机、长臂挖掘机、抓斗机、皮带运输机、升降机、小挖掘机。

【解析】

在回答这道题时,需要注意几个问题。首先,问题要求计算地下水位的标高,而不是计算降水深度。根据题目提供的信息,地面的标高为 +0.000m,而降水深度为 7m,因此地下水位的标高应为 -7.000m。

其次,关于小数点保留几位的问题,需要根据图形中给出的标高要求进行确定。请仔细查看图形,并按照标高的精度要求进行计算。

另外,需要澄清的是将水位降低到沉井垫层以下 0.5m,还是降低到沉井刃脚以下 0.5m。通常情况下,降水的目的是方便施工。在沉井开挖时,刃脚已经到位,需要在刃脚下方垫设大石块,并对超挖部分进行回填,随后进行底板施工。为了确保在刃脚施工时保持干燥环境,排水降低的水位应该在刃脚以下至少 0.5m。

4. 写出 K 的名称,应该布置在何处?按顶管施工的工艺流程,管节启动后,出洞前应检查哪些部位?

【参考答案】

(1) K 的名称:后背制作。

(2) 布置位置:布置在千斤顶后面,与侧壁密贴。

(3) 应检查的部位:千斤顶后背;顶进设备(千斤顶、轨道、顶铁);管节本身及接口连接;沉井结构及周边土体;轴线和高程。

【解析】

如果对顶管工程稍有了解,就可以轻松回答出 K 的名称为"后背制作"。在题干中描述了顶管作业队进场按照施工工艺流程安装设备的顺序:"K→千斤顶就位→观测仪器安放→铺设导轨→顶铁就位。"K 的后面是千斤顶就位、观测仪器安装和铺设导轨等工序,这些都是工艺的描述。因此,不能仅写出后背的名称。关于后背墙的位置描述,只要有关键词

"千斤顶后面"就可以得分。这道题目最大的难点在于如何用简洁明了的语言清晰地描述自己所了解的知识点。这类题目仍然是热点。

本题的考点涉及教材之外的内容。针对这类关于施工中需要检查哪些部位的问题，可以按照以下原则进行回答：根据案例背景中描述的工具、设备、成品等，或者根据图示中标注的位置等信息，都应进行检查。这样即使遇到不熟悉的施工方法，仍然可得分。

5. 加固出洞口的土体用哪种浆液，有何作用？注意顶进轴线的控制，做到随偏随纠，通常纠偏有哪几种方法？

【参考答案】

（1）加固出洞口的土体用水泥浆液（水泥砂浆）。

作用：主要防止首节管节在出洞时发生垂头（低头），同时可提高土体固结强度，防止开洞时坍塌、地层过大变形，防止洞口地下水流入井内。

（2）纠偏方法：挖土纠偏（超挖校正）；调整顶进合力方向纠偏（千斤顶校正）；顶木校正；改变切削刀盘的转动方向，在管内相对于机头旋转的反向增加配重。

【解析】

注浆的作用有很多，本题目问的是为加固出洞口土体而进行注浆，那么很容易想到提高土体的固结强度、防止开洞土体坍塌、控制地层变形、防止地下水流入等作用。本知识点教材并未直接介绍这些内容，但是结合地基土体加固及盾构开洞门土体加固等内容，也可以答出上述作用。

顶管纠偏方法，最主要的方式是需要写出挖土纠偏和调整顶进合力纠偏，后面两种属于刀盘式顶管机纠偏方式。本题中没有确定到底是何种顶管机械，所以应该不是主要采分点。

案例36　2018年一建案例题一

某公司承建一段新建城镇道路工程，其雨水管道位于非机动车道下，设计采用D800mm钢筋混凝土管，相邻井段间距40m，8#~9#雨水井段平面布置如图1所示，8#~9#井类型一致。

施工前，项目部对部分相关技术人员的职责、管道施工工艺流程、管道施工进度计划、分部分项工程验收等进行规定，内容如下：

（1）由A（技术人员）具体负责：确定管道中线、检查井位置与沟槽开挖边线。

（2）由质检员具体负责：沟槽回填土压实度试验；管道与检查井施工完成后，进行管道B试验（功能性试验）。

（3）管道施工工艺流程如下：沟槽开挖与支护→C→下管、排管、接口→检查井砌筑→管道功能性试验→分层回填土与夯实。

（4）管道验收合格后转入道路路基分部工程施工，该分部工程包括挖填土、整平、压实等工序，其质量检验的主控项目有压实度和 D。

（5）管道施工划分为三个施工段，时标网络计划如图 2 所示（2 条虚工作线需补充）。

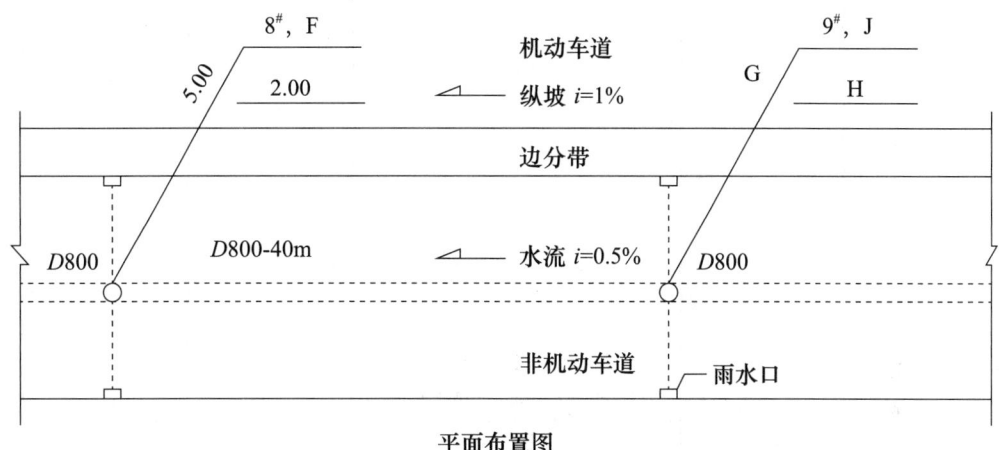

平面布置图

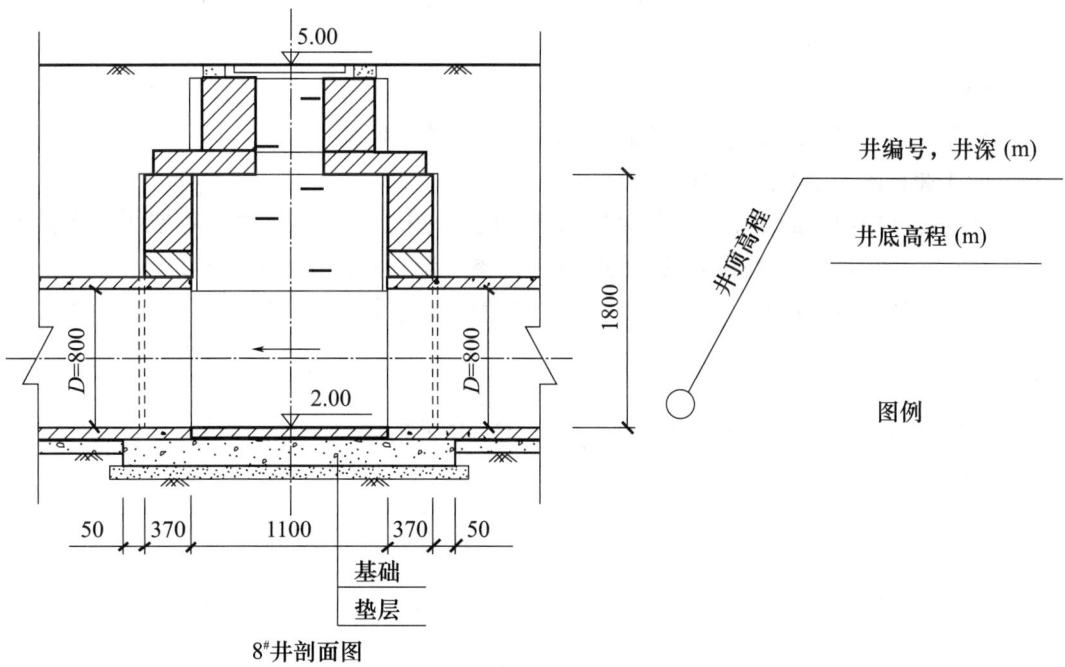

图 1　8#~9#雨水井段平面布置示意图
（高程单位：m；尺寸单位：mm）

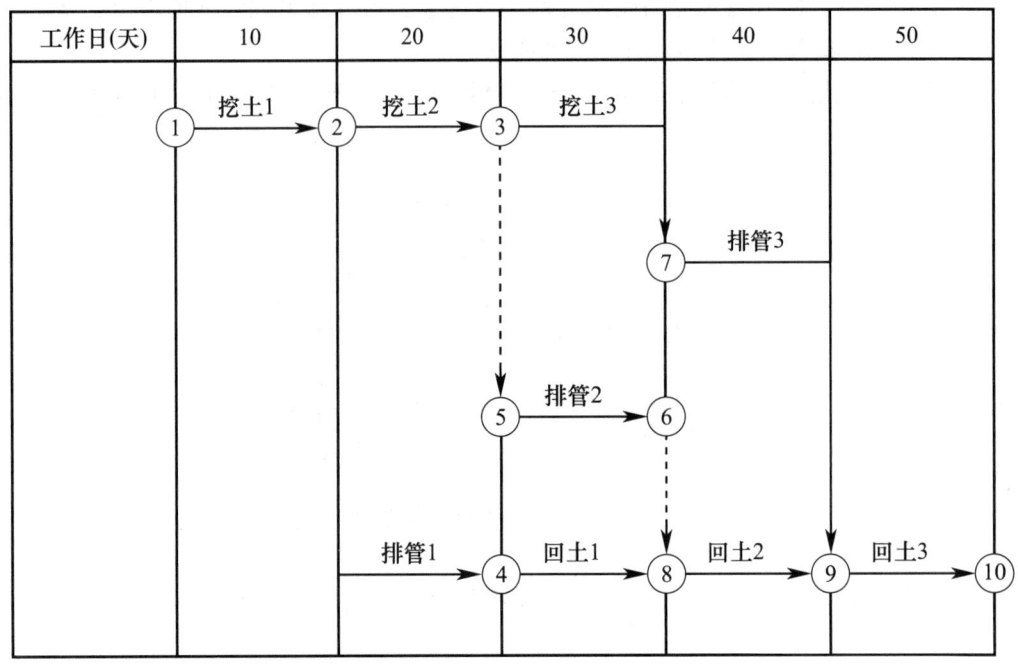

图 2 雨水管道施工时标网络计划图

> 问题

1. 根据背景资料写出最适合题意的 A、B、C、D 的内容。
2. 列式计算图 1 中 F、G、H、J 的数值。
3. 补全图 2 中缺少的虚工作（用时标网络图提供的节点代号及箭线作答或用文字叙述，在背景资料中作答无效）。补全后的网络图中有几条关键线路，总工期为多少？
4. 本工程质检员在雨水管线工程施工中，还应负责完成哪些工作？

> 参 考 答 案

1. 根据背景资料写出最适合题意的 A、B、C、D 的内容。
【参考答案】
A—测量员。
B—严密性（闭水、闭气）。
C—管道基础。
D—弯沉值。
【解析】
市政工程施工中，测量员的主要任务是将图纸中的三维数字（轴线、里程、高程）准确传递到施工现场，作为施工控制的依据。他们负责记录实测位置并制作成图，为后续施工提供依据。此外，测量员还监控正在进行的建筑物和施工环境的沉降、隆起和位移情况。根据专业领域的不同，测量员的工作可以细分为施工测量、竣工测量和监控三类。本题考核施工测量。在管道工程施工中，施工测量的具体工作包括以下几个方面：测量中线、边线和检查井的位置，控制土方开挖的高程，控制管道沟槽上口线和下口线，以及控制管道的高程等。

B 基本上没有异议。如果题干提及工程所处位置的土质情况，例如是"湿陷土、膨胀土"或位于"流砂"地区，那么题目就更加完美了。由于本工程是雨水管道，如果土质条件不符合先前描述的情况，就可以不进行严密性试验。

C 涉及管道基础，可以参考《给水排水管道工程施工及验收规范》GB 50268—2008。该规范中的给水排水管道工程分项、分部、单位工程划分参考表详细描述了相关知识点。在预制管开槽施工主体结构中，涉及管道基础、管道接口连接、管道敷设、管道防腐层及钢管的阴极保护等分项工程。

D 当前的教材写法不如原来明确，道路施工需依据《城镇道路工程施工与质量验收规范》CJJ 1—2008 的相关规定，该规范中明确路基的主控项目是压实度和弯沉值。

2. 列式计算图1中F、G、H、J的数值。

【参考答案】

F：5.00−2.00＝3.00m

G：5.00+40×1%＝5.40m

H：2.00+40×0.5%＝2.20m

J：5.40−2.20＝3.20m

【解析】

本题是一道相对简单的计算题。题干提到了 $8^{\#}$ 和 $9^{\#}$ 两座检查井，其中 $8^{\#}$ 检查井给出的条件相对完整，可以直接使用地面标高减去井底标高来计算高差。而对于 $9^{\#}$ 检查井，需要通过道路和管线的纵坡来计算地面标高和井底标高。根据图中显示的信息，道路和管线的坡度方向相同，只是坡度不同，道路的坡度为1%，而管线的坡度为0.5%。两个检查井之间的距离为40m。根据以上信息，可以计算出 $9^{\#}$ 检查井的地面标高比 $8^{\#}$ 检查井高出0.4m，而井底标高比 $8^{\#}$ 检查井高出0.2m。题目中图形给出的标高保留了两位小数，因此在没有特殊要求的情况下，答案也应保留两位小数。

3. 补全图2中缺少的虚工作（用时标网络图提供的节点代号及箭线作答或用文字叙述，在背景资料中作答无效）。补全后的网络图中有几条关键线路，总工期为多少?

【参考答案】

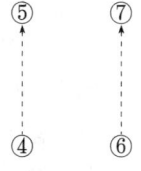

或者：④节点至⑤节点之间增加虚箭线，⑥节点至⑦节点之间增加虚箭线。

补全后的网络图中有6条关键线路。

本工程总工期50天。

【解析】

时标网络图在一建市政专业中很少被考核，但是该题目并未涉及太多关于时标网络图本身的内容，所涉及的考核知识都属于施工常识。

该工程涉及三个施工段的管道，每个施工段的管道又包括三个分项工程。根据背景资料网络图可知，挖土②的紧前工作是挖土①，挖土③的紧前工作是挖土②。换句话说，开挖工作需要按照顺序进行，先完成第一段，然后进行第二段的开挖，第二段开挖完成后进行第三段的开挖。因此，开挖工作不是同时进行的，而是按照顺序进行的流水作业。由此推理，排管②的施工应在排管①完成后进行，排管③的施工则应在排管②完成后进行。换言之，排管工作和挖土工作一样，也需要按照先后顺序进行施工，存在着顺序关系。

4. 本工程质检员在雨水管线工程施工中，还应负责完成哪些工作？
【参考答案】

还应该负责完成以下工作：材料质量检查、施工质量检查、施工过程监督、施工验收工作、质量记录和报告编写、技术支持和问题解决。

【解析】

目前，市政专业非常注重考核项目部主要人员的职责。在项目部中，质检员的工作有些类似于监理工程师，但监理工程师是项目监控的主体，而质检员则是自控主体中的监控人员。因此，在施工过程中，质检员负责对进场的材料和设备进行检查，参与分部分项工程和隐蔽工程的检查监督，以及最终的验收工作。许多工程项目在质检员验收合格后，才会邀请监理工程师进行最终验收。此外，质检员还会涉及一些资料方面的工作。

案例 37　2018 年一建案例题三

A 公司承接一城市天然气管道工程，全长 5.0km，设计压力 0.4MPa，钢管直径 DN300mm，均采用成品防腐管。设计采用直埋和定向钻穿越两种施工方法。其中，穿越现状道路路口段采用定向钻方式敷设，钢管在地面连接完成，经无损探伤等检验合格后回拖就位，施工工艺流程如下图所示。穿越段土质主要为填土、砂层和粉质黏土。

直埋段成品防腐钢管到场后，厂家提供了管道的质量证明文件，项目部质检员对防腐层厚度和粘结力做了复试，经检验合格后，开始下沟安装。

定向钻施工前，项目部技术人员进入现场踏勘，利用现状检查井核实地下管线的位置和深度，对现状道路开裂、沉陷情况进行统计。项目部根据调查情况编制定向钻专项施工方案。

定向钻钻进施工中，直管钻进段遇到砂层，项目部根据现场情况采取控制钻进速度、泥浆流量和压力等措施，防止出现坍孔、钻进困难等问题。

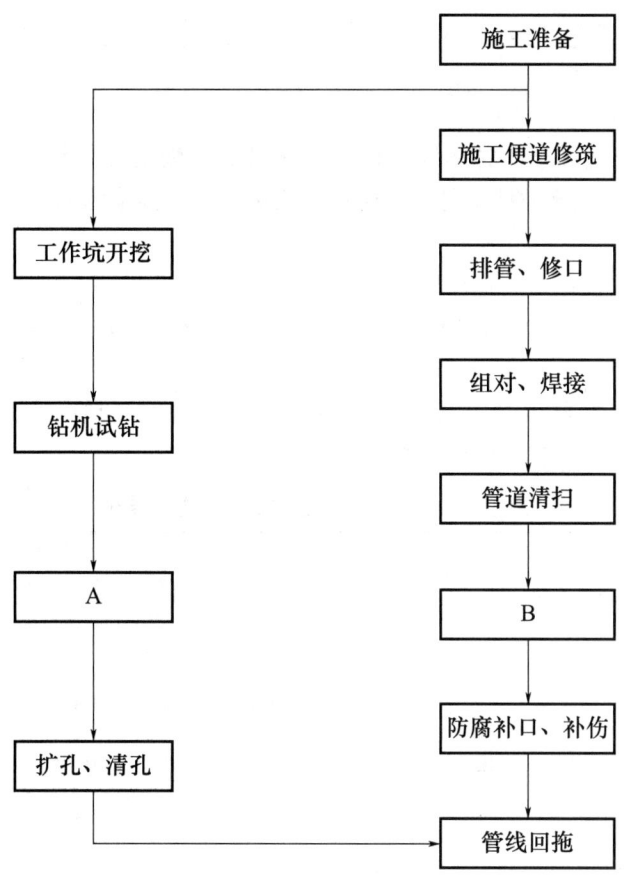

定向钻施工工艺流程图

> 问题

1. 写出图中工序 A、B 的名称。
2. 本工程燃气管道属于哪种压力等级？根据《城镇燃气输配工程施工及验收标准》GB/T 51455—2023 规定，指出定向钻穿越段钢管焊接应采用的无损检测方法和抽检数量。
3. 直埋段管道下沟前，质检员还应补充检测哪些项目？说明检测方法。
4. 为保证施工和周边环境安全，编制定向钻专项方案前，还需做好哪些调查工作？
5. 指出坍孔对周边环境可能造成哪些影响？项目部还应采取哪些防坍孔技术措施？

> 参考答案

1. 写出图中工序 A、B 的名称。
【参考答案】
A—导向孔钻进。
B—强度试验。
【解析】
依据《城镇燃气输配工程施工及验收标准》GB/T 51455—2023 中第 7.3.3 条规定：管道回拖前应对预制完成的管段进行强度试验，试验压力应符合设计文件要求。回拖完成后应按设计文件要求进行严密性试验，试验合格后应进行测径，测径应合格，且管道应无变形、褶皱。

2. 本工程燃气管道属于哪种等级？根据《城镇燃气输配工程施工及验收标准》GB/T 51455—2023 规定，指出定向钻穿越段钢管焊接应采用的无损检测方法和抽检数量。

【参考答案】

属于中压 A。

定向钻穿越段钢管焊接应采用的无损检测方法为：射线检测，抽检数量为 100%。

【解析】

本题第一小问为教材内容，第二小问来自《城镇燃气输配工程施工及验收标准》GB/T 51455—2023。该规范对钢管焊缝检查规定如下：

表 6.2.12 焊缝质量检查数量及合格标准

焊口条件	外观检查		射线检测		超声波复检	
	检查数量	合格标准	检查数量	合格标准	检查数量	合格标准
高压、超高压管道	100%	Ⅱ	100%	Ⅱ	100%	Ⅰ
液态液化石油气管道	100%	Ⅱ	100%	Ⅱ	100%	Ⅰ
管廊内的管道	100%	Ⅱ	100%	Ⅱ	100%	Ⅰ
次高压燃气钢管	100%	Ⅱ	100%	Ⅱ	100%	Ⅰ
中压及其以下燃气钢管	100%	Ⅱ	≥30%	Ⅲ	/	/
穿越或跨越铁路、公路、河流、桥梁、地铁等的管道	100%	Ⅱ	100%	Ⅱ	100%	Ⅰ
车行道下、套管和过街沟槽内管道	100%	Ⅱ	100%	Ⅱ	/	/
有延迟裂纹倾向的焊口	100%	Ⅱ	100%	Ⅱ	100%	Ⅰ

注：同时出现表中的焊口条件时，执行较严格的合格标准。

3. 直埋段管道下沟前，质检员还应补充检测哪些项目？说明检测方法。

【参考答案】

直埋段管道下沟前，质检员还应补充检测项目有：

（1）防腐层的外观、搭接；采用目测法检测。

（2）防腐层的电火花检漏；采用电火花检测仪检测。

（3）管道直径、壁厚；采用盒尺、卡尺量测。

【解析】

教材介绍了防腐层检测的内容，但需要结合案例背景作答，也有部分内容在教材以外，但是属于施工常识。本题目与 2017 年二建市政案例三考核形式类似，属于材料检查验收系列。目前来看，这类题目也是考试趋势。

当然，在管道下沟槽前检查属于现场的复检，就是怕管道在使用过程中有防腐层的损坏，或者管道用错的现象，所以与管道进场检验有区别。

4. 为保证施工和周边环境安全，编制定向钻专项方案前，还需做好哪些调查工作？

【参考答案】

编制定向钻专项方案前，还需做好下列调查工作：

（1）施工现场地层土质类别和厚度。

（2）道路基层材料、厚度和交通状况。

（3）地下水分布情况。

（4）管线的类别、使用年限、管材等情况。

（5）现场周边的建（构）筑物的位置、基础及使用年限等。

【解析】

教材介绍了相关内容，但不可以照搬教材原文，需要根据案例背景展开。首先要清楚水平定向钻专项方案编制前进行调查的目的，是在水平定向钻钻进过程中不会影响到道路、建筑物、管线、地下水等。所以调查也需要围绕施工现场的水、土、管、路、建筑物等相关内容展开。背景中描述管道的位置和深度已经进行了调查，那么也可想到管线的类别、管材、年限等也需要进行调查；背景中介绍了对道路的开裂、沉陷进行了统计，那么面层以下的道路基层也需要统计材料和厚度，同理，由基层下面路基的土质类别和厚度也可以联想到，还有交通状况要统计；调查完管线和道路，还需要调查地下水位和周边建（构）筑物。

5. 指出坍孔对周边环境可能造成哪些影响？项目部还应采取哪些防坍孔技术措施？

【参考答案】

（1）坍孔会造成以下影响：

① 冒浆。

② 穿越位置既有管线下沉、变形、断裂。

③ 坍孔位置道路下沉，路面塌陷，影响交通。

（2）项目部还应采取以下防止坍孔的技术措施：

① 地层加固。

② 调整泥浆配比（或增加黏土含量）。

③ 泥浆中加入聚合物，提高泥浆性能。

④ 按设计轨迹钻孔，采用分级、分次扩孔。

⑤ 严格控制扩孔回拉力、转速。

【解析】

教材几乎没有介绍这部分知识点，遇到这类题目应本着全方位和语言精简的原则作答。在案例背景中，直管钻进遇到砂层，项目部采取的措施中泥浆方面控制了流量和压力，那么作为水平定向钻中的泥浆还应该从泥浆的材料性能、配合比、稠度和及时注入等环节进行描述。在钻进的环节，背景中介绍的是控制钻进的速度这个环节，那么钻进除了钻进速度的控制以外，还应该想到的是钻进的轨迹。当然水平定向钻在扩孔时坍孔的风险更大一些，所以在扩孔的过程中注意扩孔尽量分次进行，不要一次到位，并且对钻孔产生偏差的纠正不能过急。对于砂层，也可以提前采取局部注浆的加固措施。

本案例属于控制质量事故发生的预防措施，是考核最多的一种题型。当前这一类题目很难在教材中找到原文，但基本上可以从案例背景中挖掘出大部分的采分点。当然，能够达到精准捕捉采分点的前提是对工艺工法的熟悉和对考题进行分门别类总结的基础上。

案例38　2018年一建案例题四

背景资料

某市区城市主干道改扩建工程，标段总长1.72km。周边有多处永久建筑，临时用地极少，环境保护要求高。现状道路交通量大，施工时现状交通不断行，本标段是在原城市主干路主路范围内进行高架桥段—地面段—入地段改扩建，包括高架桥段、地面段、U形槽段和地下隧道段。各工种施工作业区设在围挡内，临时用电变压器可安放于图1中A、B位置，电缆敷设方式待定。

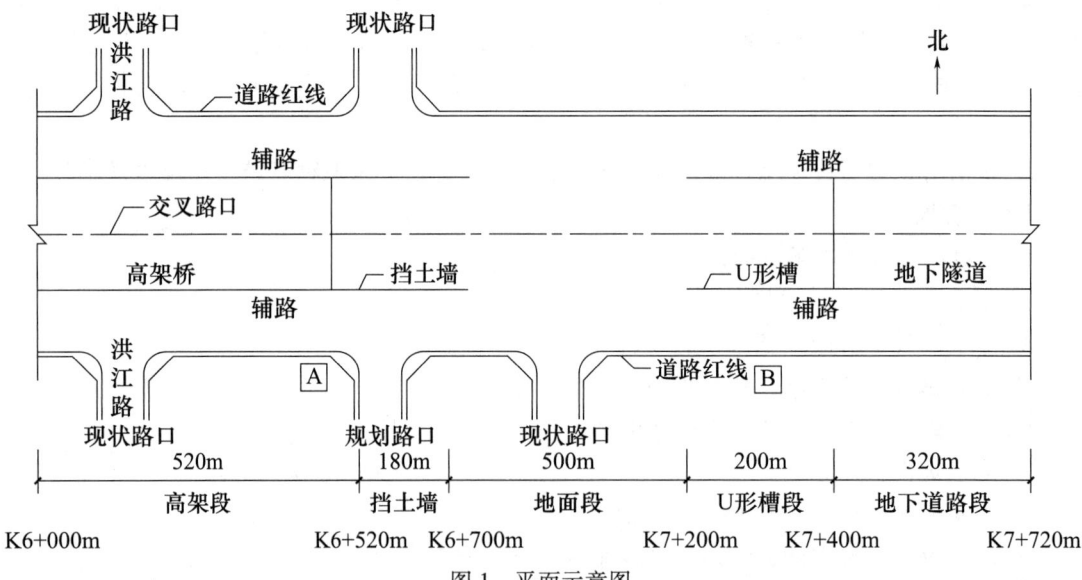

图1　平面示意图

高架桥段在洪江路交叉口处采用钢-混叠合梁形式跨越，跨径组合为37m+45m+37m，地下隧道段为单箱双室闭合框架结构，采用明挖方法施工。本标段地下水位较高，属富水地层，有多条现状管线穿越地下隧道段，需进行拆改挪移。

围护结构采用U形槽敞开段围护结构为直径φ1.0m的钻孔灌注桩，外侧桩间采用高压旋喷桩止水帷幕，内侧挂网喷浆。地下隧道段围护结构为地下连续墙及钢筋混凝土支撑。

降水措施采用止水帷幕外侧设置观察井、回灌井，坑内设置管井降水，配轻型井点辅助降水。

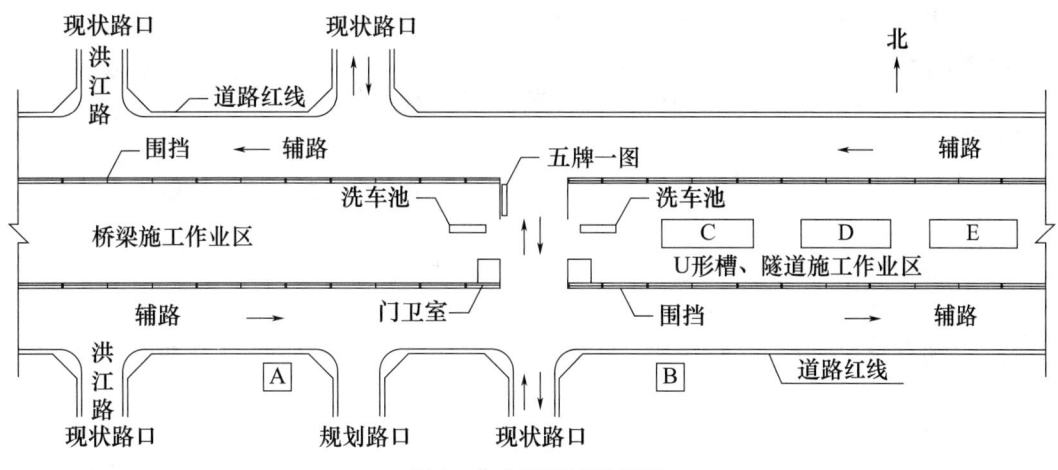

图2 作业区围挡示意图

> 问题

1. 图1中，在A、B两处如何设置变压器？电缆线如何敷设？说明理由。
2. 根据图2，地下连续墙施工时，C、D、E位置设置何种设施较为合理？
3. 观察井、回灌井、管井的作用分别是什么？
4. 本工程隧道基坑的施工难点是什么？
5. 施工地下连续墙时，导墙的作用主要有哪四项？
6. 目前城区内钢梁安装的常用方法有哪些？针对本项目的特定条件，应采用何种架设方法？采用何种配套设备进行安装？在何时段安装合适？

> 参 考 答 案

1. 图1中，在A、B两处如何设置变压器？电缆线如何敷设？说明理由。

【参考答案】

（1）在A、B两处均需设置，位置便于操作，且设有安全防护设施。理由：因线路长，压降大，所以桥区、隧道区均需独立供电，且距离辅路较近，需做好安全防护。

（2）采用加外套管直埋方式或夯管法穿越辅路。理由：因需穿越现状交通，不适合架空；加套管直埋或夯管法可保护电缆，并方便后期拆除。

【解析】

该小问属于实操性考题，可以根据常识和经验，从操作方便性、安全性和保护性等角度进行思考和回答。

首先，关于变压器的设置位置，可以考虑在哪里设置变压器以满足施工需求。例如，可以选择在A处设置、B处设置，或者分别在A和B两处设置变压器。本工程根据施工现场线路长、用电量大等特点，选择分别设置比较合理。另外，还可以从操作方便性和安全防护的角度考虑变压器的设置位置。

其次，电缆敷设方式通常有架空和埋地两种。为什么最终选择埋地方式而不选择架空方式呢？采用埋地方式并加装套管可以提供更好的电缆保护，并且后期方便进行拆除操作。

2. 根据图 2，地下连续墙施工时，C、D、E 位置设置何种设施较为合理？
【参考答案】
C：土方（泥土）存放场地。D：泥浆搅拌站。E：钢筋加工厂。
【解析】
在这个案例中，考虑到周边有永久建筑、环境保护要求高、现状道路交通量大等实际情况，进行如下现场布置。

首先，根据文明施工要求，土方不能保证白天及时运出施工现场，地连墙施工中需要有泥土存放场地。然而，由于现场临时用地非常有限，为了解决这个问题，我们可以选择在离大门口较近的位置设置泥土存放场地，以确保在施工过程中及时存放泥土，并方便每天夜间清运出现场的渣土。

其次，通过计算里程桩号，可以确定地连墙的总长度约为 320m。在这种情况下，最佳方案是将泥浆搅拌站设置在地连墙的中间位置，以提高泥浆供应的效率。同时，将最内侧的区域 E 划分为钢筋加工厂，以便进行钢筋加工作业。

3. 观察井、回灌井、管井的作用分别是什么？
【参考答案】
（1）观察井：观测围护结构（止水帷幕）外侧地下水位变化。
（2）回灌井：止水帷幕外侧地下水位异常变化时补充地下水。
（3）管井：围护结构内降水，利于土方开挖。
【解析】
考试中需要注意案例背景中的隐藏条件。在本题中，降水措施包括以下设置：止水帷幕外侧设置观察井和回灌井，基坑内设置管井降水，并配备轻型井点进行辅助降水。这些条件的关键在于观察井和回灌井位于止水帷幕外侧，而管井位于基坑内部。因此，在答题时应当围绕这些前提条件展开。

4. 本工程隧道基坑的施工难点是什么？
【参考答案】
隧道施工难点：
（1）临时用地紧张，施工时现状交通不断行，干扰因素多。
（2）土方、材料进出易受干扰，环境保护要求高。
（3）场地周边建（构）筑物密集，地下管线多，地下水位高，不安全因素多。
【解析】
回答这类题目主要还是将背景资料中的采分点挖掘出来。本题中的地下水、周边建（构）筑物、管线场、文明施工等一定是采分点的内容，所以只需要围绕背景资料采分点作答即可。

5. 施工地下连续墙时，导墙的作用主要有哪四项？
【参考答案】
导墙的作用：（1）挡土作用；（2）基准作用；（3）承重作用；（4）存蓄泥浆作用。

【解析】

一般情况下，对于非开口题，只要答案中包含命题人给出的参考答案中的采分点，就可以得分。因此，最好从多个方向和角度罗列答案，以覆盖所有可能的采分点。然而，需要注意特殊的题型，比如本题要求具体写出地连墙的四个主要作用。在这种情况下，阅卷规则只会参考答题卡中的前四项，写出的第五项是不会被考虑的。甚至未来可能出现要求具体写出三项或四项技术措施，并明确提示多写不会得分的情况。因此，考试中要注意理解题目要求，并遵循相应的试卷规则。

6. 目前城区内钢梁安装的常用方法有哪些？针对本项目的特定条件，应采用何种架设方法？采用何种配套设备进行安装？在何时段安装合适？

【参考答案】

（1）城区内常用钢梁安装方法：吊机整孔架设法、门架吊机整孔架设法、支架架设法、缆索吊机拼装架设法、悬臂拼装架设法、拖拉架设法等。

（2）针对本项目的特定条件，应采用支架（临时支墩）架设法。

（3）采用自行式起重机（汽车起重机、轮胎式起重机、履带式起重机）、平板拖车、电焊机等配套设施。

（4）因交通量大，钢梁安装宜在夜间时段进行。

【解析】

本题包含四个小问，其中第一小问考核教材原文内容，后面三个小问考查现场常识。其中，核心内容是选择适合的架梁方式。

针对钢梁进场后需要占用辅路停放运梁车、支吊车等工作的情况，安排在夜间车辆较少的时间进行操作。此外，为了实现钢梁的快速安装，最佳方式是在下方设置支架或临时支撑，以便迅速完成安装。

案例39　2018年一建案例题五

某公司承建一座城市桥梁工程。该桥跨越山区季节性流水沟谷，上部结构为三跨式钢筋混凝土结构，重力式U形桥台，基础均采用扩大基础。桥面铺装自下而上为厚8cm钢筋混凝土整平层+防水层+粘层+厚7cm沥青混凝土面层。桥面设计高程为99.630m。桥梁立面布置如下图所示。

项目部编制的施工方案有如下内容：

（1）根据该桥结构特点，施工时，在墩柱与上部结构衔接处（梁底曲面变弯处）设置施工缝。

（2）上部结构采用碗扣式钢管满堂支架施工方案。根据现场地形特点及施工便道布置情况，采用杂土对沟谷一次性进行回填，回填后经整平碾压，场地高程为90.180m，并在其

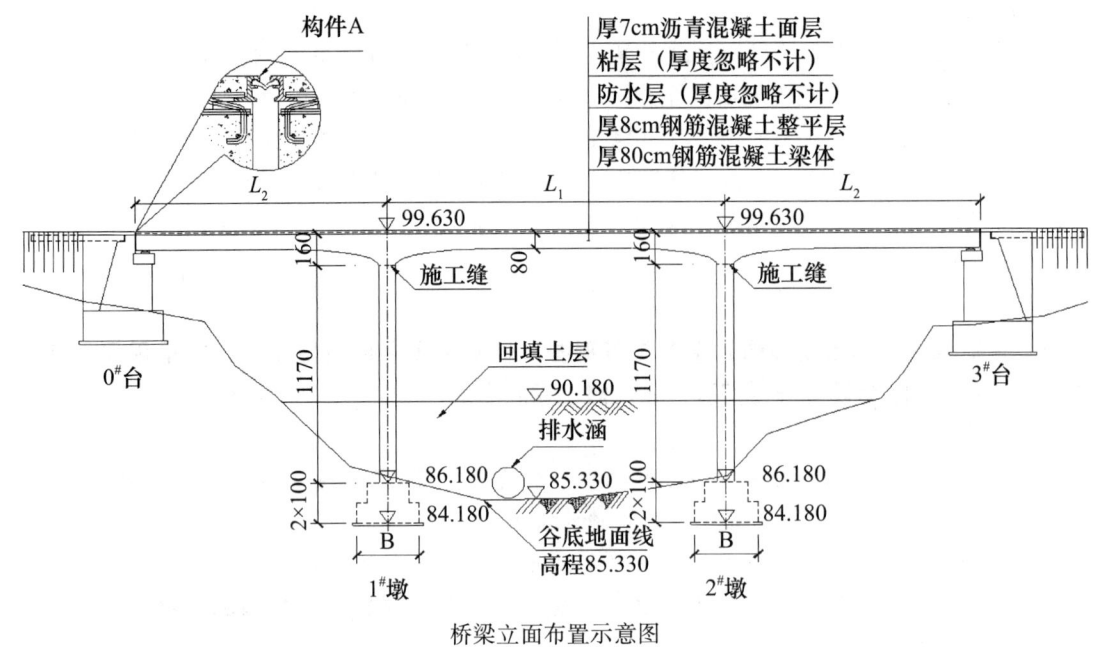

桥梁立面布置示意图
（高程单位：m；尺寸单位：cm）

上进行支架搭设施工，支架立柱放置于 20cm×20cm 楞木上。支架搭设完成后，采用土袋进行堆载预压。

支架搭设完成后，项目部立即按施工方案要求的预压荷载对支架采用土袋进行堆载预压，期间遇较长时间大雨，场地积水。项目部对支架预压情况进行连续监测，数据显示各点的沉降量均超过规范规定，导致预压失败。此后，项目部采取了相应整改措施，并严格按规范规定重新开展支架施工与预压工作。

> 问题

1. 写出图中构件 A 的名称及作用。
2. 根据上图判断，按桥梁结构特点，该桥梁属于哪种类型？简述该类型桥梁的主要受力特点。
3. 施工方案（1）中，在浇筑桥梁上部结构时，施工缝应如何处理？
4. 根据施工方案（2），列式计算桥梁上部结构施工时应搭设满堂支架的最大高度；根据计算结果，该支架施工方案是否需要组织专家论证？说明理由。
5. 试分析项目部支架预压失败的可能原因。
6. 项目部应采取哪些措施才能顺利地使支架预压成功？

> 参考答案

1. 写出图中构件 A 的名称及作用。

【参考答案】

（1）构件 A 的名称是伸缩装置（伸缩缝）。

（2）作用：调节由车辆荷载和桥梁建筑材料引起的上部结构之间的位移和连接。

【解析】

伸缩装置也被称为伸缩缝，通常设置在两梁端之间、梁端与桥台之间或桥梁的铰接位置。桥面伸缩装置必须满足梁端自由伸缩、转角变形及确保车辆平稳通过的要求。根据案例背景中提供的图形，可以清晰地看出构件A位于梁与桥台之间的位置。

伸缩装置（伸缩缝）

2. 根据上图判断，按桥梁结构特点，该桥梁属于哪种类型？简述该类型桥梁的主要受力特点。

【参考答案】

本桥为刚架桥（刚构桥）。

受力特点：梁或板、立柱或竖墙整体结合在一起的刚架结构，梁和柱的连接处具有很大的刚性，在竖向荷载作用下，梁部主要受弯，而在柱脚处也具有水平反力，其受力状态介于梁桥和拱桥之间。

【解析】

本题属于少数几道考核教材原文内容的题目之一。从图中可以观察到该桥梁没有支座，梁与墩柱之间呈刚性连接，因此确定是刚架桥（刚构桥）。刚架桥通常采用悬臂浇筑方式进行施工，有时也会采用支架方式。回答这道案例题时，务必注意避免出现错别字，千万不要将其误写为"钢架桥"，这种错误会影响考试得分，因为"钢"和"刚"的意思完全不同。

刚架桥（刚构桥）

3. 施工方案（1）中，在浇筑桥梁上部结构时，施工缝应如何处理？

【参考答案】

（1）先浇混凝土表面，达到强度后将水泥砂浆和松弱层及时凿除。

（2）经凿毛处理的混凝土面，应清除干净，在浇筑后续混凝土前，应铺 10~20mm 同配合比的水泥砂浆。

【解析】

施工缝是市政工程专业的超高频考点，新大纲体系下的教材在桥梁工程和隧道结构工程中均介绍了该知识点，并且各专业中的描述不同，考试中需根据不同专业回答。

4. 根据施工方案（2），列式计算桥梁上部结构施工时应搭设满堂支架的最大高度；根据计算结果，该支架施工方案是否需要组织专家论证？说明理由。

【参考答案】

99.630－0.07－0.08－0.800－90.180＝8.5m

根据计算结果，该支架需要组织专家论证。

理由：依据住房城乡建设部令第37号和建办质〔2018〕31号文件的规定，搭设高度8m及以上的混凝土模板支撑工程必须组织专家论证。

【解析】

本题有三个小问题，第一个小问题是计算，这里需要有一定的看图知识，专家论证和理由还比较容易，但略有争议的是支架高度（20cm×20cm 的垫木是否进行计算）。首先分析一下支架的搭设，是在可调底座下面设置垫木（或楞木），但同时在可调顶托（可调 U 形顶托）与模板之间也需要设置方木，如果可调底托下面垫木在支架高度计算中扣除，那么同理可调顶托上面的方木和模板也需要在计算中扣除，而题目未给出可调顶托以上方木的厚度，所以按照这个思路，命题人拟考核的计算是包含底托以下垫木的。

5. 试分析项目部支架预压失败的可能原因。

【参考答案】

项目部支架预压失败的原因：

（1）采用杂土回填5m，但未分层碾压密实，造成基础承载力不足。

（2）场地未设置排水沟设施和地面未进行硬化，造成基础承载力下降。

（3）未按规范要求进行支架基础预压。

（4）未进行分级预压或预压土袋防水效果差，造成预压荷载超重。

【解析】

题目问"支架预压失败的可能原因"，与第六小问"应采取哪些措施才能顺利地使支架预压成功"是有关联的问题，只不过本小问的采分点在"试分析"，分析需要有一个过程，这种类型题目的特点是需要在答案中写出"因"和"果"，所以先给题目分类，最后按照类别格式作答。

6. 项目部应采取哪些措施才能顺利地使支架预压成功?

【参考答案】

（1）支架基础用合格土方换填，分层压实。

（2）排水涵两侧用中粗砂回填。

（3）将陡于1：5的边坡修台阶。

（4）对夯实的支架基础进行预压，合格后硬化。

（5）支架基础四周设置排水沟。

（6）支架基础迎水面做防渗处理。

（7）采用防水型砂袋分级预压。

【解析】

本题目属于支架的常识内容，但考核形式已发展成为利用背景中给出的图形和文字相结合的形式。对于这类新型题目，在作答前一定要仔细阅读案例背景，并认真分析图形中给出的每一个条件。例如：图形中标记了排水的管涵，就要联想到回填土时，管涵两侧需要采用中粗砂人工对称分层回填夯实；管涵既然为沟谷内排水设施，就需要考虑遇到大雨时，管涵迎水面进行硬化处理；图形中标记回填土位置断面有坡度，那么要考虑填土时需要留台阶；图中给出回填前沟谷谷底的标高，也标记回填土最终搭设支架基础的标高，标高之差即回填土的厚度，作答时要考虑土方回填要按照设计要求分层进行。案例背景提及了遇到大雨地面积水，那么一定要考虑地面硬化和设置排水设施。背景中对支架采用土袋预压，考虑到雨期施工，应将土袋换成防水型砂袋，并在预压过程中分级进行。

本题完全可以换一种问法，即在浇筑混凝土过程中支架出现倾倒的原因，答题的角度也是从以上案例背景中的条件展开。所以说，对于当前这种在施工过程中发现了问题，考核问题产生的原因，如何预防或者如何进行处理的题目，最主要的就是找准问题的切入点，知道从哪一个方向展开作答。这类综合题目是最主要的题型之一。

案例40　2017年一建案例题二

某公司承建一座城市桥梁工程。该桥上部结构为16×20m预应力混凝土空心板，每跨布置空心板30片。

进场后，项目部编制了实施性总体施工组织设计，内容包括：

（1）根据现场条件和设计图纸要求，建设空心板预制场。预制台座采用槽式长线台座，横向连续设置8条预制台座，每条台座1次可预制空心板4片，预制台座构造如图1所示。

（2）将空心板的预制工作分解成：①清理模板、台座；②涂刷隔离剂；③钢筋、钢绞线安装；④切除多余钢绞线；⑤隔离套管封堵；⑥整体放张；⑦整体张拉；⑧拆除模板；⑨安装模板；⑩浇筑混凝土；⑪养护；⑫吊运存放等12道施工工序，并确定了施工工艺流程如图2所示（注：①~⑫为各道施工工序代号）。

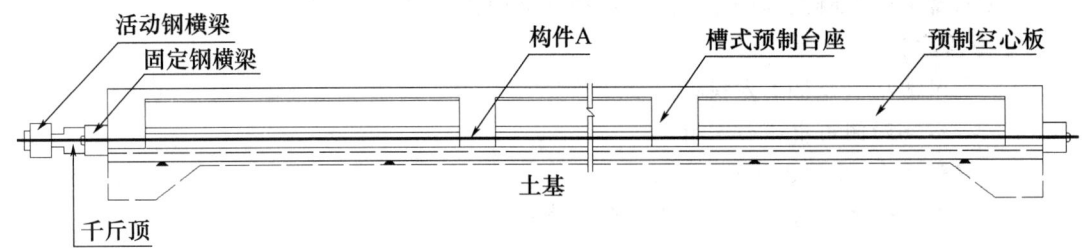

图 1 预制台座纵断面示意图

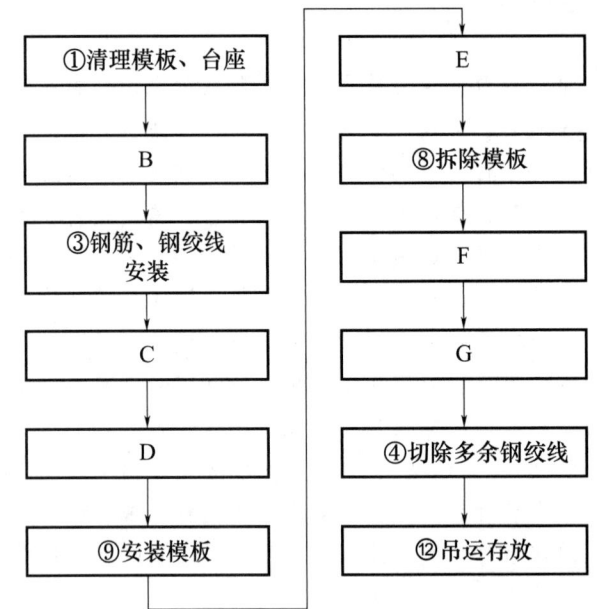

图 2 空心板预制施工工艺流程框图

（3）计划每条预制台座的生产（周转）效率平均为10天，即考虑各条台座在正常流水作业节拍的情况下，每10天每条预制台座均可生产4片空心板。

（4）依据总体进度计划空心板预制80天后，开始进行吊装作业。吊装进度为平均每天吊装8片空心板。

▶问题

1. 根据图1预制台座的结构形式，指出该空心板的预应力体系属于哪种形式？写出结构A的名称。

2. 写出图2中空心板施工工艺流程框图中施工工序B、C、D、E、F、G的名称（选用背景资料给出的施工工序的①~⑫的代号或名称作答）。

3. 列式计算完成空心板预制所需天数。

4. 空心板预制进度能否满足吊装进度的需要？说明原因。

参考答案

1. 根据图1预制台座的结构形式,指出该空心板的预应力体系属于哪种形式?写出结构A的名称。

【参考答案】

(1) 空心板的预应力体系属于预应力先张法体系。

(2) 构件A的名称:钢绞线(或预应力筋)。

【解析】

根据题目中提供的信息,本题的第一个问题涉及预应力空心板的预应力体系类型。在桥梁预制梁板的体系中,存在先张法和后张法两种形式。根据图中给出的信息,预制空心板的长度为20m,预应力钢绞线(预应力筋)呈直线型,并且图中没有显示预应力孔道。此外,在工序描述中也没有提到后张法特有的压浆封锚等工序。综合上述信息可以得出结论,本工程中的预应力空心板属于预应力先张法体系。

本题的第二个问题是关于图中构件A的名称。根据工程描述,空心板的预制采用槽式长线台座,每个台座一次可以完成4片空心板的制作。从图中可以观察到构件A贯穿了4片空心板。因此,最合理的推断是构件A代表钢绞线(或预应力筋)。

槽式长线台座

2. 写出图2中空心板施工工艺流程框图中施工工序B、C、D、E、F、G的名称(选用背景资料给出的施工工序的①~⑫的代号或名称作答)。

【参考答案】

B—②涂刷隔离剂　　　　C—⑦整体张拉　　　　D—⑤隔离套管封堵

E—⑩浇筑混凝土　　　　F—⑪养护　　　　　　G—⑥整体放张

或

B—②涂刷隔离剂　　　　C—⑤隔离套管封堵　　D—⑦整体张拉

E—⑩浇筑混凝土　　　　F—⑪养护　　　　　　G—⑥整体放张

【解析】

首先了解一下先张法隔离套管的作用。一般而言,先张法预应力施工往往需要在梁板的两端设置失效段,失效段需要用隔离套管与混凝土隔开,以防止端部出现过大的拉应力。当然,并不是整条预应力筋全部被隔离套管包裹,也不是所有预应力筋都设置隔离套管,一般设置的方式是跳开一两条预应力筋就有一条预应力筋设置端头隔离套管。

本小题中,一共是6个工序,只有C和D两个工序有争议。在实际施工中,既有先将隔离套管端头部位封堵完成(用胶泥),再进行后续的部分钢筋和模板施工的情况,又有在空心板(梁体)预应力施加以后进行隔离套管端部封堵(砂浆)的情况。实际施工中采用哪一种情况,依据梁体的几何尺寸、隔离套管长度、空心板(或梁)内模形式等确定。本题属于对号入座题目,每答对一个工序就可以拿到一分,所以即便C和D两个工序写反了,也不会影响其他答对的工序。

3. 列式计算完成空心板预制所需天数。

【参考答案】

全桥空心板的数量:16×30=480 片

每 10 天预制板数量:4×8=32 片

空心板预制所需天数:480÷32×10=150 天

【解析】

作答本题的关键在于理解案例背景中提到的两个施工常识。首先,案例背景中指出该桥的上部结构是由16跨(孔)的预应力混凝土空心板组成,每一跨的长度为20m,横断面上布置了30片空心板。根据这个信息,可以计算出该桥需要的空心板数量为16×30=480 片。其次,案例背景中提到预制台座采用槽式长线台座,横向连续设置了8条预制台座,每条台座一次可以预制4片空心板。因此,每次预制可以完成的空心板数量为4×8=32 片。

理解了这些信息,就可以自然而然地计算出本题中预制梁板的工期。

纵向桥梁 N 跨

横断面布置空心板 N 片

4. 空心板预制进度能否满足吊装进度的需要?说明原因。

【参考答案】

空心板预制进度不能满足吊装进度的需要。

原因:因为80天后开始吊装空心板时,剩余空心板还需要70天才能预制完成,而全桥空心板吊装只需要60天(480÷8=60 天),60 天<70 天,所以预制进度不能满足吊装进度要求。

【解析】

本题属于第三小问的延续,可以采用不同的计算方法,只要结论是不满足吊装进度要求,基本上就可以拿到满分。当前每年都会有一些计算类的题目出现,但相对而言,考题的计算都比较简单,主要还是考核对概念的理解。

案例 41　2017 年一建案例题三

背景资料

某公司承接一项供热管线工程,全长 1800m,直径 DN400mm,采用高密度聚乙烯外护管聚氨酯泡沫塑料预制保温管,其结构如下图所示。其中 340m 管段依次下穿城市主干路、机械加工厂,穿越段地层主要为粉土和粉质黏土,有地下水,设计采用浅埋暗挖法施工隧道(套管)内敷设,其余管道采用开槽法直埋敷设。

项目部进场调研后,建议将浅埋暗挖隧道法变更为水平定向钻(拉管)法施工,获得建设单位的批准,并办理了相关手续。

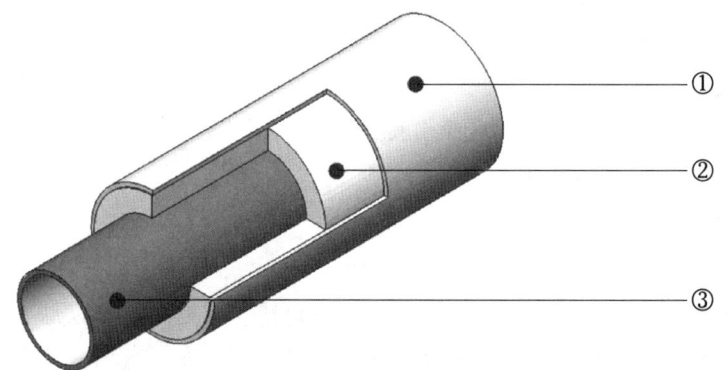

① —高密度聚乙烯外护管；② —聚氨酯泡沫塑料保温层；③ —钢管。

预制保温管结构图

施工前,施工单位编制水平定向钻专项施工方案,并针对施工中可能出现的地面开裂、冒浆、卡钻、管线回拖受阻等风险,制定了应急预案。

工程实施过程中发生了如下事件。

事件一:当地市场监督管理部门例行检查时,发现该工程既未在规定时限内开工,又未办理延期手续,违反了相关法规的规定,要求建设单位改正。

事件二:预制保温管出厂前,在施工单位质检人员的见证下,厂家从待出厂的管上取样,并送至厂实验室进行保温层性能指标检测,以此作为见证取样试验。监理工程师发现后,认定其见证取样和送检程序错误,且检测项目不全,与相关标准的要求不符,及时予以制止。

事件三:钻进期间,机械加工厂车间地面出现隆起、开裂并冒出黄色泥浆,导致工厂停产。项目部立即组织人员按应急预案对冒浆事故进行处理,包括停止注浆、在冒浆点周围围挡、控制泥浆外溢面积等,直至最终回填夯实地面开裂区。

事件四:由于和机械加工厂就赔偿一事未能达成一致,穿越工程停工两天,施工单位在规定的时限内通过监理单位向建设单位申请工期顺延。

> **问题**

1. 与水平定向钻法施工相比，原浅埋暗挖隧道法施工有哪些劣势？
2. 根据相关规定，施工单位应当自建设单位领取施工许可证之日起多长时间内开工（以月数表示）？延期以几次为限？
3. 给出事件二中见证取样和送检的正确做法，并根据《城镇供热管网工程施工及验收规范》CJJ 28—2014 规定，补充预制保温管检测项目。
4. 事件三中，冒浆事故的应急处理还应采取哪些必要措施？
5. 事件四中，施工单位申请工期顺延是否符合规定？说明理由。

参考答案

1. 与水平定向钻法施工相比，原浅埋暗挖隧道法施工有哪些劣势？

【参考答案】

（1）施工成本（造价）高。

（2）施工速度慢。

（3）施工受地下水影响（需要考虑降水措施）。

（4）对地面建（构）筑物影响大。

（5）不安全因素多。

【解析】

这类题目通常要求对某种工法的优势或劣势进行简述。答题时，可以综合考虑质量、安全、进度、成本，以及案例背景中的环境等因素。如果问题涉及工法的优势或优点，可以使用常见的表达方式，如速度快、造价低、质量好、安全可靠，能够适应案例背景中的各种环境要求，如地下水、土质、地下管线等。而对于工法的劣势或缺点，可以使用相反的话术描述，强调其中的问题或不足之处。

2. 根据相关规定，施工单位应当自建设单位领取施工许可证之日起多长时间内开工（以月数表示）？延期以几次为限？

【参考答案】

根据相关规定，施工单位应当自建设单位领取施工许可证之日起三个月内开工，延期以两次为限。

【解析】

《建筑工程施工许可管理办法》（住房城乡建设部令第 18 号）第八条"建设单位应当自领取施工许可证之日起三个月内开工。因故不能按期开工的，应当在期满前向发证机关申请延期，并说明理由。延期以两次为限，每次不超过三个月。既不开工又不申请延期或者超过延期次数、时限的，施工许可证自行废止。"

3. 给出事件二中见证取样和送检的正确做法，并根据《城镇供热管网工程施工及验收规范》CJJ 28—2014 规定，补充预制保温管检测项目。

【参考答案】

正确做法：在监理工程师见证下，由施工单位试验员在进入施工现场的管道上取样，并送至有相应资质的第三方实验室检测。

需补充检测项目：钢管和高密度聚乙烯外护管性能指标检测。

【解析】

根据案例背景描述，见证人应该是监理或建设单位人员，而不是施工单位质检员。取样应该是从进厂后的管材上进行，而不是预制管出厂前。取样应该送往具备相应资质的第三方试验室，而不是厂家实验室。

《城镇供热管网工程施工及验收规范》CJJ 28—2014 第 7.2.2-2 条规定：<u>应对预制直埋保温管、保温层和保护层进行复检，并应提供复检合格证明；预制直埋保温管的复检项目应包括保温管的抗剪切强度、保温层的厚度、密度、压缩强度、吸水率、闭孔率、导热系数及外护管的密度、壁厚、断裂伸长率、拉伸强度、热稳定性</u>。根据案例背景中的图形和事件二的介绍，施工单位只对直埋保温管的保温层性能进行了检测，而图形中的外护管和里面的钢管没有进行检测。因此，还需要对钢管和高密度聚乙烯外护管（外套管）的性能指标进行检测。案例背景中没有交代保温层需要具体的检测项目，所以在提及钢管和高密度聚乙烯外护管时也不需要详细介绍具体的检测项目。采分点应该放在钢管和高密度聚乙烯外护管的检测上。

4. 事件三中，冒浆事故的应急处理还应采取哪些必要措施？

【参考答案】

① 撤离冒浆位置设备。
② 可用泥浆集中回收再利用。
③ 已凝固泥浆外运集中处理。
④ 冒浆口封堵。

【解析】

本小问属于应用性质的题目，这类题目还可以换一种考核方式。例如，本题就可以考漏浆产生的原因、预防的办法。在施工中，经常会出现一些常规性质量问题，备考时需要在每一个施工工艺中多找到这些点，加以练习。

5. 事件四中，施工单位申请工期顺延是否符合规定？说明理由。

【参考答案】

不符合规定。因为水平定向钻钻进过程中出现冒浆现象，造成工期延误，是由于注浆压力过大或地质调查不详造成的，属于施工单位应自行承担的责任。

【解析】

本题考核的核心内容是索赔知识。只要分析到这个层面上，本题答案就不难写出了。但需要注意的是，题目并没有以索赔的形式问出来，因此作答时只需说明不符合规定的原因即可。

案例 42　2017 年一建案例题四

背景资料

某城市水厂改扩建工程，内容包括多个现有设施改造和新建系列构筑物。新建的一座半地下式混凝土沉淀池，池壁高度为 5.5m，设计水深 4.8m，容积为中型水池。钢筋混凝土薄壁结构，混凝土设计强度 C35，防渗等级 P8。池体地下部分处于硬塑状粉质黏土层和夹砂黏土层，有少量浅层滞水，无须考虑降水施工。

项目部编制的混凝沉淀池专项施工方案内容包括：明挖基坑采用无支护的放坡开挖形式；池底板设置后浇带分次施工；池壁竖向分两次施工，施工缝设置钢板止水带，并在浇筑混凝土前采取了防渗漏措施，模板采用特制钢模板，防水对拉螺栓固定。沉淀池施工横断面布置如下图所示。依据进度计划安排，施工进入雨期。

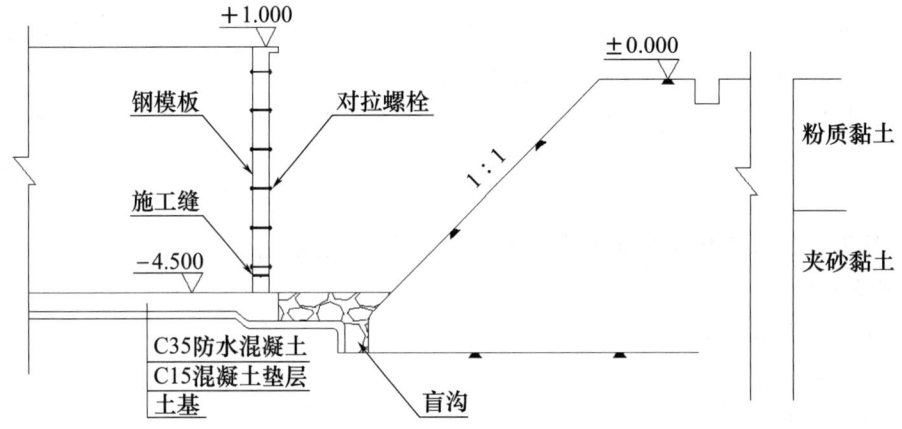

混凝沉淀池施工横断面示意图（单位：m）

混凝沉淀池专项施工方案经修改和补充后获准实施。

池壁混凝土首次浇筑时发生了跑模事故，经检查确定为对拉螺栓滑扣所致。

池壁混凝土浇筑完成后挂编织物洒水养护，监理工程师巡视发现编织物呈干燥状态，发出整改通知。

依据厂方意见，所有改造和新建的给水构筑物进行单体满水试验。

问题

1. 写出图中池壁施工缝在浇筑混凝土前的防渗漏措施。
2. 找出图中存在的应修改和补充之处。
3. 试分析池壁混凝土浇筑跑模事故的可能原因。
4. 监理工程师为何要求整改混凝土养护工作？简述养护的技术要求。
5. 写出满水试验时混凝沉淀池注水次数和高度。

参考答案

1. 写出图中池壁施工缝在浇筑混凝土前的防渗漏措施。

【参考答案】

浇筑前应将施工缝表面浮浆和杂物清理并凿毛，然后铺设净浆、涂刷混凝土界面处理剂或水泥基渗透结晶型防水涂料，再铺30～50mm厚的与结构混凝土成分相同的水泥砂浆。

【解析】

本小问的答案是基于新大纲体系下的教材内容编写的。地下结构或水池外墙施工缝的防水一直是施工中的重点控制内容，并且市政考试中多次涉及。新教材对该部位的做法进行了详细介绍，这一内容也将会备受关注。

2. 找出图中存在的应修改和补充之处。

【参考答案】

（1）需要修改的有：

① 边坡坡度（1∶1）不符合（陡于）规范规定，应放缓坡度。

② 如果条件不容许修改（放缓）坡度，应设置土钉、挂钢筋（金属）网喷混凝土硬化。

③ 排水沟距坡脚过近，要离开坡脚0.3m。

（2）需要补充的有：

① 坑底加集水井及抽水设施。

② 坑顶硬化、加阻水墙和安全防护设施。

③ 坡面设泄水孔。

④ 池壁内外设施工脚手架。

⑤ 池壁模板设置确保直顺和防倾覆的装置。

⑥ 对拉螺栓中间设止水片。

【解析】

作答这类题目时，尽量多找一些切入点。例如，案例背景写的无须降水，但又有浅层滞水，所以要设置泄水孔。水池因为是薄壁结构，浇筑混凝土时，对拉螺栓只能保证混凝土不胀模，但整体性不好保证，所以还要有模板的支撑体系。

3. 试分析池壁混凝土浇筑跑模事故的可能原因。

【参考答案】

（1）材料原因：对拉螺栓间距大、直径小、质量不合格、反复使用次数多。

（2）混凝土浇筑原因：浇筑速度快、下料高度高、布料集中、振捣棒撞击模板或螺栓。

【解析】

混凝土跑模是指在混凝土浇筑过程中，由于模板支撑不牢或其他原因导致模板无法承受混凝土的质量，进而造成模板开裂，使大量混凝土外泄。在案例背景中，调查发现跑模是由对拉螺栓滑扣引起的。因此，本题的核心是确定造成对拉螺栓滑扣的原因。这包括对拉螺栓本身的原因及浇筑混凝土时采用不当的方法，导致对拉螺栓局部承受过大荷载的情况发生。

4. 监理工程师为何要求整改混凝土养护工作？简述养护的技术要求。

【参考答案】

因为编织物干燥表明洒水不足，且池壁属于薄壁、防水混凝土结构，养护不到位会导致混凝土裂缝，降低防水效果，影响正常使用。

养护技术要求：应在 12h 以内，对混凝土加遮盖物并洒水养护；保持湿润不应少于 14 天，直至混凝土达到规定的强度。

【解析】

对于给排水构筑物的养护，应按照《给水排水构筑物工程施工及验收规范》GB 50141—2008 进行作答。但作答时要结合案例背景，题干最后表明施工进入雨期，那么混凝土养护就要尽量回避规范中的保温养护要求。

5. 写出满水试验时混凝沉淀池注水次数和高度。

【参考答案】

注水次数为 4 次，最终注水高度为 4.8m。

第一次注水高度为施工缝以上。

第二次注水高度为底板以上 1.6m，即注水至-2.900m。

第三次注水高度为底板以上 3.2m，即注水至-1.300m。

第四次注水高度为底板以上 4.8m，即注水至 0.300m。

【解析】

关于满水试验注水要求，在教材和《给水排水构筑物工程施工及验收规范》GB 50141—2008 中第 9.2.2 条的规定："向池内注水应分 3 次进行，每次注水为设计水深的 1/3。对大、中型池体，可先注水至池壁底部施工缝以上，检查底板抗渗质量，无明显渗漏时，再继续注水至第一次注水深度。" 所以不同的水池满水试验注水次数是不一样的，大、中型水池注水次数为 4 次，否则注水次数就是 3 次。本题背景资料中特别强调本工程"容积为中型水池"，所以采分点为注水 4 次符合题意。

本题目中还有一个小的细节，就是图上给出的标高是小数点后面三位，那么作答时最好也这样写。

案例 43　2017 年一建案例题五

某公司承建城区防洪排涝应急管道工程，受环境条件限制，其中一段管道位于城市主干路机动车道下，垂直穿越现状人行天桥，采用浅埋暗挖隧道形式。隧道开挖断面为 3.9m×3.35m，横断面布置图如下图所示。施工过程中，在沿线 3 座检查井位置施作工作竖井，井室平面尺寸长 6.0m，宽 5.0m。井室、隧道均为复合式衬砌结构，初期支护为钢格栅+钢筋网+喷射混凝土，二衬为模筑混凝土结构，衬层间设塑料板防水层。隧道穿越土层主要为砂层、粉质黏土层，无地下水。设计要求施工中对机动车道和人行道天桥进行重点监测，并提出了变形控制值。

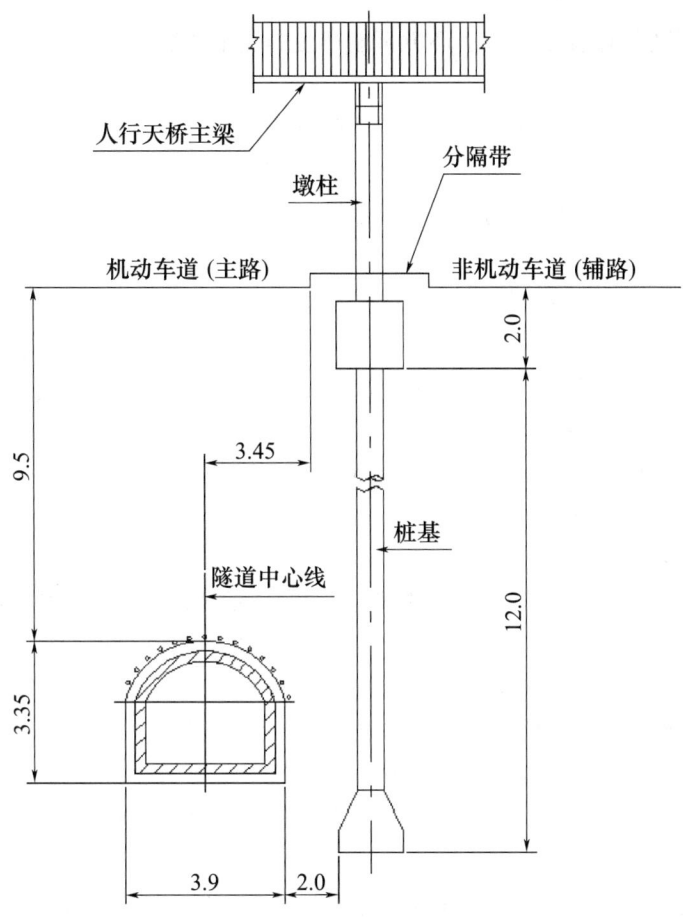

下穿人行天桥隧道横断面示意图（单位：m）

施工前，项目部编制了浅埋暗挖隧道下穿道路专项施工方案，拟在工作竖井位置占用部分机动车道，搭建临时设施，进行工作竖井施工和出土。施工安排各竖井同时施作，隧道相向开挖，以满足工期要求。施工区域，项目部采取了以下环保措施：

（1）对现场临时路面进行硬化，并使用散装材料进行覆盖。
（2）临时堆土采用密目网进行覆盖。
（3）夜间施工进行露天焊接作业，控制好照明装置灯光亮度。

▶ 问题

1. 根据上图分析隧道施工对周边环境可能产生的安全风险。
2. 工作竖井施工前，项目部应向哪些部门申报、办理哪些报批手续？
3. 给出下穿施工的重点监测项目，简述监测方式。
4. 简述隧道相向开挖贯通施工的控制措施。
5. 结合背景资料，补充项目部应采取的环保措施。
6. 二衬层钢筋安装时，应对防水层采取哪些保护措施？

参考答案

1. 根据上图分析隧道施工对周边环境可能产生的安全风险。

【参考答案】

（1）隧道穿越土层自稳性差，易产生工作面坍塌进而造成路面塌陷，影响社会交通。

（2）隧道结构与人行天桥桩基结构间距小，施工扰动可能造成桩基承载能力降低，引起人行天桥变形超标，结构失稳，影响行人通行安全。

【解析】

本题考核的是根据图示分析隧道施工对周边环境可能产生的安全风险。案例背景中的图形信息包括隧道结构、机动车道、非机动车道和过街天桥等要素。而对周边环境的影响主要集中在机动车道和过街天桥上，具体的安全风险包括两个方面：首先，隧道施工可能由于土质差而导致路面塌陷，进而影响社会交通的正常运行；其次，隧道结构与天桥距离过近（水平净距 2.0m，垂直净距 1.15m），可能导致天桥的承载力降低，超出变形限度，从而使结构失稳，威胁行人的交通安全。

2. 工作竖井施工前，项目部应向哪些部门申报、办理哪些报批手续？

【参考答案】

（1）向市政工程行政主管部门和公安交通管理部门申报交通导行方案、规划审批文件、设计文件等，办理临时占用道路和挖掘城市道路的报批手续。

（2）向道路管理部门申报下穿道路专项施工方案（经专家论证会通过）和应急预案。

（3）向城管部门申报办理渣土运输手续，向环保部门申报办理夜间施工手续。

【解析】

这里既有占用城市道路，又涉及破路，还涉及交通导行，所以尽量写详细，至于如何办理不必写得那么具体。本小题最后一项写出来也不一定就有分值，但要养成尽量从多个角度简单描述的答题习惯。

3. 给出下穿施工的重点监测项目，简述监测方式。

【参考答案】

重点监测项目有：路面沉降、路面隆起和路面裂缝；人行天桥墩柱沉降、墩柱倾斜、主梁变形。

监测方式：应实行施工监测和第三方监测，设专人现场巡视，发现险情及时报警。

【解析】

本题的考核点是隧道施工过程中，对周边环境的监测，而不是教材中基坑监测的内容。在背景资料中提到了"设计要求施工中对机动车道和人行道天桥进行重点监测"，因此，答题时要围绕机动车道和人行天桥展开梳理。对于道路的监测，主要关注施工可能导致的沉降、隆起或裂缝等问题，而对过街天桥的影响则涉及天桥墩柱的沉降、倾斜及主梁的变形等。

在监测方式方面，可以采用施工监测和第三方监测两种方式。当遇到这种不太清晰的情况时，最好在答案中同时涵盖这两种监测方式。

4. 简述隧道相向开挖贯通施工的控制措施。
【参考答案】
隧道贯通控制措施：贯通前，两个工作面间距应不小于2倍洞径且不小于10m，一端工作面应停止开挖、封闭，另一端进行贯通开挖。对隧道中线和高程进行复测（测量），及时纠偏。

【解析】
标准规范中存在一些双重控制的规定。例如，针对混凝土道路缩缝切缝深度，在设有传力杆时，要求不得小于面层厚度的1/3，且不得小于70mm。若没有传力杆，则要求不得小于面层厚度的1/4，且不得小于60mm。又如，对于燃气管道的功能性试验，试验压力要求不得小于设计压力的1.5倍，且不得小于0.4MPa。此外，管道两个环形焊缝之间的距离应大于管道的外径，且不得小于150mm。在这些规定中，数字中的一个是固定值，另一个是动态值。具体来说，工程计算得出的数值如果大于固定值，则必须符合动态值的要求，而如果计算得出的数值小于固定值，就必须按照固定值的要求执行。本题中隧道洞跨只有3.9m，两倍洞跨距离是7.8m，小于10m，所以本题中的采分点应该是10m，而不是两倍隧道直径。

5. 结合背景资料，补充项目部应采取的环保措施。
【参考答案】
（1）现场洒水降尘，大门口设置冲洗池和吸湿垫。
（2）外运土车要覆盖（封闭），出场冲洗。
（3）出场后土车减速慢行，沿路专人清扫。
（4）办理夜间施工手续并公告附近居民。
（5）夜间采取隔声、吸声、消声等降噪措施。
（6）控制灯光照射角度，电焊设置遮光棚。

【解析】
题干中描述在机动车道上进行竖井施工和出土，而且提及了临时设施和电焊夜间施工，那么作答时也要围绕着土方施工、夜间施工、电焊的电弧光遮挡及灯光角度问题展开。

6. 二衬层钢筋安装时，应对防水层采取哪些保护措施？
【参考答案】
（1）隔离措施：防水层与钢筋之间设置垫块。
（2）防刺穿措施：安装钢筋时，将钢筋头进行包裹。
（3）防灼伤防水板措施：焊接钢筋时在钢筋与防水层间用挡板隔开。

【解析】
在市政工程题目中，常常涉及施工时需要采取哪些措施的问题。这类题目的难点在于无法确定命题人希望回答的是笼统的措施名称，还是具体描述措施的实施方法，这也是让很多考生头疼的地方。考试中面对这种情况，应尽量给出比较笼统的措施名称，并在名称后面详细描述具体的措施实施方法。

针对本题中隧道施工中柔性防水层已完成施工，在二衬钢筋施工中对柔性防水层应采取哪些保护措施的问题，通常笼统的保护措施包括隔离措施、防刺穿措施和防灼伤防水板措施。其中，隔离措施可通过在防水层和钢筋之间加垫块来实现，防刺穿措施可将钢筋头部包裹保护，而防灼伤防水板措施可在焊接时利用挡板将防水层与焊接点隔开。

案例44　2016年一建案例题四

某公司中标承建该市城郊接合部交通改扩建高架工程，该高架上部结构为现浇预应力钢筋混凝土连续箱梁，桥梁底板距地面高15m，宽17.5m，主线长720m。桥梁中心轴线位于既有道路边线，在既有道路中心线附近有埋深1.5m的现状DN500自来水管道和光纤线缆，平面布置如图所示。高架桥跨越132m鱼塘和菜地，设计跨径组合为41.5m+49m+41.5m，其余为标准联，跨径组合为（28+28+28）m×7联，支架法施工。下部结构为：H形墩身下接10.5m×6.5m×3.3m承台（深埋在光纤线缆下0.5m），承台下设有直径1.2m、深18m的人工挖孔灌注桩。

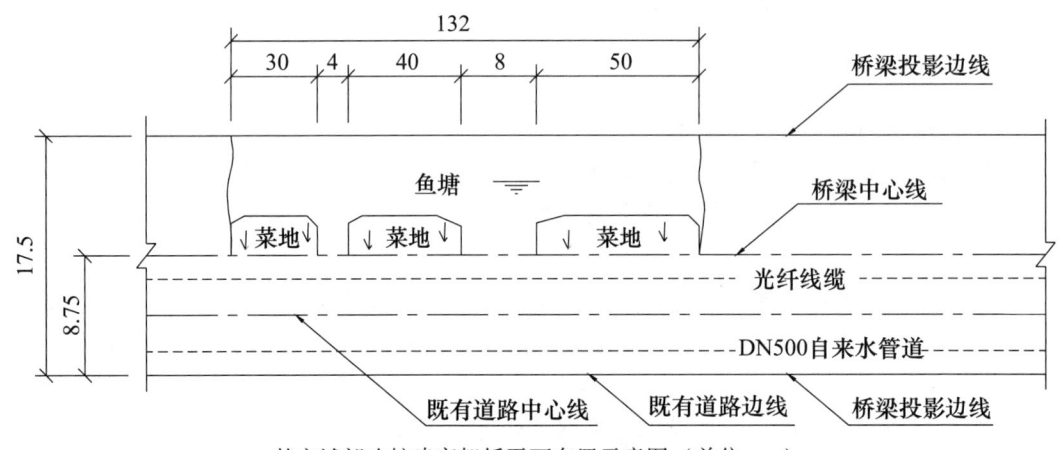

某市城郊改扩建高架桥平面布置示意图（单位：m）

项目部进场后编制的施工组织设计提出了"支架地基加固处理"和"满堂支架设计"两个专项方案。在"支架地基加固处理"专项方案中，项目部认为在支架地基预压时的荷载应不小于支架地基承受的混凝土结构物恒载的1.2倍即可，并根据相关规定组织召开了专家论证会，邀请了含本项目技术负责人在内的四位专家对方案内容进行了论证。专项方案经论证后，专家组提出了应补充该工程上部结构施工流程及支架地基预压荷载验算需修改完善的指导意见。项目部未按专家组要求补充该工程上部结构施工流程和支架地基预压荷载验算，只将其他少量问题做了修改，上报项目总监和建设单位项目负责人审批时未能通过。

第一部分　52道经典一建案例题（2013—2024年）

> **问题**

1. 写出该工程上部结构施工流程（自箱梁钢筋验收完成到落架结束，混凝土采用一次浇筑法）。
2. 编写"支架地基加固处理"专项方案的主要因素是什么？
3. "支架地基加固处理"后的合格判定标准是什么？
4. 项目部在支架地基预压方案中，还有哪些因素应进入预压荷载计算？
5. 该项目中除了"DN500自来水管道，光纤线缆保护方案"和"预应力张拉专项方案"以外，还有哪些内容属于"危险性较大的分部分项工程"范围未上报专项方案？请补充。
6. 项目部邀请了含本项目技术负责人在内的四位专家对两个专项方案进行论证的结果是否有效？如无效，请说明理由并写出正确做法。

参考答案

1. 写出该工程上部结构施工流程（自箱梁钢筋验收完成到落架结束，混凝土采用一次浇筑法）。

【参考答案】

浇筑箱梁混凝土→养护→拆除侧模与内模→预应力张拉→压浆施工→封闭人孔

【解析】

箱梁是现浇梁的一种基础形式，在施工过程中，无论是采用支架法施工、悬臂浇筑法施工还是移动模架施工，梁体通常都采用箱梁的构造形式。箱梁施工可以分为一次性浇筑和多次性浇筑两种形式：一次性浇筑施工相对复杂，箱梁作为一个整体进行浇筑，可以避免在梁体中产生施工缝；而多次性浇筑施工相对简单，但在箱梁的顶板和腹板之间通常会存在施工缝。

在新大纲体系下，教材中增加了大量的工序，包括现浇箱梁的工序。但考试中不能将教材中的施工工序原封不动地照搬，因为教材中的工法可能是将一些常规工序汇总到一起，也可能是将一个具体的工法细化。考试时应结合案例背景资料进行作答。

2. 编写"支架地基加固处理"专项方案的主要因素是什么？

【参考答案】

（1）鱼塘和菜地的处理（抽水、清淤及回填）。
（2）光纤线缆与自来水管道的保护。
（3）桥梁中心轴线两侧支架基础承载力不对称，软硬不均匀。

【解析】

本题目要求回答编写"支架地基加固处理"专项方案的主要因素，其实这是一个省略句。本题想问的是编写"支架地基加固处理"专项方案需要考虑的主要因素，少了"需要考虑"这四个字。既然案例背景介绍了鱼塘和菜地，那么抽水、清淤、换填是必不可少的。同时需要注意背景资料中写到"在既有道路中心线附近有埋深1.5m的现状DN500自来水管道和光纤线缆"，那么搭设支架前就要对既有光纤线缆和管线进行专门保护。另外，从图上也可以看出桥梁的中心线位置在既有道路边线，那么桥梁支架轴线两侧就存在着地基承载力不对称、软硬不均匀现象，需要分别采取不同的处理方式（既有道路以外位置支架基础进行预压和硬化）。本题只要回答出鱼塘、菜地、填土，桥梁中心轴线两侧支架基础承载力不对称，软硬不均匀等内容即可得满分。

3. "支架地基加固处理"后的合格判定标准是什么？
【参考答案】
"支架地基加固处理"后的合格判定标准：
（1）支架基础预压报告合格（各监测点连续 24h 的沉降量平均值小于 1mm 或各监测点连续 72h 的沉降量平均值小于 5mm）。
（2）排水系统正常。
【解析】
根据《钢管满堂支架预压技术规程》JGJ/T 194—2009 中第 4.1.6 条，对支架基础的预压监测过程中，当满足下列条件之一时，应判定支架基础预压合格：（1）各监测点连续 24h 的沉降量平均值小于 1mm。（2）各监测点连续 72h 的沉降量平均值小于 5mm。

本题考核的内容是关于"支架地基加固处理"后的合格判定标准，其中主要标准就是地基预压报告合格，同时处理完成的支架基础排水系统也要正常，在这种实操类题目中为了尽可能多地获取采分点，后面还需要将预压合格的具体标准也列举出来。

4. 项目部在支架地基预压方案中，还有哪些因素应进入预压荷载计算？
【参考答案】
还有支架和模板自重应进入预压荷载计算。
【解析】
根据《钢管满堂支架预压技术规程》JGJ/T 194—2009 第 4.2.1 条，支架基础预压荷载不应小于支架基础承受的混凝土结构恒载与钢管支架、模板质量之和的 1.2 倍。

5. 该项目中除了"DN500 自来水管道，光纤线缆保护方案"和"预应力张拉专项方案"以外，还有哪些内容属于"危险性较大的分部分项工程"范围未上报专项方案？请补充。
【参考答案】
承台基坑土方开挖、支护、降水工程；人工挖孔桩工程。
【解析】
这道题目的问题是要确定在本工程中有哪些危险性较大的分部分项工程。需要注意的是，这里要找出危险性较大分部分项工程，并非要求找出超过一定规模的危险性较大的分部分项工程。因此备考中需要仔细区分建办质〔2018〕31 号文件中的"危险较大的分部分项工程"和"超过一定规模的危险性较大的分部分项工程"。

6. 项目部邀请了含本项目技术负责人在内的四位专家对两个专项方案进行论证的结果是否有效？如无效，请说明理由并写出正确做法。
【参考答案】
论证结果无效。
理由：
（1）项目技术负责人作为专家参加论证会错误。

（2）四位专家对专项方案论证错误。

正确做法：专家组的成员应由 5 名以上符合相关专业要求的专家组成，与本工程有利害关系的人员不得以专家身份参加专家论证会。

【解析】

本题涉及的"两专"内容相对较简单。需要注意，在当前的考试中，"两专"考点的回答必须根据住房城乡建设部令第 37 号和建办质〔2018〕31 号文件的规定。

案例 45　2016 年一建案例题五

某公司承建一座城市互通工程，工程内容包括：①主线跨线桥（Ⅰ、Ⅱ）；②左匝道跨线桥；③左匝道一；④右匝道一；⑤右匝道二等五个子单位工程，平面布置如图 1 所示。两座跨线桥均为预应力混凝土连续箱梁桥，其余匝道均为道路工程。主线跨线桥跨越左匝道一；左匝道跨线桥跨越左匝道一及主线跨线桥；左匝道一为半挖半填路基工程，挖方除就地利用外，剩余土方用于右匝道一；右匝道一采用混凝土挡墙路堤工程，欠方需要外购解决；右匝道二为利用原有道路路面局部改造工程。

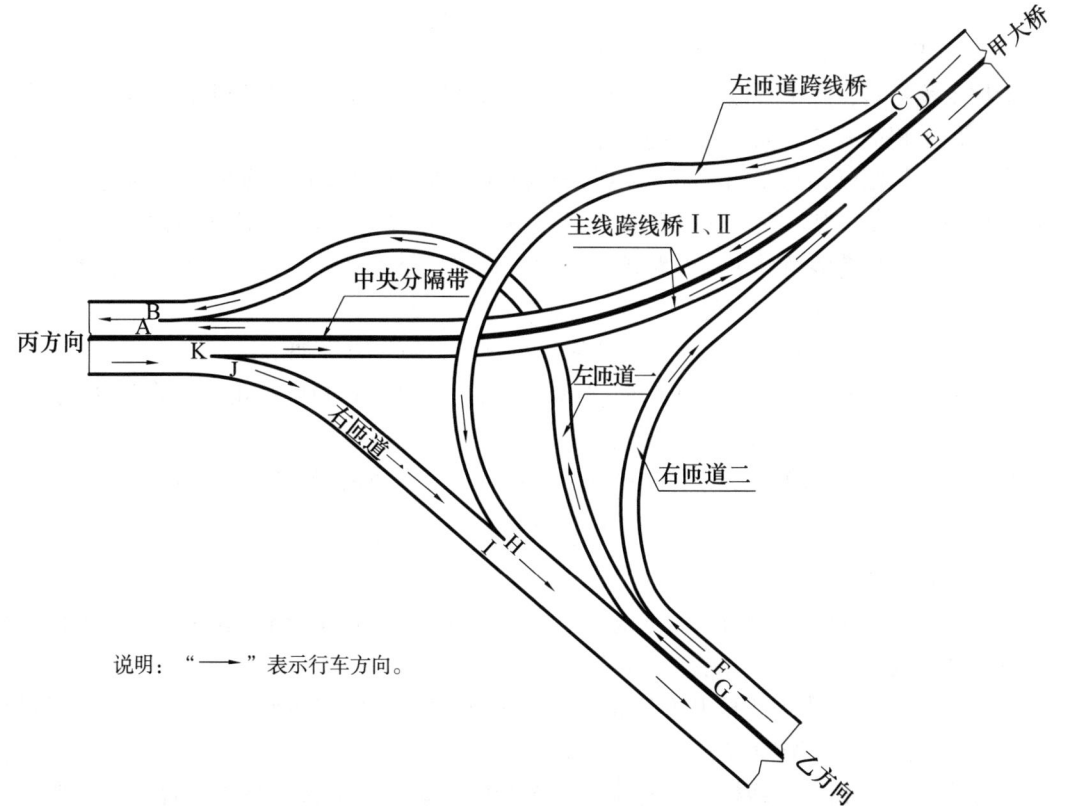

图 1　互通工程平面布置示意图

主线桥Ⅰ的第二联为（30m+48m+30m）预应力混凝土连续箱梁，其预应力张拉端钢绞线束横断面布置如图2所示。预应力钢绞线采用公称直径15.2mm高强低松弛钢绞线，每根钢绞线由7根钢丝捻制而成。代号S22的钢绞线束由15根钢绞线组成，其在箱梁内的管道长度为108.2m。

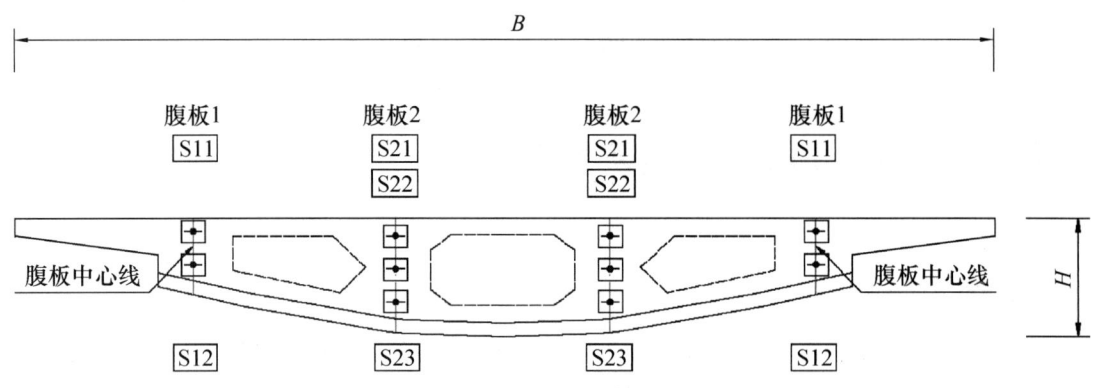

图2 主线跨线桥Ⅰ第2联箱梁预应力张拉端钢绞线束横断面布置示意图

该工程位于城市交通主干道，交通繁忙，交通组织难度大，因此建设单位对施工单位提出如下总体施工要求：

（1）总体施工组织设计安排应本着先易后难的原则，逐步实现互通的各向交通通行任务。

（2）施工期间尽量减少对交通的干扰，优先考虑主线交通通行。

根据工程特点，施工单位编制的总体施工组织设计中，除了按照建设单位的要求确定了五个子单位工程的开工和完工的时间顺序外，还制定了如下事宜：

事件一，为限制超高车辆通行，主线跨线桥和左匝道跨线桥施工期间，在相应的道路上设置车辆通行限高门架，其设置的位置选择在图1中所示的A~K的道路横断面处。

事件二，两座跨线桥施工均在跨越道路的位置采用钢管-型钢（贝雷桁架）组合门式支架方案，并采取了安全防护措施。

事件三，编制了主线跨线桥Ⅰ的第2联箱梁预应力施工方案如下：

（1）该预应力管道的竖向布置为曲线形式，确定了排气孔和排水孔在管道中的位置。

（2）预应力钢绞线的张拉采用两端张拉方式。

（3）确定了预应力钢绞线张拉顺序的原则和各钢绞线束的张拉顺序。

（4）确定了预应力钢绞线张拉的工作长度为100cm，并计算了钢绞线的用量。

【问题】

1. 写出五个子单位工程符合交通通行条件的先后顺序。（用背景资料中各个子单位工程的代号"①~⑤"及"→"表示）

2. 事件一中，主线跨线桥和左匝道跨线桥施工期间应分别在哪些位置设置限高门架？（用图1中所示的道路横断面的代号"A~K"表示）

3. 事件二中，两座跨线桥施工时应设置多少座组合门式支架？指出组合门式支架应采取哪些安全防护措施？

4. 事件三中，预应力管道的排气孔和排水孔分别设置在管道的哪些位置？

5. 事件三中，写出预应力钢绞线张拉顺序的原则，并给出图2中各钢绞线束的张拉顺序。（用图2中所示的钢绞线束的代号"S11~S23"及"→"表示）

6. 事件三中，结合背景资料，列式计算图2中代号为S22的所有钢绞线束需用多少米钢绞线制作而成？

参考答案

1. 写出五个子单位工程符合交通通行条件的先后顺序。（用背景资料中各个子单位工程的代号"①~⑤"及"→"表示）

【参考答案】

⑤→③→④→①→②

本工程既有现浇跨线桥，又有道路工程，而道路工程包括新建道路和现有道路改建两类。依据题意"总体施工组织设计安排应本着先易后难的原则，逐步实现互通的各向交通通行任务"，相较而言道路工程施工难度明显小于桥梁施工，也就是说，本工程先施工道路，再施工桥梁。另外，施工组织设计中制定的事宜有"为限制超高车辆通行，主线跨线桥和左匝道跨线桥施工期间，在相应的道路上设置车辆通行限高门架"及"两座跨线桥施工均在跨越道路的位置采用钢管-型钢（贝雷桁架）组合门式支架方案"，这两项也可说明在桥梁施工时道路已施工完毕，所以③、④、⑤施工应在①、②之前。而三个道路工程中，⑤是利用原有道路路面局部改造工程，比新建道路难度小，所以⑤排在第一位。另两个③和④的焦点是其之间的"土方纠纷"，因为③为半填半挖路基，施工多余的土方要运送至④作为路基填方所用，且强调"欠方需要外购解决"，说明④要在③的路基施工完成，不再有土方输入后进行欠方计算，之后购买土方填筑，而此时③已经进行到了基层和面层的施工，所以从完工的角度看④排在③之后。另外，背景资料还提到"优先考虑主线交通通行"，由此确定两座桥梁施工先施工主线跨线桥后施工匝道跨线桥，即①排在②前面。综上所述，可得本工程完整的施工顺序为⑤（右匝道二）→③（左匝道一）→④（右匝道一）→①主线跨线桥（Ⅰ、Ⅱ）→②左匝道跨线桥。

2. 事件一中，主线跨线桥和左匝道跨线桥施工期间应分别在哪些位置设置限高门架？（用图1中所示的道路横断面的代号"A~K"表示）

【参考答案】

（1）主线跨线桥施工期间应在G点位置设置限高门架。

（2）左匝道跨线桥施工期间应在G、D、K位置设置限高门架。

【解析】

这道题目考核的是观察图形并理解其中含义的能力。虽然图形看起来复杂，但实际上很简单。如果仔细阅读题干并回想实际生活中常见的高架桥，就可以轻松作答。

题目要求回答限高门架的设置位置，实际上是要确定图形中哪些交叉点在上方、哪些在下方，找出哪些路线通过主线跨线桥下和左匝道跨线桥下。只要通过这些桥下的支架施工区域，就必须限制高度，需要设置限高门架。观察图示中的行车方向，可以确定通过这些桥下的几个交叉点，从而确定限高门架的设置位置。此外，需要特别注意题目中强调的一个关键点，即主线跨线桥和左匝道跨线桥施工期间应"分别"设置限高门架的位置。因此，最好将设置支架的位置分开回答。

3. 事件二中，两座跨线桥施工时应设置多少座组合门式支架？指出组合门式支架应采取哪些安全防护措施？

【参考答案】

两座跨线桥施工时应设置 4 座组合门式支架。

施工安全保护措施主要有：

(1) 设置限高、限宽、限速和警示标志。

(2) 设置防撞设施。

(3) 夜间设置照明设施和警示红灯。

(4) 洞口上方设置木板和防坠落安全水平网。

(5) 专人巡视检查，定期维护。

【解析】

很多考生作答时可能会错误地认为工程使用三座组合门式支架，这主要是因为没有仔细分析案例背景。在案例背景和图形中明确指出，主线跨线桥（Ⅰ、Ⅱ）是分离式立交桥，当其跨越左匝道一进行施工时，不能共用一个支架，否则在浇筑混凝土时会相互影响，导致严重的质量事故。

在左匝道跨线桥跨越主线跨线桥（Ⅰ、Ⅱ）进行施工时，由于两座桥梁距离很近，单独搭设支架会导致施工速度延缓和材料浪费。因此，在这种情况下可采用在主线桥（Ⅰ、Ⅱ）最外侧搭设两排立柱，并在主线桥中间部位搭设一排立柱的方式，构成一个跨度较大的门洞支架。另一个门洞支架没有悬念，就是左匝道跨线桥跨越左匝道一时需要搭设门洞支架。

4. 事件三中，预应力管道的排气孔和排水孔分别设置在管道的哪些位置？

【参考答案】

预应力管道的排气孔应设置在曲线管道的波峰位置（最高处），排水孔应设置在曲线管道的最低位置。

【解析】

本知识点是预应力施工中强调的重中之重，也是曾经选择题的考点，这种小问的分值一般也不会太高。

5. 事件三中，写出预应力钢绞线张拉顺序的原则，并给出图 2 中各钢绞线束的张拉顺序。（用图 2 中所示的钢绞线束的代号"S11~S23"及"→"表示）

【参考答案】

(1) 预应力钢绞线张拉顺序的原则：应符合设计要求。设计无要求时，采取分批、分阶段对称张拉，宜先中间，后上、下或两侧。

(2) 各钢绞线束的张拉顺序为 S22→S21→S23→S11→S12。

【解析】

第一小问考核教材原文内容。必须严格按照教材内容作答,包括教材中所提到的"应符合设计要求"的文字也需要在答案中有所体现。这些文字很可能是采分点之一。

对于第二小问,考核的是对图形中钢绞线束进行排序。在实际施工中,预应力张拉的顺序可能有所不同,但在考试中需要严格按照教材的描述作答。教材中提到的张拉顺序是宜先中间,后上、下或两侧。因此,在本题中进行钢绞线束的排序时,应先考虑 S2 系列,然后是 S1 系列。在 S2 系列和 S1 系列中,仍然遵循先上后下的原则。

6. 事件三中,结合背景资料,列式计算图 2 中代号为 S22 的所有钢绞线束需用多少米钢绞线制作而成?

【参考答案】

代号 S22 所需钢绞线总长度:(108.2+2×1)×15×2=3306m

【解析】

本题是一道综合计算题,需要结合图形和案例背景信息进行计算。题目要求计算图 2 中代号为 S22 的钢绞线束所需的总长度。根据图 2 和案例背景中的信息,S22 钢绞线束有两束,每束由 15 根钢绞线组成,并且在箱梁内的管道长度为 108.2m。此外,题目还指出预应力钢绞线的工作长度为 100cm,需要注意该长度是指每个张拉端的工作长度均为 100cm。

首先,计算每束钢绞线束的长度,即 108.2m+1m+1m=110.2m(要考虑管道长度和两端张拉的长度)。然后,根据题目要求计算钢绞线的总长度(注意不是钢丝的总长度)。由于每束钢绞线束有 15 根钢绞线,所以两束钢绞线束共有 30 根钢绞线。因此,最终计算出图 2 中 S22 钢绞线的总长度为 30 根×110.2m/根=3306m。

案例 46 2015 年一建案例题四

某公司中标污水处理厂升级改造工程,处理规模为 70 万 m^3/d,其中包括中水处理系统的配水井为矩形钢筋混凝土半地下室结构,平面尺寸 17.6m×14.4m,高 11.8m,设计水深 9m;底板、顶板厚度分别为 1.1m、0.25m。

施工中发生了如下事件:

事件一:配水井基坑边坡坡度 1:0.7(基坑开挖不受地下水影响),采用厚度 6~10cm 的细石混凝土护面。配水井顶板现浇施工采用扣件式钢管支架,支架剖面如图 1 所示。方案报公司审批时,主管部门认为基坑缺少降、排水设施,顶板支架缺少重要杆件,要求修改补充。

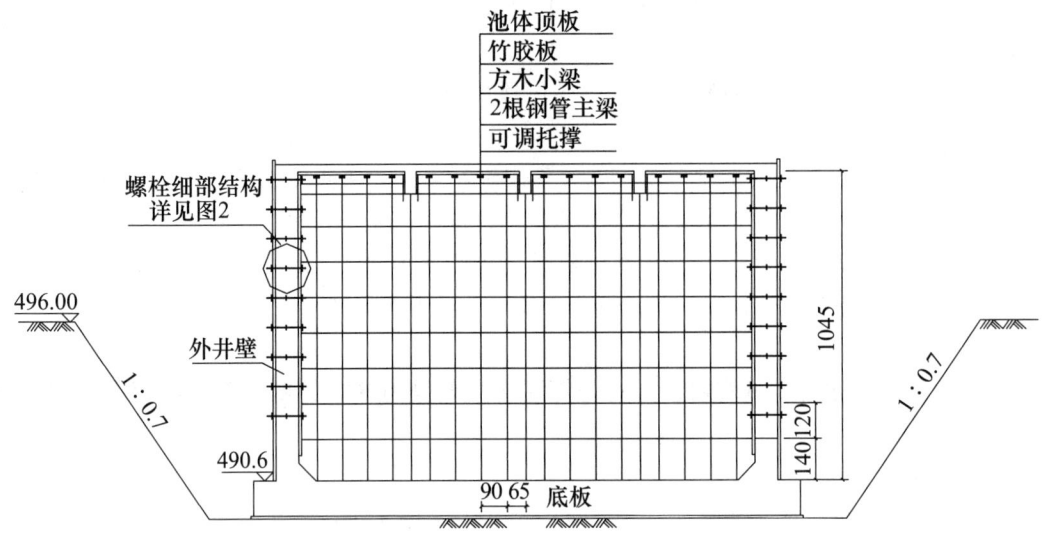

图1 配水井顶板支架剖面示意图（标高单位：m；尺寸单位：cm）

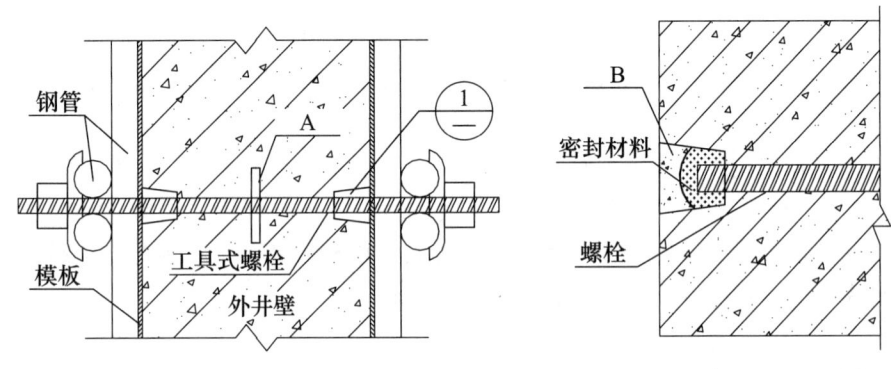

图2 模板对拉螺栓细部结构图　　图3 拆模后螺栓孔处置节点

事件二：在基坑开挖时，现场施工员认为土质较好，拟取消细石混凝土护面，被监理工程师发现后制止。

事件三：项目部识别了现场施工的主要危险源，其中配水井施工现场主要易燃易爆物包括脱模剂、油漆稀释料……项目部针对危险源编制了应急预案，给出了具体预防措施。

> **问题**

1. 图1中基坑缺少哪些降排水设施？顶板支架缺少哪些重要杆件？
2. 指出图2、图3中A、B名称，简述本工程采用这种形式螺栓的原因。
3. 事件二中，监理工程师为什么会制止现场施工员的行为？取消细石混凝土护面应履行什么手续？
4. 事件三中，现场的易燃易爆物体危险源还应包括哪些？
5. 配水井满水试验注水应分几次？分别列出每次充水高度。

第一部分 52道经典一建案例题（2013—2024年）

参考答案

1. 图1中基坑缺少哪些降排水设施？顶板支架缺少哪些重要杆件？

【参考答案】

（1）图1基坑缺少的降排水设施：基坑顶部未设立排水沟（截水沟）和防淹墙；基坑内缺少排水沟、集水井、水泵等设施。

（2）顶板支架缺少可调底座、竖向剪刀撑（斜撑）、水平剪刀撑、扫地杆、封顶杆。

【解析】

本题涉及两个知识点的考核。第一个知识点是基坑的降排水措施，第二个知识点是结构顶板的支架图形补充杆件。

根据案例背景，基坑开挖不受地下水影响，因此不需要考虑基坑的井点降水，但要考虑基坑内可能有地表水流入的情况。因此，在基坑施工期间，为了防止雨水流入基坑，要在基坑顶部设置防淹墙和排水沟。同时，基坑内的水也要及时排除，因此设置排水沟、集水坑和抽水泵等设施。在进行雨期施工时，必须采取相应措施以确保施工的顺利进行，这是一个常见的考点。

本题第二小问为依据支架图形补充缺少的杆件，属于建筑、公路和市政专业的高频考点。依据图形中支架顶部的可调托撑，可以对应写出底部的可调底座。图形中有横杆、立杆，但是没有绘制扫地杆、剪刀撑等。

2. 指出图2、图3中A、B名称，简述本工程采用这种形式螺栓的原因。

【参考答案】

A是止水环（止水钢板）；B是聚合物水泥砂浆（或防水砂浆）。

理由：配水池为给排水构筑物，防渗要求较高，所以必须采用有止水构造的螺栓。

【解析】

本题是一道识图题，图2中的A代表止水环（止水钢板）。它的作用与侧墙施工缝中的止水钢板或穿墙套管设置的止水环相同，都是为了延长水的渗漏路径。在图3中，B表示聚合物水泥砂浆（或防水砂浆）。本工程采用的螺栓是三段式拼接在一起的。在浇筑混凝土后，螺栓的外杆可以拆卸，而带有止水环的内杆则留在墙内。当外杆拆卸后，侧墙面上会形成一个锥形槽，需要用防水砂浆或聚合物水泥砂浆对这个锥形槽进行封堵。

针对本题的第二小问，需要简述本工程采用这种形式螺栓的原因。值得说明的是，对拉螺栓有两种形式：一种是整个对拉螺栓中间没有焊接止水环的类型，这种螺栓在拆模后可以整体拆除，通常适用于非地下结构和非水处理构筑物；另一种是本题所描述的螺栓形式，适用于水处理构筑物或其他地下混凝土结构的外墙，以确保结构不渗漏。

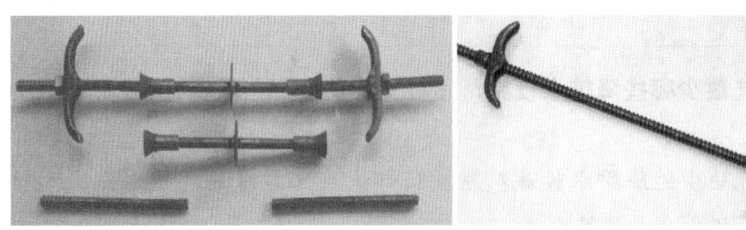

| 可以拆卸的对拉螺栓 | 可以拔出的对拉螺栓 |

3. 事件二中，监理工程师为什么会制止现场施工员的行为？取消细石混凝土护面应履行什么手续？

【参考答案】

（1）现场施工员未严格按专项施工方案施工。

（2）取消护面属于方案变更，应重新编制安全专项施工方案并组织专家论证，并经原审批程序批准后，方可实施。

【解析】

依据图示数据可以计算得出：本工程基坑开挖深度为 496.0－490.6＋1.1＝6.5m，属危大工程，必须编制安全专项方案并组织专家论证，施工单位不得擅自修改经专家论证后的专项方案，如确需修改，需要按照程序重新办理审批手续。

4. 事件三中，现场的易燃易爆物体危险源还应包括哪些？

【参考答案】

还应包括：氧气瓶、乙炔瓶；竹胶板、方木；混凝土养护材料（麻袋、薄膜）；防水材料；机械设备的油罐、油箱等。

【解析】

要求确定地下水池施工中的易燃易爆风险源，实际上是要找出施工过程中可能出现易燃易爆情况的材料。首先，从案例背景的图形中可以确定竹胶板和方木小梁两个关键点。其次，混凝土浇筑完成后需要进行养护，因此使用的麻袋、草袋和塑料薄膜等也属于易燃易爆物品。在钢筋施工中，气割用于切割操作，要考虑氧气和乙炔。另外，施工过程中使用的防水材料可能会引发燃烧，甚至施工设备的油箱也属于易燃易爆的风险源。

5. 配水井满水试验注水应分几次？分别列出每次充水高度。

【参考答案】

配水井满水试验注水至少应分3次进行。每次注水为设计水深的1/3。

（1）第一次充水高度：距池内底3m，即 490.6＋3＝493.6m。

（2）第二次充水高度：距池内底6m，即 493.6＋3＝496.6m。

（3）第三次充水高度：距池内底9m，即 496.6＋3＝499.6m。

【解析】

本题虽然给出了水池尺寸，但未明确属于大中型水池还是小型水池，意味着大中型和小型水池在满水试验时，注水次数相同，均为三次。此外，图中提供了标高信息，因此在列出每次注水高度时，需要包括池底以上的 3m、6m 和 9m，并计算对应的高程值 493.6m、496.6m 和 499.6m，确保回答准确。

案例 47　2015 年一建案例题五

某公司承建城市主干道的地下隧道工程，长 520m，为单箱双室箱形钢筋混凝土结构，采用明挖顺作法施工。隧道基坑深 10m，侧壁安全等级为一级，基坑支护与结构设计断面如图所示。围护桩为钻孔灌注桩，止水帷幕为双排水泥土搅拌桩，两道内支撑中间设立柱支撑，基坑侧壁与隧道侧墙的净距为 1m。

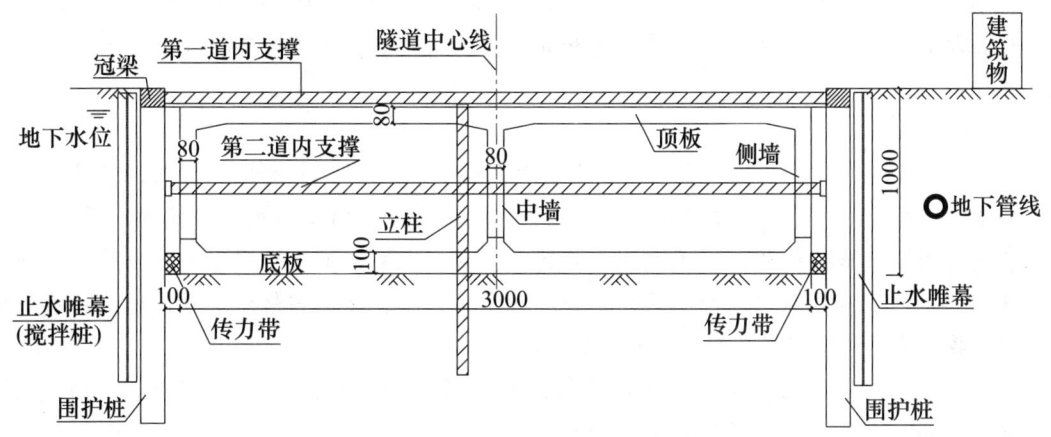

基坑支护与主体结构设计断面示意图（单位：cm）

项目部编制了专项施工方案，确定了基坑施工和主体结构施工方案，对结构施工与拆撑、换撑进行了详细安排。

施工过程中发生如下事件：

事件一：进场踏勘发现有一条横跨隧道的架空高压线无法改移，鉴于水泥土搅拌桩机设备高，距高压线距离处于危险范围，导致高压线两侧计 20m 范围内水泥土搅拌桩无法施工。项目部建议变更此范围内的止水帷幕桩设计，建设单位同意设计变更。

事件二：项目部编制专项施工方案，隧道主体结构与拆撑、换撑施工流程如下。
①底板垫层施工→②→③传力带施工→④→⑤隧道中墙施工→⑥隧道侧墙和顶板施工→⑦基坑侧壁与隧道侧墙间隙回填→⑧。

事件三：某日上午，监理人员在巡视工地时，发现以下问题，要求立即整改。

① 在开挖工作面位置，第二道支撑未安装的情况下，已开挖至基坑底部。

② 为方便挖土作业，挖掘机司机擅自拆除支撑立柱的个别水平联系梁，当日下午，项目部接到基坑监测单位关于围护结构变形超过允许值的报警。

③ 已开挖至基底的基坑侧壁局部位置出现漏水，水中夹带少量泥沙。

> **问题**

1. 本工程还有哪些专项方案需要专家论证？简述本工程专项方案应编制的内容。
2. 本工程止水帷幕桩应变更成什么形式？理由是什么。
3. 指出施工流程中缺少的②、④、⑧工序的名称。
4. 对监理在巡视过程中发现的问题，项目部应如何采取措施？
5. 项目部接到基坑报警的通知后，该如何处理？

> **参考答案**

1. 本工程还有哪些专项方案需要专家论证？简述本工程专项方案应编制的内容。

【参考答案】

（1）需要专家论证的专项方案：深基坑土方开挖、支护、降水施工方案；顶板混凝土模板支撑（支架）施工方案。

（2）专项方案应编制的内容：工程概况，编制依据，施工计划，施工工艺技术，施工安全保证措施，施工管理及作业人员配备和分工，验收要求，应急处置措施，计算书及相关施工图纸。

【解析】

本题第一小问是"本工程还有哪些专项方案需要专家论证"。根据案例背景，基坑的开挖深度为10m，存在支护结构，并且显示地下水位较高，需要进行降水处理。此外，根据图示，本工程的结构顶板厚度为80cm，混凝土自重荷载已超过15kN/m²。根据住房城乡建设部令第37号和建办质〔2018〕31号文件的规定，基坑的土方开挖、支护和降水工程，以及结构顶板混凝土支撑工程必须编制安全专项施工方案，并进行专家论证。

本题的第二小问考核的是"简述本工程专项方案应编制的内容"，属于教材原文内容，总共包括9条。后续考试中可能以案例补充题的形式出现。

2. 本工程止水帷幕桩应变更成什么形式？理由是什么。

【参考答案】

本工程止水帷幕桩应变更成"高压旋喷桩"或"咬合桩"形式。

采用高压旋喷桩理由：设备高度低，可以满足高压线下施工的安全距离。

采用咬合桩理由：本工程中高压线未对钻孔灌注桩设备造成影响，且咬合桩围护结构可以兼作止水帷幕。

【解析】

本小题应该考核的是教材中关于围护结构中的下面这段话："钻孔灌注桩围护结构经常与止水帷幕联合使用，止水帷幕一般采用深层搅拌桩。如果基坑上部受环境条件限制，也可采用高压旋喷桩止水帷幕，但要保证高压旋喷桩止水帷幕施工质量。近年来，素混凝土桩与钢筋混凝土桩间隔布置的钻孔咬合桩也有较多应用，此类结构可直接作为止水帷幕。"

高压线影响到水泥土搅拌桩，那么直接换用几乎不受高度限制的高压旋喷桩是解决问题的一种办法。当然，如果从另一个角度考虑，题干中"围护桩为钻孔灌注桩，止水帷幕为双排水泥土搅拌桩""进场踏勘发现有一条横跨隧道的架空高压线无法改移"可以得出，围护桩和止水帷幕都在被高压线影响的范围内。咬合桩即是先施工素混凝土桩,再在两根素混凝土桩之间施工钻孔灌注桩。既然在高压线下面的围护桩为钻孔灌注桩施工可以不受高压线高度的限制,那么咬合桩的施工高度当然也不会受到高压线高度的限制。这可以看作解决问题的另一个办法。

3. 指出施工流程中缺少的②、④、⑧工序的名称。
【参考答案】
②—底板施工;④—第二道支撑拆除;⑧—第一道支撑及立柱拆除。
【解析】
本题案例背景展示出来两个重要信息。第一个信息是隧道采用明挖顺作法。第二个信息是"隧道主体结构与拆撑、换撑施工流程为:①底板垫层施工→②→③传力带施工→④→⑤隧道中墙施工→⑥隧道侧墙和顶板施工→⑦基坑侧壁与隧道侧墙间隙回填→⑧"。

明挖顺作法是一种施工方法,按照自上而下的顺序进行基坑的先撑后挖施工,隧道的主体结构施工则从下到上逐步完成结构,同时适时拆除支撑。在拆除支撑时,必须按照特定顺序进行操作,首先拆除下部的第二道支撑,最后拆除第一道支撑及其支撑立柱。此外,在拆除支撑之前必须有替代品来保证基坑在支撑拆除时不会发生变形,这种替代品能够维持基坑的稳定状态,确保施工的顺利进行。

在本题的案例背景中,提到了现浇隧道的中墙施工、侧墙和顶板施工两个工序,但未提及底板施工的工序。根据逻辑推断,在中墙和侧墙之前应该存在底板施工的工序,可能是工序②或工序④之一。由于拆除支撑时需要有替代品,而第二道支撑的替代品必然是现浇隧道的底板,因此底板施工必须在拆除第二道支撑之前进行,即工序②是底板施工,工序④是第二道支撑拆除。待全部隧道结构施工完成并进行回填后,可以拆除基坑剩余的支撑,因此工序⑧是第一道支撑及立柱拆除。

4. 对监理在巡视过程中发现的问题,项目部应如何采取措施?
【参考答案】
(1)停止开挖,立即安装第二道支撑,并加强监测。
(2)立即安装被拆除的立柱水平联系梁,如有变形,进行加固。
(3)立即采取插引流管、双快水泥封堵、坑外相应位置注浆等措施,并做好坑内排水。
【解析】
对于监理巡视中发现的问题,项目部采取的相应措施并不难回答,与案例背景中发现的问题做到一一对应即可。例如,未安装支撑需要立即安装,拆除的连续梁需要立即恢复,漏水处需要及时修补。

5. 项目部接到基坑报警的通知后,该如何处理?
【参考答案】
(1)停止施工、人员撤离,并继续监测。
(2)启动应急预案,并分析(查清)原因。
(3)采取有效措施后,确认安全情况下方能继续施工。

【解析】

回答时应从安全的角度展开。报警表明存在危险，必须注重安全。此外，前一问题明显是技术方面回答的，因此本小问应从管理的角度回答，这样作答更合理。

案例48 2014年一建案例题三

背景资料

A公司承接一项DN1000mm天然气管线工程，管线全长4.5km，设计压力4.0MPa，材质L485，除穿越一条宽度为50m的不通航河道采用泥水平衡法顶管施工外，其余均采用开槽明挖施工，B公司负责该工程的监理工作。管线过河线路如图所示。

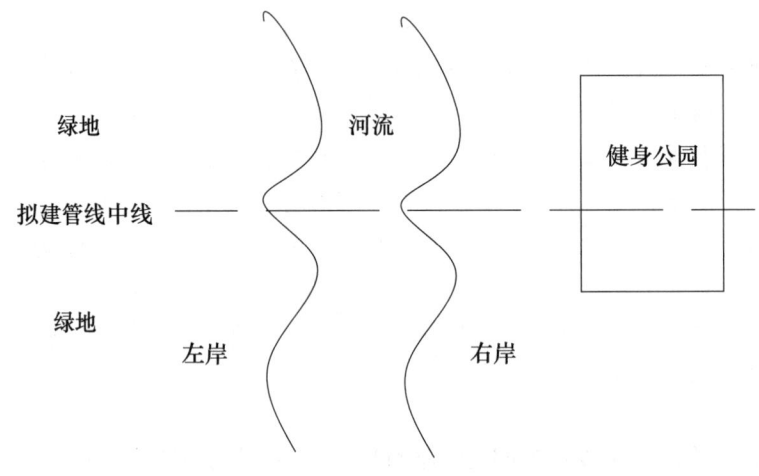

管线过河段现场平面布置图

工程开工前，A公司查看了施工现场，调查了地下设施、管线和周边环境，了解地质水文情况后，建议将顶管法施工改为水平定向钻施工，经建设单位同意后办理了变更手续，A公司编制了水平定向钻施工专项方案。建设单位组织了包含B公司总工程师在内的5名专家对专项方案进行了论证，项目部结合论证意见进行了修改，并办理了审批手续。

为顺利完成穿越施工，参建单位除研究设定钻进轨迹外，还采用专业浆液现场配制泥浆液，以便在定向钻穿越过程中起到软化硬质土层、调整钻进方向、润滑钻具的作用，为泥浆马达提供保护。

项目部按所编制的穿越施工专项方案组织施工，施工完成后在投入使用前进行了管道功能性试验。

问题

1. 简述A公司将顶管法施工变更为水平定向钻施工的理由。
2. 指出本工程专项方案论证的不合规之处并给出正确做法。

3. 试补充水平定向钻泥浆液在钻进中的作用。

4. 列出水平定向钻有别于顶管施工的主要工序。本工程定向钻在河道哪一侧作为出土点？

5. 本工程管道功能性试验如何进行？

参考答案

1. 简述 A 公司将顶管法施工变更为水平定向钻施工的理由。
【参考答案】
（1）河道宽度适合定向钻施工。
（2）现场条件（水文、地质、管线等）满足定向钻施工。
（3）管材、管径符合定向钻的施工要求。
（4）定向钻施工偏差对燃气管线影响小。
（5）水平定向钻法施工方便、速度快、安全可靠、造价相对较低。
【解析】
市政专业考试经常要求考生简述将 A 工法变更为 B 工法的理由。有时，考题中的工法可能在教材中未涉及，考生较为陌生。在这种情况下，我们可以从两个方面进行回答。

首先，应突出 B 工法的优点。考试中，工法的优点通常与质量、进度、成本和安全等方面密切相关。

其次，需要考虑将更换工法的背景条件作为理由。例如，本工程中管道的直径、材质、运行介质及现场环境（如水文、地质、地下管线和过河段长度）应与后来采纳的 B 工法相适应。

2. 指出本工程专项方案论证的不合规之处并给出正确做法。
【参考答案】
不合规之处一：建设单位组织专家论证。
正确做法：由 A 公司（施工单位）组织专家论证。
不合规之处二：B 公司总工程师以专家身份参加论证。
正确做法：与本工程有利害关系的人员（B 公司总工程师）不得以专家身份参加专家论证会。
【解析】
"两专"是市政考试中的超高频考点，考核方式分为两大类。

一类考点主要通过案例背景分析本工程中哪些分部分项工程需要编制安全专项施工方案，以及哪些专项方案需要进行专家论证。这部分考核侧重于对案例的阅读理解能力。

另一类考点主要涉及教材中关于编制专项方案和组织专家论证的规定，包括相关的程序、要求和注意事项等内容。

对于"两专"知识点，考生需要认真剖析案例背景，清楚案例背景中哪些分部分项工程需要编制安全专项施工方案，以及哪些安全专项施工方案需要组织专家论证。同时，认真理解教材中关于编制专项方案和组织专家论证的规定，确保对程序、要求和注意事项等内容有充分的理解。

3. 试补充水平定向钻泥浆液在钻进中的作用。

【参考答案】

作用：稳定孔壁（护壁），减小钻进阻力、冷却钻头、润滑管道。

【解析】

水平定向钻和钻孔灌注桩施工中，泥浆液的作用实际上是相似的。润滑、冷却、减阻、护壁等作用都是通用的。在教材中没有介绍冷却钻头这个知识点，不过可以通过生活常识来理解。例如，在装修安装空调时需要在外墙上进行打孔，而为了降低钻头的温度，我们会使用水钻，这就是冷却钻头的原理。需要特别注意的是，本题强调"补充水平定向钻泥浆液在钻进中的作用"，因此泥浆液还具有携带悬浮钻渣的作用，但这并非本小题的采分点。

4. 列出水平定向钻有别于顶管施工的主要工序。本工程定向钻在河道哪一侧作为出土点？

【参考答案】

（1）水平定向钻不同于顶管的主要工序有导向孔钻进、扩孔、清孔、管线回拖。

（2）本工程定向钻在河道绿地一侧（左侧）作为出土点。

【解析】

本题的第一个小问涉及当前教材原文内容。顶管和定向钻是完全不同的施工方式，题目要求回答定向钻与顶管施工的主要工序差异，因此答案应主要围绕定向钻的施工工序展开。例如，定向钻施工的主要工序包括设定钻进轨迹、钻导向孔、扩孔、清孔、管线回拖。这些工序是定向钻施工过程中的重要环节。然而，如果题目改为要求写出顶管与定向钻施工的主要工序差异，那么答案就需要完全围绕顶管施工工序展开。例如，顶管施工包括顶管坑开挖支护、后背墙安装、顶进设备安装（顶铁、千斤顶、导轨）、掌子面挖土、顶进等工序。这些工序是顶管施工过程中的关键步骤。

本题的第二个小问涉及现场施工部署的考点。在定向钻施工中，入土点和出土点是必要的。入土点用于进行钻进和管线回拖，只需具备有限的施工场地即可，而出土点则需要进行管道焊接、设置泥浆池和处理钻出的泥土等工序。根据题目背景，图中河道的左侧是绿地，可以作为完成上述工作的区域。

5. 本工程管道功能性试验如何进行？

【参考答案】

（1）采用清管球分段吹扫试验管道。

（2）除管道焊口外，回填土至管上方 0.5m 以后进行强度试验，试验压力不低于 1.5 倍设计压力（6MPa），介质为清洁水。

（3）严密性试验压力为设计压力（4.0MPa），介质为空气或惰性气体。

（4）定向钻段的管道，在回拖前进行强度试验，回拖后进行严密性试验。

【解析】

《城镇燃气输配工程施工及验收规范》CJJ 33—2005 已于 2023 年 9 月废止，目前城镇燃气管道施工依据《城镇燃气输配工程施工及验收标准》GB/T 51455—2023。新标准在功能性试验的严密性试验部分与原规范有一些变化，本题答案依据新标准整理。作答时需要结合案例背景，分析功能性试验的采分点。燃气管道功能性试验包括管道吹扫、强度试验和严密性试验。

根据题目背景，管道直径为 DN1000mm，因此应采用清管球进行清扫，并进行气体补吹扫。考虑到管道长度为 4.5km，吹扫过程应分段进行。吹扫完成后，需要进行强度试验。根据设计压力为 4MPa，超过 0.8MPa 的要求，应使用水压试验，同时在答案中明确体现设计压力的 1.5 倍，即 6MPa。此外，管道进行强度试验前需要预留回填接口，这也应在答案中提及。对于严密性试验，《城镇燃气输配工程施工及验收标准》GB/T 51455—2023 的要求为：中压以上的燃气管道，试验压力为设计压力，且不低于 0.1MPa。当然，在介绍严密性试验时，除了试验压力以外，也需要介绍试验条件和试验介质。

此外，本工程还涉及管道的开槽直埋施工和不开槽定向钻施工。定向钻施工段的管道功能性试验必须单独进行，这一知识点也需要在答案中明确阐述。

案例 49　2014 年一建案例题四

某市政工程公司承建城市主干道改造工程标段，合同金额为 9800 万元，工程主要内容为主线高架桥梁、匝道桥梁、挡土墙及引道，如图 1 所示。桥梁基础采用钻孔灌注桩；上部结构为预应力混凝土连续箱梁，采用满堂支架法现浇施工；边防撞护栏为钢筋混凝土结构。

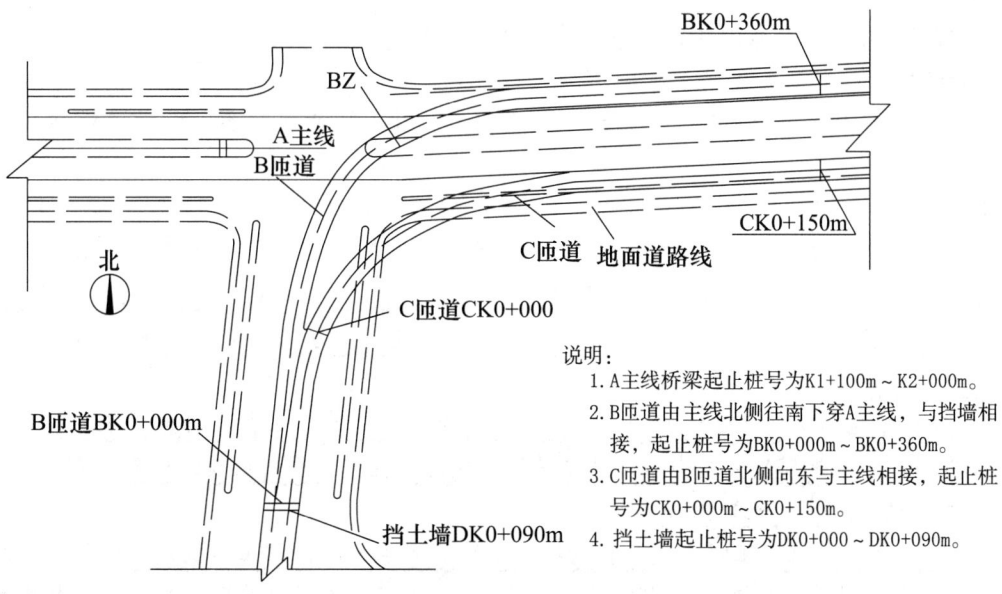

图 1　桥梁总平面布置示意图

施工期间发生如下事件：

事件一：在工程开工前，项目部会同监理工程师，根据《城市桥梁工程施工与质量验收规范》CJJ 2—2008等确定和划分了本工程的单位工程（子单位工程）、分部分项工程及检验批。

事件二：考虑到本工程桥梁施工涉及模板支架，根据相关检查标准，项目部对模板支架检查评定的保证项目包括施工方案、交底与验收等内容。

事件三：在施工安排时，项目部认为从主线与匝道交叉部位及交叉口以东主线与匝道并行部位是本工程的施工重点，主要施工内容有匝道基础及下部结构、匝道上部结构、主线基础及下部结构（含B匝道BZ墩）、主线上部结构。在施工期间需要多次组织交通导行，因此必须确定合理的施工顺序。项目部经仔细分析确认施工顺序如图2所示。

①→交通导行→②→交通导行→③→交通导行→④

图2　施工作业流程图

另外项目部配置了边防撞护栏定型组合钢模板，每次可浇筑边防撞护栏长度200m，每4天可周转一次，在上部结构基本完成后开始施工边防撞护栏，直至施工完成。

> **问题**

1. 事件一中，本工程的单位（子单位）工程有哪些？
2. 指出钻孔灌注桩验收的分项工程和检验批。
3. 本工程至少应配备几名专职安全员？说明理由。
4. 补充模板支架检查评定保证项目的其他内容。
5. 图2中①、②、③、④分别对应哪些施工内容？
6. 事件三中，边防撞护栏的连续施工至少需要多少天？（列式分步计算）

> **参 考 答 案**

1. 事件一中，本工程的单位（子单位）工程有哪些？

【参考答案】

本工程的单位（子单位）工程有A主线高架桥梁、B匝道桥梁、C匝道桥梁、道路工程。

【解析】

本题考点并非教材内容，考核的是《城市桥梁工程施工与质量验收规范》CJJ 2—2008中竣工验收的有关规定。在本规范第23.0.1条规定：开工前，施工单位应会同建设单位、监理单位将工程划分为单位、分部、分项工程和检验批，作为施工质量检查、验收的基础，并应符合下列规定：

1　建设单位招标文件确定的每一个独立合同应为一个单位工程。当合同文件包含的工程内容较多、工程规模较大或由若干独立设计组成时，宜按工程部位或工程量、每一独立设计将单位工程分成若干子单位工程。

2　单位（子单位）工程应按工程的结构部位或特点、功能、工程量划分分部工程。分部工程的规模较大或工程复杂时宜按材料种类、工艺特点、施工工法等，将分部工程划为若干子分部工程。

3 分部工程（子分部工程）中，应按主要工种、材料、施工工艺等划分分项工程。分项工程可由一个或若干检验批组成。

4 检验批应根据施工、质量控制和专业验收需要划定。

5 各分部（子分部）工程相应的分项工程宜按表 23.0.1 的规定执行。

本规范未规定时，施工单位应在开工前会同建设单位、监理单位共同研究确定。

从规范可以看出，本工程中的 A 主线高架桥，B、C 匝道桥梁以及引道的道路工程都是独立的，需要划分成单位工程，本工程也可以将匝道桥梁划分成为一个单位工程。那么 B、C 匝道桥梁就是两个子单位工程。

2. 指出钻孔灌注桩验收的分项工程和检验批。

【参考答案】

分项工程：成孔，钢筋笼制作安装，混凝土灌注。

检验批：每根桩。

【解析】

需要弄清检验批与分部分项工程的关系，检验批是分部工程、子分部工程或分项工程的一个检验批次，是一个数量值。

《城市桥梁工程施工与质量验收规范》CJJ 2—2008 对分部分项工程及检验批划分如下：

表 23.0.1 城市桥梁分部（子分部）工程与相应的分项工程、检验批对照表（部分）

序号	分部工程	子分部工程	分项工程	检验批
1	地基与基础	扩大基础	基坑开挖、地基、土方回填、现浇混凝土（模板与支架、钢筋、混凝土）、砌体	每个基坑
		沉入桩	预制桩（模板、钢筋、混凝土、预应力混凝土）、钢管桩、沉桩	每根桩
		灌注桩	机械成孔、人工挖孔、钢筋笼制作与安装、混凝土灌注	每根桩
		沉井	沉井制作（模板与支架、钢筋、混凝土、钢壳）、浮运、下沉就位、清基与填充	每节、座
		地下连续墙	成槽、钢筋骨架、水下混凝土	每个施工段
		承台	模板与支架、钢筋、混凝土	每个承台

3. 本工程至少应配备几名专职安全员？说明理由。

【参考答案】

本工程至少应配备 2 名专职安全员。

理由：本工程合同金额为 9800 万元，按规定合同价 5000 万~1 亿元的线路工程，安全员不少于 2 人。

【解析】

内容没什么难度，仔细看书的考生此处一定不会丢分。另外，在法规教材上，这个知识点也是重点。

4. 补充模板支架检查评定保证项目的其他内容。
【参考答案】
模板支架检查评定保证项目还应包括支架基础、支架构造、支架稳定、施工荷载。
【解析】
本考点内容来自《建筑施工安全检查标准》JGJ 59—2011，是建筑专业的高频考点。市政专业也与该标准有过多次交集。对于该标准中的模板支架和基坑等检查评定的保证项目应给予足够重视。

5. 图 2 中①、②、③、④分别对应哪些施工内容？
【参考答案】
① 主线基础及下部结构（含 B 匝道 BZ 墩）；
② 匝道基础及下部结构；
③ 主线上部结构；
④ 匝道上部结构。
【解析】
本题涉及施工部署问题。首先，根据施工原则，进行下部结构施工。然后再进行上部结构施工。考虑到主线属于主体，匝道属于附属，遵循先主体后附属的原则，因此第一步应施工主线基础及下部结构。那么问题来了，下一步是主线上部结构施工，还是匝道基础及下部结构施工呢？从施工作业流程图可以看出，在①即主线基础及下部结构施工完成后进行了交通导行，也就是说第二步不可能直接进行上部结构施工，因此第二步只能是匝道基础及下部结构施工。这样留下③和④均是上部结构施工，同样依据先主体后附属的原则，第三步应该是主线上部结构施工，第四步是匝道上部结构施工。

6. 事件三中，边防撞护栏的连续施工至少需要多少天？（列式分步计算）
【参考答案】
边防撞护栏的长度：（900+360+150+90）×2＝3000m
护栏施工时间：3000÷200×4＝60 天
【解析】
在题目提供的图形说明中，A 主线、B 匝道、C 匝道和 D 挡墙的起止里程桩号已经清楚地给出，因此可以简单计算出每个单位（子单位）道桥的里程长度。利用这些长度可以计算出双侧边防撞护栏的总长度。每次施工的边防撞护栏长度为 200m，因此可以将总护栏长度除以每次施工的护栏长度，得到护栏施工模板的周转次数。根据每次施工需要 4 天的条件，将最终的护栏施工次数乘以每次施工的天数，即可得到护栏总的施工时间。

这种题目属于资源周转的考题，类似于在预制梁场中计算总工期的问题，通过台座数量、预制梁总数量和每次周转时间进行计算。在这类问题中，首先需要确定台座数量、预制梁总数及每次周转所需的时间，然后可以利用这些信息进行计算，以确定总工期。

案例50　2014年一建案例题五

背景资料

某施工单位中标承建过街地下通道工程，周边地下管线较复杂，设计采用明挖顺作法施工。通道基坑总长80m，宽12m，开挖深度10m；基坑围护结构采用SMW工法桩，基坑沿深度方向设有2道支撑，其中第一道支撑为钢筋混凝土支撑，第二道支撑为 $\phi609mm\times16mm$ 钢管支撑（下图）。基坑场地地层自上而下依次为2m厚素填土、6m厚黏质粉土、10m厚砂质粉土，地下水埋深约1.5m，在基坑内布置了5口管井降水。

项目部选用坑内小挖机与坑外长臂挖机相结合的土方开挖方案，在挖土过程中发现围护结构有两处出现渗漏现象，渗漏水为清水，项目部立即采取堵漏措施予以处理。

问题

1. 给出图中A、B构（部）件名称，并分别简述其功用。

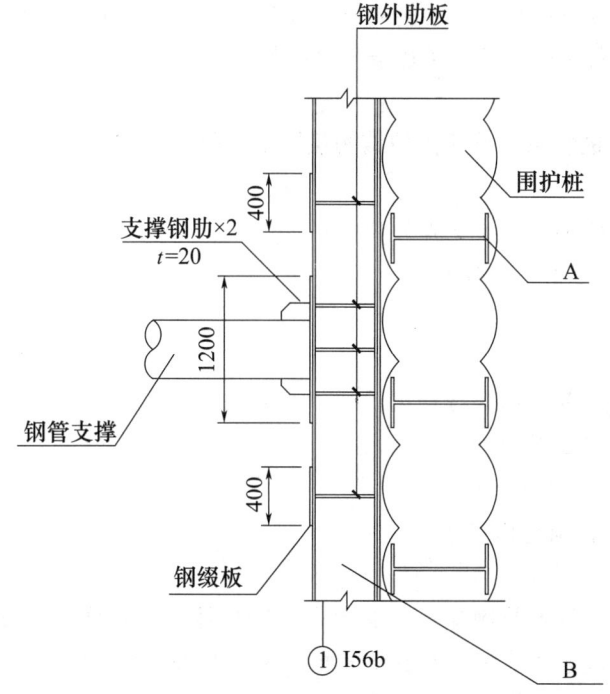

第二道支撑节点平面示意图

2. 根据两类支撑的特点，分析围护结构设置不同类型支撑的理由。
3. 本项目基坑内管井属于什么类型？起什么作用？
4. 给出项目部堵漏措施的具体步骤。
5. 列出基坑围护结构施工的大型工程机械设备。

参考答案

1. 给出图中 A、B 构（部）件名称，并分别简述其功用。

【参考答案】

A 是 H 型钢（工字钢）。功用：在围护结构（水泥土搅拌桩）中起到骨架作用，提高围护结构强度（抗剪能力）。

B 是围檩（腰梁、圈梁）。功用：整体受力（均匀受力），将挡墙的力传递给支撑。

【解析】

本题中，A 的名称在教材中写作 H 型钢，但实际施工中也可以使用工字钢。因此，在考试中如果将其写作工字钢也是可以得分的。图中的 B 位于第二道支撑，通常被称为围檩或腰梁、圈梁，但不要将其误写成冠梁，因为冠梁是指位于围护结构顶部与围护桩的竖向投影面重合的部分。

水泥土搅拌桩这类围护结构的特点是具有较大的刚度，但在基坑外侧土压力较大时，由于其抗剪切能力较差且强度较低，围护结构可能破坏并导致基坑坍塌。为了提升围护结构的抗剪切能力和强度，可以在水泥土搅拌桩的某些单元中插入 H 型钢，从而进行升级。这种升级后的型钢水泥土挡墙被称为 SMW 工法桩。

腰梁的主要功能是将围护结构连接成一个整体，使其受力均匀，避免力量集中。此外，围檩还承担将挡土墙所承受的荷载传递给支撑的作用。

2. 根据两类支撑的特点，分析围护结构设置不同类型支撑的理由。

【参考答案】

（1）第一道采用钢筋混凝土支撑的理由：

① 混凝土支撑刚度大（变形小）；

② 可承受拉应力，整体性强；

③ 施工方便。

（2）第二道采用钢管支撑的理由：

① 安装、拆除方便，速度快；

② 可周转使用（或经济性好）；

③ 可施加预应力控制墙体变形。

【解析】

钢筋混凝土支撑的特点是刚度大、变形小、可靠性强，但施工工期较长且拆除较为麻烦。在本工程中，顶部选择采用钢筋混凝土支撑的原因是基坑土质差且地下水位较高，导致基坑围护结构顶部容易发生较大变形，采用混凝土支撑可以有效控制基坑的变形。此外，顶部施工混凝土支撑的开挖深度较小，可以在 SMW 围护结构养护周期内进行施工，并且可以选择在过街地下通道顶板施工后进行拆除或保留。

钢管支撑的特点是施工速度快、装拆方便、可重复利用且可施加预应力，但其刚度较低且稳定性较差。在本工程中，选择采用钢管支撑的原因是基坑深度达到10m，并且下部土体的侧压力相对较小。为了减少暴露时间、加快工程进度并降低成本，选择了钢管支撑。此外，本工程采用的围护结构是SMW工法桩，属于柔性围护结构。当基坑开挖到第二道支撑的位置时，围护结构中间可能出现向基坑内侧变形的情况。如果仍然采用混凝土支撑，在混凝土支撑未达到强度之前，存在混凝土被挤压破碎的风险。

3. 本项目基坑内管井属于什么类型？起什么作用？
【参考答案】
（1）本项目基坑内管井属于疏干井。
（2）作用：降低基坑内水位，便于土方开挖；保证基坑坑底稳定。
【解析】
本案例中基坑采用的围护结构是SMW工法桩，这种围护结构具备止水帷幕的功能。因此，在基坑内部的管井主要有两种作用：一是作为疏干井，二是在前期减压后期进行疏干。根据案例背景所描述的地下水情况，基坑的开挖深度为10m，地下水埋深约为1.5m。另外，考虑到承压含水层只存在于少数地层，而本工程案例中并未提及施工范围内存在承压含水层，因此这里的地下水属于普通的浅层滞水。对于具备止水帷幕而无承压含水层的基坑来说，基坑内的管井起到的只是疏干井的作用，即降低基坑内水位，以便于土方开挖。

4. 给出项目部堵漏措施的具体步骤。
【参考答案】
缺陷处插引流管，管周围用双快水泥封堵，封堵水泥达到强度后关闭引流管。
【解析】
新大纲体系下，教材中弱化了基坑堵漏的具体做法，不过市政专业有过多次删除的工法在考试中出现的情况，所以本题依然保留了原教材内容的答案。围护结构渗漏是基坑施工中常见的多发事故，一般都是围护结构或止水帷幕存在缺陷。根据渗漏水的性质可分为两种情况：若渗漏水为清水，表明渗漏情况较轻，可采用引流管等方式进行处理；若渗漏水中夹带泥沙，表明渗漏较为严重，需采取基坑渗漏位置填土封堵水流，并在基坑外相应位置进行注浆加固的措施。在本案例中，背景介绍的渗漏水为清水，因此可按照剔凿插引流管的方式进行处理。

5. 列出基坑围护结构施工的大型工程机械设备。
【参考答案】
主要有SMW搅拌机（三轴搅拌机），起重机（吊车、吊机），振动锤或挖掘机，混凝土泵车、罐车，工法桩拔桩机。
【解析】
在案例背景中，给出了某一施工工法，要求考生回答在该施工过程中应使用的机械设备名称。这类问题的核心在于考核考生对该工法的了解程度。

SMW搅拌机与起重机

冠梁浇筑混凝土（泵车、罐车）

拔桩设备

本案例要求写出SMW工法桩施工过程中所使用的机械设备名称。为了理解这个工法的大致流程，请确保清楚以下步骤：首先，将土体与水泥浆液就地搅拌，然后将H型钢插入这些搅拌单元中。SMW工法桩和其他围护结构类似，需要在桩顶设置钢筋混凝土冠梁，在基坑内主体结构完成并进行回填之后，可以回收和再利用H型钢。

根据SMW工法桩施工步骤，相应的施工机械设备如下：首先，在成桩环节需要使用SMW搅拌机（三轴搅拌机），进行型钢吊装时需要使用起重机（吊车、吊机）配合，压入（插入）型钢需要使用挖掘机或振动锤进行施工，冠梁浇筑混凝土时需要使用混凝土泵车和罐车进行施工，而在基坑回填后，需要使用拔桩机将SMW工法桩中的型钢拔出并回收。

另外，本题明确提到"大型工程机械设备"，暗示了小型机械设备如钢筋切断机、钢筋弯钩机、振捣棒、振捣器等不需要列举。

案例 51　2013 年一建案例题四

某公司中标修建城市新建主干道，全长 2.5km，双向四车道，其结构从下至上为 20cm 厚石灰稳定碎石底基层，38cm 厚水泥稳定碎石基层，8cm 厚粗粒式沥青混合料底面层，6cm 厚中粒式沥青混合料中面层，4cm 厚细粒式沥青混合料表面层。

项目部编制的施工机械计划表列有挖掘机、铲运机、压路机、洒水车、平地机、自卸汽车。

施工方案中：石灰稳定碎石底基层直线段由中间向两边、曲线段由外侧向内侧的方式进行碾压，沥青混合料摊铺时应对温度随时检查，用轮胎压路机初压，碾压速度控制在 1.5~2.0km/h。

施工现场设立了公示牌，内容包括工程概况牌、安全生产文明施工牌、安全纪律牌。

项目部将 20cm 厚石灰稳定碎石底基层、38cm 厚水泥稳定碎石基层、8cm 厚粗粒式沥青混合料底面层、6cm 厚中粒式沥青混合料中面层、4cm 厚细粒式沥青混合料表面层等五个施工过程分别用Ⅰ、Ⅱ、Ⅲ、Ⅳ、Ⅴ表示，并将Ⅰ、Ⅱ两项划分成四个施工段①、②、③、④。

Ⅰ、Ⅱ两项在各施工段上持续时间见表 1，而Ⅲ、Ⅳ、Ⅴ不分施工段连续施工，持续时间均为一周。

项目部按各施工段持续时间连续、均衡作业，不平行、搭接施工的原则安排了施工进度计划（表型见表 2）。

表 1　各施工段的持续时间

施工过程	持续时间（单位：周）			
	①	②	③	④
Ⅰ	4	5	3	4
Ⅱ	3	4	2	3

表 2　施工进度计划

施工过程	施工进度（单位：周）																					
	1	2	3	4	5	6	7	8	9	10	11	12	13	14	15	16	17	18	19	20	21	22
Ⅰ	①				②																	
Ⅱ								①														
Ⅲ																						
Ⅳ																						
Ⅴ																						

> 问题

1. 补充施工机械计划表中缺少的主要机械。
2. 请给出正确的底基层碾压方法和沥青混合料初压设备。
3. 沥青混合料碾压温度是依据什么因素确定的？
4. 除背景内容外，现场还应设立哪些公示牌？
5. 请按背景中要求和表2形式，用横道图表示，画出完整的施工进度计划表（画在答题纸上），并计算工期。

> 参考答案

1. 补充施工机械计划表中缺少的主要机械。
【参考答案】
还缺少沥青摊铺机、推土机、装载机、小型夯压机、沥青洒布车、嵌丁料洒布车、切缝机等。

【解析】
本题是一道案例补充题，考核的是现场施工常识，借助施工机械这个标的进行展开。市政工程中的每个专业都会使用不同的机械设备，考生应能大致回答各专业所采用的机械。

本题的难度在于背景资料已提供了挖掘机、铲运机、压路机、洒水车、平地机、自卸汽车等六种机械。在此基础上进行补充，考生可能面临现场知识匮乏的困难。然而，结合案例背景的沥青混凝土路面，很容易联想到摊铺机、嵌丁料洒布机和沥青乳液洒布车等。由于道路涉及土石方，可以考虑使用推土机和装载机等设备。此外，在大型压路机无法碾压到位的地方，小型夯压机也是一个有用的选择。

2. 请给出正确的底基层碾压方法和沥青混合料初压设备。
【参考答案】
（1）底基层碾压方法：直线段应由两边向中间碾压，设超高的曲线段由曲线的内侧向外侧碾压。
（2）沥青混合料初压应采用钢筒（钢轮）式压路机，关闭振动的振动压路机。

【解析】
题目的第一小问是改错题，难度系数较低。第二小问要求列出沥青混凝土的初压设备，这是一个常见的考点。在初期沥青摊铺后，由于沥青温度较高且较软，使用轮胎压路机可能在路面上留下轮迹，因此不适合使用轮胎压路机作为初压设备。振动压路机可以用于初压，但需要关闭振动功能，这样可以确保初期沥青摊铺的均匀性和光滑度。

3. 沥青混合料碾压温度是依据什么因素确定的？
【参考答案】
碾压温度应根据沥青和热拌沥青混合料种类、压路机、气温、层厚等因素经试压确定。

第一部分 52道经典一建案例题（2013—2024年）

【解析】

沥青混凝土施工具有一定的特殊性，需要在高温状态下进行。因此，确定沥青混凝土的最低摊铺温度和碾压温度是一个重要的考点。这两者有一些相似之处，但也存在区别。沥青混凝土的最低摊铺温度需要考虑多个因素，包括铺筑层厚度、气温、沥青混合料种类、风速，以及下卧层表面温度等。应根据规范要求执行。

4. 除背景内容外，现场还应设立哪些公示牌？

【参考答案】

现场还应设立的公示牌有管理人员名单及监督电话牌、消防保卫（防火责任）牌、安全生产牌、施工现场总平面图。

【解析】

"五牌一图"是常见考点，但在各专业实务教材中，关于"五牌一图"的内容经常有变化。本题背景中提到了工程概况牌、文明施工牌和安全纪律牌，只需根据当前教材内容，补充题目背景中未涉及的标牌进行回答即可。最新教材"五牌一图"的内容是：工程概况牌、管理人员名单及监督电话牌、消防保卫（防火责任）牌、安全生产牌、文明施工牌和施工现场总平面图。

5. 请按背景中要求和表2形式，用横道图表示，画出完整的施工进度计划表（画在答题纸上），并计算工期。

【参考答案】

完整的施工进度计划表见下表。

施工进度计划表

施工过程	施工进度（单位：周）																					
	1	2	3	4	5	6	7	8	9	10	11	12	13	14	15	16	17	18	19	20	21	22
Ⅰ	——①				——②					——③			——④									
Ⅱ								——①			——②				——③			——④				
Ⅲ																				—		
Ⅳ																					—	
Ⅴ																						—

工期：$T = 7+12+1+1+1 = 22$ 周。

【解析】

本题考核的是横道图，表2已经绘制了部分工作内容，旨在降低考试难度。考生只需按照背景中提供的各工序的持续时间来补充绘制剩余的工作内容即可。

有些考生可能考虑到道路基层厚度为38cm，认为应该按照两层施工，并在两层之间进行一周的养护，导致绘制的网络图中施工时间超过22周。然而，需要注意的是，基层的施工时间并非全部是摊铺、碾压时间。实际上，水泥稳定碎石基层材料自搅拌到摊铺完成的时间不应超过 3h，并且需要在水泥初凝前进行碾压成型，因此无法摊铺碾压几周的时间。换言之，案例背景中每一段基层施工的时间主要是养护时间，所以不需要考虑单独增加养护时间。考生只需按照背景中提供的每个工序的持续时间来绘制剩余的工作内容即可。

案例 52　2013 年一建案例题五

背景资料

A 公司为某水厂改扩建工程总承包单位，工程包括新建滤池、沉淀池、清水池、进水管道及相应的设备安装，其中设备安装经招标后由 B 公司实施，施工期间，水厂要保持正常运营。新建清水池为地下式构筑物，池体平面尺寸为 128m×30m，高度为 7.5m，纵向设两道变形缝。其横断面及变形缝构造如图 1 和图 2 所示。鉴于清水池为薄壁结构且有顶板，方案确定沿水池高度方向上分三次浇筑混凝土，并合理划分清水池的施工段。

A 公司项目部进场后将临时设施中生产设施搭设在施工的构筑物附近，其余临时设施搭设在原厂区构筑物之间的空地上，并与水厂签订施工现场管理协议。B 公司进场后，A 公司项目部安排 B 公司将临时设施搭设在厂区内的滤料堆场附近。

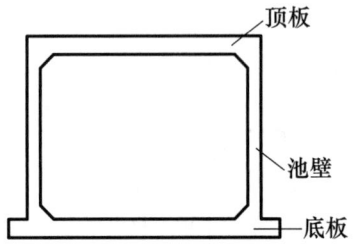
图 1　清水池横断面示意图

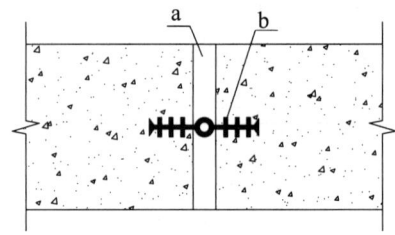
图 2　变形缝构造示意图

问题

1. 分析本案例中施工环境的主要特点。
2. 清水池高度方向施工需设置几道施工缝，应分别在什么部位？
3. 指出图 2 中 a、b 材料的名称。
4. 简述清水池划分施工段的主要依据和施工顺序，清水池混凝土应分几次浇筑？
5. 列出本工程其余临时设施种类，指出现场管理协议的责任主体。

参考答案

1. 分析本案例中施工环境的主要特点。

【参考答案】

本工程施工环境特点：土建与安装多专业交叉施工（综合施工），施工用地紧张，与原厂区运营相互干扰，深基坑较深。

【解析】

背景资料中提到了施工期间要保持水厂的正常运营，以及新建清水池是一个地下式构筑物，高度为7.5m。这些信息足以表明本工程的施工用地有限，且与水厂的运营作业存在相互干扰的风险。此外，由于新建清水池是地下结构且高度为7.5m，可以判断这是一个深基坑作业。这类题目旨在考核学生将教材中学到的相关知识点应用于实际工程情境的能力。

2. 清水池高度方向施工需设置几道施工缝，应分别在什么部位？

【参考答案】

（1）清水池高度方向施工需设置两道施工缝。

（2）应分别设在：清水池底板腋角（倒角）上面不小于200mm处；清水池顶板腋角（倒角）下部。

【解析】

本题要求考生回答图形中设置施工缝的数量和具体位置。案例背景明确提出了沿水池高度方向上分三次浇筑混凝土，即底板部分、侧墙部分和顶板部分。因此，可以得出高度方向上需要设置两道施工缝。清水池施工缝留置的位置依据《给水排水构筑物工程施工及验收规范》GB 50141—2008的相关规定。

3. 指出图2中a、b材料的名称。

【参考答案】

a为密封材料（填充料、止水条+密封膏）；b为中埋式橡胶止水带。

【解析】

本题是要求回答图形中具体部位名称的题目。从这一年开始，市政实务的考试题型已经从传统的文字叙述转变为图文并存的形式。在之后的多年里，这种题目几乎成为必考题型。

4. 简述清水池划分施工段的主要依据和施工顺序，清水池混凝土应分几次浇筑？

【参考答案】

（1）划分施工段的主要依据：变形缝和施工缝；施工场地和人、材、机；设计图纸。

（2）清水池施工顺序：先施工两侧的池体，后施工中间的池体（或先中间池体，后两次池体）。

（3）该清水池混凝土应分9次浇筑。

【解析】

地下大型水池划分施工段的依据有多种，但本题已明确提到纵向设置两道变形缝和高度方向设置两道施工缝。因此，变形缝和施工缝是划分施工段的主要依据。然而，在考试中，如果无法在短时间内做出准确判断，除了回答变形缝和施工缝之外，还可以提及图纸、场地、人、材、机等因素。这样可以更全面地考虑相关因素。

本题的第二小问考核方向令人困惑，要求对清水池施工顺序进行简述。施工顺序是指先后进行的工作步骤，因此许多考生按照以下方向进行回答：放线、开挖、垫层、底板、侧墙、顶板、外防水和回填。有些考生甚至将工序更加详细化，例如，提及底板的钢筋、模板和混凝土浇筑等。如果这种回答是考核方向，那么如何设置评分标准呢？实际上，结合案例背景和问题，可以得出另一个方向。案例中明确提到了纵向的两道变形缝，这意味着水池的施工可以分为三个部分。命题人是否在考核这三个部分的施工顺序呢？如果按照这个方向来回答，无非是先施工两侧部分，再施工中间部分，或者先施工中间部分，然后施工两侧部分。由于两侧施工条件相似，可以同时进行施工，而中间部分可以先施工或者后施工。这样既可以有效利用场地，又可以实现连续作业，提高施工速度。因此，按照这个方向进行回答是比较合理的。

从背景资料中"纵向设两道变形缝"和"沿水池高度方向上分三次浇筑混凝土"可知，底板、侧墙和顶板均应分三次浇筑，如下图所示。

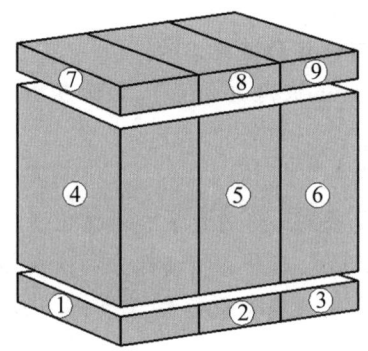

水池混凝土分次浇筑示意图

5. 列出本工程其余临时设施种类，指出现场管理协议的责任主体。
【参考答案】
（1）本工程其余临时设施种类：①办公设施；②生活设施；③辅助设施。
（2）现场管理协议的责任主体为 A 公司和水厂。
【解析】
本题的第一小问考核教材中的原文内容。作答确保清晰理解题目要求，并列出所需设施，而不需要详细回答每个设施的具体内容。

签订现场管理协议的目的是明确双方的责任并保障双方的利益。因此，可以得出结论，现场管理协议的责任主体一定是双方，即 A 公司和水厂。

第二部分

53道经典案例模拟题

案例53 模拟题一

甲公司承建某山城道路工程,该工程 K2+350m~K2+620m 一段道路处于半山坡位置,上坡陡峭,设计采用道路一侧为挡土墙支护形式(下图)。为保证挡土墙后的积水可以有效排除,在挡土墙上设置了PVC管道的泄水孔,且在挡土墙与土体之间砌筑片石,作为反滤层。另外,在挡土墙后背的根部和顶部位置设置了黏土隔水层。

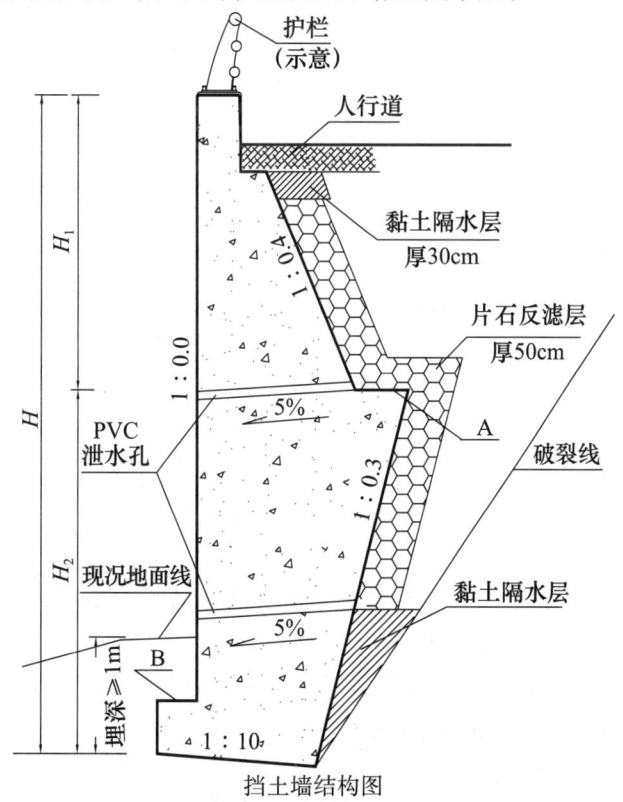

挡土墙结构图

施工前,发现相邻标段同规格型号的挡土墙施工后出现了倾斜超标(向远离填土一侧),经调查是主动土压力较大所致。设计经计算后,对挡土墙结构设计参数进行了调整,以保证该标段挡土墙的稳定。

为防止泄水孔被混凝土挤压变形,对泄水孔的 PVC 管道采取了保护措施。

开工前,项目部与现场监理根据《城镇道路工程施工与质量验收规范》CJJ 1—2008 确定了本工程的分部、分项工程和检验批,作为施工质量检查、验收的基础。

> 问题

1. 本工程设计的挡土墙是哪一种形式?简述这种挡土墙的特点。
2. 指出图中 A、B 的名称,简述其在挡土墙中的作用。
3. 图中上下黏土隔水层的作用是什么?
4. 为了克服挡土墙的倾斜,设计如何调整参数?在浇筑混凝土过程中,应对泄水孔的 PVC 管道采取哪些保护措施?
5. 依据《城镇道路工程施工与质量验收规范》CJJ 1—2008,指出本工程挡土墙的分项工程有哪些。

> 参 考 答 案

1. 本工程设计的挡土墙是哪一种形式?简述这种挡土墙的特点。
【参考答案】
(1)本工程的挡土墙为衡重式挡土墙。
(2)该挡土墙的特点:上墙利用衡重台上填土的下压作用和全墙重心的后移增加墙身稳定;墙胸坡陡,下墙倾斜,可降低墙高,减少基础开挖。
【解析】
目前,依据图形考核相关施工常识的题目已成为一建市政专业考试的主流方式。大多数考题中的图形都相当直观,对有施工经验的考生来说,在识图环节不会有任何问题。本案例中的图形来源于教材,第一小问的考点也可以在教材中找到原文。随着考试的发展,命题人有可能直接选取教材中的图形进行考核。

衡重式挡土墙是重力式挡土墙的优化,是一种被广泛推广的挡土墙形式。它通过改变结构形式来改变受力方式,从而节省了材料。然而,相比重力式挡土墙,衡重式挡土墙的施工过程更为复杂。因此,在实际施工中,必须根据现场条件和挡土墙的构造选择最适合的施工方式。

2. 指出图中 A、B 的名称,简述其在挡土墙中的作用。
【参考答案】
A 为衡重台。作用是通过在衡重台上填土,使墙身的重心后移,增加了挡土墙的稳定性,同时起到美观和节约成本的作用。
B 为墙趾板。作用是增加抗倾覆力臂(或力矩),提高挡土墙底部的稳定性和抗倾倒能力,扩大墙体支撑面积,从而减小地基应力。

【解析】

衡重台、墙趾板和墙踵板等在教材中都有相应的图形介绍。这些构件主要用于确保现浇挡土墙的稳定性。墙趾板和墙踵板的作用类似人的脚趾和脚跟，它们提供了墙体的支撑和稳固。联想到这一点，就可以轻松得出相应的答案。

3. 图中上下黏土隔水层的作用是什么？

【参考答案】

上部黏土隔水层的作用是对片石反滤层与基层起隔离作用，防止地表水顺基层直接进入片石反滤层中，造成片石反滤层被泥土灌缝而造成过滤不畅通。

下部黏土隔水层的作用是保证挡土墙后面的积水全部从泄水孔排出，避免水渗入挡土墙基础位置。

【解析】

目前，此类题目已成为市政专业考试的主流方式。常见的做法是在问题中绘制简易图形，并要求考生写出各部位的名称和具体作用。在本题中，挡土墙后方上下设置了黏土隔水层，但其目的是不同的。

上部道路基层下面的黏土隔水层的主要目的是将基层与挡土墙后方的片石反滤层隔离开。由于基层多为粒料类材料，若直接摊铺在片石上，细料和胶凝性材料（如石灰、粉煤灰、水泥等）可能填充片石缝隙，导致反滤层无法过滤水分，使墙后土体中的水无法及时排除，造成主动土压力加大。此外，设置黏土隔水层还能有效防止路面水直接进入挡土墙背后，避免路面因透水而发生塌陷。

而挡土墙最下部的黏土隔水层的作用是防止已进入墙体后方土体的水渗透至挡土墙基础中，尽可能通过泄水孔排除墙后土体中的积水。

4. 为了克服挡土墙的倾斜，设计如何调整参数？在浇筑混凝土过程中，应对泄水孔的PVC管道采取哪些保护措施？

【参考答案】

（1）将墙底坡度加大，下墙倾角加大，底板下设置凸榫，墙趾板增加长度，墙体厚度增加等措施。

（2）可以在浇筑混凝土时，将PVC管道用棉丝填满，或将管道灌水并在两侧进行密封等措施。

【解析】

相邻标段挡土墙倾斜超标的原因是主动土压力过大，即填土对墙体的推力过大。为了避免这种情况发生，应尽量提升拟建墙体的被动土压力，利用被动土压力平衡主动土压力。

针对墙体的特点，可以采取以下措施：增加底板凸榫、加大底板坡度、增加下墙倾角、加厚墙身、延长墙趾板等。这些措施的目的是使墙体朝填土方向倾斜，从而增加被动土压力以抵抗主动土压，如图所示。

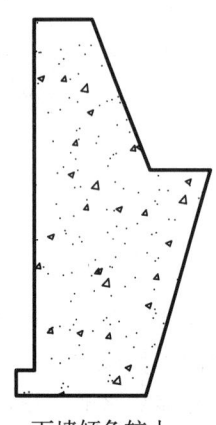

下墙倾角较小　　　　下墙倾角较大

5. 依据《城镇道路工程施工与质量验收规范》CJJ 1—2008，指出本工程挡土墙的分项工程有哪些。

【参考答案】

本工程挡土墙分项工程有：地基，基础，墙（钢筋、模板、混凝土），滤层，泄水孔，回填土，栏杆。

【解析】

这类题目一、二建市政专业曾经考核过多次，而且教材均未将规范中对应知识点收录进来，所以要尽量熟悉市政专业经常考核的《城镇道路工程施工与质量验收规范》CJJ 1—2008、《城市桥梁工程施工与质量验收规范》CJJ 2—2008、《给水排水管道工程施工及验收规范》GB 50268—2008、《给水排水构筑物工程施工及验收规范》GB 50141—2008 中对应分部、分项工程和检验批划分表格。

本题目中，在图形上可以看到有栏杆、反滤层、泄水孔、回填土和墙体本身，考试中即便不能完全写出规范内容，但还是可以从图形上得到这些内容。

分部工程	子分部工程	分项工程	检验批
挡土墙	现浇钢筋混凝土挡土墙	地基	每道挡土墙地基或分段
		基础	每道挡土墙基础或分段
		墙（模板、钢筋、混凝土）	每道墙体或分段
		滤层、泄水孔	每道墙体或分段
		回填土	每道墙体或分段
		帽石	每道墙体或分段
		栏杆	每道墙体或分段
	装配式钢筋混凝土挡土墙	挡土墙板预制	每道墙体或分段
		地基	每道挡土墙地基或分段
		基础（模板、钢筋、混凝土）	每道基础或分段

续表

分部工程	子分部工程	分项工程	检验批
挡土墙	装配式钢筋混凝土挡土墙	墙板安装(含焊接)	每道墙体或分段
		滤层、泄水孔	每道墙体或分段
		回填土	每道墙体或分段
		帽石	每道墙体或分段
		栏杆	每道墙体或分段
	砌筑挡土墙	地基	每道墙体地基或分段
		基础(砌筑、混凝土)	每道基础或分段
		墙体砌筑	每道墙体或分段
		滤层、泄水孔	每道墙体或分段
		回填土	每道墙体或分段
		帽石	每道墙体或分段
	加筋土挡土墙	地基	每道挡土墙地基或分段
		基础(模板、钢筋、混凝土)	每道基础或分段
		加筋挡土墙砌块与筋带安装	每道墙体或分段
		滤层、泄水孔	每道墙体或分段
		回填土	每道墙体或分段
		帽石	每道墙体或分段
		栏杆	每道墙体或分段

案例54 模拟题二

背景资料

某施工单位承建了北方市政道路施工项目,部分道路需要穿越农田,工期为2017年4月至11月底。因建设单位占地赔偿未与村民达成一致,造成穿越农田段(K1+900m~K2+450m)位置迟迟无法开工。项目部调整了施工部署,将无法施工段暂时搁置,先行施工不受农田影响的路段。

后来经过协商,建设单位与村民就赔偿问题达成一致,受农田影响的施工段具备施工条件时已经到了9月底。项目部现场调查发现,在拟建道路K2+180m处,有一条用于灌溉农田的明渠与拟建道路垂直交叉,沟渠底高程与设计道路路面高程冲突,沟渠为灌溉的主干渠,不能进行改移,施工单位根据以往经验,向建设单位提出在此位置采用倒虹吸管涵形式解决。

建设单位采纳施工单位意见，由设计单位给出如下竖井式倒虹吸管涵图。

因以上各种客观因素，道路施工接近冬季，为了保证施工质量，施工单位采取措施，加快施工进度，以避开冬季施工。因本工程主路范围内除虹吸管以外无其他管线，项目部在倒虹吸管涵闭水试验合格后，加大回填土的层厚，采用超大型振动压路机进行路基土的夯实。

11月中旬，沥青混凝土路面摊铺完成。农田灌溉水采用了本工程施工的倒虹吸管涵。

次年4月，倒虹吸管涵位置路面发生了明显的沉陷。

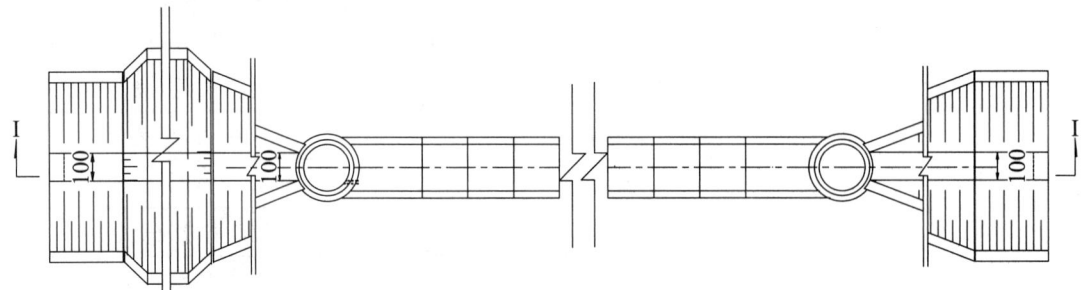

钢筋混凝土倒虹吸平面布置图

说明：
1. 本图尺寸除高程以m计外，其余均以cm计；比例除注明外均为1∶100。
2. 倒虹吸按每4~6m设置一道沉降缝。
3. 涵底纵坡均为平坡。

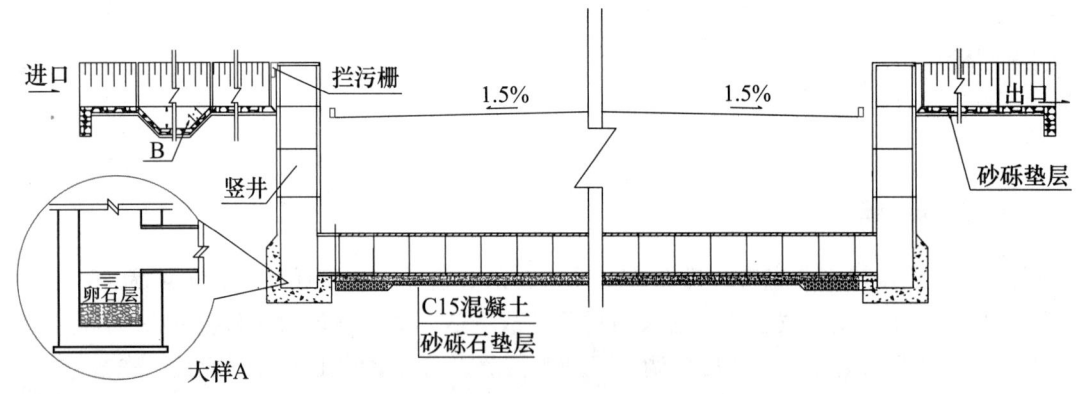

Ⅰ—Ⅰ剖面示意图

说明：
1. 本图尺寸除高程以m计外，其余均以cm计；比例除注明外均为1∶100。
2. 倒虹吸按每4~6m设置一道沉降缝。
3. 涵底纵坡均为平坡。

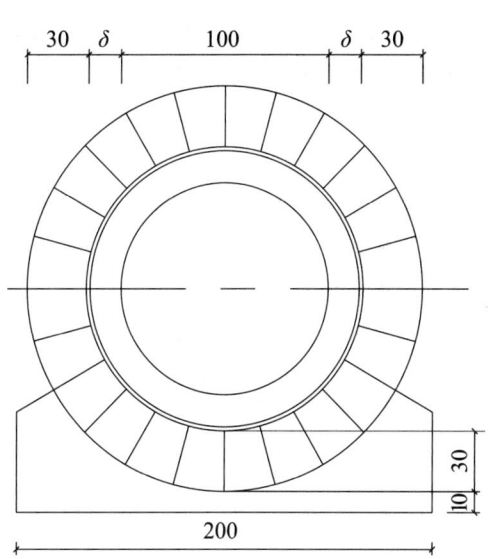

圆管涵柔性接口横断面（单位：cm）

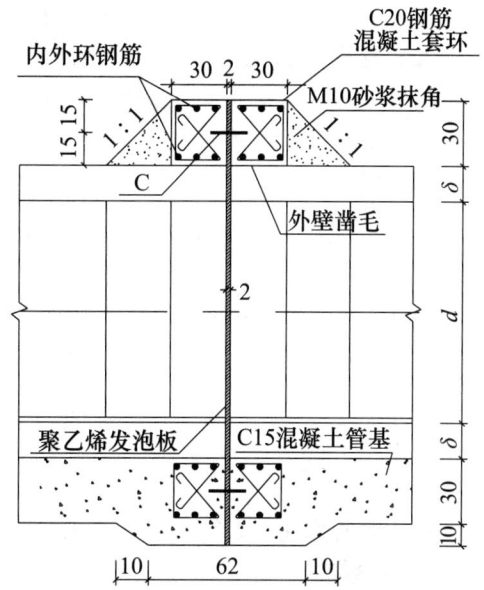

圆管涵柔性接口纵断面（单位：cm）

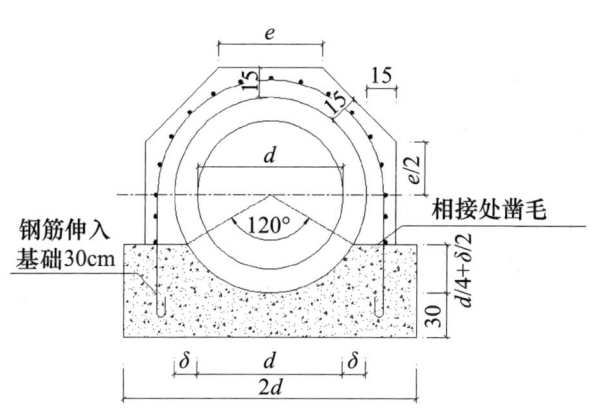

圆管涵刚性接口横断面（单位：cm）

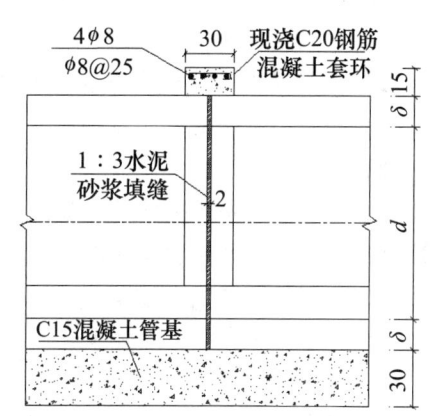

圆管涵刚接口纵断面（单位：cm）

问题

1. 简述图中 A、B 的作用。
2. C 的名称是什么？简述其施工要求。
3. 虹吸管涵接口的柔性接口构造和刚性接口构造各用在哪些位置？
4. 简述混凝土管刚性接口施工要求。
5. 分析虹吸管位置道路下沉的原因。

参考答案

1. 简述图中 A、B 的作用。

【参考答案】

（1）图中 A 为沉沙井（留泥井）。

作用：沉淀水体中泥沙；水流缓冲、消能作用；管涵使用间歇期作为抽水排空井。

（2）图中 B 为沉淀池。

作用：对进入竖井前水体中的大颗粒、茅草、树叶等杂质进行阻隔、沉淀，延缓沟渠中即将流入竖井水的流速。

【解析】

卧泥井、沉沙井、沉淀池和倒虹吸管涵中的留泥井的基本原理一样，均是利用流体力学中的沉淀原理。当水流经过这些设施时，由于流速减慢，泥沙和淤泥会因重力而沉降下来，实现分离。留泥井和沉淀池的设计通常考虑了流速的减小和流动方向的改变，以增加沉降效果。

竖井位置的留泥井除了沉淀作用，还可以利用竖井高度差来消除水流动能。当需要排空管道时，可以通过在留泥井中安装排水设施将留泥井和管道中的水排空，以便进行管道维护和清理工作。

2. C 的名称是什么？简述其施工要求。

【参考答案】

C 是橡胶止水带。

施工要求：

（1）安装前材料检验合格。

（2）安装居中、对称、平展、牢固，不得在止水带上穿孔，接头采用热接。

（3）浇筑混凝土时，不得冲撞止水带，保证止水带与混凝土结合良好。

【解析】

橡胶止水带的安装是常见的施工知识。平时应该多做这类题目，关键在于组织语言，用简洁的语言从多个方面和角度进行描述。例如，本题要求回答施工要求，可以从以下几个方面进行回答：材料检查，安装过程中的"平、稳、直、顺、牢"要求，固定方法，混凝土施工要求，橡胶止水带接头要求等。

3. 虹吸管涵接口的柔性接口构造和刚性接口构造各用在哪些位置？

【参考答案】

柔性接口设置在管涵的沉降缝位置，刚性接口设置在一般的管道接口位置。

【解析】

本题只要知道柔性接口和刚性接口的特性即可得出相应的答案。柔性接口，顾名思义，就是管口可以存在一定的错位（但不能漏水），而刚性接口是相邻管道之间在接口位置不能有错位。而因本工程为钢筋混凝土管道，所以只有在沉降缝的位置才可以设置这种柔性接口形式。正常的接口位置均应采用刚性接口形式。

4. 简述混凝土管刚性接口施工要求。

【参考答案】

（1）管道接口间隙均匀，管口外壁凿毛符合要求。

（2）钢筋安装位置正确。

(3) 混凝土（砂浆）强度等级符合设计要求且坍落度满足使用要求。
(4) 接口砂浆应密实、饱满。
(5) 抹带表面应平整，无间断、裂缝、空鼓等现象，宽度和厚度应符合设计要求。

【解析】

本题属于施工常识。当前密封橡胶圈柔性接口的管道使用较多，而刚性接口形式已经很少使用了。不过，作为管道接口的一种方式，备考时还是应做适当的拓展，以应对考试。

这类型的题目可以按照以下方式作答：材料要求（混凝土强度、坍落度）；浇筑要求（饱满、密实、平整）；几何尺寸合格（宽度、厚度）；成品无质量通病（间断、裂缝、空鼓）。

5. 分析虹吸管位置道路下沉的原因。

【参考答案】

因抢工，在回填土时，管涵接口混凝土强度不足，压路机振动导致其破坏，使灌溉水流出，引发土体冻胀，进而损坏道路结构层。冰冻消除后，路面下沉。

【解析】

这类题目是传统考核方式中常见的一种。通常以一个工程发生质量事故的形式出现，要求分析事故发生的原因、预防办法或处理措施。在这类题目中，核心在于进行原因分析时需要紧密结合案例背景，准确找出与质量事故相关的内容，以便分析事故的主要原因。质量事故的预防办法与原因分析往往是一一对应的关系，也可以说质量事故预防办法是原因分析的一种变形考核方式。

案例 55　模拟题三

某公司承建一快速路工程，道路中央隔离带宽 2.5m，采用 A 路缘石，路缘石外露 0.15m，要求在通车前栽植树木，主路边采用 B 路缘石，下图为道路工程 K2+350m 断面图，两侧排水沟为钢筋混凝土预制 U 形槽，U 形槽内部净高 1m，现场安装。护坡采用六角护坡砖砌筑。

▶问题

1. 列式计算道路桩号 K2+350m 位置边沟内底设计高程。（主路及 B、C 部位坡度均为 1.5%，保留两位小数）
2. 本工程中道路附属构筑物中的分项工程有哪些？
3. 图中 C 的名称是什么？在道路中设置 C 的作用是什么？C 属于哪一个分部工程中的分项工程？
4. 本工程 A、B 为哪一种路缘石，根据这两种路缘石的特点，说明本工程为什么采用这两种路缘石。
5. 简述两侧排水 U 形槽施工工序。

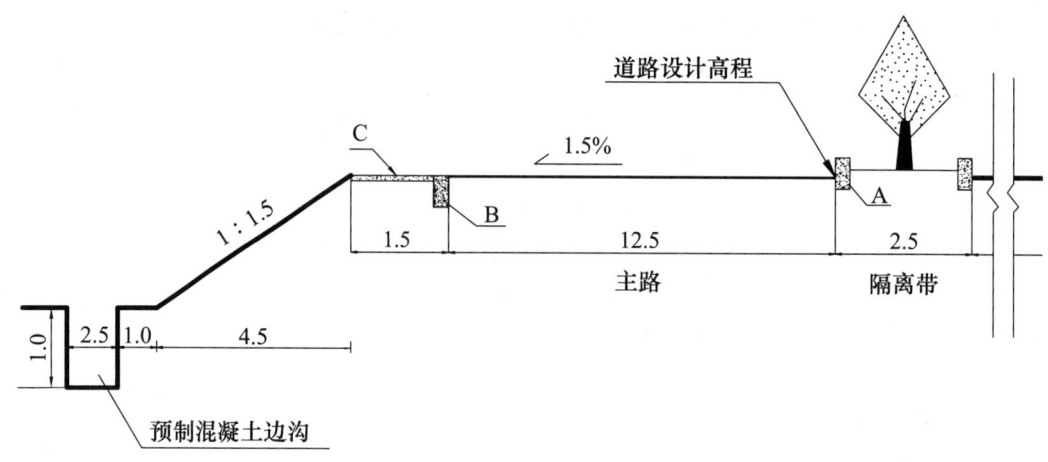

道路 K2+350m 断面图

说明：
1. 道路 K2+350m 位置路面设计高程为 70.87m。
2. 本图中单位为 m。

【参考答案】

1. 列式计算道路桩号 K2+350m 位置边沟内底设计高程。（主路及 B、C 部位坡度均为 1.5%，保留两位小数）

【参考答案】

70.87－（12.5+1.5）×1.5%－4.5÷1.5－1＝66.66m

【解析】

根据题目要求，需要计算边沟内底的设计高程。在案例背景中已提供了道路的设计高程，我们需要根据道路的设计高程、横坡、边坡，以及对应的宽度来计算相应的高差，最后减去边沟的深度。

在图中，道路的设计高程为 70.87m，横坡坡度为 1.5%，道路宽度加 B、C 的宽度为 12.5+1.5＝14m。那么道路边坡的上坡脚高程为 70.87－14×1.5%＝70.66m。

道路边坡的坡度为 1∶1.5，并且从上坡脚到下坡脚的水平距离为 4.5m。因此，下坡脚的设计高程为 70.66－4.5÷1.5＝67.66m。

根据设计，边沟的深度为 1m。因此，边沟内底的设计高程为 67.66－1＝66.66m。

2. 本工程中道路附属构筑物中的分项工程有哪些？

【参考答案】

附属构筑物中的分项工程有路缘石、排水沟、护坡。

【解析】

道路常识是当前经常考核的考点之一，其中包括《城镇道路工程施工与质量验收规范》CJJ 1—2008 中的道路分部分项检验批划分表格。尽管教材尚未收录这类表格，但在实际施工中，分部分项工程的划分非常重要，很可能还会继续考核。因此，在备考过程中，建议尽量熟悉道路、桥梁和给排水管线等方面的分部分项检验批划分表格，以增加备考的全面性。

分部工程	子分部工程	分项工程	检验批
附属构筑物	—	路缘石	每条路或路段
		雨水支管与雨水口	每条路或路段
		排（截）水沟	每条路或路段
		倒虹管及涵洞	每座结构
		护坡	每条路或路段
		隔离墩	每条路或路段
		隔离栅	每条路或路段
		护栏	每条路或路段
		声屏障（砌体、金属）	每处声屏障墙
		防眩板	每条路或路段

此外，即使不熟悉规范的具体规定，也可以通过分析案例背景来得出答案。在案例背景中提到了 A、B 路缘石，边沟，护坡，以及图中的 C。由于后面的问题涉及"C 属于哪一个分部工程中的分项工程"，因此 C 不可能是道路的附属构筑物。综上所述，可以将剩下的三项作为本小问的参考答案。

3. 图中 C 的名称是什么？在道路中设置 C 的作用是什么？C 属于哪一个分部工程中的分项工程？

【参考答案】
（1）C 的名称为路肩。
（2）设置路肩的作用：
① 保护行车道结构稳定、防止水对路基侵蚀。
② 供行人、自行车通行，以及作为机动车的紧急停车带。
③ 提供侧向余宽和视距，有利于安全，增加舒适感。
④ 作为地下、地上设施的位置及养护操作场地。
（3）C 属于路基分部工程中的分项工程。

【解析】
教材中提及了路肩这个术语，但未对其功能、施工要求等进行详细介绍。路肩是路基分部工程中的一个分项工程，而路肩又可分为土路肩和硬路肩两类。土路肩通常设置在国道道路的两侧，而城市道路或高速公路通常设置硬路肩。

硬路肩

土路肩

4. 本工程 A、B 为哪一种路缘石，根据这两种路缘石的特点，说明本工程为什么采用这两种路缘石。

【参考答案】

A 属于立缘石（立侧石）；B 属于平缘石（平侧石）。

理由：中央绿化隔离带有绿化树木，需要经常浇水，利用立缘石可以挡水。

因为快速路一般需要路面排水，平缘石排水效果较好。

【解析】

路缘石又称路侧石，可以分为立缘石（立侧石）和平缘石（平侧石）。路缘石一般是在基层施工后、面层施工前进行安装。另外，需要注意一个常识："平缘石"并非"平石"，平石一般是立缘石旁边砌筑的石材或混凝土砌块。

立缘石（立侧石）

平缘石（平侧石）

平石

5. 简述两侧排水 U 形槽施工工序。

【参考答案】

施工工序为：测量放线→沟槽开挖→基础处理→垫层施工→铺筑结合层→U 形槽安装→调整（高程、轴线）→U 形槽勾缝→外侧回填土。

【解析】

本题目属于施工的常识，需要平时的观察。U 形槽一般设置在高速公路填方段两侧的排水沟，在城市道路中应用并不多见。但考生可以通过案例背景和题目中的"两侧排水 U 形槽"判断出 U 形槽主要是排水的作用，那么可以将 U 形槽看成是管道，而管道的施工工序相对容易描述出来。所以按照管道的施工工序描述 U 形槽施工工序也可以得到绝大部分分数。

U 形槽施工

案例 56　模拟题四

某市政道路及综合管线工程，道路由南向北，起点里程桩号为 K0+150m，终点里程桩号为 K2+950m。设计红线宽 30m，其中，主路宽 16m，无中央隔离带，主路与两侧人行道之间设绿化隔离带 2m，人行步道宽 5m；沿道路下拟建管线有雨水管线、污水管线、中水管线和燃气管线。拟建管线位置如下：距道路中线左侧 3m 和 5m 分别为拟建雨水和污水管线，距道路中线右侧 2m 和 7m 分别为拟建中水和燃气管线。

项目部在开工前进行图纸会审工作，其中对道路里程桩号 K1+150m 的道路及管线标高核对如下：道路设计高程为 42.35m，污水流水面设计高程为 39.47m，雨水流水面设计高程为 40.36m，中水、燃气管道管外底设计标高分别为 40.65m 和 41.15m。雨水、污水管道的管材为钢筋混凝土承插口管，雨水管 D_i = 800mm，壁厚 80mm，污水管 D_i = 600mm，壁厚 60mm，管道基础为 150mm 天然级配砂石。根据本工程的土质决定，沟槽挖深在 1.2m 以内采用直槽无支护开挖，开挖深度超过 1.2m 采用 1∶0.5 的坡度放坡开挖，雨水、污水管道安装工作面净宽度均为 0.5m。本工程中水、燃气管道管材均为外径 ϕ300mm 的 PE 管，管道基础为 100mm 中粗砂。采用热熔连接，焊接完成后，对接头的两项参数指标进行检验，并要求对接头不少于 15% 的卷边切除检验。

道路结构层（沥青混凝土面层和基层）厚度为 450mm；拟建道路穿越农田，地势平坦，现况地面标高比设计道路路面标高平均低 150mm，经监理工程师同意，决定在施工前对红线范围内的地面进行清表至路中路床顶标高后进行管线施工。清除地表土方工程量经监理现场进行确认。

问题

1. 根据案例背景描述，画出道路 K1+150m 位置道路及管线布置横断面示意图。
2. 根据本案例背景描述，画出 K1+150m 处雨水、污水开槽横断面图。
3. PE 管热熔焊接后，需要对接头的哪两项参数指标进行检验？
4. 列式计算本工程主路部分需要清表多少方土？（不用考虑道路的横坡与纵坡）

参考答案

1. 根据案例背景描述，画出道路 K1+150m 位置道路及管线布置横断面示意图。

【参考答案】

道路与地下管线布置断面图如下：

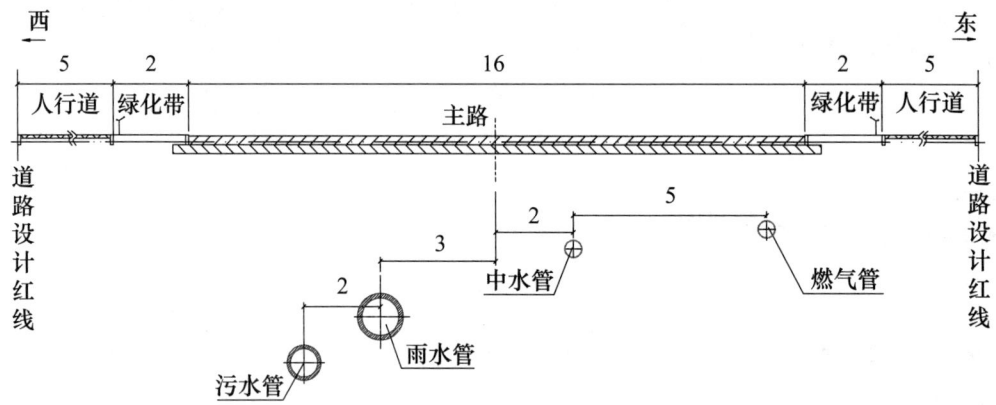

道路与地下管线布置断面图（单位：m）

【解析】

截至目前，一、二建真题中还没有出现过画图的题目。然而，这类题目有可能在后面考试中出现，也不必过于担心，因为刚开始出现的画图类题目通常相对简单。

考试中遇到画图题时，需要注意案例背景文字的描述。例如，在本题中，描述道路是"由南向北"，因此横断面左侧为西侧，右侧为东侧。此外，还要注意道路设计红线、道路中线、主路、绿化带、人行道的名称、尺寸，以及管线相对应的位置需要清晰显示。因为要求绘制的是横断面示意图，所以管道的高程不用精准地进行标记。

2. 根据本案例背景描述，画出 K1+150m 处雨水、污水开槽横断面图。

【参考答案】

雨污水开槽断面图如下：

【解析】

地面开挖高程可以通过道路设计高程减去道路结构层厚度来计算，即开挖高程＝道路设计高程＝42.35－0.45＝41.90m。对于本工程中的雨水和污水管道，它们的槽底高程需要分别计算，可以根据管道流水面设计高程、管壁及砂垫层厚度来推算。污水管道的流水面高程为 39.47m，槽底高程为 39.47－0.06－0.15＝39.26m。而雨水管道的流水面高程为 40.36m，槽

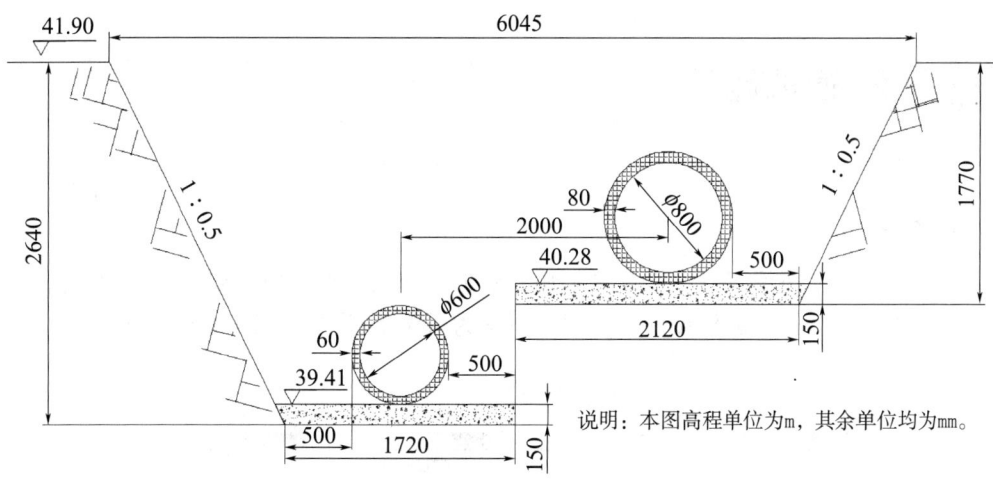

雨污水开槽断面图

底高程为 40.36-0.08-0.15=40.13m。

根据背景信息得知，雨水管道和污水管道之间的距离（中到中）为2m，槽底高差为0.87m。基于这些数据，可以绘制沟槽下底示意图。然后根据污水管道与地面的高差和坡度，绘制左侧图示。根据雨水管道与地面的高差，绘制右侧图示。

考试中通常不会出现如此复杂的图示，但如果能掌握这种较为复杂的沟槽设计，就容易应对简单的沟槽断面。

3. PE管热熔焊接后，需要对接头的哪两项参数指标进行检验？

【参考答案】

需要对接头进行100%的卷边对称性和接头对正性两项参数指标进行检验。

【解析】

PE管道在新版大纲体系下的教材改动很大，对于教材中一些规定应作为案例简答题准备。

4. 列式计算本工程主路部分需要清表多少方土？（不用考虑道路的横坡与纵坡）

【参考答案】

16×（2950-150）×（0.45-0.15）= 13440m³

【解析】

首先，需要计算主路的长度、宽度和清表厚度，然后进行土方量计算。根据图形可知，主路宽度为16m。通过里程桩号计算得出道路长度为2800m（2950-150=2800m）。清表厚度的计算如下：道路的结构层厚度为450mm，而现况地面标高比设计道路路面标高平均低150mm。因此，现况路面比路基高出300mm。最后，可以根据上述数据计算出主路部分的土方量。

案例 57　模拟题五

背景资料

甲公司中标跨河桥梁工程,工程规划桥梁建成后河道保持通航,要求桥下净空高度不低于10m。桥梁下部结构采用桩接柱的形式,下图为桥梁下部结构横断面示意图。

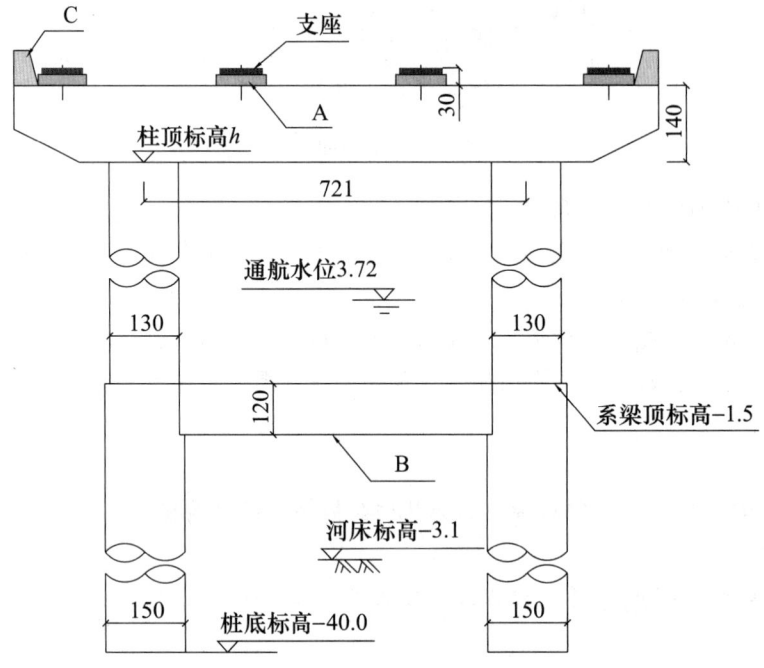

桥梁下部结构横断面示意图

说明:
1. 本工程高程单位为m,其余标注均为cm。
2. 工程河道通航水位即为施工水位。

工程施工方案有如下要求:

(1) 因桥梁的特殊情况,方案决定桥梁下部结构采取筑岛围堰形式,即桩基施工时采用河道筑岛,待桩基础完成后开挖进行下部结构后续施工。

(2) 桥梁桩基采用钻孔灌注桩,施工前项目部对钻孔灌注桩制定了如下工艺流程:平整场地→桩位放样→埋设护筒→钻机就位→钻进成孔→成孔检查与验收→……→成桩检查。

(3) 根据本工程实际情况,项目部施工方案中对盖梁拟采用双抱箍桁架的工艺施工,上部结构T形梁自重35t,项目部采用穿巷式架桥机方式进行桥梁的架设工作。

问题

1. 将背景资料中钻孔灌注桩省略部分施工工艺流程补充完整。

2. 图中 A、B、C 的名称是什么？简述其作用。
3. 计算本工程的桩长，并简要叙述 B 的常规施工流程。
4. 如果不考虑预拱度与道路坡度，本工程柱顶标高 h 最小应为多少米？
5. 依据住房城乡建设部令第 37 号和建办质〔2018〕31 号文件，本工程有哪些分部分项工程需要组织专家论证？说明理由。

参考答案

1. 将背景资料中钻孔灌注桩省略部分施工工艺流程补充完整。

【参考答案】

清孔（一次清孔）→安装钢筋笼→安放导管→二次清孔→灌注水下混凝土→拔出护筒。

【解析】

钻孔灌注桩施工工艺流程中最主要的内容如下：平整场地→桩位放样→埋设护筒→钻机就位→钻进成孔→成孔检查与验收→清孔（一次清孔）→安装钢筋笼→安放导管→二次清孔→灌注水下混凝土→拔出护筒→成桩检查。当前建造师市政专业考核最多的就是流程类题目，任何一个工序都有可能以流程补充的形式出题，所以在后期备考中，遇到施工工序要多练习。

2. 图中 A、B、C 的名称是什么？简述其作用。

【参考答案】

A 的名称是垫石。作用：调整高程、坡度；保证上部结构与盖梁净空；平稳传递荷载；便于后期更换支座。

B 的名称是系梁。作用：把两个桩或墩连成整体受力，增加横向稳定性。

C 的名称是防震挡块。作用：防止主梁在横桥向发生落梁现象。

【解析】

桥梁的上部结构与下部结构之间的分界点是桥梁的支座，支座顶面的高程是决定上部结构的主要控制点。然而，在桥墩、盖梁和桥台台帽的施工中，高程可能存在一定的误差，并且盖梁的施工还涉及预应力张拉过程。为了解决这些问题，可以在下部结构（墩顶、盖梁、桥台台帽）与支座之间进行二次浇筑混凝土垫石。垫石的作用是调整高程和坡度，可以在一定程度上弥补施工中的误差，并为后期更换支座提供一定的操作空间。

防震挡块

系梁

垫石

系梁是用于增加桥梁横向稳定性的结构元素。在桥梁横断面方向上，两个或多个墩柱顶部有盖梁相连且墩柱高度较高时，会设计系梁。系梁与上部盖梁和墩柱形成一个整体，以增加桥梁的横向稳定性。

防震挡块的设置也不是完全一样的。有些桥梁只在盖梁的两端设置防震挡块，而有些桥梁会在每一片T形梁两侧都设置防震挡块。

3. 计算本工程的桩长，并简要叙述B的常规施工流程。
【参考答案】
（1）桩长：-1.5-1.2-（-40.0）= 37.3m。
（2）B（系梁）施工流程为系梁底模（或垫层）→绑扎桩接柱钢筋→系梁钢筋→支模板→浇筑混凝土→养护→拆模。

【解析】
从案例背景图中可知，桩顶与系梁的高度部分是重合的，因此在施工过程中，这部分混凝土可以与系梁同时浇筑，工程量需计入系梁中。尽管在灌注桩施工时，这部分混凝土也会被灌注，但它实际上属于桩基本身应超灌的部分，即使没有设置系梁，为保证桩顶混凝土的质量，也应超灌。

系梁的设置方式有两种：一种是在桩顶设置，另一种是在较高的墩柱中间半空中设置。这两种方式在施工工序上略有不同。在桩顶设置系梁时，只需在地面上设置垫层，然后进行系梁钢筋、侧模和混凝土的施工。而如果是在墩柱中间半空中设置系梁，就必须先使用抱箍桁架或满堂支架来支撑系梁底模板，然后进行系梁钢筋、侧模板和混凝土的施工。

4. 如果不考虑预拱度与道路坡度，本工程柱顶标高 h 最小应为多少米？
【参考答案】
桥跨最下缘要求设计高程：3.72+10 = 13.72m。
墩柱顶设计高程：13.72-1.4-0.3 = 12.02m。

【解析】
如图所示，通航要求是指通航水位至桥跨结构最下缘之间的距离，而桥跨结构的下缘也就是支座的顶面标高的距离（不考虑预拱度与道路横坡），那么支座顶标高为通航水位加桥下净空（10m），即13.72m，而墩柱顶标高等于支座顶部标高减去0.3m（支座与垫石的高度），再减去盖梁的高度（1.4m），可以得出墩柱顶标高为12.02m。依据桥梁定义计算题目以前考核得相对较少，不过以后这类简单的计算题目很有可能逐步出现在考试中。

5. 依据住房城乡建设部令第37号和建办质〔2018〕31号文件，本工程有哪些分部分项工程需要组织专家论证？说明理由。
【参考答案】
系梁基坑土方开挖、支护、降水工程，穿巷式架桥机安装和拆卸工程。
理由：本工程系梁基坑开挖深度超过了5m；T形梁自重超过了300kN，穿巷式架桥机自身的安装、拆卸也应组织专家论证。

【解析】

"两专"是当前建造师市政专业分值最高的考点,但是前面相关的内容已经考核过多次,所以后期再进行考核,很有可能开始考核说明理由,对于说明理由这类题目,需要对住房城乡建设部令第37号和建办质〔2018〕31号文件高度熟悉。

案例58 模拟题六

背景资料

某公司中标承建污水截流工程,内容有:新建现浇混凝土沉淀池一座,一座提升泵站和A、B两段管线。新建提升泵站位于城市绿地内,地下部分为内径5m的圆形混凝土结构,底板高程-9.0m;新敷设D1200mm和D1400mm柔性接口钢筋混凝土管道546m,管顶覆土深度4.8~5.5m,检查井间距50~80m;A段管道从高速铁路桥跨中穿过,B段管道垂直穿越城市道路,工程纵向剖面如图所示。场地地下水为层间水,赋存于粉质黏土、重粉质黏土层,水量较大。设计采用明挖法施工,辅以井点降水和局部注浆加固施工技术措施。

本工程沉淀池为无盖圆形池,内径40m,设计水位高程为31.50m,底板设计高程为22.50m;池壁顶设计高程为33.80m,沉淀池所处位置场地开阔,拟采用放坡开挖。待池体满水试验合格后回填。

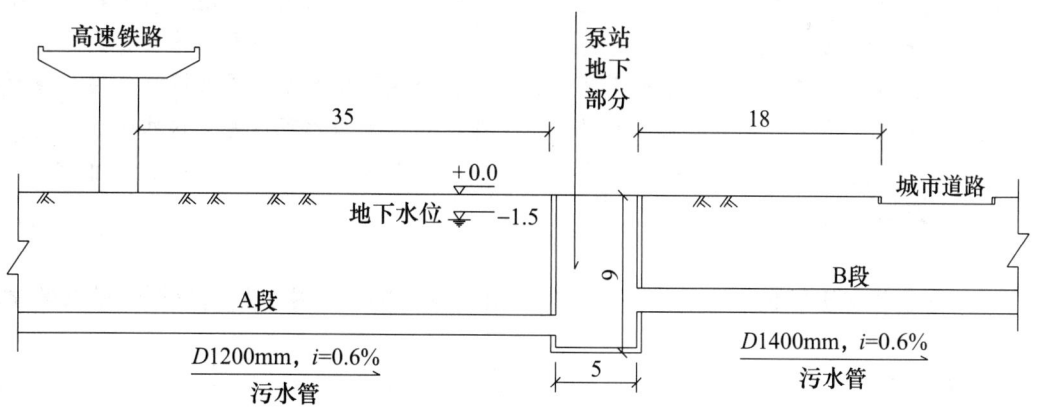

污水截流工程纵向剖面示意图(单位:m)

施工前,项目部进场调研发现:高铁桥墩柱基础为摩擦桩;城市道路车流量较大;地下水位较高,水量大,土层渗透系数较小。项目部依据施工图设计拟定了施工方案,并组织对施工方案进行专家论证。根据专家论证意见,项目部提出工程变更,并调整了施工方案:①取消井点降水技术措施;②泵站地下部分采用沉井法施工;③管道采用密闭式顶管机顶管施工。该项工程变更已获得建设单位的批准。项目部按照设计变更情况,向建设单位提出调整工程费用的申请。

在沉淀池满水试验中,测定水位测针初读数与末读数之差是14mm,蒸发量为10mm。

问题

1. 简述工程变更采取①和③措施具有哪些优越性。
2. 给出工程变更后泵站地下部分和新建管道的完工顺序，并分别给出两者的验收试验项目。
3. 指出沉井下沉和沉井封底的方法。
4. 列出设计变更后的工程费用调整项目。
5. 列式计算本工程沉淀池满水试验是否合格。

参考答案

1. 简述工程变更采用①和③措施具有哪些优越性。

【参考答案】

（1）工程变更①的主要优越性：

可提前开工，还可以避免因降水引起的沉降对交通设施的不良影响和对路面的破坏，保证线路运行安全。

（2）工程变更③的主要优越性：

顶管机施工精度高，对地面交通影响小，受天气影响小，机械化程度高，有利于文明施工的控制。

【解析】

取消井点降水并采用密闭式顶管的优势是显而易见的。根据案例背景提供地下水位高、水量大、土质差和低渗透系数等，可以得出以下分析结果：如果坚持采用降水措施，则需要相当长的时间才能将地下水位降至设计高程，而取消降水则可以提前开始施工。此外，案例背景还提到管线必须穿越城市道路和高铁桥的下部，而高铁桥的基础是摩擦桩，因此降水会导致沉降，对交通设施造成不良影响并可能损坏路面。取消降水可以避免这些问题的发生。

密闭式顶管类似盾构施工，在以下方面具有优势：精度高，受天气影响小，对地面交通影响较小，具备较高的机械化程度等。

2. 给出工程变更后泵站地下部分和新建管道的完工顺序，并分别给出两者的验收试验项目。

【参考答案】

完工顺序为泵站地下部分沉井、封底→A段管道顶进接驳→B段管道顶进接驳。

泵站地下部分试验项目为满水试验。

A、B管道验收试验项目为分别进行严密性试验（或闭水试验）

【解析】

一定注意本题问的是完工顺序。在顶管施工工艺中，不管是敞开式顶管还是密闭式顶管，都需要从始发井开始顶进，接收井到达，为提高工作效率，顶管工程始发井通常会先向一侧顶进完成，然后在顶管坑内掉头，再向另一侧顶进，所以顶管坑的始发井必须在顶管工程开始前完成，而本工程沉井即为顶管坑，所以它必须最先完成。A、B管段顶管施工顺序应该遵循先深后浅的原则，先施工A管段的顶管与接驳，再施工B管段。

3. 指出沉井下沉和沉井封底的方法。

【参考答案】

沉井下沉应采用不排水下沉，沉井封底应采用水下封底。

【解析】

在本工程环境中，地下水位较高，并且决定取消降水。因此，采用不排水下沉的方式进行沉井施工是最佳选择，而水下封底是实现不排水下沉的有效方法之一。每年考试中总会有一些容易得分的题目，对于这些"送分题"，我们应该避免过度思考，直接给出正确答案即可。

4. 列出设计变更后的工程费用调整项目。

【参考答案】

（1）减少费用：

井点施工和运行费用；

土方开挖回填施工费用；

道路、绿地占用和恢复费用。

（2）增加费用：

沉井制作、下沉施工费用；

顶管机械使用费用；

调整顶管施工专用管材与普通承插柔性接口管材价差。

【解析】

一建 2012 年曾经考核过类似的题目。这类题目需要对施工工艺基本明白，如果不明白工艺，就不可能知道有哪些具体费用，更无从谈起哪些费用增加、哪些费用减少。即便对工艺不是十分了解，只要熟读案例背景，也可以从背景中找到一些蛛丝马迹。既然取消降水，那么降水井点的施工及在施工过程中抽水的费用就可以减少了。既然是不开槽施工，那么土方施工的费用就可以减少。即便不知道顶管施工的具体步骤，但顶管的机械费用还是比较容易想到的。原施工方案采用的是开槽施工，会不可避免地占用并破坏城市绿地。因此，对于因施工而占用的道路和绿地，以及后续的道路和绿地恢复费用，都将相应减少。

5. 列式计算本工程沉淀池满水试验是否合格。

【参考答案】

$$q = \frac{A_1}{A_2}[(E_1 - E_2) - (e_1 - e_2)]$$

即 $q = \dfrac{20^2 \times \pi}{(20^2 \times \pi + 40\pi \times 9)}[(14) - (10)] = 2.1 \text{L}/(\text{m}^2 \cdot \text{d}) > 2\text{L}/(\text{m}^2 \cdot \text{d})$

满水试验不合格。

【解析】

$$q = \frac{A_1[(E_1 - E_2) - (e_1 - e_2)]}{A_2}$$

式中 q——渗水量（$\text{L}/\text{m}^2 \cdot \text{d}$）；

A_1——水池的水面面积（m^2）；

A_2——水池的浸湿总面积（m^2）；

E_1——水池中水位测针的初读数（mm）；

E_2——测读 E_1 后 24h 水池中水位测针的末读数（mm）；

e_1——测读 E_1 时水箱中水位测针的读数（mm）；

e_2——测读 E_2 时水箱中水位测针的读数（mm）。

本题目所需公式在教材中没有介绍，但是可以根据教材文字内容推导出来。根据案例背景和公式计算可知，本题中 A_1 水池的水面面积，也就是底面面积为 $20^2 \times \pi = 400\pi m^2$，而 A_2 为水池的浸湿总面积，由底板 $400\pi m^2$ 和池壁（$40\pi \times 9 = 360\pi m^2$）组成，总计是 $760\pi m^2$，$(E_1-E_2) - (e_1-e_2) = 4mm$，最终计算的结果是 $2.1 L/(m^2 \cdot d)$。假如计算出本水池 24h 水位下降值 $(E_1-E_2) - (e_1-e_2) \leq 3.8mm$（不含蒸发量），那么满水试验合格。

案例 59　模拟题七

某市进行城市基础设施更新工程，甲公司中标第三标段，该标段工程包括一条旧道路改建和对一条污水管道进行全断面修复更新。

旧路改造工程对原人行道进行海绵化改造，改造结构层自上而下依次为 60mm 厚透水性步砖、30mm 厚粗砂找平层、150mm 厚 C20 无砂大孔混凝土、200mm 厚级配碎石、土工布、土路基，人行道结构层示意如图所示。级配碎石层底部敷设一条 A 管，沿道路纵向每隔一定间距敷设一条 DN100mm 的 PE 连接管，连通 A 管与主管。

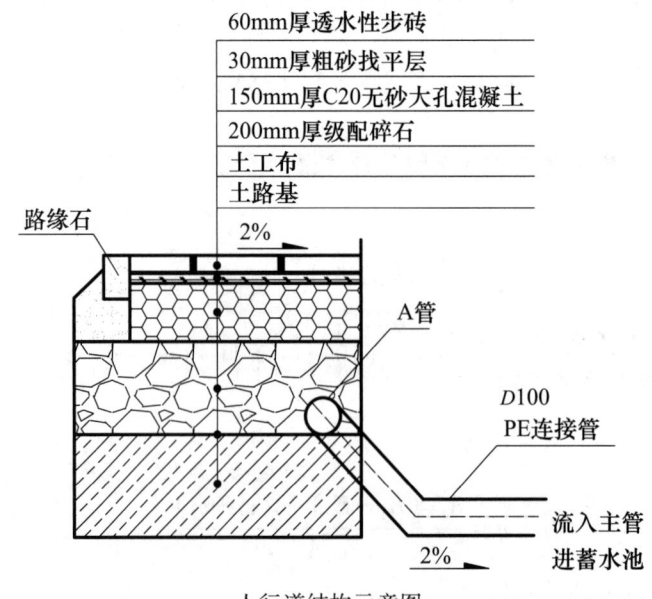

人行道结构示意图

拟更新的管道为现况污水管，采用折叠内衬法，要求修复施工气温不宜低于5℃，折叠管拉入过程中，管道不得被划伤，防止管道发生过度弯曲或起皱。穿入就位后，进行了折叠管复原工作。

要求施工人员在管道更新过程中按照设计要求穿戴好防毒面具等防护用品，并配备无线通信工具和安全灯。

▶ 问题

1. 写出级配碎石层和土工布这两种材料在人行道结构层中所起的作用。
2. 写出图中A管的具体名称及作用。
3. 简述折叠内衬法中，折叠管复原的具体施工方法。
4. 管道修复人员穿戴的劳动防护用品还有哪些？
5. 在透水砖铺装前，应对基层哪些项目进行检查验收？

参 考 答 案

1. 写出级配碎石层和土工布这两种材料在人行道结构层中所起的作用。
【参考答案】
级配碎石起到透水和过滤作用；土工布起到隔水（延缓水渗入路基）作用。
【解析】
海绵城市是一种通过模仿海绵的原理来管理城市水资源的城市建设概念。例如，在本工程中，人行步道采用渗透性材料，让雨水快速下渗，使路面尽可能保持无积水状态。渗透下来的雨水会汇集到蓄水构筑物中。

为了实现透水和过滤功能，步道结构采用透水性步道砖、无砂大孔混凝土和级配碎石等材料。由于土路基的透水性能较差，雨水渗透到路基时速度会显著降低。因此，在级配碎石和路基之间设置了土工布层，以延缓雨水渗透到路基的速度。使用A管将雨水汇集到一起，最终流入蓄水池中。

2. 写出图中A管的具体名称及作用。
【参考答案】
A管名称：雨水收集花管。作用：汇集（收集）人行步道下渗的雨水。
【解析】
由前面的内容可知，A管用于汇集人行步道下渗的雨水。然而，许多考生可能不熟悉A管的名称。在这里，我们可以进行横向联系，将所学的知识与本工程进行对比。例如，教材中介绍的垃圾填埋场渗滤液收集导排系统与本工程有相似之处。在渗滤液收集导排系统中，使用了渗滤液收集花管来收集渗滤液。因此，在本工程中，为了收集下渗的雨水，我们可以合理地称之为雨水收集花管。这样能够更加顺畅地理解和运用所学知识。

3. 简述折叠内衬法中，折叠管复原的具体施工方法。
【参考答案】
折叠管复原采用注水或鼓入压缩空气加压方法，压力保持稳定时间不应少于8h。

【解析】

折叠管内衬法管道非开挖修复技术是利用热塑性聚乙烯管变形后可以恢复到原始物理形状的特性，使用一种外径与原管道内径相等或稍小的 PE 管，经折叠压缩装置将 PE 管按设计要求折叠成 U 形暂时减小横截面面积，经牵引机将变形后的 PE 管拉入清洗处理好的管道内，然后利用气压将折叠的 PE 管打开，稳压一段时间后，使 PE 管折叠处尽量充分打开，慢慢恢复并与原管道内壁贴合在一起形成管中管，达到防腐和提高原管道承压能力、延长使用寿命的目的。那么如何使折叠管复原呢？想一想常规的方法无外乎是将管道内填充介质后施加压力，填充的介质就是常规的水或者压缩空气。

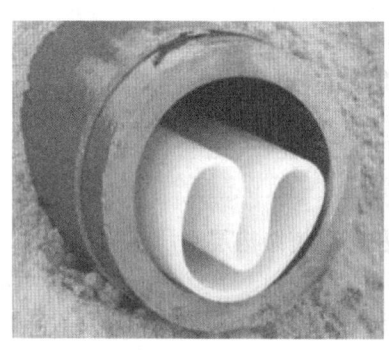
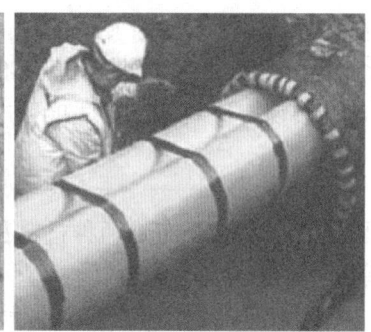

4. 管道修复人员穿戴的劳动防护用品还有哪些？

【参考答案】

还应该有防水衣、防护靴、防护手套、安全帽、系有绳子的防护腰带。

【解析】

劳动保护应该属于市政专业的常规考点，一般会涉及架子工的安全防护（安全带、安全帽、防滑鞋）、焊接工人的安全防护（面罩、手套、绝缘鞋、电焊服、护目镜）以及本题中有限空间作业者的劳动保护。

5. 在透水砖铺装前，应对基层哪些项目进行检查验收？

【参考答案】

应对基层高程、横坡、强度、厚度、材料要求进行检查验收。

【解析】

海绵城市进行案例考核，主要是围绕铺装、混凝土水池等传统工法进行考核，备考中对教材新增知识点应尤为重视。

案例 60　模拟题八

背景资料

A 公司中标城市排水管线工程，工程开工前，项目技术负责人就以下各工序进行了全面技术交底：①沟槽开挖与支撑；②砌筑检查井；③管道基础；④管道安装；⑤下管；⑥沟槽内排水沟；⑦沟槽回填；⑧功能性试验。

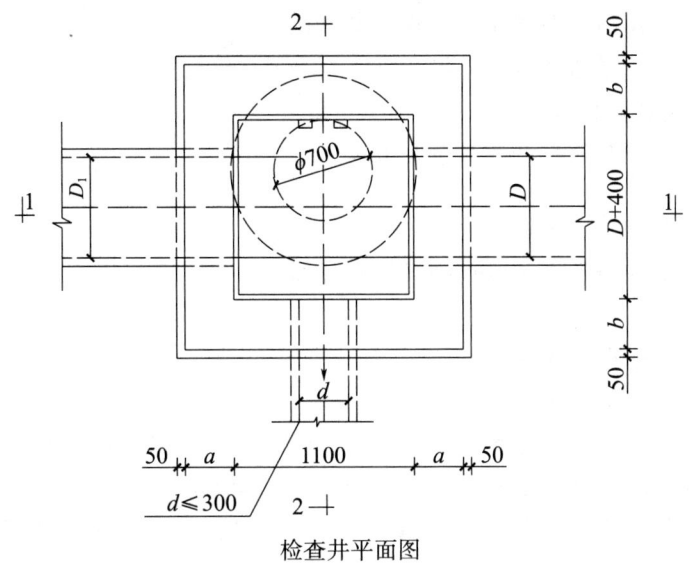

检查井平面图

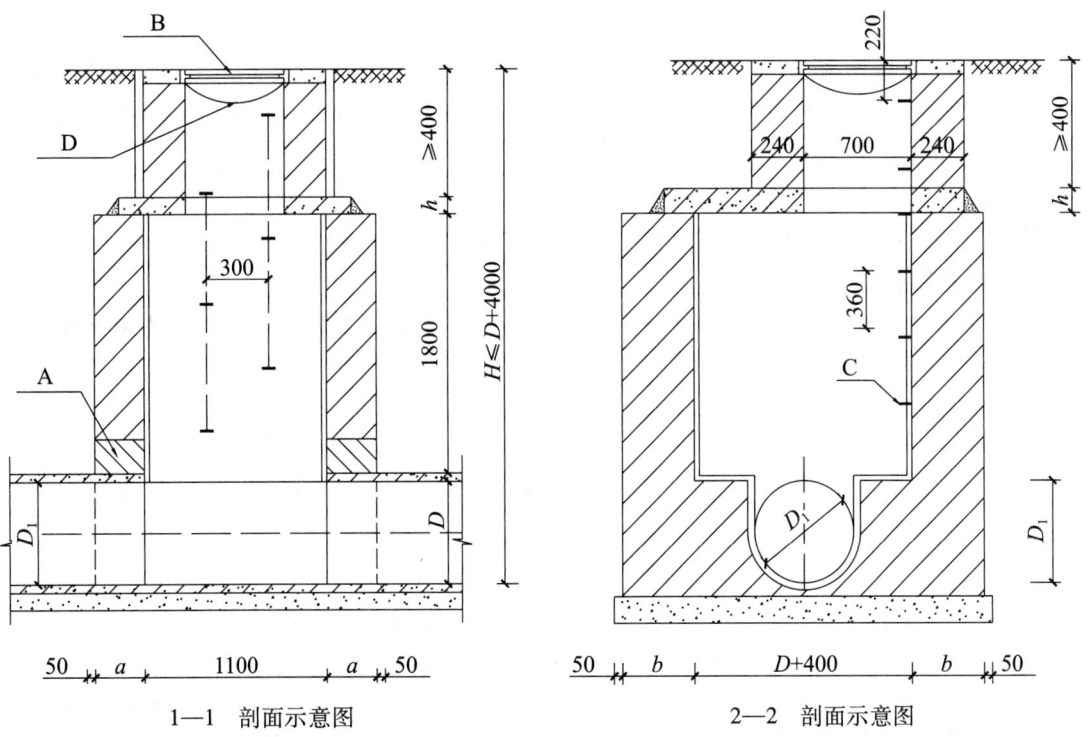

1—1 剖面示意图   2—2 剖面示意图

井室为预制块砌筑矩形检查井，检查井内部采用砂浆抹面，项目部要求如下：墙壁表面清理干净，并洒水湿润，抹面分两道进行，抹面砂浆终凝后进行保湿养护，不少于14天。混凝土盖板从构件厂运至施工现场暂存，盖板安装时发现多块盖板正中部位有通透性裂缝，经调查，事故属于施工单位自己卸车摆放盖板垫方木位置不当造成的。

> 问题

1. 对本工程背景中各工序进行排序（用序号即可）。
2. 写出图中 A、B、C、D 的名称，简述其作用。
3. 造成井室混凝土盖板通透裂缝最有可能的原因是什么？
4. 图中 a、h 各代表什么？
5. 补充检查井内部砂浆抹面的其余要求。

> 参 考 答 案

1. 对本工程背景中各工序进行排序（用序号即可）。
【参考答案】
①→⑥→③→⑤→④→②→⑧→⑦
【解析】
本题要求对以下 8 个工序进行排序：①沟槽开挖与支撑；②砌筑检查井；③管道基础；④管道安装；⑤下管；⑥沟槽内排水沟；⑦沟槽回填；⑧功能性试验。综合考虑后，沟槽开挖和沟槽回填作为首尾工序是不存在争议的。确定了首尾工序后，对于中间的 6 个工序的排序就非常容易了。

由于沟槽开挖后，需要确保沟槽内的工作不会积水，因此将沟槽内排水沟排在第二位。紧接着是管道基础的施工，为管道安装提供基础。下一步是下管，确保管道正确就位。然后进行管道安装，连接管道。接着是砌筑检查井和功能性试验两个工序的排序，必须先砌筑检查井，因为在功能性试验时需要进行带井试验。

2. 写出图中 A、B、C、D 的名称，简述其作用。
【参考答案】
A—砖碹（砖券、砖圈）。作用：将管顶的结构压力分散至管道两侧的结构中，避免井壁位置的管道局部承受较大压力而破坏。

B—井盖。作用：保证行人车辆安全；封闭井室，防止地下设施损坏；确保路面平整。

C—踏步（爬梯）。作用：方便人员进入检查井内部进行检查、维修等工作。

D—防坠网。作用：防止人员或动物坠落事故发生；防止非法入侵者进入井口、排水设备。

【解析】
在案例背景图形中，A 的名称是砖碹（也有砖券或砖圈的写法）。砖碹是一种安装在管道与检查井接触位置上方的保护结构，其形状类似一座拱桥。砖碹的主要作用是避免管道受到上部过大的荷载下压。它能够将上部的下压荷载传递到检查井的底板上，从而减轻管道的负荷。当管道直径大于 300mm 时，必须在管道与井室衔接位置安装砖碹。砖碹为管道提供支撑和保护，增强了管道的稳定性和结构强度。

C 的名称是踏步（有时也称为爬梯），它是在检查井内设置的一种结构，用于方便人员进入和离开井室。考试中可能会进一步问及有关踏步的施工要求。回答的主要方向应包括位置符合设计要求，并与井室的砌筑同时进行安装，确保踏步安装稳固等。此外，在水泥砂浆达到强度前，需谨慎使用踏步，避免对其造成损坏。

D 的名称是防坠网，它安装在检查井井盖以下的位置，用于防止井盖破损或丢失后，造成行人、车辆或动物坠落至井室中发生事故。目前，许多检查井都安装有防坠网，并且需要定期检查。如果发现防坠网破损，应及时更换，以确保其正常功能。

踏步、流槽

砖碹（砖券、砖圈）

井盖

防坠网

3. 造成井室混凝土盖板通透裂缝最有可能的原因是什么？

【参考答案】

原因：盖板下的垫木放置在中间，导致盖板上部受拉，造成通透裂缝。因为盖板的受拉钢筋位于下部，上部没有受拉钢筋支持。

【解析】

在建造师市政专业的实务考试中，经常会涉及施工现场的实际情况。其中，井室盖板断裂现象是一种常见情况，其原因并不过于复杂。主要原因在于混凝土盖板的配筋问题。由于井室盖板四周受到检查井侧墙的支撑，因此受拉钢筋位于盖板的下部。若在放置盖板时将垫木放置在盖板中间位置，就很容易导致盖板断裂的情况发生。

4. 图中 a、h 各代表什么？

【参考答案】

a 代表井室的墙体厚度；h 代表井室盖板的厚度。

【解析】

这道题依然是一个识图题，不同之处在于它不要求识别图形的具体局部名称，而是要求理解图纸上各种标注所代表的内容，但核心仍然是考核识图的基本技能。市政工程专业涉及的领域非常广泛，考生不可能对所有图纸都有全面的了解。然而，只要平时熟悉足够多的图纸，就能培养出对图纸的观察力和识图的直觉。即使在考试中遇到许多陌生的图纸，也能够游刃有余地应对。

5. 补充检查井内部砂浆抹面的其余要求。

【参考答案】

（1）砂浆强度等级和稠度应符合设计规定。

（2）第一道抹面刮平并将表面划出纹道，第二道应分两次压实抹光。

（3）施工缝留成阶梯形接槎，每层接槎错开，并保证接槎严密。

（4）抹面坚实、平整，阴阳角应处理成圆角。

【解析】

关于检查井砌筑后的抹面要求在一建市政专业中介绍得很少，绝大多数考生觉得陌生，没有见过。针对这种情况，我们思考一下这个抹面工法的基本原理：检查井表面抹灰分两次进行，目的是让水泥砂浆附着在砌筑的检查井上，形成一个光滑的表面。实际上，这与道路施工有相似之处。道路的沥青混凝土面层摊铺通常也是分两次或三次进行，将沥青混凝土附着在道路基层上。我们对道路面层摊铺应该比较熟悉，因此可以将其施工要求或要点应用到检查井的抹面工法中。

在混凝土道路摊铺之前，对原材料有一定要求。同样，在抹面之前，对水泥砂浆的强度、稠度等也应有相应要求。道路分两次摊铺时，下一层摊铺后的底面层要求进行铣刨，并洒上粘层油，以确保两层沥青之间紧密衔接。同样，抹面分两次进行时，也需要在前一道抹面压实后，划出纹道，以确保两道抹面之间良好结合。沥青混凝土道路上下层的接槎位置错开，检查井抹面也有同样的要求，并且都需要对接槎位置进行处理。沥青混凝土摊铺完成后强调密实平整，检查井抹面完成后同样要求保持平整。

因此，许多工法是雷同的。在平时备考中，一定要提升这种举一反三的能力。

案例61 模拟题九

A 公司承接了 3.5km 城市主干道工程施工，道路结构、横断面如下图所示。

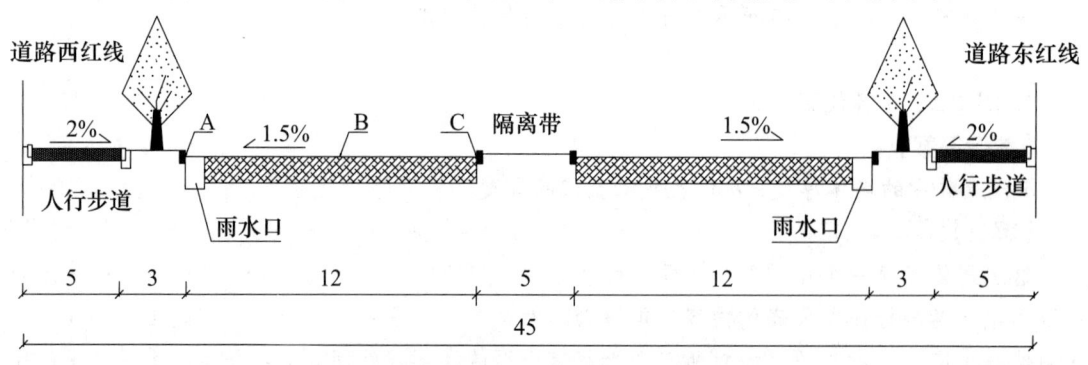

道路 0+050 横断面图

说明：1. 0+050 处道路设计高程为 45.245m。

　　　2. 本工程单位为 m。

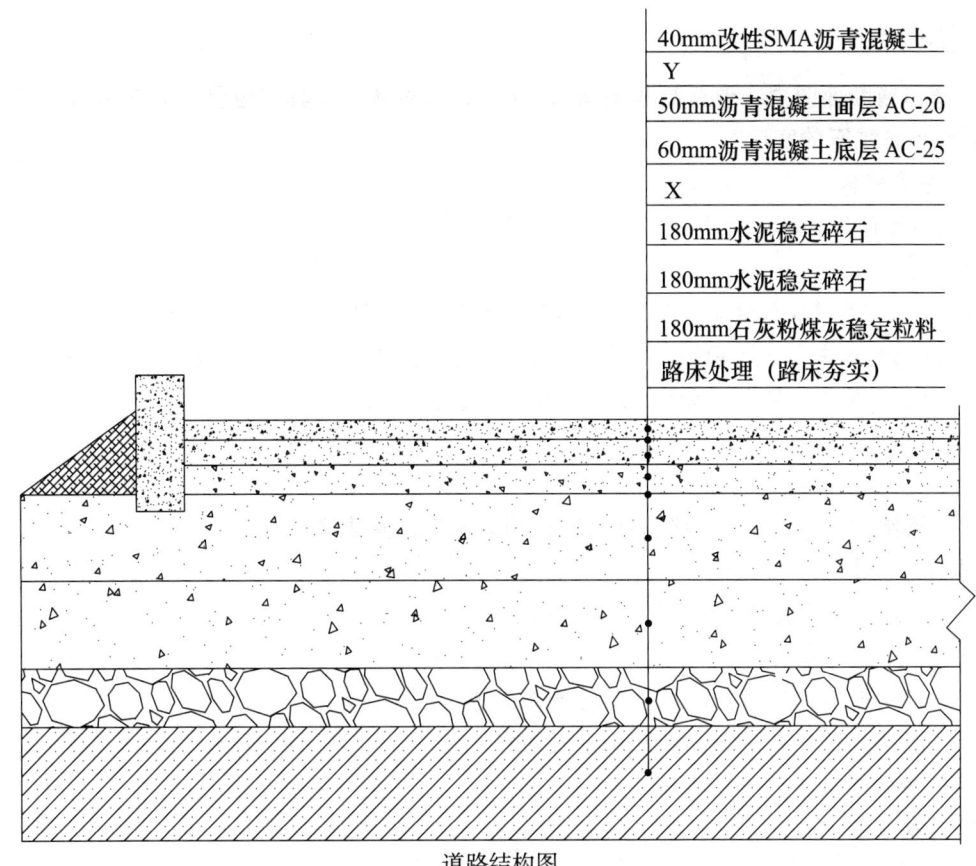

道路结构图

西侧道路路中位置有雨水管线,路基和基层施工中将雨水检查井和雨水口周围的施工作为本次施工的重点,要求采取可靠的措施保证压实度。

路面施工过程中,施工单位对上面层的压实十分重视,确定了质量控制关键点,并就压实工序做出如下书面要求:①初压采用双钢轮振动压路机静压1~2遍,初压开始温度不低于140℃;②复压采用双钢轮振动压路机,碾压采取低频率、高振幅的方式快速碾压,为保证密实度,要求振动压路机碾压4遍;③终压采用轮胎压路机静压1~2遍,终压结束温度不低于80℃;④为保证搭接位置路面质量,要求相邻碾压带重叠宽度应大于30cm;⑤为保证沥青混合料碾压过程中不粘轮,应采用洒水车及时向混合料喷雾状水。

因改性沥青SMA面层不能当天完成,需在面层上留设横向冷接缝。第二天摊铺时,施工单位对接缝位置按照相关规范进行了处理。

【问题】

1. 道路横断面图中,道路高程是指A、B、C当中哪一个具体位置?在实际施工中,路宽是否包括路缘石的宽度?

2. 道路结构图中,X、Y代表什么?说明其施工注意事项。

3. 在施工过程中,雨水检查井和雨水口周围应如何处理才能有效保证其压实度?

4. 施工单位对上面层碾压的规定有不合理的地方,请改正。

5. 改性沥青SMA冷接缝如何处理才可以保证其质量?

参考答案

1. 道路横断面图中，道路高程是指 A、B、C 当中哪一个具体位置？在实际施工中，路宽是否包括路缘石的宽度？

【参考答案】

C 点的高程为道路设计高程，道路设计宽度不包括路缘石宽度。

【解析】

本题考核内容并非教材知识点，而是施工中的常识。在考试中，道路设计高程通常会进行标记，如果案例背景中未进行标记，则需要观察道路是否有中分带（中央隔离带）。若没有中分带，道路的设计高程即表面层中心线的位置；若存在中分带，道路的设计高程则为表面层与中分带路缘石接触的位置。此外，道路宽度指的是净宽度，即不包括路缘石在内的实际道路宽度。

2. 道路结构图中，X、Y 代表什么？说明其施工注意事项。

【参考答案】

（1）X 为沥青乳液透层油，Y 为粘层油。

（2）施工注意事项：

① 下承层干燥、清洁，附属构筑物外露面覆盖。

② 透层油提前一天喷洒，粘层油当天洒布。

③ 试洒确定用量，洒布均匀。

④ 不能在雨、雪或大风环境下洒布。

【解析】

透层和粘层都属于沥青混凝土面层子分部工程的分项工程。透层油是在非沥青基层上准备摊铺底层沥青时进行喷洒的。而粘层油是在沥青混凝土面层之间或水泥混凝土面层上加铺沥青混凝土时喷洒的。透层油需要在摊铺面层前一天进行喷洒，以确保乳化沥青能够渗透到基层一部分，而粘层油则是在当天喷洒。本题施工注意事项的相关内容并非完全来自教材，其中一部分要求是施工中的常识。

3. 在施工过程中，雨水检查井和雨水口周围应如何处理才能有效保证其压实度？

【参考答案】

采用小型夯实机具夯实；回填材料应采用石灰土、石灰粉煤灰砂砾回填；处于道路基层内的雨水口连接支管采用 360°混凝土包封。

【解析】

挖土路基教材上有相应的介绍，这种考点即便在考场上不记得教材中是如何描述的，也可以从机具和材料两个方向进行回答。机具方面，因为检查井和雨水口范围较小，很难用大型的机具施工，所以一定采用较小的施工机具。同样，小范围的回填夯实有困难，那么施工材料应尽量采用后期能够进行板结硬化的石灰粉煤灰、砂砾或石灰土。处于道路基层内的雨水口连接支管采用 360°混凝土包封。这是新大纲体系下教材新增内容，未来考试很可能结合教材已有内容一并考核。

4. 施工单位对上面层碾压的规定有不合理的地方，请改正。

【参考答案】

（1）改性沥青初压温度应不低于150℃。

（2）应采取高频率、低振幅的方式慢速碾压，碾压遍数要根据试验确定。

（3）改性沥青不得采用轮胎压路机，碾压终了温度应不低于90~120℃。

（4）相邻碾压带重叠宽度应为100~200mm。

（5）不粘轮措施应为对压路机钢轮刷隔离剂或防粘结剂，也可向碾压轮上喷淋添加少量表面活性剂的雾状水。

【解析】

本题属于改错题，真正的沥青混凝土考核还没有进行过如此细致的考核，这里考核得比较具体。当然真正的案例真题不会将如此多的考点都放在一起集中考核。

5. 改性沥青SMA冷接缝如何处理才可以保证其质量？

【参考答案】

（1）沥青硬化前垂直切割已摊铺改性沥青SMA面层，与中面层接缝错开1m以上。

（2）压路机从切割完成的接缝位置通过时，需垫木板或方木。

（3）铺新料前将接槎处涂刷粘层油，并对其加热软化。

（4）摊铺新料后先沿接缝处横向跨缝碾压，再进行纵向碾压。

【解析】

本题是关于如何处理改性沥青SMA冷接缝以确保其质量的问题。在处理改性沥青SMA冷接缝时，最重要的是确保不同时间段摊铺的沥青混凝土能够紧密结合，使新老沥青之间过渡平稳，形成一个整体。为了实现这个目标，需要注意以下几点：首先，上下层接缝的位置应该错开，以避免应力集中；其次，在施工过程中要保护接缝位置，避免破损；再次，采取有效的措施确保新老沥青之间的衔接；最后，为了确保平整度，必须优先控制接缝位置的高程。遵循这些要点，可以提高改性沥青SMA冷接缝的质量，使道路表面更加平整耐久，实现新老沥青的紧密结合和平稳过渡。

案例62 模拟题十

某公司中标新建水厂大清水池工程，现浇清水池内部尺寸80m×17.5m×6.8m（长×宽×高），设计水深5.4m，内部平均设置3道内隔墙。清水池底板厚0.8m，顶板厚0.35m，侧墙厚0.4m，隔墙厚度均为0.25m。水池顶板采用满堂支架法。水池采用自防水混凝土，强度等级C40，抗渗等级P8，水池顶板与侧墙单独浇筑，采用盘扣式支架支撑。

地质资料显示，本工程土质为粉土和粉质黏土地层，地下水位埋深 8.5m，施工时无须考虑降水。依据开挖方案，在清水池基坑的北侧部分边坡采用土钉墙支护，土钉墙整体长度 50m，断面图如下图所示。

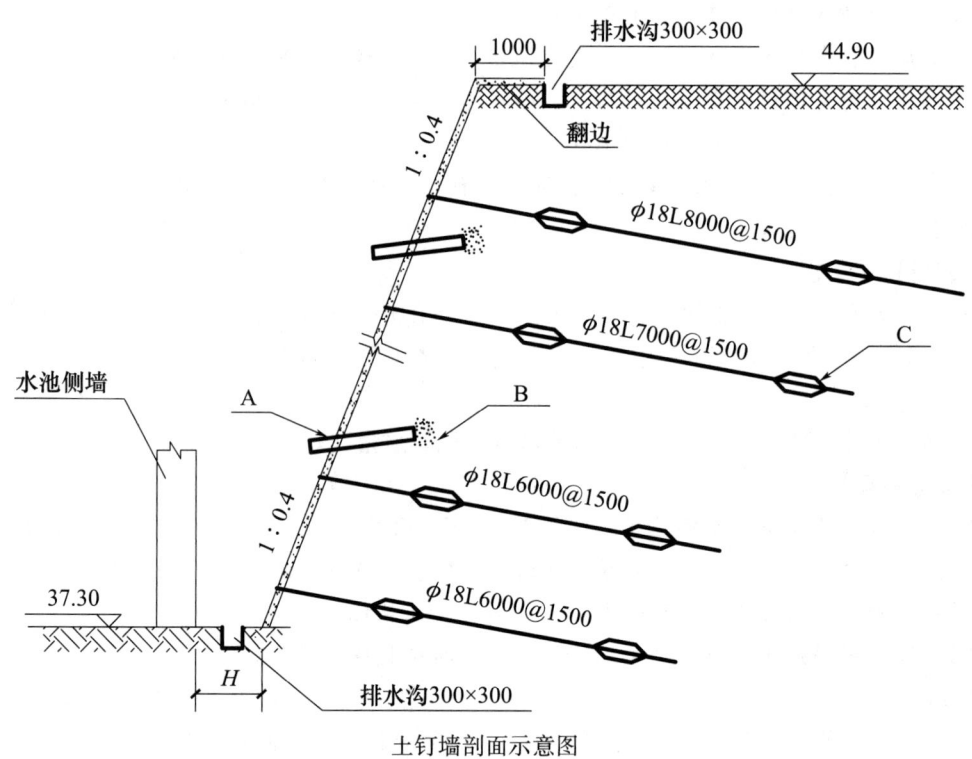

土钉墙剖面示意图

说明：
1. 本工程高程单位为 m，其余标注均为 mm。
2. 基坑采用土钉墙支护，土钉孔安放土钉后进行注浆，土钉墙面层喷射 100mm 厚 C25 混凝土。
3. 基坑顶部、底部均设置 300×300 排水明沟。

土钉墙边坡面层混凝土喷射分两次进行，为保证两次喷射混凝土衔接紧密，项目部要求在下层混凝土初凝前将上层混凝土喷射完毕，且要求喷射混凝土顺序为自上而下进行。

> 问题

1. 本工程中，施工单位需要对哪些分部分项工程组织专家论证？说明理由。
2. 指出图中 A、B、C 的名称，简述其作用。
3. 图中土钉"φ18L8000@1500"表达的意思是什么？
4. 图中 H 的最小距离应该是多少米？本工程需要喷射 C25 混凝土多少立方米？
5. 混凝土喷射的方法是否有不妥之处？如有不妥之处，请改正。
6. 上图中基坑顶部除了坡顶硬化与排水沟以外，还缺少哪些必要的设施？

参考答案

1. 本工程中，施工单位需要对哪些分部分项工程组织专家论证？说明理由。

【参考答案】

（1）需专家论证工程：基坑土方开挖工程，土钉墙围护工程，水池顶板模板支撑工程。

（2）理由：由图计算，基坑开挖深度为7.6m，超过5m；本工程水池内总长80m，平均设3道隔墙，每段跨度20m，跨度大于18m。

【解析】

根据建办质〔2018〕31号文件的规定，开挖深度超过5m（含5m）的基坑土方开挖、支护、降水工程需要进行专家论证。然而，在本题中，尽管基坑的开挖深度为7.6m，超过5m的限制，但是考虑到地下水埋深为8.5m，因此降水工程并不需要考虑。本题中，基坑土方开挖和支护工程需要进行专家论证。

另外，根据文件规定，混凝土模板支撑工程搭设的跨度超过18m时需要专家论证，通过计算，本题中混凝土模板支撑的跨度为20m，因此也需要进行专家论证。

2. 指出图中 A、B、C 的名称，简述其作用。

【参考答案】

A 为排水管（泄水孔）。作用是排除土钉墙后面土体中的积水，减小土钉墙后的土压力。

B 为反滤层。作用是滤土排水。

C 为对中支架。作用是确保土钉在孔道内居中，使水泥浆对土钉达到充分包裹，与土体紧密结合。

土钉墙泄水孔

【解析】

土钉墙是新大纲体系下新增工法，后期备考中需格外关注。实际施工中，不管是挡土墙、土钉墙还是隧道的一次衬砌，都需要将结构后背土体中的水排出，所以都有排水孔（泄水孔），且需要在排水孔后面土体中放置碎石（反滤层）来防止泥沙流失。土钉墙施工是在修整的边坡打孔后安放土钉，打孔孔径比土钉直径大一些，以方便安装。安装后的土钉需要固定，所以要对孔与土钉之间的间隙进行注浆。为防止土钉在孔道中偏移中心位置，造成浆液不能对土钉充分包裹，还需要在土钉周围设置对中支架。

3. 图中土钉"$\phi 18L8000@1500$"表达的意思是什么？

【参考答案】

$\phi 18L8000@1500$ 表示土钉的钢筋直径 18mm，土钉长度为 8m，土钉横向间距为 1.5m。

【解析】

当前考试图形越来越重要，后期备考时需要注意图形中的基本常识内容。

4. 图中 H 的最小距离应该是多少米？本工程需要喷射 C25 混凝土多少立方米？

【参考答案】

（1）图中 H 的最小距离应该是 1.1m。

（2）本工程需要喷射混凝土用量：

$\sqrt{(44.9-37.3)^2+[(44.9-37.3)\times 0.4]^2}=8.19\text{m}$

$(8.19+1)\times 50\times 0.1=45.95\text{m}^3$

所以本工程需要喷射 C20 混凝土 45.95m³。

【解析】

在第一小问中，因为排水沟需要布置在建筑基础边 0.5m 以外，沟边缘距离边坡坡脚应不小于 0.3m，图中排水沟本身 0.3m，三个数字相加，所以 H 不应小于 1.1m。

在第二小问中，需要计算喷射混凝土的用量。根据背景信息和图纸说明可知，土钉墙的长度为 50m，喷射混凝土的厚度为 0.1m。此外，边坡的斜长可以通过基坑高差并应用勾股定理计算得出。需要注意的是，在计算喷射混凝土用量时，还需考虑到喷射混凝土上坡脚的翻边，因此在计算中需要将这 1m 也纳入考虑范围。

5. 混凝土喷射的方法是否有不妥之处？如有不妥之处，请改正。

【参考答案】

不妥一：下层混凝土初凝前将上层混凝土喷射完毕。

正确做法：分层喷射混凝土时，应在前一层混凝土终凝后进行后一层混凝土的喷射。

不妥二：混凝土喷射顺序自上而下。

正确做法：喷射混凝土应由下而上进行。

【解析】

虽然教材新增加的土钉墙施工工艺中没有具体介绍喷射混凝土的要求，但在竖井和隧道喷锚支护施工技术中，对喷射混凝土的工艺有较为详细的介绍。因此，我们可以将从喷锚支护施工技术中获取的相关知识应用到土钉墙的施工中。在市政专业的考试中，常常出现这种将相关知识点应用到不同场景的考题。

6. 上图中基坑顶部除了坡顶硬化与排水沟以外，还缺少哪些必要的设施？

【参考答案】

缺少安全防护设施（防护围栏、密目安全网、安全警示标志、夜间警示红灯）；防淹墙（挡水围堰）。

【解析】

基坑考试中有两个高频考点：基坑安全防护和雨期施工。基坑安全防护包括防护栏杆、密目安全网、安全警示标志和夜间警示红灯等措施，而雨期施工主要涉及基坑顶部的防淹墙或挡水围堰、地面硬化、排水沟，以及基坑坡面的硬化或覆盖。另外，包括基坑底部的排水沟、集水坑和抽水设备等。本案例考核的焦点是基坑顶部，其中安全防护设施是主要评分点。此外，由于基坑顶部已经完成硬化和排水沟的建设，所以只需要补充防淹墙或挡水围堰即可。

基坑顶部防淹墙、防护栏、排水沟

案例 63　模拟题十一

某市一综合管线加道路工程，该工程平行于河道，施工期河道水位为 -4.0m。向社会进行公开招标，因本工程属于该市重点项目，发包方在发布资格预审文件时注明：①投标单位需在近三年内获得过鲁班奖；②具有与本工程规模相仿的施工业绩；③投标单位没有重大质量、特大安全事故，无犯罪记录。

A 公司通过资格预审，对招标文件与图纸进行分析后发现，招标人所提供的招标文件与图纸有多处冲突，A 公司书面向发包人提出质疑，发包人在规定的时间内向 A 公司书面答疑。最终 A 公司中标本工程。

项目部确定降水、各种管线的沟槽开挖、管道安装和柔性管道沟槽回填为本工程的重点。沟槽开挖施工方案的基坑坑壁坡度依据图 1 提供的地质情况按表 1 选定。其中给水管道为焊接钢管，项目部要求焊接钢管的工人做好必要的自身防护。

柔性管道回填要求严格按照《给水排水管道工程施工及验收规范》GB 50268—2008 的要求回填，图 2 为施工单位制定回填要求的一部分。

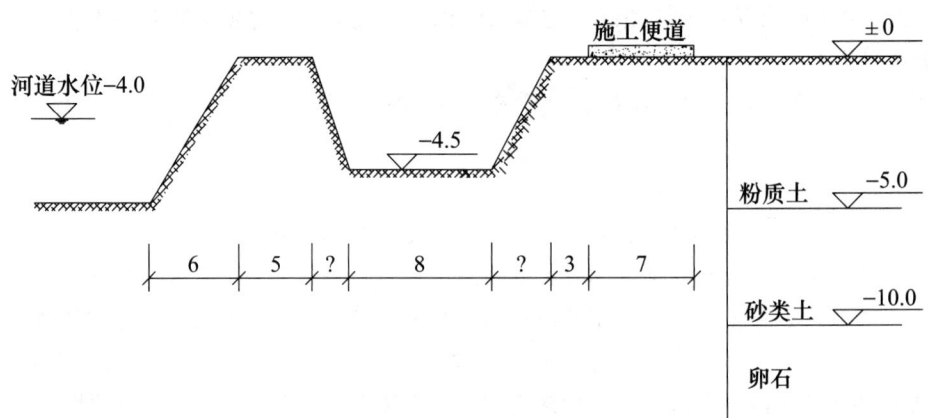

图 1 基坑开挖侧面示意图

表 1 基坑坑壁容许坡度表（规范规定）

坑壁土类	坑壁坡度（高：宽）		
	基坑顶缘无荷载	基坑顶缘有静载	基坑顶缘有动载
粉质土	1：0.67	1：0.75	1：1.0
黏质土	1：0.33	1：0.5	1：0.75
砂类土	1：1.0	1：1.25	1：1.5

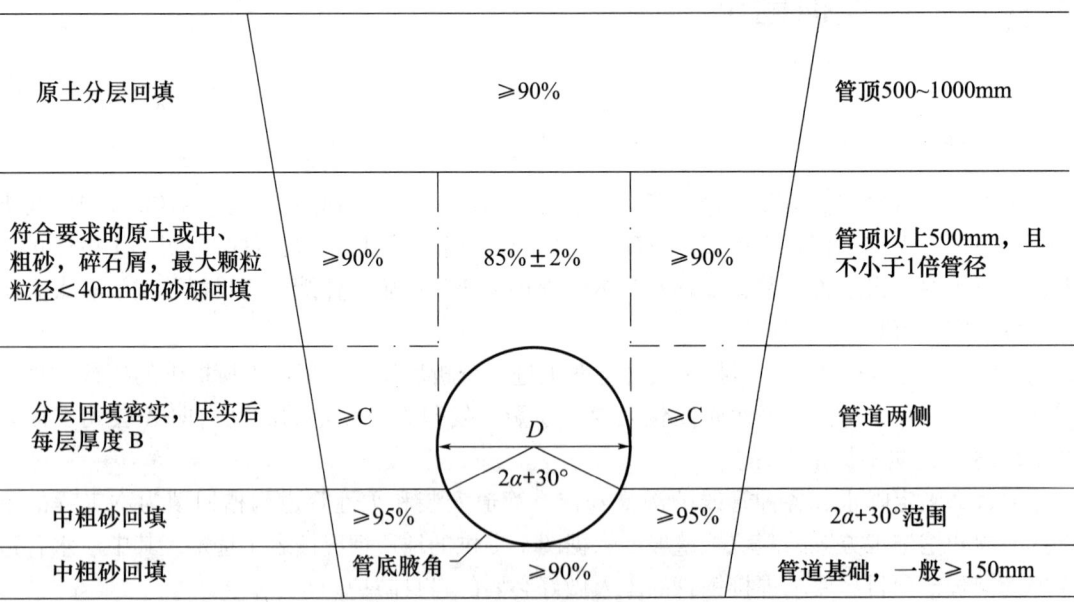

图 2 柔性管道沟槽回填部位与压实度示意图

> 问题

1. 招标人在本次招投标中存在哪些问题？
2. 依据现场条件，图1沟槽宜采用何种降水方式？应如何布置？
3. 焊接钢管的电焊工应做好哪些必要的防护？
4. 依据《给水排水管道工程施工及验收规范》GB 50268—2008，本工程的柔性管道示意图中管道两侧应采用何种材料？图中B、C的数值是多少？
5. 根据图1和表1信息，计算图1中坡度形成的投影宽度。

> 参考答案

1. 招标人在本次招投标中存在哪些问题？
【参考答案】
（1）问题一：投标单位需在近三年内取得过鲁班奖不妥。理由：发包人不能以不合理的条件限制潜在的投标人。
（2）问题二：发包人在规定的时间内向A公司书面答疑不妥。理由：对于任何投标人的质疑，发包人都应同时向全体投标人统一进行答疑。

【解析】
招投标在市政专业考试中是一个重要且容易拿分的题目。但是，市政教材中对于招投标的介绍相对简略，无法满足考试要求。因此，需要熟悉教材以外招投标的常识内容。

2. 依据现场条件，图1沟槽宜采用何种降水方式？应如何布置？
【参考答案】
（1）本工程宜采用轻型（真空）井点降水方式。
（2）应布置成双排（或双侧）形式，井点管距沟槽上口线不小于1.0m，井点间距为0.8~2.0m，邻近河一侧适当加密。

【解析】
根据工程背景条件选择适当的地下水控制方式是市政专业中的重要考点。常见的地下水控制方式包括集水明排、井点降水和隔水帷幕。本工程地质条件为粉质土和砂类土，需要降水深度为5.0m，并且邻近沟槽有河流。根据这些条件，单纯采用集水明排肯定无法满足施工要求，鉴于沟槽较浅，轻型井点降水是最佳选择。此外，考虑到邻近河一侧水量较大，可以考虑在邻近河一侧加密设置井点。

回答此类题目的关键是不要脱离案例背景条件。对本工程中的土质、邻近河道和降水较浅等关键信息，需要准确理解其意义，并基于这些条件选择适当的施工方式。

3. 焊接钢管的电焊工应做好哪些必要的防护？
【参考答案】
使用带有滤光镜的头罩或手持防护面罩，戴耐火的防护手套，穿焊接防护服和绝缘、阻燃、抗热防护鞋；清除焊渣时应戴护目镜。

【解析】

在新大纲体系下，焊接内容有所弱化，但不排除未来考试中，将桥梁部分对焊工的要求在管道或钢支撑甚至是钢梁中进行考核。

4. 依据《给水排水管道工程施工及验收规范》GB 50268—2008，本工程的柔性管道示意图中管道两侧应采用何种材料？图中 B、C 的数值是多少？

【参考答案】

（1）管道两侧应回填的材料是中、粗砂，碎石屑，最大粒径小于 40mm 的砂砾或符合要求的原土。

（2）B 是 100~200mm，C 是 95%。

【解析】

案例背景中所提及的图形属于《给水排水管道工程施工及验收规范》GB 50268—2008 的内容。柔性管道回填土应符合该规范的相应条款规定。一建教材本身并未将该图表纳入其中，鉴于一建市政考试比较喜欢考核实操性的题目，这些规范规定的内容很有可能在未来考试中出现。

5. 根据图 1 和表 1 信息，计算图 1 中坡度形成的投影宽度。

【参考答案】

远离河道一侧坑壁坡度应为 1∶1.0；边坡投影宽度为 4.5m×1.0＝4.5m。

靠近河道一侧坑壁坡度应为 1∶0.67；边坡投影宽度为 4.5m×0.67＝3.015m。

【解析】

根据图表中的数字信息进行计算是当前市政考核中一种常见的主流考题。在解答本题之前，首先需要理解坡度表示形式 1∶a 的含义，即沟槽向下每开挖 1m，上口线需要比下口线向沟槽外侧拓宽 am。其次，需要仔细观察图表中的信息。在本题图表中标注了三种土质，根据沟槽的开挖深度可以确定沟槽处于图表中的粉质土层。根据图上河道一侧未堆放土方和其他杂物的情况，可以确认河道一侧基坑边坡的坡顶为无荷载，而远离河道一侧特意标记了施工便道，因此远离河道一侧的坡顶为有动载。

结合以上信息可知，本题中河道一侧的坡度为 1∶0.67，沟槽边坡形成投影宽度为 4.5m×0.67＝3.015m，而远离河道一侧的坡度为 1∶1.0，沟槽边坡形成的投影宽度为 4.5m。

案例 64　模拟题十二

某城市道路改扩建工程，现有道路为单幅水泥混凝土道路，宽度 15m，交通拥堵，拟将其扩建成宽 30m 且路中设 5m 绿化隔离带的沥青混凝土道路，且在绿化隔离带下新建雨水管道，确保路面的排水，如图所示。

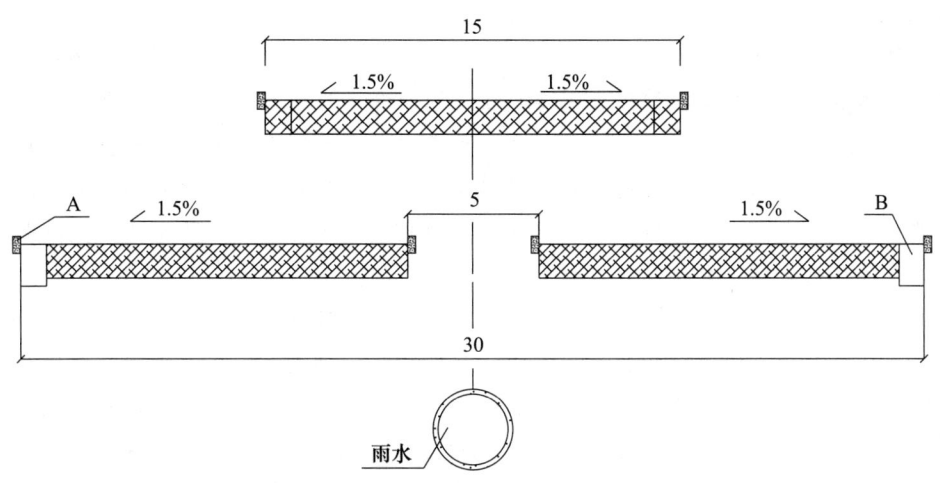

道路改建前后横断面图(单位:m)

新建路面结构:300mm 厚的水泥稳定土底基层,350mm 厚二灰碎石基层,80mm 厚 AC-25 沥青混凝土底面层,40mm 厚改性沥青 SMA-13 表面层。为利用现有资源,经对现况水泥路面检测后,决定除绿化带部位的路面外,其余路面可经铣刨清理后,直接铺装改性沥青表面层。

项目部施工组织设计对施工部署分为以下几个阶段:①拓宽段路基、基层施工;②表面层沥青混凝土分幅摊铺;③水泥混凝土面层切割破除(绿化隔离带位置);④雨水管线施工;⑤中央隔离带砌筑路缘石;⑥拓宽段底面层沥青混凝土摊铺;⑦现况水泥混凝土路面分幅铣刨清理;⑧雨水口及支连管分幅施工;⑨拓宽段路缘石砌筑。因为该改扩建道路处于市区,交通压力极大,建设单位要求在扩建过程中尽量保持现况交通通行。施工单位确定了合理的施工顺序,以确保该道路施工中的通行。施工流程为①→C→D→E→④→⑤→F→⑦→②。

施工项目部按照施工方案搭设围挡,并在围挡上设置了相应的标识和必要设施。鉴于施工工期紧迫,项目部拟加快底基层施工进度,采取如下措施:按照设计配比拌合水泥稳定土;水泥稳定土一次碾压成型,保湿养护 3 天后即进行下道工序。

> 问题

1. 施工流程中 C、D、E、F 的工序是什么?用背景中的序号进行回答。
2. 搭设施工围挡有哪些要求?在围挡上应设置的标识和设施有哪些?
3. 指出项目部拟采取措施的不当之处,并给出正确做法。
4. 指出 A、B 的名称,简述 A 和 B 施工中需要注意的问题。

参考答案

1. 施工流程中 C、D、E、F 的工序是什么?用背景中的序号进行回答。
【参考答案】
C、D、E、F 的工序分别为⑨、⑥、③、⑧。

【解析】

旧路改造在实际施工中经常遇到，必须考虑现况交通通行问题。题目中的第一项工作在案例背景给出的是：①拓宽段路基、基层施工，这意味着在进行拓宽段施工时，现况交通继续在原有的道路上通行。为了尽量减少反复导行交通，在施工完拓宽段的路基和基层后，应紧接着将拓宽段的底面层进行摊铺。在正常施工情况下，摊铺下面层之前需要将路缘石安装完毕，便于沥青混凝土摊铺高程和道路宽度的精准控制。因此，C工序为⑨拓宽段路缘石砌筑，D工序为⑥拓宽段底面层沥青混凝土摊铺比较合理。

在E工序之后是④雨水管线施工，而雨水管线是在原路中，所以想要施工雨水管线，需要先导行交通，将车辆导行到拓宽段位置，再在现况道路进行施工。因雨水管线在原水泥混凝土路面以下，所以需要先将原水泥混凝土路面切除，施作雨水管线。雨水管线位置也是扩建后的隔离带位置，所以E工序为③水泥混凝土面层切割破除（绿化隔离带位置）。

剩余的四个工序为②、⑤、⑦、⑧，其中②、⑤、⑦在案例背景流程中都有体现，所以F工序是⑧雨水口及支连管分幅施工。按照常理进行分析，完成道路中央隔离带施工后，为了避免施工与车辆通行交叉，可以采用分幅施工方法。左半幅先通行现况车辆，再进行右半幅施工；右半幅施工完毕可通行车辆，再进行左半幅施工。在进行分幅施工时，需要先施工地下的雨水口和支连管，然后进行路面铣刨和清理，最后摊铺表面层。

2. 搭设施工围挡有哪些要求？在围挡上应设置的标识和设施有哪些？

【参考答案】

（1）围挡要求：沿工地四周连续设置（不留缺口），高度不低于2.5m，围挡材料要求坚固、稳定、统一、整洁、美观；内侧禁止堆放材料。

（2）标识和设施：施工单位名称，工程项目名称，警示红灯，防尘喷雾装置。

【解析】

围挡要求属于市政工程管理部分的高频考点。在回答这类问题时，需要结合案例背景进行分析。根据本题背景，施工地点位于市区，因此无须考虑郊区围挡高度1.8m的要求。现今考试趋向于与实际施工现场接轨。例如，许多城市要求在围挡上标明工程名称和施工单位。有些城市还要求在围挡上安装喷水管线，并设置喷雾装置，以最大限度减小扬尘对环境的污染。

施工围挡悬挂喷雾降尘管线

施工围挡标识

3. 指出项目部拟采取措施的不当之处,并给出正确做法。

【参考答案】

(1) 一次碾压成型不妥。应分层摊铺、分层碾压,每层最大压实厚度为 200mm。

(2) 养护 3 天后即进行下道工序不妥。应保湿养护不少于 7 天。

【解析】

本题属于典型的改错题,这类题目主要考核对教材的熟悉程度。

4. 指出 A、B 的名称,简述 A 和 B 施工中需要注意的问题。

【参考答案】

(1) A:路缘石(侧石或立侧石)。施工注意事项:基础与基层同步施工,位置、高程符合设计要求,复验合格后浇筑靠背混凝土并灌缝、养护。

(2) B:雨水口。施工注意事项:位置、深度、尺寸符合设计要求;表面平整,砌筑砂浆饱满,勾缝平顺;管顶砌筑砖券,井底设置泛水坡。

【解析】

路缘石、雨水口及支连管是道路附属构筑物的一部分,也是新大纲体系下重点增加内容,可以结合图形、工序等内容出题,未来会受到命题人的青睐。

案例 65　模拟题十三

背景资料

A 单位承建一项污水泵站工程,主体结构采用沉井,埋深 15m,现场地层主要为粉砂土,地下水埋深为 4m,采用排水下沉。沉井下沉的安全专项施工方案经过专家论证。泵站的水泵、起重机等设备安装项目分包给 B 公司。

为了避免沉井下沉过程中因受力不均匀而导致井壁出现裂缝,泵站采用了圆形结构,并在井筒设计中引入了带有内隔墙的形式（图1），以增强结构的稳定性。沉井各部位的名称如图2所示。考虑到泵站处于地下水位较高的环境中长期运营，制作井筒时采用了图3所示的对拉螺栓形式，用于固定沉井井筒模板。

沉井的起沉点自地面向下挖深3.5m，对地基处理后施作沉井垫层，垫层由350mm粗砂和150mm素混凝土构成。基础验收合格后开始进行刃脚和井筒施工。采用分次制作分次下沉的形式。

随着沉井入土深度增加，井壁侧面摩擦阻力不断加大，沉井下沉受阻。项目部决定采用触变泥浆减阻措施，使沉井继续下沉。沉井下沉到位后施工单位将底板以下超挖部分分层回填砂石并夯实，浇筑底板混凝土垫层、绑扎底板钢筋、浇筑底板混凝土。

B单位进场施工后，由于没有安全员，A单位要求B单位安排专人进行安全管理，但B单位一直未予安排，在吊装水泵时发生安全事故，造成一人重伤。

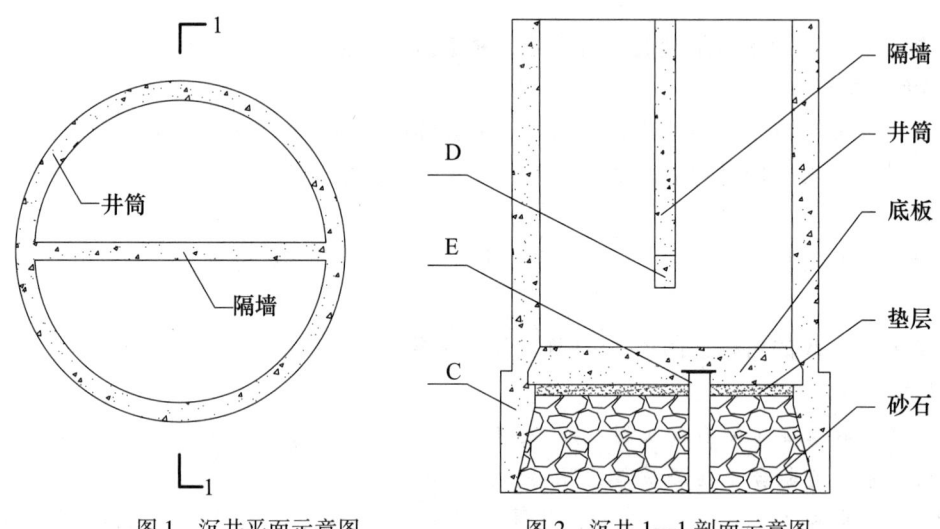

图1 沉井平面示意图　　图2 沉井1—1剖面示意图

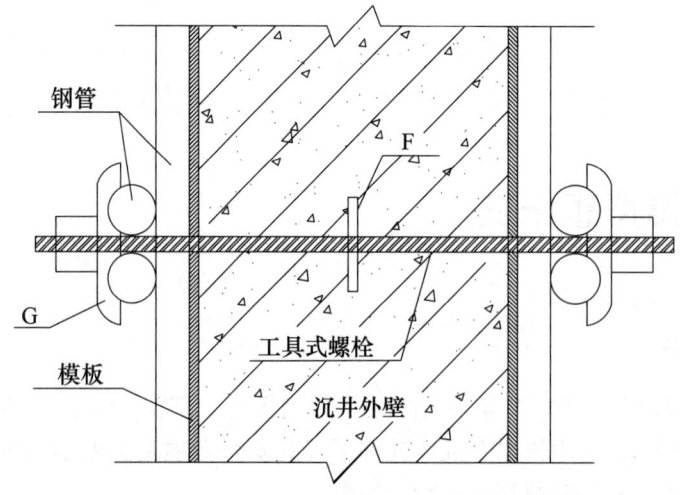

图3 模板对拉螺栓细部结构图

> 问题

1. 本工程沉井砂垫层与素混凝土垫层施工要求有哪些？
2. 补充图 2 中 C、D、E 的名称，并简述其作用。
3. 补充图 3 中 F、G 的名称，并简述其作用。
4. 项目部在干封底中有缺失的工艺，把缺失的工艺补充完整。
5. 除项目部采取的触变泥浆减阻措施外，本工程还可以采取哪些助沉措施？
6. 一人重伤属于什么等级安全事故？A 单位与 B 单位分别承担什么责任？

参 考 答 案

1. 本工程沉井砂垫层与素混凝土垫层施工要求有哪些？
【参考答案】
(1) 垫层厚度和宽度满足结构荷载和施工要求。
(2) 砂垫层为中粗砂，并分层铺设、分层夯实。
(3) 素混凝土垫层表面平整，强度符合设计要求，并便于下沉前凿除。
【解析】
沉井是近年考试中频繁出现的一个考点。但是在新大纲体系下，教材将沉井内容做了弱化处理，只是在管道顶管坑中保留了部分知识点。但是市政专业考试经常"剑走偏锋"，不按照套路出牌，明明已经删除的工法，也会在后期考试中出现，所以本案例从沉井垫层、识图、辅助下沉和封底等几个比较容易考核的知识点设置考点，考生通过案例题可以掌握沉井施工的相关知识。

2. 补充图 2 中 C、D、E 的名称，并简述其作用。
【参考答案】
C：刃脚，作用是减小井筒下沉时井壁下端切土阻力，便于操作人员挖掘靠近沉井刃脚外壁的土体。
D：梁，作用是承载隔墙重力，增加井壁刚度，防止井筒在施工过程中的突然下沉。
E：泄水井，作用是排除施工和封底过程中的积水，防止地下水上升对沉井底板的破坏，避免沉井结构整体上浮。
【解析】
沉井结构非常适合通过结合图形进行考核。在市政图形题目中，最常考核的是识别图形中某一部位的具体名称和功能。在后期备考阶段，建议多找一些施工剖面图、节点图和大样图，以增强对图形的识别能力和题感，以便能够更好地应对与图形相关的考试题目。

3. 补充图 3 中 F、G 的名称，并简述其作用。
【参考答案】
F：止水片（止水板），作用是延长渗水路径、增加渗水阻力。
G：山形卡，作用是固定模板，防止其移动和倾斜，确保结构稳定和安全。

【解析】

本题考核内容涉及较多的图形，除了沉井特有的结构名称外，还考核井筒混凝土施工的通用知识。沉井井筒施工与其他地下结构的侧墙施工相似，属于结构施工通用的知识点。

4. 项目部在干封底中有缺失的工艺，把缺失的工艺补充完整。
【参考答案】
（1）设置泄水井，保持地下水位距坑底不小于0.5m。
（2）用大石块将刃脚下垫实。
（3）将触变泥浆置换。
（4）新、老混凝土接触部位凿毛处理。
（5）底板达到强度且满足抗浮要求时，封填泄水井。
【解析】

排水下沉的沉井封底工序包括以下步骤：继续降水以保持地下水位；使用大石块将刃脚下面垫实；如果采用触变泥浆减阻，将泥浆进行置换；对于超挖部分，回填砂石至规定标高；设置垫层并绑扎底板钢筋；对新、老混凝土接触部位进行凿毛和清理；在封底之前设置泄水井；浇筑底板混凝土；当底板达到所需强度并满足抗浮要求时，封填泄水井。本题案例背景中提及的工序有回填、垫层、底板钢筋和浇筑底板混凝土。其他未提及的工序可以根据需要进行补充。

5. 除项目部采取的触变泥浆减阻措施外，本工程还可以采取哪些助沉措施？
【参考答案】
还可采取以下措施：沉井外壁阶梯形灌黄砂减阻；接高井筒或顶部压配重等。
【解析】

沉井在达到一定深度后，井壁与土体之间的摩擦力增大，导致下沉困难。为了解决这个问题，需要采取措施辅助下沉。实际施工中有四种助沉形式：沉井外壁阶梯形灌黄砂、空气幕、触变泥浆和沉井顶部增加配重。然而，由于本工程是排水下沉施工，空气幕助沉不适用，因此不需要考虑。需要注意的是，沉井顶部增加配重是一种助沉方法，但不是减小摩擦力的措施。如果问题涉及如何减小摩擦力，最好不提增加配重这一措施。

6. 一人重伤属于什么等级安全事故？A单位与B单位分别承担什么责任？
【参考答案】
1人重伤属于一般事故。A单位承担连带责任，B单位承担主要责任。
【解析】

本考点属于法规的内容，在相关真题中也有涉及。这类题目的答题规则基本都是总包方承担连带责任，而分包单位承担主要责任。

案例66 模拟题十四

A、B、C、D、E五家公司投标某新建道路工程，工程包括3.3km道路，2.8km给水管线，1.6km燃气管线，以及三个横穿道路的钢筋混凝土拱形涵洞。招标人于3月2日（周三）发布招标公告，招标公告要求投标截止日期为3月21日。3月10日，B投标人提出图纸存在缺失问题，3月12日，招标人向B投标人提供了补充图纸，3月14日，招标人又向其余各家投标人提供了补充图纸。3月21日开标工作如期进行。

开标后，招标人通过综合评标方法进行评标，要求商务和报价部分分值权重不得高于40%，技术部分的分值不得少于60%。最终A公司中标本工程。

本工程钢筋混凝土拱涵的底板、涵身为素混凝土，拱券为钢筋混凝土，拱涵验收合格后，在外侧粘贴两层SBS卷材防水。钢筋混凝土拱涵各部位，如图1~图4所示。在钢筋混凝土拱涵施工前，项目部拱涵施工顺序做了如下安排：

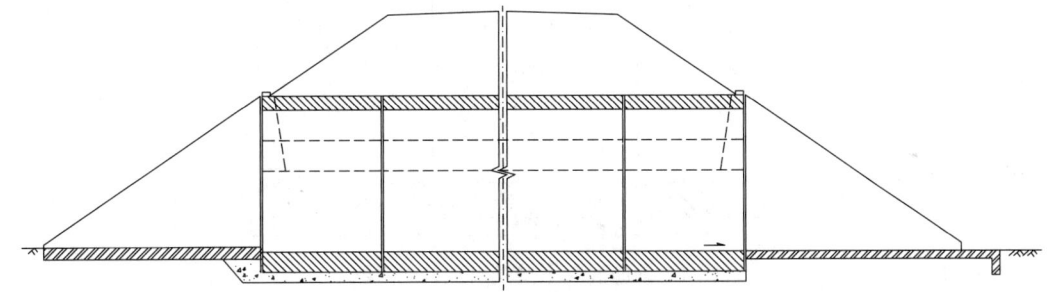

图1 钢筋混凝土拱涵立面图

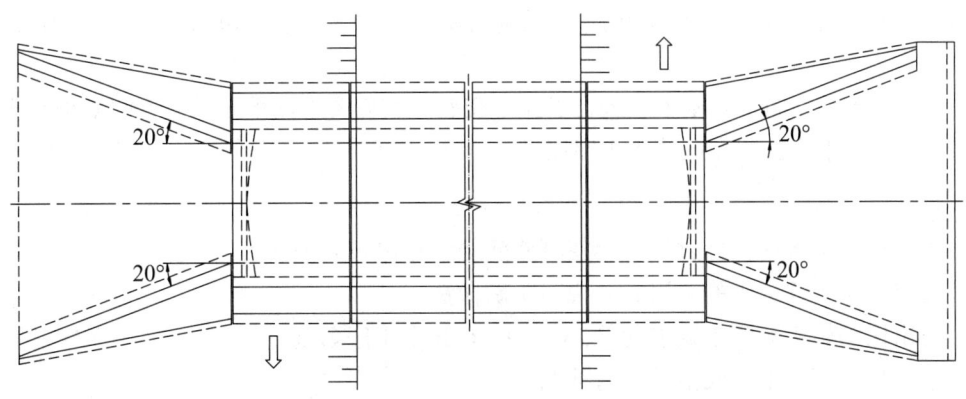

图2 钢筋混凝土拱涵平面图

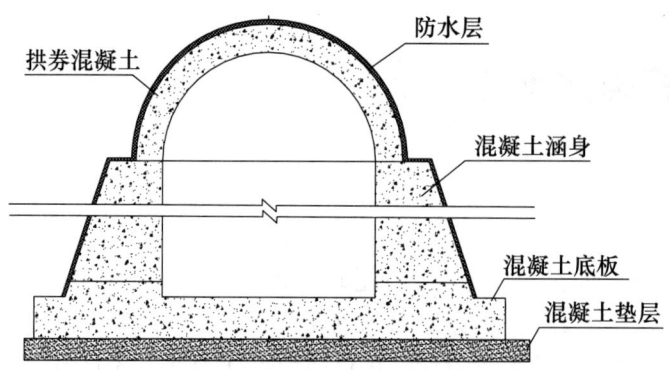

图 3　钢筋混凝土拱涵断面图

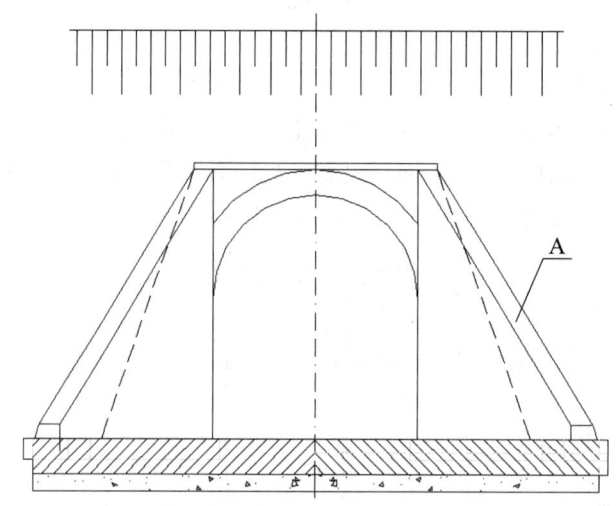

图 4　钢筋混凝土拱涵出水口立面图

测量放样→基坑开挖、排水及换填→浇筑垫层→B→拱涵涵身、台座立模→浇筑涵身台座混凝土→C→安装拱券内模→绑扎拱券钢筋→D→对称灌注拱券混凝土→养护拱券混凝土强度达85%设计值→E→施作防水层→涵洞对称填土夯实→出入口、八字墙等附属工程施工。

涵洞回填土前，施工技术人员进行了技术交底，交底要求回填土压实度需要满足规范要求，回填土的含水率控制在最佳含水率以内。

> 问题

1. 本工程招标人在招标过程中存在哪些问题？写出正确做法。
2. 写出本工程评标中的错误，并说明正确做法。
3. 写出拱涵施工顺序中缺失的 B、C、D、E 几个工序名称。
4. 本工程回填技术交底不全，请补充。
5. 写出图 4 中 A 的名称，简述其作用。

参考答案

1. 本工程招标人在招标过程中存在哪些问题？写出正确做法。

【参考答案】

（1）招标人单独向 B 投标人提供补充图纸错误。

正确做法：招标人应该在同一时间向所有的潜在投标人提供补充图纸。

（2）投标在 3 月 21 日如期进行错误。

正确做法：本工程投标截止日期应该为 3 月 29 日。

【解析】

题目难度系数不高，市政专业后期考试中很可能将这种招投标常识内容以改错题的形式进行考核。需要牢记招投标的几个重要时间节点。

2. 写出本工程评标中的错误，并说明正确做法。

【参考答案】

"要求商务和报价部分分值权重不得高于 40%，技术部分的分值不得少于 60%"的说法错误。正确做法：通过综合评标方法进行评标，技术部分的分值权重不得高于 40%，报价和商务部分分值权重不得少于 60%。

【解析】

属于招投标的常识考点，案例背景将两个权重分值写反了，只要熟悉教材，就不难写出正确答案。

3. 写出拱涵施工顺序中缺失的 B、C、D、E 几个工序名称。

【参考答案】

B—混凝土底板施工；C—支立拱架；D—安装拱券外模；E—对称拆除拱架、拱模。

【解析】

本小问也是当前考试主流题型。考生需要将背景资料中的工序与图形相结合进行作答。图中的结构有混凝土垫层、混凝土底板、混凝土涵身、拱券混凝土和防水层，而在 B 工序之前是浇筑垫层，在 B 工序之后是拱涵涵身、台座立模并浇筑混凝土，明显少了混凝土底板施工这一重要环节，所以依据图形不难分析出来 B 工序为混凝土底板施工。拱涵的拱券结构介于板和墙之间，所以在施工中既需要支架也需要支设内外模板。这几个工序依次为：先支立拱架再安装拱券内模，在拱券钢筋绑扎完成后，浇筑混凝土之前安装拱券外模。混凝土养护之后、拱涵防水之前需要做的工作很明显是拆除拱券的模板和支架。

4. 本工程回填技术交底不全，请补充。

【参考答案】

（1）回填前做试验段，且用土也应进行试验。

（2）沟槽保证无积水，地下水要低于槽底 0.5m。

(3) 外防水及保护层验收后回填。

(4) 涵洞两侧同步、对称回填，高差不大于300mm。

(5) 分段接槎部位留台阶。

【解析】

很多考生遇到交底的补充题不会作答，对于这类题目必须紧密结合案例背景资料，并且从多个方位和角度作答。在本题背景资料中提到了对回填土的压实度和含水率两个关键因素的控制，那么作为回填土应该还有其他因素的控制，这里可以结合教材中填土路基中的土需要做液限、塑限、标准击实、CBR等试验，以及填土施工要做试验段，已施工的成品保护（防水及保护层）、现场地下水控制、分步回填留台阶等知识作答。在回答这类案例题时，一定要将涉及回填土的基坑知识、管线知识和路基知识高度结合。

5. 写出图4中A的名称，简述其作用。

【参考答案】

(1) A的名称：翼墙（又称八字墙）。

(2) 翼墙位于入口和出口两侧，起挡土和导流作用，同时还可以保护路堤边坡不受水流冲刷。

【解析】

图形局部名称及其作用是当前考试主流题型。拱涵各部位名称可参照后面所附立体图，其中端墙和雉墙位于入口和出口处，跟翼墙一起，起到挡土和导流作用，并保护路堤边坡不受水流冲刷。

案例67　模拟题十五

甲公司中标一综合管线工程，包括给水管线、热力管线、雨水管线和污水管线，给水管线1800m，管材为DN400mm球墨铸铁管，密封橡胶圈接口，热力管线供回水为DN600mm焊接钢管，雨水管线采用人工顶管法施工，管径DN3500mm，污水管线采用DN600mm混凝土承插口管。

因工程比较复杂，施工中会不定时有各专业工人进场，甲公司对新进场的工人实施公司、项目班组的三级培训教育。

给水管线的功能性试验如下图所示。

供热管道安装后，进行了竣工测量，土建工程竣工测量包括起终点、变坡点、转折点等进行实测。

雨水管线的顶管坑采用DN800钢筋混凝土灌注桩围护结构，外拉锚加固，采用门式起重机下管，项目部编制了顶管施工方案，其中在始发井内的主要内容包括门式起重机安装、顶管后背施工等。

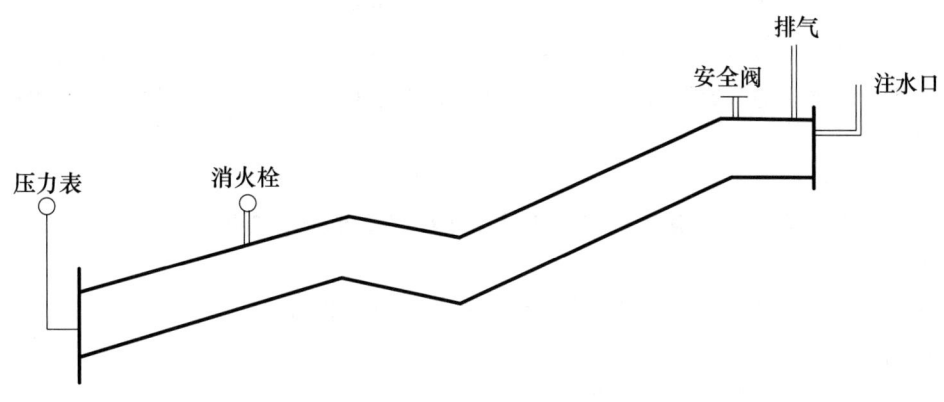

给水管线功能性试验图

污水管线在检查井砌筑后,回填土至管顶500mm,并且留出管口部位,之后进行闭水试验,施工员在技术交底中注明回填土管道两侧高差不能大于500mm,与其他管线同沟敷设时,先回填无压管线再回填有压管线。

▶ 问题

1. 新工人进场后,项目安全培训教育的主要内容是什么?
2. 改正上图的给水管线功能性试验的错误之处。
3. 供热管道安装后,土建工程竣工测量还需对哪些点进行实测?
4. 将顶管施工方案中始发井内的工序补充完整。
5. 改正施工单位在污水管线施工中的不妥之处。

参 考 答 案

1. 新工人进场后,项目安全培训教育的主要内容是什么?

【参考答案】

项目安全培训教育的主要内容是工地安全制度、施工现场环境、工程施工特点及可能存在的不安全因素等。

【解析】

在新大纲体系下,管理部分最重要的就是安全的相关规定。对于三级培训这个知识点,公司安全培训内容是方针、政策、法规、标准、规范、规程和企业的安全规章。有点过于高大上,考试概率相对较低,而班组安全培训教育过于务实,比较适合考试的应该是项目安全培训教育。

2. 改正上图的给水管线功能性试验的错误之处。

【参考答案】

①压力表应设在两端。②消火栓与安全阀不应安装。③在管道中间高点也要安装排气阀。④注水位置应该在低点。⑤在最低端应设泄水管。

【解析】

本题以图形改错题的形式出现,但考核的知识点仍然是教材中的内容,只是以不同的形式呈现出来。对于压力管线功能性试验的条件，教材中有清晰的介绍。其中指出，在试验段中间的高点和最高点应设置排气阀，而消防栓、安全阀不能参与试验。水应从下游注入。另外，压力表应该在试验段两端都设置，这个知识点在燃气和热力功能性试验中也有提及，我们可以借用这个知识点。

3. 供热管道安装后，土建工程竣工测量还需对哪些点进行实测？

【参考答案】

还应对交叉点、结构材料分界点、埋深、轮廓特征点进行实测。

【解析】

在新大纲体系下，热力也属于被弱化的知识点，被保留下来的内容后期应关注。如果考试中出现竣工测量，会以简答题或补充题形式考核。

4. 将顶管施工方案中始发井内的工序补充完整。

【参考答案】

应补充铺设导轨、顶进设备（千斤顶）就位并安装、安装顶铁、洞口拆除、试顶进。

【解析】

本题考核人工顶管中顶管坑内的主要工序。新大纲体系下教材增加了顶管工程的内容，但还不足以应对考试。备考时建议拓展知识，阅读相关施工手册、分析工程案例、熟悉技术规范，参考研究论文和行业资讯。

5. 改正施工单位在污水管线施工中的不妥之处。

【参考答案】

（1）闭水试验合格后对管道进行回填。

（2）管道两侧压实面的高差不应超过300mm。

（3）同沟敷设管线回填应先深后浅。

【解析】

本题的考核内容是纠正施工单位的错误做法，并没有要求说明理由，所以直接改正即可。对于压力管道而言，要求在进行强度试验之前将管道回填到管顶以上0.5m，并留出管道接口，而污水管线属于无压管线，要求在功能性试验（闭水试验）合格后进行回填操作。后面两个纠错的难度较低，属于常识性内容。

案例 68　模拟题十六

背景资料

某市区新建道路上跨一条运输繁忙的运营铁路，需设置一处分离式立交，铁路与新建道路交角 $\theta = 44°$，该立交左右幅错孔布设，两幅间设 50cm 缝隙。桥梁标准宽度为 36.5m，左右幅桥梁跨径总长均为120m（60m+60m）。如图1所示，左右幅孔跨布置均为两跨一联预应力混凝土单箱双室箱梁，箱梁采用满堂支架现浇施工的方法。梁体浇筑完成后，整体T形结构转体归位，如图2所示。邻近铁路埋有现状地下电缆管线，埋深50cm，施工中将有大型混凝土运送车、钢筋运输车通过。

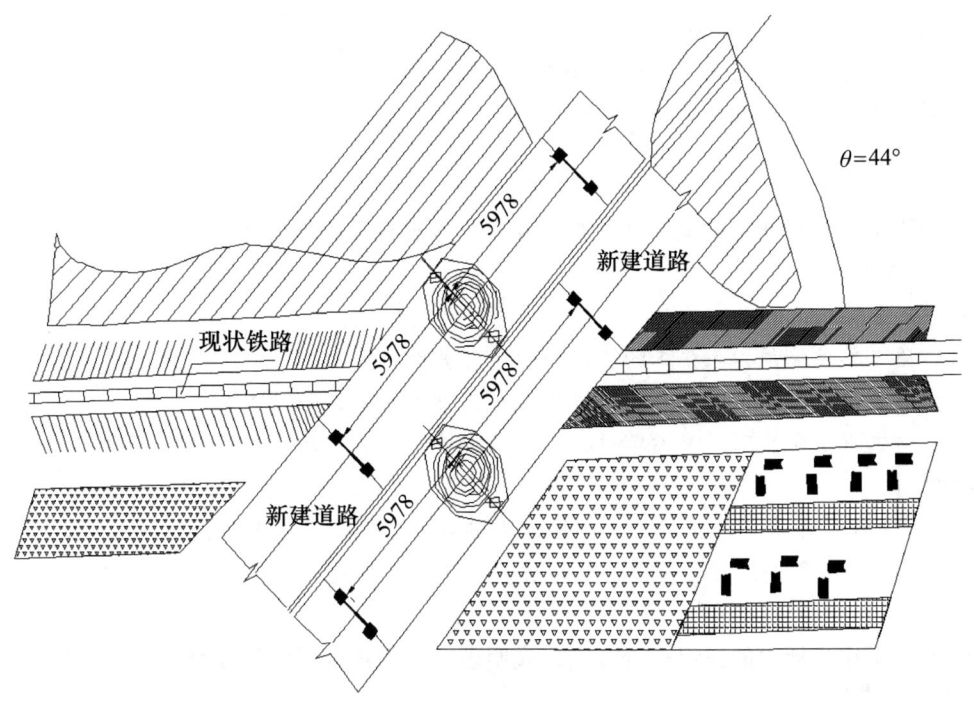

图1 桥梁位置平面图（单位：cm）

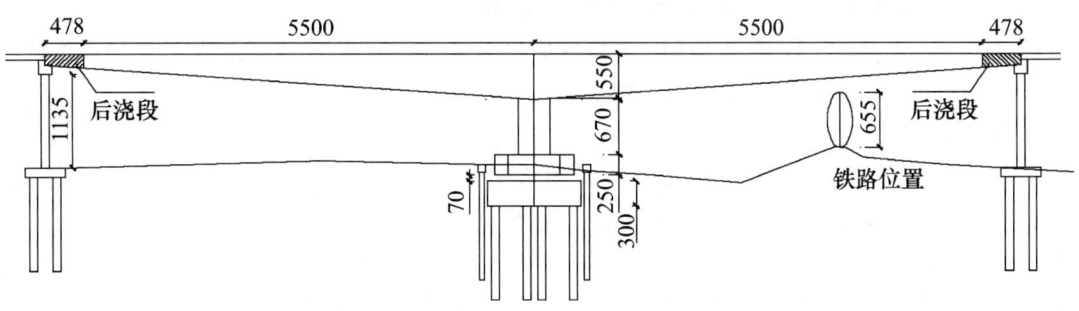

图2 桥梁纵断面图（单位：cm）

工程中标后，施工单位立即进驻现场。因工期紧张，施工单位总部向其所属项目部下达立即开工指令，要求项目部根据现场具体情况，施工一切可以施工的部位，确保桥梁转体这一窗口节点的实现。

本工程施工组织设计中，施工单位提出如下建议：因两幅桥梁结构相同，建议只对其中一幅桥梁支架进行预压，取得详细数据后，可以作为另一幅桥梁支架施工的指导依据。经驻地监理工程师审阅同意后，上报总监理工程师审批，施工组织设计被批准。

问题

1. 施工单位进场开工的程序是否符合要求？写出本工程进场开工的正确程序。
2. 施工组织设计中的建议是否合理？说明理由。简述施工组织设计的审批程序。
3. 大型施工机械通过施工范围现状地下电缆管线上方时，应与何单位取得联系？需要完成的手续和采取的措施是什么？
4. 现浇预应力箱梁施工时，侧模和底模应在何时拆除？
5. 施工单位在桥梁转体前应做哪些准备工作？

参考答案

1. 施工单位进场开工的程序是否符合要求？写出本工程进场开工的正确程序。
【参考答案】
不符合要求，正确程序：
（1）施工单位编制指导施工的施工组织设计并经过审批。
（2）建设单位组织了图纸会审和设计交底，且各种批文手续齐全。
（3）施工单位向监理、建设单位提出开工申请，经审核后由总监理工程师下发开工令。
【解析】
本小问考核的是进场开工的正确程序，主要采分点是第三条内容，第一条和第二条作为开工前的一些必备条件，可用精简的文字进行描述，或许也有相应分值。

2. 施工组织设计中的建议是否合理？说明理由。简述施工组织设计的审批程序。
【参考答案】
（1）不合理。理由：由图可知，铁路两侧支架施工区域地质情况不同，即便上部荷载完全相同，但在预压中支架地基依然会有不同的沉降。
（2）施工组织设计的审批程序：施工单位技术负责人审批并加盖企业公章，报总监理工程师及建设单位项目负责人审核后实施。
【解析】
本题看似简单，但实际上隐藏着一定的考点。案例背景强调了桥梁上部结构相同，因此要对一侧支架进行预压，并按照相同的数据进行另一侧的施工，这实际上是在间接考核支架预压的目的。从图中可以看出，铁路两侧支架基础存在明显的差异，因此支架预压的荷载也会有所不同。如果不单独进行预压，可能在施工过程中导致质量事故发生。

3. 大型施工机械通过施工范围现状地下电缆管线上方时，应与何单位取得联系？需要完成的手续和采取的措施是什么？
【参考答案】
（1）单位：建设单位，铁路管理单位，电缆管线的产权单位、管理单位和使用单位。
（2）手续：办理电缆上方场地交接和线缆损坏赔偿协议等手续。
（3）措施：

① 编制电缆保护加固专项方案和应急预案，并经相关单位审核。
② 核实管线位置并设立标志。
③ 管线上方浇筑混凝土硬化或铺设钢板。
④ 施工中派专人检查、监督，并随时进行沉降变形监测。

【解析】

大型施工机械通过施工范围现状地下电缆管线上方时，应与何单位取得联系？这个问题看似简单，但需要注意回答方式，以确保能够得分。例如，参考答案可能是建设单位，也可能是铁路管理单位，还可能是电缆管线的产权单位、管理单位或使用单位，因为命题人给出的参考答案不可能涵盖所有可能性，很可能是上述答案中的一项或两项。如果考生的答案只有上述答案中的一项，很可能无法得分。因此，考生在回答这类问题时，需要从不同的角度和方面进行思考，并尽可能列举多个可能的答案，确保不会遗漏。

对于车辆从管线上方通行需要采取的措施涉及内容很广，回答这类题目既要全面，又要保持文字简洁。为此，在一句话中尽量使用"和、且、并、或、及"等词汇，以避免文字的重复出现。

4. 现浇预应力箱梁施工时，侧模和底模应在何时拆除？

【参考答案】

（1）混凝土强度达到 2.5MPa 及以上且能保证结构棱角不损坏时，在预应力张拉前拆除可拆除侧模。

（2）混凝土强度能承受其自重及其他可能的荷载时，在施加预应力后拆除底模。

【解析】

本题涉及市政专业的高频考点，是关于施工常识的内容。在底模拆除过程中，需要注意底模的承载能力，除了自身质量外，还要考虑其他可能的荷载，如施工人员、机械设备或施工车辆等。此外，底模的拆除还需考虑是否完成了预应力施工，这些都是在施工过程中需要特别注意的事项。

5. 施工单位在桥梁转体前应做哪些准备工作？

【参考答案】

（1）与铁路部门协调，确保转体期间无列车通行。
（2）验收桥梁结构混凝土与预应力，确保强度达标。
（3）选择风力较小的日期进行转体。
（4）验收并调试动力设施。
（5）配备充足的照明和通信设施。
（6）制定并演练应急预案。

【解析】

关于桥梁转体前的准备工作，可以从以下几个方面考虑：首先，桥梁转体施工横跨铁路，所以需要跟铁路部门办理手续；其次，桥梁主体结构必须具备转体条件，验收合格；最后，桥梁转体的现场环境、应急措施以及保障设施也是必须考虑的内容。

案例 69　模拟题十七

背景资料

某公司承建某城市道路综合市政改造工程，总长 2.17km，道路横断面为三幅路形式，主路机动车道为改性沥青混凝土面层，宽度为 18m，同期敷设雨水、污水等管线。污水干线采用 HDPE 双壁波纹管，管道直径 $D=600\sim1000$mm，雨水干线为 3600mm×1800mm 钢筋混凝土箱涵，底板、围墙结构厚度均为 300mm。

管线设计为明开槽施工，自然放坡，雨、污水管线采用合槽方法施工，如图所示，无地下水，由于开工日期滞后，工程进入雨期实施。

沟槽开挖完成后，污水沟槽南侧边坡出现局部坍塌，为保证边坡稳定，减少对箱涵结构施工影响，项目部对南侧边坡采取措施处理。

为控制污水 HDPE 管道在回填过程中发生较大的变形、破损，项目部决定在回填施工中采取管内架设支撑，加强成品保护等措施。

项目部分段组织道路沥青底面层施工，并细化横缝处理等技术措施，主路改性沥青面层采用多台摊铺机呈梯队式，全幅摊铺，压路机按试验确定的数量、组合方式和速度进行碾压，以保证路面成型平整度和压实度。

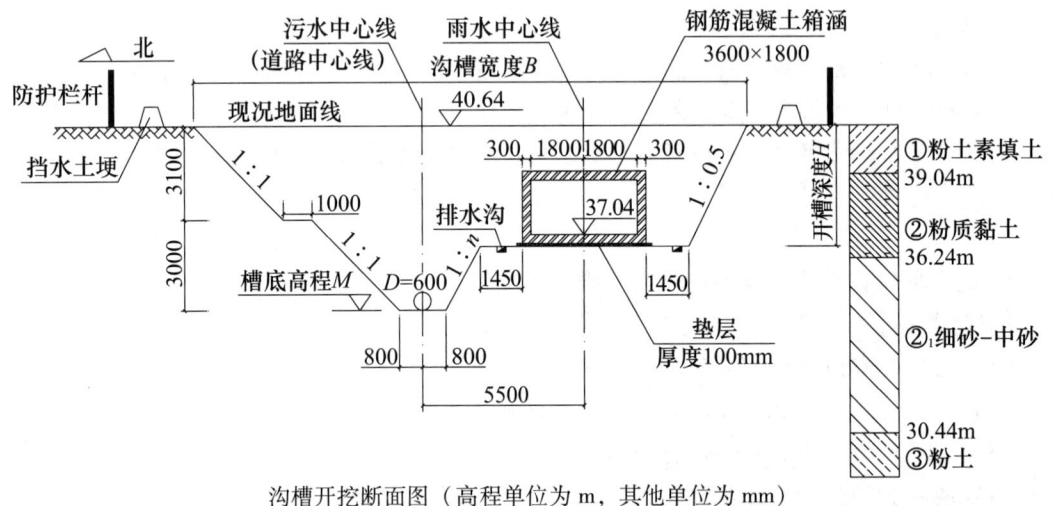

沟槽开挖断面图（高程单位为 m，其他单位为 mm）

问题

1. 根据上图，列式计算雨水管道开槽深度 H、污水管道槽底高程 M 和沟槽宽度 B（单位为 m）。

2. 根据上图，指出污水沟槽南侧边坡的主要地层，并列式计算其边坡坡度中的 n 值（保留小数点后 2 位）。

3. 试分析该污水沟槽南侧边坡坍塌的可能原因，并列出可采取的边坡处理措施。
4. 为控制 HDPE 管道变形，项目部在回填中还应采取哪些技术措施？
5. 试述沥青底面层横缝处理措施。

参 考 答 案

1. 根据上图，列式计算雨水管道开槽深度 H、污水管道槽底高程 M 和沟槽宽度 B（单位为 m）。

【参考答案】

H：40.64-（37.04-0.3-0.1）= 4m

M：40.64-3.1-3.0=34.54m

B：3.1+1+3+0.8+5.5+1.8+0.3+1.45+4×0.5=18.95m

【解析】

图形计算的常规考点。本题目中除沟槽宽度（开挖上口线）B 的计算稍微有一点复杂外，雨水管道开槽深度 H 和污水管道槽底高程 M 基本上没有难度。

2. 根据上图，指出污水沟槽南侧边坡的主要地层，并列式计算其边坡坡度中的 n 值（保留小数点后 2 位）。

【参考答案】

主要地层为粉质黏土、细砂-中砂。

宽度：5.5-0.8-1.45-0.3-1.8=1.15m

高度：（40.64-4）-34.54=2.1m

$1:n=2.1:1.15=1:0.55$

$n=0.55$

【解析】

本小问判断污水沟槽南侧边坡的主要地层需要结合第一个问题中雨水槽底高程和污水槽底高程，再根据图形中土质分层的标高即可得出答案。

$1:n$ 中计算 n 的数值，需要先明白 $1:n$ 是高宽比，而高差可以利用第一个小问得出的数值计算，宽度可以通过两管道中心线之间距离为 5.5m，再依据图中给的数值进行计算。

3. 试分析该污水沟槽南侧边坡坍塌的可能原因，并列出可采取的边坡处理措施。

【参考答案】

（1）坍塌的原因可能有：边坡土质较差，施工进入雨期，留置坡度过陡，不同土质地层间未设置过渡平台，雨水沟槽中排水沟未设置防渗层。

（2）可采取的边坡处理措施：适当将坡度放缓，设置过渡平台，坡脚堆放砂包土袋，坡面覆盖塑料薄膜或硬化，污水南侧坡顶（或箱涵北侧）及排水沟防渗处理。

【解析】

边坡坍塌的主要原因一定要结合案例背景，如背景中介绍"由于开工日期滞后，工程进入雨期实施",那么坍塌的原因可以列出施工进入雨期及雨水沟槽排水沟可能未设置防渗层。当然,只要是基坑垮塌,一般土质、坡度、过渡平台等属于常识内容。

4. 为控制 HDPE 管道变形,项目部在回填中还应采取哪些技术措施?
【参考答案】
在温度最低时两侧对称回填,腋角用中粗砂填实,采用胸腔填土形成竖向反变形措施,管顶 500mm 以下人工回填,填土厚度符合规范要求后才可采用机械压实。
【解析】
柔性管道回填过程中需采取措施防止管道发生变形,该知识点在新版大纲体系中也被弱化了。后期如果遇到该考点,可以从回填材料、回填时间、回填方式、层厚、压实等方向作答,切不可盲目地背书。

5. 试述沥青底面层横缝处理措施。
【参考答案】
将端头部分切割成直槎并垫方木保护,接槎保持干燥并涂刷粘层油,摊铺时用新料或喷灯将接槎软化,应先横向跨缝碾压,再沿着道路方向碾压,连接平顺。
【解析】
本小问内容在教材上有相应文字介绍,但教材上文字介绍较为烦琐,考试时不可能将教材上那么多的文字都背写在试卷上,所以需要对教材中文字结合案例背景进行总结。本小题核心采分点应该围绕着"切、垫、刷、烤、压"展开。

案例 70 模拟题十八

某项目部承建一项新建城镇道路工程,全长 1000m,指令工期 100 天。开工前,项目经理召开动员会,对项目部全体成员进行工程交底,参会人员包括"十大员",即施工员、测量员、A、B、资料员、预算员、材料员、试验员、机械员、标准员。

道路工程施工在雨水管道主管铺设、检查井砌筑完成、沟槽回填土的压实度合格后进行。雨水管道在里程桩号 K1+235 位置开槽断面如下图所示。

项目部将道路车行道施工分成四个施工段和三个主要施工过程(包括路基挖填、路面基层、路面面层),每个施工段、施工过程的作业天数见表 1。工程部按流水作业计划编制的横道图见表 2,并组织施工,路面基层采用二灰混合料,常温下养护 7 天。

在路面基层施工完成后,必须进行的工序还有 C、D,然后才能进行沥青混凝土面层施工。

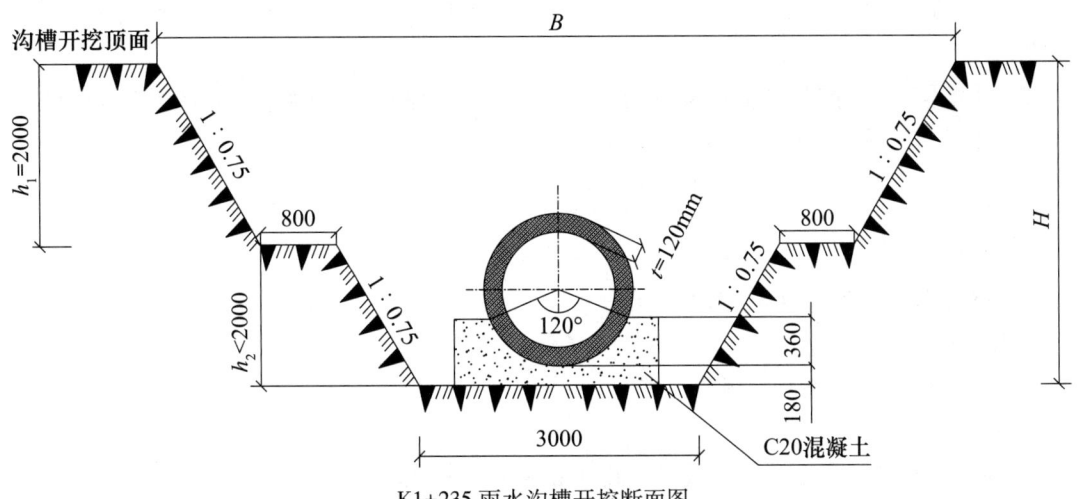

K1+235 雨水沟槽开挖断面图

说明：
1. 本工程高程单位为 m，其余标注均为 mm。
2. 地面标高 23.02m，管内底标高 19.42m。

表1 施工段、施工过程及作业天数计划表　　　　　　　　　　单位：天

施工过程	施工段			
	①	②	③	④
路基挖填	10	10	10	10
路面基层	20	20	20	20
路面面层	5	5	5	5

表2 新建城镇道路施工进度计划横道图

施工过程	施工段（天）																					
	5	10	15	20	25	30	35	40	45	50	55	60	65	70	75	80	85	90	95	100	105	110
路基填挖	①		②			③		④														
路面基层																						
路面面层																						

▶问题

1. 写出"十大员"中 A、B 的名称。
2. 按表1、表2所示，补画路面基层与路面面层的横道图线。确定路基挖填与路面基层

之间及路面基层与路面面层之间的流水步距。该项目计划工期为多少天？是否满足指令工期？

3. 计算本工程开挖土方量（不考虑道路与管线坡度、检查井等影响，结果保留2位小数）。

4. 补充二灰混合料基层其他养护措施。

5. 写出主要施工工序C、D的名称。

【参考答案】

1. 写出"十大员"中A、B的名称。

【参考答案】

A为安全员。B为质检（质量）员。

【解析】

在施工项目中，安全员的职责是监督和管理施工现场的安全，确保工作环境符合安全标准，并采取必要的措施预防事故的发生。他们制定安全计划、组织安全培训、监督施工过程中的安全操作，并进行安全检查和事故调查。质检员则专注于项目的质量控制和质量管理，监督施工过程中质量标准的执行情况，确保工程质量符合规范要求。质检员会进行材料检验、工艺检查、工程验收等工作，以确保施工项目的质量达到预期标准。因此，在施工现场中的"十大员"或"八大员"中，安全员和质检（质量）员都是不可或缺的角色。

2. 按表1、表2所示，补画路面基层与路面面层的横道图线。确定路基挖填与路面基层之间及路面基层与路面面层之间的流水步距。该项目计划工期为多少天？是否满足指令工期？

【参考答案】

（1）路面基层与路面面层完整的横道图如下：

施工过程	施工段（天）																					
	5	10	15	20	25	30	35	40	45	50	55	60	65	70	75	80	85	90	95	100	105	110
路基填挖	①		②		③		④															
路面基层				①				②				③				④						
路面面层																①	②	③	④			

（2）路基挖填与路面基层之间流水步距为10天；路面基层与路面面层之间的流水步距为65天。

（3）该项目计划工期95天；指令工期100天，满足指令工期。

【解析】

依据错位相减取大差，本工程按照下列方式计算流水步距：

```
      10   20   30   40              20   40   60   80
  −        20   40   60   80      −         5   10   15   20
  ─────────────────────────       ─────────────────────────
      10    0  −10  −20  −80         20   35   50   65  −20
```

有考生将本小题中基层养护时间（7天）加入流水施工进行了计算，得出路面基层与面层的流水步距是72天，这种理解方式不妥。作为施工常识，任何半刚性基层从拌合开始到碾压完成进行养护，几乎都在24h之内完成。即便按施工要求掺加缓凝剂，基层也绝不可能在施工20天后再开始养护。并且基层一般都分两层施工，每层施工完成后均需养护7天。例如本工程，下基层施工时间只有1~2天的时间，然后养护7天，上基层亦是如此。所以，案例背景中基层20天是包括了基层的两次施工和养护时间，而背景中写出来的养护7天，是为了基层养护其他措施而设置的。

3. 计算本工程开挖土方量（不考虑道路与管线坡度、检查井等影响，结果保留2位小数）。
【参考答案】
沟槽开挖深度：23.02−（19.42−0.12−0.18）= 3.9m
上梯形沟槽开挖上口线：3+0.8×2+3.9×0.75×2 = 10.45m
上梯形沟槽开挖下口线：10.45−2×0.75×2 = 7.45m
下梯形沟槽开挖上口线：7.45−0.8×2 = 5.85m
沟槽开挖断面面积：
[（10.45+7.45）×2÷2] + [（5.85+3）×（3.9−2）÷2] = 26.3075m^2
沟槽开挖土方量：26.3075×1000 = 26307.5m^3
【解析】
可以将断面图看成两个梯形，并通过梯形断面面积及道路长度计算得出本题的答案。

4. 补充二灰混合料基层其他养护措施。
【参考答案】
洒水保持表面潮湿，封闭交通，或采用沥青乳液和沥青下封层进行养护。
【解析】
对于胶凝性材料（石灰、水泥、粉煤灰类）构成的半刚性基层，养护无外乎是洒水、保湿、封闭交通和养护时间等内容。有时也可以采用沥青乳液或沥青下封层进行养护。

5. 写出主要施工工序C、D的名称。
【参考答案】
工序C为安装路缘石；工序D为雨水口及其连接管施工。
【解析】
在案例背景中是这样描述的："在路面基层施工完成后，必须进行的工序还有C、D，然后才能进行沥青混凝土面层施工。"说明C、D这两道工序既不是基层也不是面层。另外，在案例背景中提到了道路工程施工在雨水管道主管铺设、检查井砌筑完成、沟槽回填土的压实度合格后进行。这表明道路下面存在雨水管线，其目的是收集路面的雨水，然而案例背景中并未提及收集雨水最重要的装置——雨水口及支连管。根据施工常识，安装雨水口及支连管是在道路面层施工前进行的。

综上所述，在基层施工完成后、面层铺装前，需要进行雨水口及支连管的施工（安装）。根据规范，雨水口及支连管应作为一个工序进行安装。因此，工序C、D中还应包括另一个工序，即路缘石（路侧石）的施工。路缘石（路侧石）和雨水口及支连管都是道路的附属构筑物，它们的安装顺序是路缘石施工完成后进行雨水口及支连管的施工。这是因为路缘石应该在基层施工完成后进行安装，而雨水口及支连管则需要依赖路缘石的位置和高度来进行正确的安装。

因此，工序C为安装路缘石，工序D为雨水口及其连接管施工。

案例71 模拟题十九

某公司承建一项城镇主干路新建工程，全长3.1km，施工桩号为K0+000~K3+100。道路路面结构分为两种类型，其中K0+000~K3+000段路面面层为厚8cm沥青混合料面层，K3+000~K3+100段路面面层为厚28cm水泥混凝土面层；路面基层均为水泥稳定碎石基层。两种路面面层在K3+000处呈阶梯状衔接，衔接处设置长4m水泥混凝土过渡段。路面衔接段结构如下图所示。

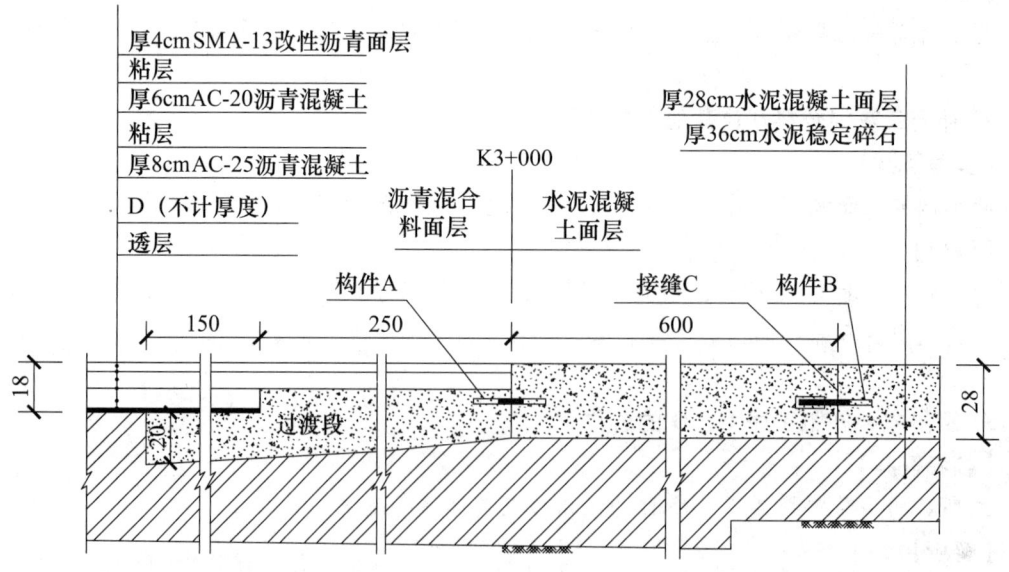

路面衔接段结构示意图（尺寸单位：cm）

施工过程中发生如下事件：

事件一：在 K0+550~K0+610 路段有一座废弃池塘，深约 2m。处置方案为清淤后换填级配砂砾，再利用挖方段土方填筑至设计标高。施工前项目部对填方用土进行了液限、塑限和 CBR 试验。

事件二：水泥混凝土路面及过渡段铺筑完成后，养护达到可开放交通条件时，再分层摊铺衔接处沥青混合料面层。为确保过渡段面层衔接紧密、横缝连接平顺，项目部采取了相应的施工工艺措施。

事件三：在 K2+200 填方坡脚处有 10kV 电力架空线线杆，由于线路迁移滞后，路基施工时项目部对线杆采取了安全保护措施。

> 问题

1. 给出图中构件 A、B 及接缝 C 的名称。
2. 给出图中沥青路面结构层 D 的名称。该层宜采用哪种沥青材料？
3. 事件一中，项目部通常还应对填方用土进行哪些试验？
4. 事件二中，水泥混凝土路面开放交通应满足什么条件？过渡段面层衔接应采取哪些施工工艺措施？
5. 事件三中，给出应对线杆采取的安全保护措施？

参考答案

1. 给出图中构件 A、B 及接缝 C 的名称。

【参考答案】

A—拉杆；B—传力杆；C—横向胀缝。

【解析】

本小问为典型的识图题，构件 A 和构件 B 的名称分别为拉杆和传力杆，毫无争议。接缝 C 的名称则存在不同观点，有的考生认为可视其为横向胀缝或横向缩缝。然而，在城市快速路和主干路中，仅在特重及重交通等级的混凝土路面中，横向胀缝和缩缝才均需设置传力杆。鉴于本工程属于城市主干路，并未明确是特重或重交通等级路面，因此将其认定为横向缩缝缺乏依据。

2. 给出图中沥青路面结构层 D 的名称。该层宜采用哪种沥青材料？

【参考答案】

（1）D 的名称是下封层。

（2）采用改性沥青或改性乳化沥青。

【解析】

《公路沥青路面施工技术规范》JTG F40—2004 中对于下封层的规定如下：

6.4.1　多雨潮湿地区的高速公路、一级公路的沥青面层空隙率较大，有严重渗水。可能或铺筑基层不能及时铺筑沥青面层而需通行车辆时，宜在喷洒透层油后铺筑下封层。

从该规范中可知，并非所有的沥青面层都设置下封层，设置下封层的前提是多雨潮湿地区、面层空隙率较大，或者是铺筑基层不能及时铺筑沥青面层而需通行车辆。

3. 事件一中，项目部通常还应对填方用土进行哪些试验？
【参考答案】
天然含水率、标准击实试验，必要时应做颗粒分析、有机质含量、易溶盐含量、冻膨胀和膨胀量等试验。

【解析】
本小问考核知识点为记忆性考点，比较适合出案例补充或多选题。后期备考中，对那些适合出案例补充、简答题却尚未在考试中出现的知识点，应予以更多关注。

4. 事件二中，水泥混凝土路面开放交通应满足什么条件？过渡段面层衔接应采取哪些施工工艺措施？
【参考答案】
（1）面层混凝土完全达到设计弯拉强度且填缝完成。
（2）过渡段进行清理和铣刨，铺设土工织物并刷粘层油。

【解析】
水泥混凝土路面开放交通应满足什么条件有两个采分点，分别是设计弯拉强度和填缝。过渡段属于教材新增的知识点：混凝土路面与沥青路面相接时，设置不少于3m的过渡段，过渡段路面应采用两种路面呈阶梯状叠合布置。同时从案例图中可知，过渡段处为水泥混凝土面层上面加铺沥青混凝土面层。为确保面层之间的衔接，需对已浇筑的混凝土进行清理并刷上粘层油，同时为防止裂缝，还需设置土工织物。

5. 事件三中，给出应对线杆采取的安全保护措施？
【参考答案】
（1）线杆四周应设置护栏并浇筑混凝土。
（2）线杆上贴反光标志并悬挂警示牌。
（3）对线杆进行定期倾斜、沉降监测。
（4）施工期间派专人监督检查。

【解析】
该线杆位于填方道路下坡脚的位置。为避免施工机械在填筑路基时撞击线杆，需要在其周围悬挂标牌、安装护栏并浇筑混凝土进行硬化。此外，为应对夜间施工，还需设置反光标志。施工期间即使机械未撞击线杆，压路机等设备的振动也可能对线杆造成影响，因此需要定期监测线杆并安排专人进行检查。

案例 72 模拟题二十

背景资料

某公司承建一座城市桥梁工程,双向四车道,桥面宽度 28m。上部结构为 2×(3×30m)预制预应力混凝土 T 形梁。下部结构为盖梁及 130cm 圆柱式墩,基础采用 φ150cm 钢筋混凝土钻孔灌注桩;薄壁式桥台,基础采用 120cm 钢筋混凝土钻孔灌注桩;桩基础均为端承桩。桥台位于河岸陆上旱地,地层主要为耕植土、黏性土、砂性土等,台后路基引道长 150m。0 号桥台构造如图所示。

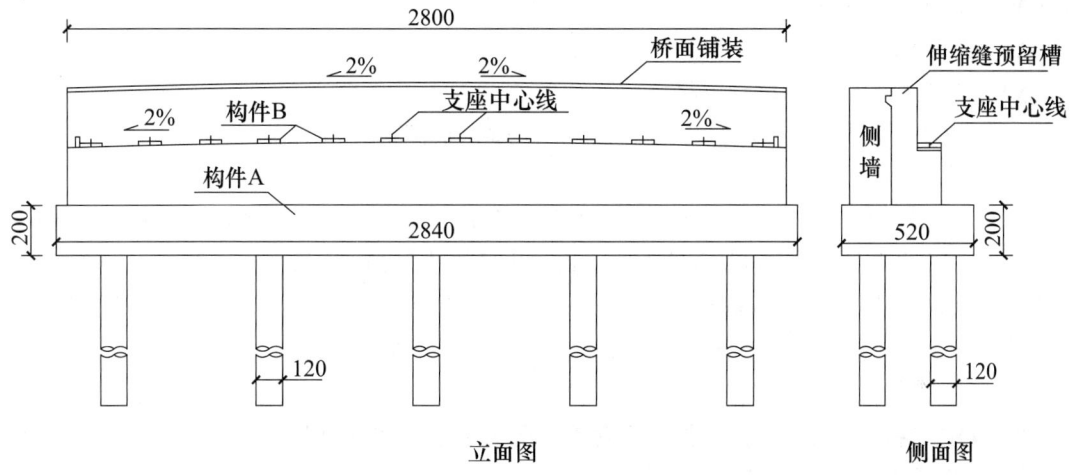

0 号桥台构造示意图(尺寸单位:cm)

施工过程中发生如下事件。

事件一:桥台桩基施工前,项目部对台后路基引道用地进行场地清理与平整,修筑施工便道、泥浆池及安装泥浆循环系统等临时设施,并做好安全防护措施。

事件二:桩基成孔及钢筋笼吊装完成后,在灌注水下混凝土前,采用气举法进行二次清孔。经检验,孔内泥浆性能指标符合标准规定,项目部随即组织灌注水下混凝土。

问题

1. 给出图中构件 A、B 的名称。
2. 列式计算上部结构预制 T 形梁的数量及图中构件 A 的混凝土体积。(单位 m^3,计算结果保留小数点后两位数)
3. 事件一中,泥浆池根据不同使用功能可分为哪些组成部分?
4. 事件一中,指出泥浆池应采取的安全防护措施。
5. 项目部二次清孔目的是什么?钻进过程中对泥浆的控制指标有哪些?

参 考 答 案

1. 给出图中构件 A、B 的名称。
【参考答案】
构件 A—承台；构件 B—支座垫石。
【解析】
桥台的基础可以采用扩大基础或桩基础。绝大多数情况下，桩基础是直接与桥台连接的。然而，在一些特殊情况下，例如，设计的桩间距较大时，桩与桥台之间会设置承台进行连接。本工程正好属于这种情况。

2. 列式计算上部结构预制 T 形梁的数量及图中构件 A 的混凝土体积。（单位 m^3，计算结果保留小数点后两位数）
【参考答案】
（1）T 形梁数量：$2×3×12=72$ 片
（2）构件 A（承台）混凝土体积：$2.0×5.2×28.4=295.36 m^3$
【解析】
本题两小问均为简单的计算题。第一小问计算 T 形梁的数量。根据立面图中支座垫石的数量可知，该桥梁每跨布置 12 片 T 形梁，由题干可知上部结构为 $2×(3×30m)$ T 形梁，即桥梁有 2 联，每联 3 跨，每跨长度为 30m，计算可得 T 形梁为 72 片。第二小问计算承台混凝土的方量，题目相对简单，只需理解三视图并直接计算其体积即可。

3. 事件一中，泥浆池根据不同使用功能可分为哪些组成部分？
【参考答案】
泥浆池包括制浆池、储浆池、沉淀池。
【解析】
制浆池用于将原料与水混合，制成泥浆，提供给后续施工使用。储浆池用于储存已制备好的泥浆，确保在施工过程中有足够的泥浆供应，防止因供应不足而影响施工进度。沉淀池用于沉淀泥浆中的固体颗粒，清洁泥浆，提高其循环利用的效率。

4. 事件一中，指出泥浆池应采取的安全防护措施。
【参考答案】
安全防护措施包括：四周设置安全防护栏杆和密目安全网，悬挂安全警示标志，夜间设置警示红灯，并安排专人进行检查和维护。
【解析】
安全防护措施是通用知识点，不仅适用于泥浆池，也适用于基坑、沟槽、竖井等可能发生人员坠落的地方。因此，在这些区域，必须采取相应的安全防护措施，以保障施工人员的安全。设置防护栏杆、警示标志和夜间警示红灯，可以有效减少事故发生的风险，提高施工现场的安全性。定期检查和维护防护设施也是确保其有效性的关键环节。

5. 项目部二次清孔目的是什么？钻进过程中对泥浆的控制指标有哪些？

【参考答案】

（1）二次清孔目的：去除一次清孔后的残留物；调整泥浆性能；提高灌注质量；确保桩身混凝土与土体有效接触。

（2）泥浆控制指标主要有密度、黏度、含砂率和胶体率。

【解析】

第一小问属于实操性考点，教材中无相关内容，可依施工常识和经验作答。第二小问属于记忆性考点，只要对教材较为熟悉，基本上都不会失分。

案例 73　模拟题二十一

某城市环境提升改造工程，扩建活水管线采用 $D1200mm$ 钢筋混凝土管，埋深 $8\sim9m$，顶管敷设，工作井采用钢筋混凝土圆形沉井，内径 $6.0m$，地层为杂填土、黏质粉土、粉细砂和粉质黏土，地下水丰富。沉井结构如下图所示。

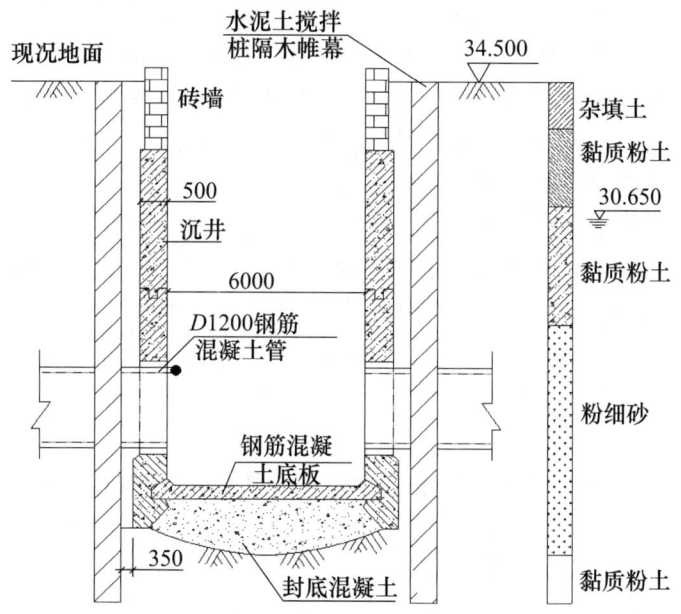

沉井结构示意图（尺寸单位：mm，高程单位：m）

为保证邻近建筑物安全，沉井周边设置水泥土搅拌桩隔水帷幕，水泥土搅拌桩施工工艺流程为：场地平整→A→搅拌钻进至设计标高→边提升搅拌边喷粉至预定停浆面→B→提升搅拌喷粉至预定停浆面。

沉井内设置管井，采取排水下沉方法施工。开挖过程中基底出现局部大量渗水，经处理后继续下沉施工。

项目部编制了顶管工程专项施工方案，方案中根据工程特点并结合公司现有的泥水平衡、土压平衡顶管机进行设备选型。沉井完成后，安装顶管机和相关顶进设施，经调试合格，开始顶管施工。

> 问题

1. 给出水泥土搅拌桩施工工艺流程中 A、B 的内容。
2. 根据沉井结构示意图，列式计算地下水埋深。（单位 m，计算结果保留小数点后两位数）
3. 试述沉井基底大量渗水未及时处理可能产生的风险。
4. 根据工程特点，项目宜选用哪种类型的顶管机？
5. 沉井内应安装哪些主要顶进设施？

参 考 答 案

1. 给出水泥土搅拌桩施工工艺流程中 A、B 的内容。
【参考答案】
A：搅拌机械就位、调平。
B：重复搅拌下沉至设计标高。
【解析】
在市政专业中，施工流程经常被考核，但考试中的施工流程有时与教材内容并不完全对应。例如，本考点案例背景中的工序"水泥土搅拌桩施工工艺流程为：场地平整→A→搅拌钻进至设计标高→边提升搅拌边喷粉至预定停浆面→B→提升搅拌喷粉至预定停浆面"。而教材中的工序为"搅拌机械就位、调平→预搅下沉至设计加固深度→边喷浆（粉）、边搅拌提升直至预定的停浆（灰）面→重复搅拌下沉至设计加固深度→根据设计要求，喷浆（粉）或仅搅拌提升直至预定的停浆（灰）面→关闭搅拌机械"。

在考试中遇到这种情况时，必须依据案例背景的描述方式进行作答。例如，教材中的第二个工序和第四个工序分别为"预搅下沉至设计加固深度"和"重复搅拌下沉至设计加固深度"。而在案例背景中，命题者将"预搅下沉至设计加固深度"表达为"搅拌钻进至设计标高"，因此后面的对应工序也应写成"重复搅拌下沉至设计标高"。考生应注意这种表达形式的变化，以确保答题的准确性。

2. 根据沉井结构示意图，列式计算地下水埋深。（单位 m，计算结果保留小数点后两位数）
【参考答案】
地下水埋深：34.500−30.650＝3.85m
【解析】
本题要求计算地下水埋深，涉及基本概念和识图能力。地下水埋深是指从地面到原地下水位的垂直距离。在本题中，地面标高为34.500m，地下水位标高为30.650m。因此，地下水埋深的计算公式为：地下水埋深＝地面标高−地下水位标高。依据该公式，代入数值计算即可。需要注意的是，计算结果应保留两位小数，因此答案为3.85m，而不是3.850m。

3. 试述沉井基底大量渗水未及时处理可能产生的风险。
【参考答案】
（1）沉井倾斜（歪斜），严重时可导致沉井开裂坍、塌事故。
（2）沉井周边地表沉降，可能导致建筑物、管线沉降或开裂。
【解析】
沉井基底若出现大量渗水而未及时处理，可能引发多种风险。首先，沉井如同一个基坑，渗水会增加基底的水压力，从而导致沉井倾斜。如果倾斜严重，可能引发结构开裂，甚至发生坍塌事故，严重影响施工安全。此外，沉井周边的地表也会受到影响，可能导致周边建筑物或管线的沉降或开裂。这是因为渗水的存在会改变土壤的物理性质，降低土壤的承载能力，进而造成不均匀沉降。总之，未及时处理的渗水问题不仅会影响沉井本身的结构安全，还可能引发周边环境的风险，影响整体施工的安全性和稳定性。因此，及时监测和处理渗水问题至关重要。

4. 根据工程特点，项目宜选用哪种类型的顶管机？
【参考答案】
根据工程特点，项目宜选用泥水平衡顶管机。
【解析】
根据项目的工程特点，选择泥水平衡顶管机是合理的。首先，该项目的地质条件为粉细砂，属于软土地质，容易发生变形。在这种情况下，泥水平衡顶管机能够有效地控制土体压力，减少变形风险。其次，项目的地下水位较高，如果选择其他类型的顶管机，可能需要进行降水施工，这不仅增加了施工复杂性，还可能对周围环境造成影响。泥水平衡顶管机通过泥浆的压力平衡，能够在不降水的情况下进行顶管施工，确保施工安全和效率。

因此，综合考虑地质条件和地下水位等因素，泥水平衡顶管机是该项目的最佳选择。

5. 沉井内应安装哪些主要顶进设施？
【参考答案】
应安装：导轨，千斤顶支架，后背墙，液压系统，顶铁。
【解析】
在沉井施工中，安装主要顶进设施是确保施工安全与效率的关键。以下是沉井内应安装的主要顶进设施及其功能：①导轨。用于引导顶管机的移动，确保顶管在施工过程中沿预定方向推进，避免偏移。②千斤顶支架。提供顶进所需的力量，支撑顶管机的稳定性，确保在顶进过程中能够有效施加压力。③后背墙。在顶管施工中，一般用于增强结构的稳定性，并为顶管提供反力，确保土体的侧向压力不会影响顶管的推进。④液压系统。为千斤顶提供动力，控制顶进的速度和力量，保证顶管的推进过程平稳。⑤顶铁。用于连接千斤顶与管道，确保顶力有效地传递。

案例 74　模拟题二十二

某施工单位中标承接城市更新老旧小区改造项目，对小区现状调查情况如下：车行道水泥混凝土路面多处出现龟裂；人行道局部缺损，多处下沉；排水管道淤塞不畅，道路雨后多处积水；绿地植被损毁严重。主要改造内容如下：现状水泥混凝土路面加铺一层沥青砂面层，对加铺的沥青砂面层采用了环保材料 WAC-13，如下图左所示车行道断面；人行道整体翻挖，基础处理后按小区改造要求进行透水铺装，如下图右所示人行道断面；管道疏通、CCTV 检查后，对管道内接口脱开、管顶坍塌部分做出局部开挖换管处理，积水严重路段共增设 D250 雨水支管 3 条，接入雨水干管；绿地翻新，道路周边绿地改造为海绵绿地，设置了植草沟形式的雨水收集系统。

项目部为减少施工对居民影响，编制了环境保护施工方案。其中包括水土污染控制、有害气体排放控制、噪声防治等内容。

增设的雨水支管沟槽开挖深度为 1.2~1.5m，开挖范围内土质为杂填土，为克服现场施工面狭窄困难，方案中采用直槽开挖方式施工。

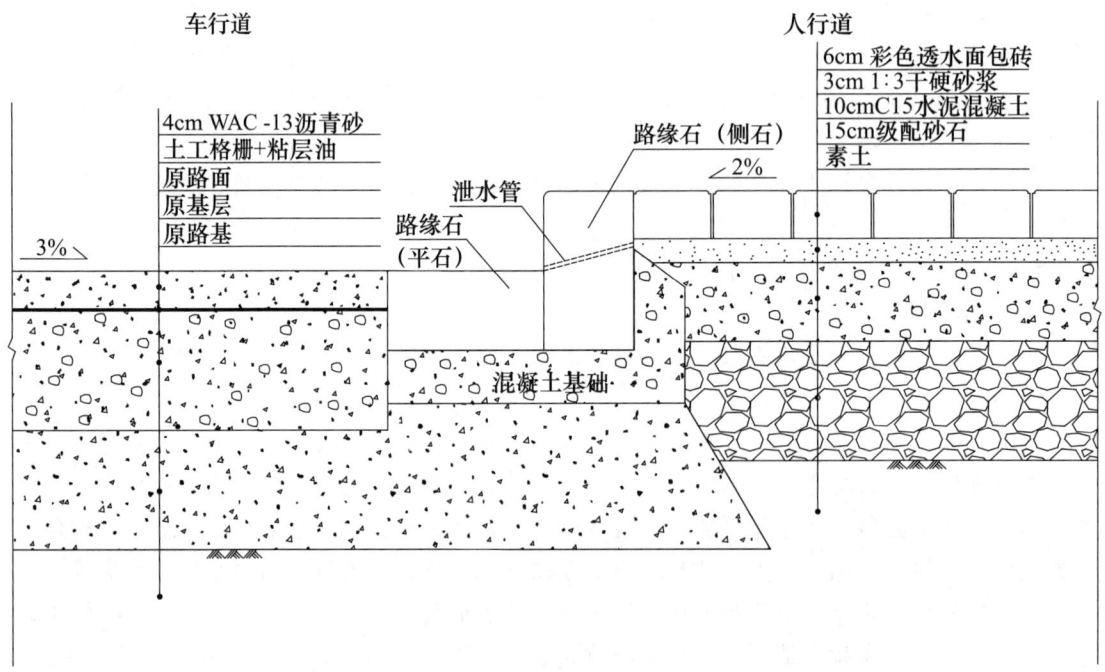

改造后路面结构横断面示意图

> **问题**

1. 图左侧所示车行道面层所用环保施工材料 WAC-13 沥青砂有哪些施工优点？
2. 图右侧所示人行道铺装结构就其功能而言属于何种形式透水铺装？简述其工作原理。
3. 在海绵城市建设中，植草沟有哪些主要功能和作用？
4. 环境保护方案中还应包含哪些内容？
5. 在保证安全前提下，充分考虑经济性，该项目中雨水支管沟槽开挖可采用何种支护材料进行支护？

参考答案

1. 图左侧所示车行道面层所用环保施工材料 WAC-13 沥青砂有哪些施工优点？
【参考答案】
施工优点有施工方便（灵活）、快捷（速度快）、污染小（清洁环保）、经济性好（造价低）。

【解析】
本题要求列举 WAC-13 沥青砂的施工优点。尽管教材中未详细介绍该材料，考生可以依靠常识作答。所谓优点，是指该材料在施工中的积极方面，回答时应采用夸赞的语言。在介绍施工机械、设备或材料的优点时，通常可以从以下几个方面阐述：进度、造价、质量、安全和环境。同时，在作答时需认真审题，确保聚焦于"施工优点"，避免详细讨论沥青砂的物理特性（如黏合度、防水性、耐磨性等），因为这些不属于"施工优点"的范畴。通过这种精准的聚焦训练，考生能够避免在考试中写出大量无分值的文字。

2. 图右侧所示人行道铺装结构就其功能而言属于何种形式透水铺装？简述其工作原理。
【参考答案】
（1）属于半透水铺装。
（2）雨水渗透透水铺装层被干硬砂浆层阻断，随2%坡汇入侧石泄水管、流入车行道面层，最终进入到收水井（雨水口）。

【解析】
本题考核识图能力。图中人行步道的面层为透水砖，但下面的水泥砂浆结合层及水泥混凝土均为不透水层，属于典型的半透水铺装，作答工作原理时只要将水的运行路线介绍清楚即可。

3. 在海绵城市建设中，植草沟有哪些主要功能和作用？
【参考答案】
主要功能和作用有：收集雨水；转输雨水；净化（过滤）雨水；滞留（节流）雨水径流；调节排水（防止水土流失）；设施、系统衔接。

【解析】
顾名思义，植草沟既是一个"沟"，又在其中种植了草。在分析其作用时，需同时考虑其雨水的收集和转输功能，以及与其他设备和系统的衔接。此外，沟内植草后，还能对流经沟内的雨水进行净化和滞留处理。在作答时，建议遵循冗余原则，尽量用不同的表达方式展示相同的意思，以增强答案的全面性。

4. 环境保护方案中还应包含哪些内容？
【参考答案】
还应包含扬尘控制、光污染控制、建筑垃圾控制等。
【解析】
施工现场环境保护包括扬尘控制措施、有害气体排放控制措施、水土污染控制措施、噪声污染控制措施、光污染控制措施、建筑垃圾控制措施等。背景中列举三项，要求补充剩余内容，属于传统的案例补充题。

绿色施工、环境保护属于近些年来市政考试的重点内容，备考中需顺势而为，对于绿色、节能、环保、城市基础设施更新等内容作为未来备考复习的重点。

5. 在保证安全前提下，充分考虑经济性，该项目中雨水支管沟槽开挖可采用何种支护材料进行支护？
【参考答案】
可采用圆木桩、木方、木板、钢板桩（工字钢、H型钢）、钢管。
【解析】
因为本工程沟槽开挖深度仅为1.2～1.5m，而拉森钢板桩适用于深基坑。此外，问题中特意强调在保证安全的前提下，需要充分考虑经济性，因此不需要采用拉森钢板桩。

案例75　模拟题二十三

某公司承建一项城镇雨污分流改造工程，其中污水管线全长700m，为DN800F型钢承口式钢筋混凝土管，在穿越路口处采用泥水平衡顶管法施工。污水管埋深7m，穿越地层为粉质黏土层，下穿多条市政管线，其中最小垂直净距2m。

项目部编制了顶管施工专项方案，方案中工艺流程如下图所示。

项目部选用50t轮胎起重机进行顶管机安装。在吊装前，对起重设备、人员证书进行了检查，并组织了安全技术交底。项目部调整好施工作业顺序和顶进参数后，按顶进过程中应遵循的原则正常顶进。在下穿管线地段，采取了在管背注浆加固及调整顶进参数等一系列防止市政管线沉降变形的措施，顶管结束后采用水泥砂浆进行触变泥浆置换。

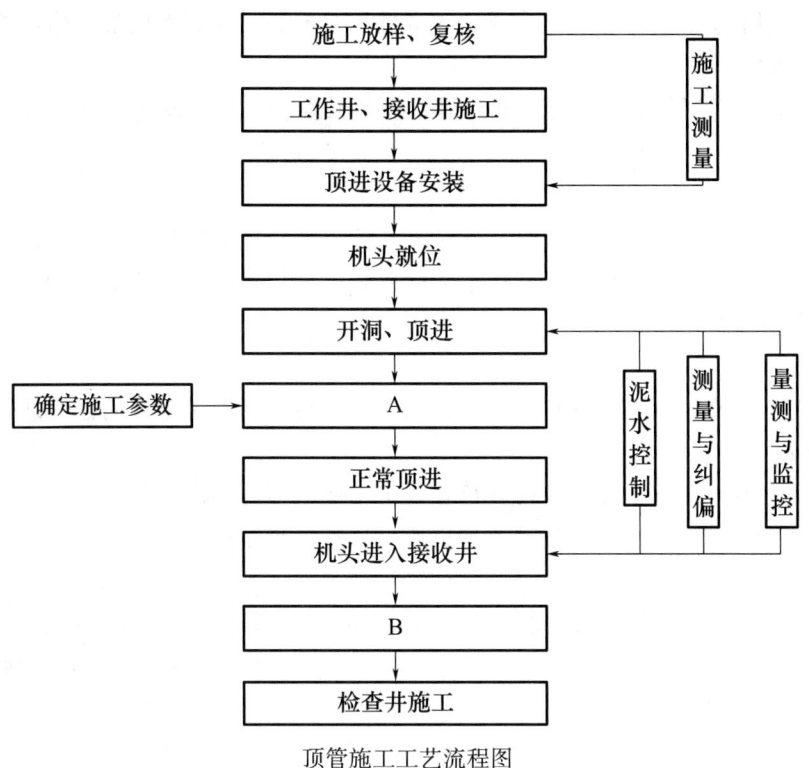

顶管施工工艺流程图

> 问题

1. 补充顶管施工工艺流程图中工序 A、B 的名称。
2. 吊装顶管机时，除了保证工作井上下联络信号畅通，还有哪些安全作业注意事项？
3. 顶进过程中压注触变泥浆的作用是什么？贯通后进行泥浆置换的目的是什么？
4. 顶进过程需遵循的原则是什么？
5. 控制哪些顶进参数可防止地面沉降？

参 考 答 案

1. 补充顶管施工工艺流程图中工序 A、B 的名称。
【参考答案】
A—初始顶进（试顶进）；B—拆设备、吊机头。
【解析】
该流程图简化了教材中顶管施工的流程。即使未能记住教材中的知识点，也可以通过案例背景中的施工工序进行分析得出答案。

在工序 A 之前是开洞工序，工序 A 之后是正常顶进。工序 A 还需验证施工参数，因此它被视为正常顶进的"先锋"，负责对施工中的各项参数进行验证。在考试中，写出初始顶进或试顶进均可获得相应分数。

工序 B 则是机头进入接收井的后续步骤。根据顶进前有顶进设备安装这个工序，对应的工序 B 应为拆设备、吊机头。

2. 吊装顶管机时，除了保证工作井上下联络信号畅通，还有哪些安全作业注意事项？
【参考答案】
安全作业注意事项还有：起重荷载计算，设备检查，试吊，吊机下严禁站人，吊装作业区域设置警示标志，专人指挥。
【解析】
本题考核的是不开槽管道施工的安全控制内容，涉及面较为综合。该题目可以作为起重吊装安全控制的通用答题模板。在作答此类题目时，应尽量涵盖更多相关的安全注意事项，以确保覆盖更多的采分点。

3. 顶进过程中压注触变泥浆的作用是什么？贯通后进行泥浆置换的目的是什么？
【参考答案】
（1）顶进过程中压注触变泥浆的作用是减小摩擦阻力（润滑）。
（2）贯通后进行泥浆置换的目的是消除地面沉降（填充间隙）。
【解析】
在顶管过程中，压注触变泥浆能够降低管道外壁与土体之间的摩擦系数，从而减小摩擦阻力。然而，触变泥浆在管道与土体之间会产生间隙，后期泥浆中的水分被土体吸收后，可能导致地表出现沉降。因此，有必要进行泥浆置换，以填充这些间隙并消除地面沉降的风险。

4. 顶进过程需遵循的原则是什么？
【参考答案】
需要遵循的原则有勤测量（勤量测）、勤纠偏（及时纠偏）、微纠偏（小纠偏）。
【解析】
勤测量意味着在施工的各个阶段实时掌握顶管机的姿态，确保其符合设计要求。勤纠偏强调在发现偏差时及时进行调整，以避免小问题演变为大隐患。微纠偏则是指在施工过程中对偏差进行小范围的调整，以确保纠偏不会导致线形的剧烈变化，从而避免质量问题的出现。

近年来，考试中频繁考核教材中的"原则"内容，因此，在备考时应特别关注那些尚未考核的"原则"，以便为考试做好充分准备。

5. 控制哪些顶进参数可防止地面沉降？
【参考答案】
控制顶进速度、挖土和出土量。
【解析】
教材中介绍为控制顶进速度、挖土和出土量，减少土体扰动和地层变形。
当土层发生变形时，周围的土壤结构可能受到破坏，导致其承载能力下降，从而引发地表的下沉现象。控制施工过程中的顶进速度、挖土量和出土量，可以减少对土层的扰动，确保土壤的自然状态不被过度改变。

案例76 模拟题二十四

背景资料

某公司中标一项环境整治工程。主要施工内容有道路、管道、检查井、调蓄池等。其中1#调蓄池埋深8.5m，结构尺寸为17.05m×9.65m×7.5m（长×宽×高）。原地面标高为5.88m。

1#调蓄池上部平面图，如图1所示。

事件一：项目部进场后在进行探槽施工时，发现1#调蓄池西侧有一条强电管线在基坑开挖范围内，埋深约1.8m，项目经理及时上报了监理和建设单位。

事件二：项目部根据施工组织设计编制的调蓄池施工方案要求调蓄池混凝土分三次浇筑，并按要求设置首道水平施工缝，如图2所示。调蓄池内支架采用盘扣支架、50mm×100mm木方和15mm厚竹胶板。

事件三：在调蓄池顶板支架模板安装完成后，钢筋工长组织进场放样并吊运钢筋到模板上准备绑扎，监理工程师见状叫停施工，并要求项目部整改。

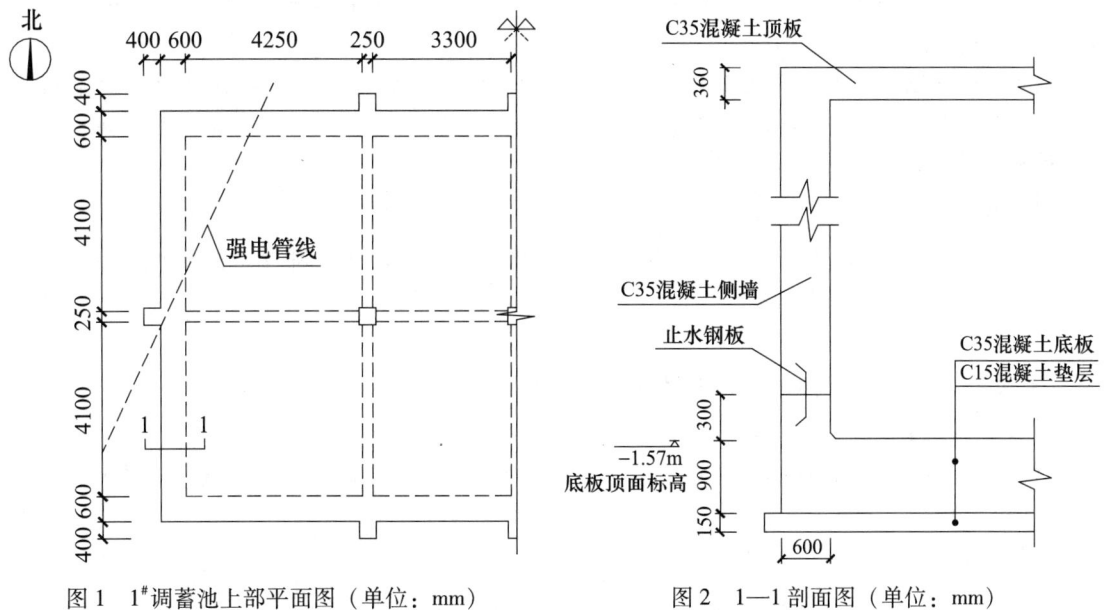

图1 1#调蓄池上部平面图（单位：mm）　　图2 1—1剖面图（单位：mm）

问题

1. 建设单位研究决定对1#调蓄池的强电管线进行迁移，在迁移之前，项目部应做哪些工作？

2. 写出图中调蓄池侧墙水平施工缝的具体做法。

3. 盘扣支架相比于扣件式脚手架有哪些优点？

4. 根据图2列式计算1#调蓄池顶板支架模板搭设高度。
5. 简述事件三中，监理叫停施工的理由。

参考答案

1. 建设单位研究决定对1#调蓄池的强电管线进行迁移，在迁移之前，项目部应做哪些工作？

【参考答案】
（1）将基槽内的管线人工开挖暴露。
（2）编制强电管线保护专项施工方案（迁移方案、迁改方案）并审批。
（3）采取安全保护措施（加固、悬吊）。

【解析】
本题属于管线调查保护的内容，但题目并未明确具体的迁移时间，所以在作答时需将基坑开挖前后这段时间中应采取的保护措施全部列举出来。所以项目部应进行的工作应该有方案编制、审批，基坑开挖前对管线人工开挖暴露，以及开挖后的保护措施。

2. 写出图中调蓄池侧墙水平施工缝的具体做法。

【参考答案】
（1）安装止水钢板时应保证垂直、居中，开口朝向迎水面，搭接长度不小于20mm，并双面满焊。
（2）水平施工缝浇筑混凝土前，应将其表面浮浆和杂物清除，然后铺设净浆、涂刷混凝土界面处理剂或水泥基渗透结晶型防水涂料，再铺30~50mm厚与结构混凝土成分相同的水泥砂浆，并及时浇筑混凝土。

【解析】
教材中给排水构筑物施工并没有介绍施工缝的具体做法，作答时可以参考地铁车站结构施工中水平施工缝的相关内容。

3. 盘扣支架相比于扣件式脚手架有哪些优点？

【参考答案】
优点有：强度、刚度较大，承载力、稳定性和整体性更好，便于搭设（安拆方便），速度快（快捷）。

【解析】
针对某一种工法、材料或机械的优点，属于市政专业经常考核的题型之一。在回答此类题目时，可以采用"夸赞"的方式，强调盘扣支架在强度、稳定性和施工效率等方面的优势。一定要掌握这种答题的方法，这将有助于你在考试中获得额外的分数。

4. 根据图2列式计算1#调蓄池顶板支架模板搭设高度。

【参考答案】
7500−900−360＝6240mm

【解析】
结构尺寸通常表示为长×宽×高,其中高度一般指整个结构的外部最大尺寸,包括底板和顶板的厚度。在市政工程领域,计算支架高度的问题经常出现。根据计算规则,支架的高度应该从底板到顶板之间的距离计算,不考虑底托以下的垫木、顶托以上的方木或者顶板模板的厚度。

5. 简述事件三中,监理叫停施工的理由。
【参考答案】
顶板钢筋绑扎前应对模板、支架进行检查和验收,合格后方可施工。
【解析】
在结构施工中,顶板的正常施工顺序是先进行支架和模板的安装,然后绑扎钢筋,最后浇筑混凝土。在进行后一项工作的施工之前,必须对前一项工作进行检查和验收。然而,在本案例背景中,支架和模板安装后未进行检查验收就直接进行了后续工作,因此监理决定叫停施工。

案例 77　模拟题二十五

某跨河桥改扩建工程项目,为两幅路形式,双向六车道,包含旧桥拆除和新建桥梁两部分。桥梁总宽 30m,桥梁全长 35.5m。桥梁下部结构为 $D=1.2m$ 钻孔灌注桩,设计要求灌注前沉渣厚度≤20cm,钢筋混凝土重力式桥台;上部结构为长 27.5m 预应力钢筋混凝土 T 形梁,现场预制。

本工程合同工期 164 天,含雨期施工。既有公交线路不能中断,保交通,河道不能断流,保汛期。需进行草袋围堰形成临时道路。如施工平面示意图所示。

本工程施工过程中发生以下事件:

事件一:工程开工前,上级技术主管部门对项目部上报的施工组织设计进行审核。审核中发现,施工组织设计在绿色施工管理中提到"四节一环保",内容不全,只有"节地与土地资源利用""节材与材料利用"两项。

事件二:监理工程师检验钻孔灌注桩成孔时发现,实测沉渣厚度超 30cm,要求重新清孔处理。

事件三:上级质量管理部门到项目部检查时,提醒项目部受场地影响要特别关注预应力钢筋混凝土 T 形梁预制与安装的时间需统一协调。

事件四:上级安全主管部门现场检查时,发现电焊工未随身携带动火证,现场开出整改通知单。

事件五:施工方案中提到"本工程优先进行桩基施工""导行线筑堰材料可用桩位场地平整富余土方""现状河道可申请临时断流筑堰施工"。

涉及进场后施工顺序及筑堰材料问题,该方案被退回,要求项目部重新制定施工措施。

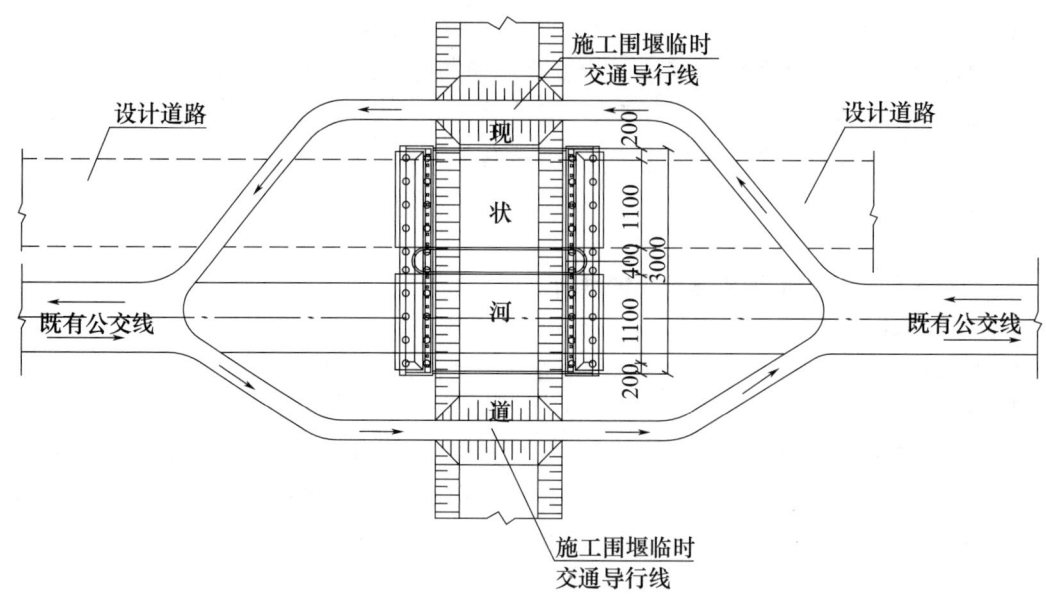

施工平面示意图（单位：cm）

> 问题

1. 事件一中，补充"四节一环保"其他内容。
2. 事件二中，监理工程师的要求是否正确？常用的清孔方式除抽浆法、喷射法外还有哪些方法？
3. 事件三中，预应力钢筋混凝土 T 形梁在预制完成后，在一般情况和特殊情况下分别允许存放多长时间？
4. 事件四中，申请动火证应如何办理签发手续？
5. 事件五中，根据背景资料要求施工期间交通不能中断，雨期施工河道不能断流，依次答出进场后的施工顺序和雨期施工不断流筑堰所需主要材料。

【参考答案】

1. 事件一中，补充"四节一环保"其他内容。

【参考答案】

节水与水资源利用，节能与能源利用，施工现场环境保护。

【解析】

绿色施工的内容，也是未来市政专业考核的重要方向。后期备考需要注意施工现场环境保护的具体内容。

2. 事件二中，监理工程师的要求是否正确？常用的清孔方式除抽浆法、喷射法外还有哪些方法？

【参考答案】

（1）监理工程师的要求正确。

(2) 常用的清孔方式还有换浆法（置换）、掏渣法（清渣、清掏）。

【解析】

在施工中，各种施工参数如果设计有要求，必须严格依照设计要求进行。如果设计没有具体要求，则应遵循相关规范的规定。在案例背景中，设计明确规定孔底沉渣厚度不得超过20cm，而项目部施工中孔底沉渣厚度超过了30cm，显然不符合设计要求。

3. 事件三中，预应力钢筋混凝土 T 形梁在预制完成后，在一般情况和特殊情况下分别允许存放多长时间？

【参考答案】

预制预应力混凝土 T 形梁的存放时间一般情况不宜超过 3 个月，特殊情况不宜超过 5 个月。

【解析】

许多考生不理解为何会有此规定，这是因为我们的市政教材未全面展示相关规范。该规定来源于《公路桥涵施工技术规范》JTG/T 3650—2020 第 17.2.7 条，内容如下："3. 构件应按其安装的先后顺序编号存放。预应力混凝土梁、板的存放时间宜不超过 3 个月，特殊情况下应不超过 5 个月；存放时间超过 3 个月时，应对梁、板的上拱度值进行检测，当上拱度值过大将会严重影响后续桥面铺装施工或梁、板混凝土产生严重开裂时，则不得使用。"

预制梁在进行预应力张拉后会产生向上的拱度，这种拱度在张拉后会持续对梁体混凝土施加挤压力，导致随时间推移产生徐变上拱度。徐变上拱度受多种因素影响，包括混凝土的级配、环境湿度、养护方法、预应力大小、张拉龄期、截面尺寸及形式等，其离散性较大。同一种梁的上拱度可能因梁而异，甚至同一桥的相同梁也会存在差异。

因此，针对预应力混凝土梁板的存放时间制定了相应规定。

4. 事件四中，申请动火证应如何办理签发手续？

【参考答案】

具有相应资格的施工人员提出动火申请，项目部安全管理人员收到动火申请后，前往现场查验（检查、核查），确认动火作业的防火措施落实后，再签发动火许可证。

【解析】

动火证签发手续属于现场消防管理的重要内容，未来考试需注意与其相关的其他知识，例如：动火操作人员应具有相应资格；动火作业前，应对作业现场的可燃物进行清理，无法移走的可燃物应采用不燃材料覆盖或隔离；动火作业应配备灭火器材，并应设置动火监护人进行现场监护；有火灾、爆炸危险的场所严禁使用明火。

5. 事件五中，根据背景资料要求施工期间交通不能中断，雨期施工河道不能断流，依次答出进场后的施工顺序和雨期施工不断流筑堰所需主要材料。

【参考答案】

(1) 施工顺序：应先施工导行线筑堰（围堰），后进行桩基施工。
(2) 主要材料：应采用黏性土（黏土）和导流管材（钢管、混凝土管）。

【解析】

从图中可以看出，现有公交线路与设计半幅路的桥梁桩基位置重叠。如果先进行桩基施工，将影响公交车的通行。因此，必须优先进行导行线的筑堰施工，待交通导行线路完成后进行桩基施工。

本工程要求雨期施工时河道保持不断流。在河道筑堰施工过程中，需要使用导流管涵以确保河道的不断流。同时，为了保证堰体的稳定性，需采用不透水的黏性土作为主要材料。

案例 78 模拟题二十六

背景资料

某公司承建一项城市道路改建工程，道路全长 1500m，其中 1000m 为旧路改造路段，500m 为新建填方路段；填方路基两侧采用装配式钢筋混凝土挡土墙，挡土墙基础采用现浇 C30 钢筋混凝土，并通过预埋件、钢筋与预制墙面板连接；基础下设二灰稳定碎石垫层。预制墙面板每块宽 1.98m，高 2~6m，每隔 4m 在板缝间设置一道泄水孔。新建道路路面结构上面层为厚 4cm 改性 SMA-13 沥青混合料，下面层为厚 8cm AC-20 中粒式沥青混合料。旧路改造段路面面层采用在既有水泥混凝土路面上加铺厚 4cm 改性 SMA-13 沥青混合料。新旧路面结构衔接有专项设计方案。新建道路横断面如图所示。

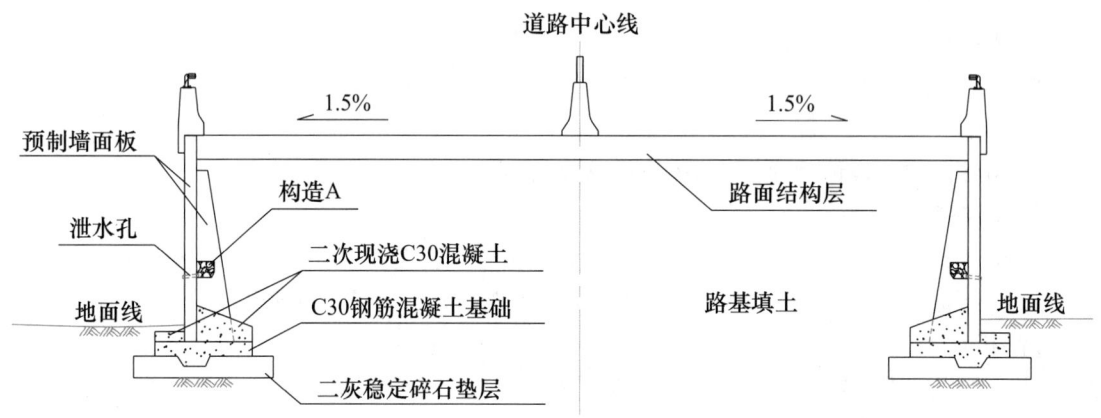

新建道路横断面示意图

施工过程中发生如下事件：

事件一，项目部编制了挡土墙施工方案，明确了各施工工序：①预埋件焊接、钢筋连接；②二灰稳定碎石垫层施工；③吊装预制墙面板；④现浇 C30 钢筋混凝土基础；⑤墙面板间灌缝；⑥二次现浇 C30 混凝土。

事件二，项目部在加铺面层前对既有水泥混凝土路面进行综合调查，发现路面整体情况良好，但部分路面面板存在轻微开裂及板下脱空现象，部分检查井有沉陷。项目部拟采用非开挖的形式对脱空部位进行基底处理，并将混凝土面板的接缝清理后，进行沥青面层加铺。

事件三，为保证雨期沥青面层施工质量，项目部制定了雨期施工质量控制措施，内容包括：①沥青面层不得在下雨或下层潮湿时施工；②加强施工现场与沥青拌合厂联系，及时关注天气情况，适时调整供料计划。

问题

1. 挡土墙属于哪种结构形式？写出构件 A 的名称及其主要作用。
2. 事件一中，给出预制墙面板的安装条件；写出挡土墙施工工艺流程（用背景资料中的序号"①~⑥"及"→"作答）。
3. 事件二中，路面板基底脱空非开挖式处理最常用的方法是什么？需要通过试验确定哪些参数？
4. 事件二中，在既有水泥混凝土路面上加铺沥青面层前，项目部还需要完成哪些工序？
5. 事件三中，补充雨期面层施工质量控制措施。

参考答案

1. 挡土墙属于哪种结构形式？写出构件 A 的名称及其主要作用。

【参考答案】

（1）挡土墙结构形式为扶壁式。

（2）构件 A 的名称为反滤层（反滤包），其作用是排水并防止墙背填土流失（滤土排水、过滤土体）。

【解析】

在道桥施工中，钢筋混凝土挡土墙可以分为现浇式和装配式。在高填方路堤施工中，装配式挡土墙通常采用扶壁式结构。从图上可以清楚地看到挡土墙带有扶壁板，但墙趾板和墙踵板通过壁板和扶壁板底部预留的钢筋与基础进行二次混凝土浇筑。

扶壁式挡土墙

反滤层

图中的构件 A 是挡土墙泄水孔后设置的反滤层，也称为反滤包。其作用是防止土壤进入泄水孔，确保挡土墙后方的排水过程顺利进行。如果泄水孔直径较大，会导致水土流失。而如果泄水孔直径较小，可能引起泄水孔的堵塞，阻碍挡土墙后方积水的排出。当土壤含水率较高时，会增加土壤对挡土墙的压力，最终导致墙体倾斜。

2. 事件一中，给出预制墙面板的安装条件；写出挡土墙施工工艺流程（用背景资料中的序号"①~⑥"及"→"作答）。

【参考答案】

(1) 预制墙面板安装条件：

① 挡土墙基础达到预定强度，预埋件位置正确无遗漏；

② 预制墙面板检验合格；

③ 现场具备吊运条件（安装条件）。

(2) 挡土墙施工工艺流程为②→④→③→①→⑥→⑤。

【解析】

预制墙面板通常在构件预制厂进行预制，安装前需要进行吊运。因此，首要条件是确保其强度符合设计要求，并对规格、尺寸、预埋件等进行检验。同样，安装挡土墙的混凝土基础应满足预定的强度要求，并确保预埋件的准确位置，以防遗漏。此外，在进行吊装前，施工现场应满足吊车和构件运输车辆的行驶需求。

3. 事件二中，路面板基底脱空非开挖式处理最常用的方法是什么？需要通过试验确定哪些参数？

【参考答案】

(1) 路面板非开挖式基底处理最常用的方法是注浆（灌浆）。

(2) 需试验确定的参数为注浆压力、初凝时间（凝固时间）、注浆流量、浆液扩散半径等。

【解析】

本小题考核内容为教材原文内容，属于记忆性的考点。这种知识点未来还可能以选择题形式出现。

4. 事件二中，在既有水泥混凝土路面上加铺沥青面层前，项目部还需要完成哪些工序？

【参考答案】

(1) 对既有水泥混凝土路面层的裂缝清理干净（修补裂缝），并采取防反射裂缝措施（铺设土工格栅、玻璃纤维）。

(2) 查明检查井沉陷原因并修缮（加固），为配合沥青面层加铺，并调整检查井高程。

(3) 清理水泥混凝土路面，洒布沥青粘层油。

【解析】

针对加铺面层前的情况，项目部仅对混凝土面板的接缝进行了清理。然而，在案例背景的现场调查中发现混凝土路面面板有轻微开裂。因此，清理或修缮裂缝成为一个需要考虑的采分点。为防止这些裂缝反射到加铺后的沥青面层上，需要在加铺前采取防反射裂缝的措施，如铺设土工格栅、玻璃纤维网等。

案例背景还提到部分检查井存在沉陷。因此，需要查明检查井沉陷的原因，并进行修缮或加固。为确保路面的平整度，检查井的井盖高程应与道路面层高程保持一致。因此，在进行加铺面层之前，需要调整检查井的高程。

另外，根据教材原文内容，加铺面层前的路面清理和洒布粘层油是必要的步骤，也是水泥混凝土路面加铺沥青面层的常识。

5. 事件三中，补充雨期面层施工质量控制措施。

【参考答案】

（1）缩短施工长度、平行作业。

（2）及时摊铺、及时完成碾压。

（3）运输车辆应有防雨措施（覆盖）。

【解析】

沥青混凝土雨期施工采分点总结如下：避免在下雨或下层潮湿的情况下施工，密切关注天气情况，与沥青拌合厂联系沟通，缩短施工长度，运料车覆盖防雨，及时摊铺碾压等内容。在作答时可以根据案例背景中已列举的内容进行补充。

案例79 模拟题二十七

某公司承建一座城市桥梁工程，双向四车道，桥面宽度28m，横断面划分为2m（人行道）+4m（非机动车道）+16m（车行道）+4m（非机动车道）+2m（人行道）。上部结构采用3×30m预制预应力混凝土简支T形梁；下部结构采用盖梁及ϕ1300mm圆柱式墩，基础采用ϕ1500mm钢筋混凝土钻孔灌注桩；重力式U形桥台。T形梁预应力体系装配方式，如图所示。

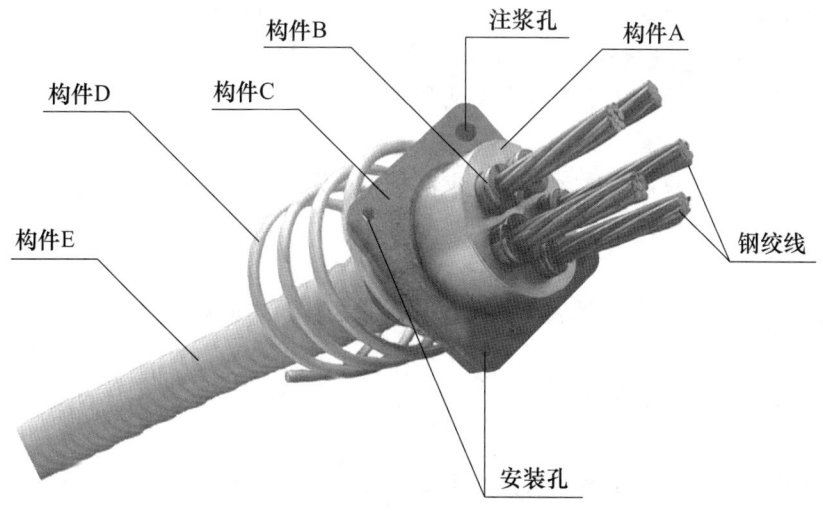

T形梁预应力体系装配示意图

施工过程中发生如下事件。

事件一：施工前，项目部按照设计参数开展预应力材料采购，材料进场后项目部组织相关单位专业技术人员开展现场见证取样和送检。

事件二：T形梁预制施工时，项目部按照上图进行预应力构件组装；预应力钢绞线采用先穿束后浇筑混凝土的安装方法，混凝土浇筑过程中不定时来回抽动预应力钢绞线；待混凝土强度达到设计要求后进行预应力钢绞线张拉。

> 问题

1. 写出示意图中构件 A~E 的名称。
2. 根据示意图，预应力体系属于先张法和后张法体系中的哪一种？
3. 事件一中，参加现场见证取样的单位除了施工单位外，还应邀请哪些单位参加？
4. 事件二中，指出混凝土浇筑过程中来回抽动预应力钢绞线的作用。
5. 指出张拉预应力钢绞线时宜采用单端张拉还是两端张拉。

> 参 考 答 案

1. 写出示意图中构件 A~E 的名称。
【参考答案】
构件 A 的名称：锚具（板、环）。
构件 B 的名称：夹片（具）。
构件 C 的名称：锚垫板（喇叭口）。
构件 D 的名称：螺旋筋。
构件 E 的名称：金属波纹管（预应力管道、孔道、套管）。

【解析】
市政专业考试经常对图形中某一部位的命名进行考核，而在案例背景中直接提供图片，并要求考生指出图片中特定部位的名称，这种考核方式可以被视为考试题型的一种突破。不仅如此，在 2023 年的一建建筑专业考试中，也出现了类似情况。试卷中给出一张图片，要求考生判断该图片中的混凝土质量是露筋还是孔洞。因此，未来备考时除了要关注常见的图纸，还应有针对性地关注施工图片。

在回答图片特定部位的名称时，考生应遵循冗余原则，思考并列举多种可能的名称或描述方式，以确保答案尽可能地涵盖更多的采分点。

2. 根据示意图，预应力体系属于先张法和后张法体系中的哪一种？
【参考答案】
预应力体系属于后张法体系。

【解析】
预应力先张法和后张法是两种预应力混凝土构件的施工方法。
先张法是在混凝土浇筑前进行的预应力张拉。首先，张拉钢束并将其锚固。然后，在张拉的钢束上浇筑混凝土，确保混凝土与钢束之间形成充分的握裹。待混凝土达到设计强度后，进行脱模并释放钢束的预应力。这样，混凝土在预应力的作用下会发生收缩挤压。

后张法是在混凝土构件浇筑完成后进行的预应力张拉。首先，在混凝土构件的孔道中穿过钢束，并在两端设置锚具，待混凝土达到要求的强度后，进行张拉预应力。其次，通过张拉预应力钢束，使其施加压应力于混凝土构件，并通过锚具将预应力传递给混凝土。最后，将孔道内填充高强度灌浆材料。

根据背景提供的图片，钢束（钢绞线）外设有孔道，属于典型的后张法施工方式。

3. 事件一中，参加现场见证取样的单位除了施工单位外，还应邀请哪些单位参加？

【参考答案】

还应邀请供货单位、建设单位、监理单位、检测单位（机构）、质量监督机构（站）。

【解析】

材料进场后的检查验收包含一个重要的环节，即现场取样并将样品送到有资质的第三方实验室进行复试。关于见证取样需要邀请哪些单位参加，在教材中并未明确规定。然而，见证取样的目的是将样品送至第三方实验室进行复试，以体现监控主体对自控主体的监督。因此，在评分点中必须明确体现监控主体的角色，即建设单位或监理单位。此外，考虑到检测单位对进场材料进行复试的情况，最好涵盖供货单位和检测单位，并将质量监督机构纳入考虑范围。

4. 事件二中，指出混凝土浇筑过程中来回抽动预应力钢绞线的作用。

【参考答案】

抽动钢绞线的作用：混凝土浇筑过程中管道可能出现漏浆，避免钢绞线固结（不出现管道堵塞，保持预应力钢绞线处于活动、松弛、不出现卡死状态）。

【解析】

后张法预应力有两种安装方式——先穿束后浇混凝土和先浇混凝土后穿束。根据案例背景分析，本工程采用先穿束后浇混凝土的方法，即在混凝土浇筑之前已将钢绞线安装在孔道中。在混凝土浇筑过程中，不可避免地会出现孔道接缝位置的漏浆现象。如果水泥浆渗入孔道并发生凝固，将导致已穿入的钢绞线固结在一起。如果固结现象较为严重，后期进行张拉过程时钢绞线将无法在孔道内自由伸缩。因此，在混凝土浇筑过程中，应反复抽动钢绞线，以防止其被水泥浆固结。

5. 指出张拉预应力钢绞线时宜采用单端张拉还是两端张拉。

【参考答案】

预应力钢绞线宜采用两端张拉。

【解析】

在案例背景中有如下信息："某公司承建一座城市桥梁工程……上部结构采用 3×30m 预制预应力混凝土简支 T 形梁。"而曲线预应力筋或长度大于等于 25m 的直线预应力筋，宜在两端张拉；长度小于 25m 的直线预应力筋，可在一端张拉。

案例 80　模拟题二十八

背景资料

某地铁车站沿东西方向布置,中间为标准段,两端为端头井。标准段长 120m,宽 21m,开挖深度 18m,采用明挖法施工。围护结构采用 ϕ900mm 钻孔灌注桩,间距 1050mm,桩间设 ϕ650mm 旋喷桩止水,基坑围护桩平面布置如图 1 所示。基坑支护共设 4 道支撑,第 1 道为钢筋混凝土支撑,第 2~4 道为钢支撑,基坑支护断面如图 2 所示。

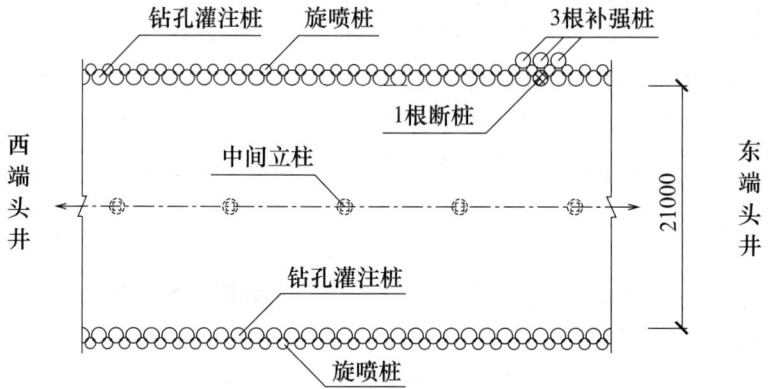

图 1　标准段基坑围护桩平面布置示意图(尺寸单位:mm)

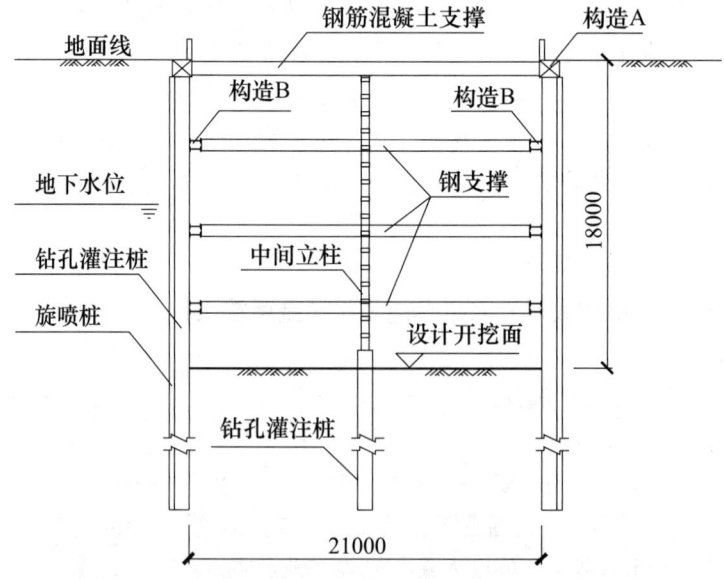

图 2　标准段基坑支护断面示意图(尺寸单位:mm)

施工过程中发生如下事件。

事件一：钻孔灌注桩成桩后，经检测发现有 1 根断桩，如图 1 所示。分析认为断桩是由于水下混凝土浇筑过程中导管口脱出混凝土面所致。对此，项目部提出针对性补强措施，经相关方同意后实施。

事件二：基坑开挖至设计开挖面后，由监理工程师组织基坑验槽，确认合格后及时进行混凝土垫层施工。

> 问题

1. 写出图 2 中构造 A、B 的名称；给出坑外土压力传递的路径。
2. 事件一中，针对断桩事故应采取哪些预防措施？
3. 指出基坑工程施工过程中的最危险工况。
4. 事件二中，基坑验槽还应邀请哪些单位参加？

参 考 答 案

1. 写出图 2 中构造 A、B 的名称；给出坑外土压力传递的路径。
【参考答案】
（1）构造 A 的名称：冠梁（顶圈梁、锁口梁）。构造 B 的名称：围檩（腰梁、圈梁）。
（2）土压力传递的路径：土压力→围护桩（或钻孔灌注桩）→围檩（冠梁）→支撑。
【解析】
在市政专业的考核题目中，要求考生写出图形中构造 A 或构造 B 的名称时，可以遵循冗余原则，这意味着可以提供多个可能的答案，如本题中的构造 A 可以称为冠梁、顶圈梁或锁口梁，构造 B 可以称为围檩、腰梁或圈梁。

在考试中，冗余原则的使用可以发挥以下优势：

（1）考虑多个专业术语：市政工程涉及多个领域和专业术语，不同地区或行业标准本来就可能使用不同的术语来描述相同的构造。

（2）考虑多个角度：同一个构造可以由多个角度和视角来描述。通过提供多个可能的名称，可以考虑到不同角度的描述。

（3）提升创造性思维：平时训练冗余答案可以激发创造性思考，达到从不同的角度思考问题并提供多样化的答案。这有助于培养考生的观察和分析能力，以及在实际工作中灵活运用相关知识的能力。

需要注意的是，在使用冗余原则时，需要确保提供的答案尽可能准确和合理。在日常学习中，要明确不同术语的定义和用途，以避免混淆。

总而言之，使用冗余原则可以为市政专业的考核提供更灵活和全面的答案选择。考虑到不同的术语和描述，鼓励创造性思维，并培养考生的观察和分析能力。这种方法可以更好地适应多样化的案例背景和出题角度，提高得分率。

土压力传递的路径属于教材原文内容，在考试中，如果前面的小题无法回答出来，可以依据案例背景自行推测土压力的传递路径。例如，在本题中，可以写成土压力传递路径为土压力→钻孔灌注桩→构造 B、构造 A→钢支撑、钢筋混凝土支撑。可以根据案例的情境和常识进行合理推测，作出这样的回答。

2. 事件一中，针对断桩事故应采取哪些预防措施？
【参考答案】
预防断桩的措施：
（1）准确控制初灌量，确保首次浇筑后管口埋深足够（或管口不脱离混凝土面）。
（2）浇筑过程中严格控制拔管长度，确保管口埋深足够（或管口不脱离混凝土面）。
【解析】
根据题目背景分析，断桩问题是由于水下混凝土浇筑过程中导管口脱出混凝土面所致。因此，在整理答案时，可以围绕以下两个方向展开：初灌量不足和导管拔出混凝土面。

质量通病的考核方式包括原因分析、预防办法和处理措施。尽管施工中的许多质量问题的原因分析和预防办法实质上是相同的，只是表述方式不同。教材中介绍了多种质量问题的原因，但在考试中，并非总是要求进行原因分析，而可能更关注预防办法。因此，要合理组织语言和表达形式，使答案更清晰易读。

3. 指出基坑工程施工过程中的最危险工况。
【参考答案】
基坑开挖至设计开挖面，施工设备事故，基坑坍塌，基坑涌水（水淹），支撑或围护结构失效，基坑变形过大（基坑失稳）。
【解析】
工况是指工程或系统在运行过程中所面临的特定情况或状态。它描述了在特定的时间和空间范围内，工程或系统所遭遇的各种外部和内部条件、环境、负荷和要求等。在基坑工程施工过程中，存在一些普遍的危险工况。尽管本题中没有提供具体的案例背景，但可以考虑以下几个常见的危险工况：基坑坍塌、涌水、变形过大、失稳、支撑失效和围护失效。此外，当基坑开挖至设计开挖面时，这也是一个需要特别关注的时间点。需要注意的是，以上提到的危险工况只是一些可能存在的情况，并非详尽无遗，因此在遇到类似的案例题目时，要根据具体案例背景分析作答。

4. 事件二中，基坑验槽还应邀请哪些单位参加？
【参考答案】
基坑验槽还应邀请建设（业主）单位、勘察单位、设计单位、施工单位（或总包单位）、质量监督部门。
【解析】
在考试中，如果要求列举参加验槽的单位，通常包括勘察、设计、施工、监理和建设单位。然而，如果要求列举邀请单位，可以考虑将质量监督部门也包括在内。这是因为参加单位必须亲自到场，而邀请单位并没有强制要求出席，这两者之间存在一些细微差别。

案例 81　模拟题二十九

背景资料

某公司承建一座钢筋混凝土输水箱涵工程，为两孔结构，单孔结构净宽 8.0m，净高 3.8m，结构顶板、侧墙和中墙厚度均为 700mm，底板厚度 750mm。主体结构混凝土强度等级 C40，抗渗等级 P6。场地地下水属于地表潜水，水位埋深 3.2m，主要含水层为粉土层。基坑与箱涵结构断面如图所示。

项目部编制的施工组织设计内容包括：

（1）降水选用 $\phi 700$mm 管井降水方案。

（2）基坑采用放坡开挖，坑壁采用土钉墙支护。

（3）箱涵主体分两步浇筑完成，第一步浇筑底板，第二步浇筑侧墙、中墙和顶板。

（4）经计算，顶模承受的施工总荷载为 23.22kN/m²。模板支撑架选用承插型盘扣式钢管支架体系，立杆规格 $\phi 48$mm×3.5mm，立杆横向间距 900mm，纵向间距 600mm，步距 1500mm。

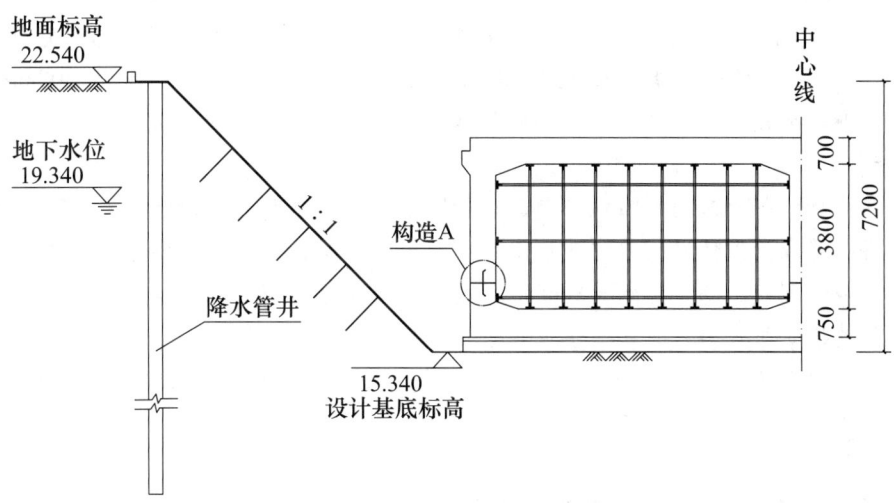

基坑与箱涵结构断面示意图（半幅）

（高程单位：m；尺寸单位：mm）

项目负责人主持编制了危大工程专项施工方案，主要内容包括工程概况、编制依据、施工计划、施工工艺技术、计算书及相关施工图表等。专项施工方案经项目技术负责人审核签字后报送监理单位。

问题

1. 写出示意图中构造 A 的名称，并指出其留设位置。

2. 给出地下水降水时间和水位控制要点。

3. 补充完善危大工程专项施工方案主要内容。
4. 根据背景资料，哪些危大工程专项施工方案需要组织专家论证？说明理由。
5. 指出专项施工方案送审流程的不当之处，并给出正确做法。

参考答案

1. 写出示意图中构造 A 的名称，并指出其留设位置。

【参考答案】

（1）带止水钢板（止水带）的施工缝。

（2）施工缝应留设在腋角以上不小于200mm处。

【解析】

二建市政专业曾多次考核结构施工缝这个知识点，而地下结构的施工缝往往会加设止水钢板，有时题目还会进一步考核止水钢板施工要求。《给水排水构筑物工程施工及验收规范》GB 50141—2008中规定："池壁与底部相接处的施工缝，宜留在底板上面不小于200mm处；底板与池壁连接有腋角时，宜留在腋角上面不小于200mm处。"本工程中输水箱涵设有腋角，所以答案中必须明确在腋角以上不小于200mm这个采分点。

2. 给出地下水降水时间和水位控制要点。

【参考答案】

（1）降水时间：从基坑开挖前直至结构满足抗浮要求并回填完成（或工程完成）期间。

（2）水位控制要点：降水必须使水位降至基底（基础垫层）以下500mm（标高14.840m以下）才能进行施工。施工期间降水持续进行，保持干槽作业。

【解析】

题目中询问的降水时间是指施工期间进行降水的起止时间。在开挖前，对需要降水的沟槽或基坑进行降水，以便进行土方开挖支护。在基坑回填过程中，沟槽必须保持干燥，不能进行有水作业。因此，降水的结束时间应当在回填完成后，并且如果地下结构有抗浮要求，必须确保结构满足抗浮要求时才能结束降水。

水位控制要点这一小问的核心在于"控制"，评分点应集中在水位高程（标高）的控制、降水的连续性及干槽作业等几个方面。

3. 补充完善危大工程专项施工方案主要内容。

【参考答案】

危大工程专项施工方案主要内容应补充：施工安全保证措施、施工管理及作业人员配备和分工、验收要求、应急处置措施。

【解析】

专项方案编制应当包括以下内容：

（1）工程概况：危大工程概况和特点、施工平面布置、施工要求和技术保证条件。

（2）编制依据：相关法律、法规、规范性文件、标准、规范，以及施工图设计文件、施工组织设计等。

(3) 施工计划：施工进度计划、材料与设备计划。

(4) 施工工艺技术：技术参数、工艺流程、施工方法、操作要求、检查要求等。

(5) 施工安全保证措施：组织保障措施、技术措施、监测监控措施等。

(6) 施工管理及作业人员配备和分工：施工管理人员、专职安全生产管理人员、特种作业人员、其他作业人员等。

(7) 验收要求：验收标准、验收程序、验收内容、验收人员等。

(8) 应急处置措施。

(9) 计算书及相关施工图纸。

根据案例背景提供的信息，已经包含工程概况、编制依据、施工计划、施工工艺技术、计算书及相关施工图纸等内容。因此，只需补充施工安全保证措施、施工管理及作业人员配备和分工、验收要求、应急处置措施等四项内容即可。作答时不需要在答题卡上展示每个小项中的具体内容，因为这些细节并非本题的评分要点。

4. 根据背景资料，哪些危大工程专项施工方案需要组织专家论证？说明理由。

【参考答案】

(1) 深基坑工程（土方开挖、支护、降水工程）。

理由：按照规定，开挖深度超过5m（含5m）的基坑（槽）的土方开挖、支护、降水工程专项施工方案需要进行专家论证，本工程基坑开挖深度为7.2m，大于5m，故需论证。

(2) 混凝土模板支撑（架）工程。

理由：按照规定，施工总荷载15kN/m^2及以上的混凝土模板支撑工程专项施工方案需要进行专家论证，本工程施工总荷载23.22kN/m^2，大于15kN/m^2，故需论证。

【解析】

基坑的挖掘深度为7.2m。即使在图中没有给出该深度信息，仍可通过地面标高22.540m和槽底标高15.340m计算得出。在混凝土模板支撑工程中，箱涵结构的顶板、侧墙和中墙厚度均为700mm。由于混凝土的重度为25kN/m^3，即使案例背景没有提供顶模的承受施工总荷载为23.22kN/m^2，仅提供了混凝土的重度，我们仍然可以计算得出该工程的混凝土模板支撑工程需要进行专家论证。对于这种说明理由的题目，数字往往是重要的采分点，规定的基坑深度5m和施工总荷载15kN/m^2，以及本工程计算得出的基坑开挖深度7.2m和实际施工荷载23.22kN/m^2，大概率就是本题的采分点。

5. 指出专项施工方案送审流程的不当之处，并给出正确做法。

【参考答案】

不当之处：由项目技术负责人审核签字后报送监理单位（或未经单位技术负责人审核签字）。

正确做法：专项施工方案应当由施工单位技术负责人审核签字、加盖单位公章后报送监理单位。

【解析】

"两专"考试中，经常涉及该工程有哪些危险性较大的分部分项工程或超过一定规模的危险性较大的分部分项工程，偶尔也会考核方案的编制、审批及论证的组织流程等内容。因此，在备考时除了要熟悉建办质〔2018〕31号文件的附件内容，还应深入理解教材中关于"两专"其他相关规定，以确保在考试中不会丢失"两专"考点的分数。

案例 82 模拟题三十

某工程公司承建一座城市跨河桥梁工程。河道宽36m，水深2m，流速较大，两岸平坦开阔。桥梁为三跨（35+50+35）m预应力混凝土连续箱梁，总长120m。桥梁下部结构为双柱式花瓶墩，埋置式桥台，钻孔灌注桩基础。桥梁立面如下图所示。

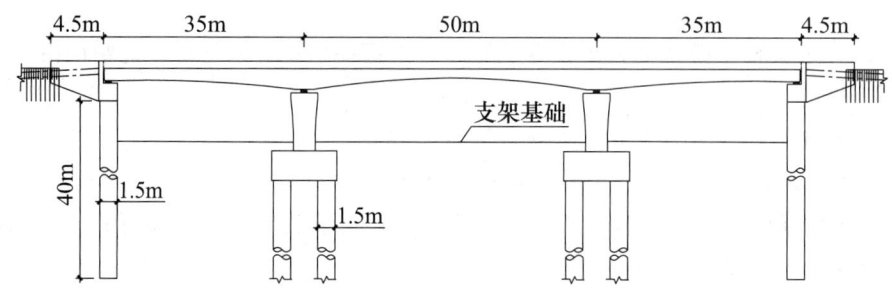

桥梁立面示意图

项目部编制了施工组织设计，内容包括：

（1）经方案比选，确定导流方案为：在施工位置的河道上下游设置挡水围堰，将河水明渠导流在桥梁施工区域外，在围堰内施工桥梁下部结构。

（2）上部结构采用模板支架现浇法施工，工艺流程为：支架基础施工→支架满堂搭设→底模安装→A→钢筋绑扎→混凝土浇筑及养护→预应力张拉→模板及支架拆除。

预应力筋为低松弛钢绞线，选用夹片式锚具。项目部拟参照类似工程经验数值确定预应力筋理论伸长值。采用应力值控制张拉，以伸长值进行校核。

项目部根据识别出的危大工程编制了安全专项施工方案，按相关规定进行了专家论证，在施工现场显著位置设立了危大工程公告牌，并在危险区域设置安全警示标志。

【问题】

1. 按桥梁总长或单孔跨径大小分类，该桥梁属于哪种类型？
2. 简述导流方案选择的理由。
3. 写出施工工艺流程中A工序名称，简述该工序的目的和作用。
4. 指出项目部拟定预应力施工做法的不妥之处，给出正确做法，并简述伸长值校核的规定。
5. 危大工程公告牌应标明哪些内容？

参考答案

1. 按桥梁总长或单孔跨径大小分类,该桥梁属于哪种类型?

【参考答案】

该桥梁属于大桥。

理由:多孔跨径总长120m,单孔最大跨径为50m。

【解析】

2019年一建案例题四曾经考核过此知识点,当时案例背景给出的桥梁总长超过1000m,属于特大桥。本知识点还可以选择题形式进行考核。

桥梁按多孔跨径总长或单孔跨径分类:

桥梁分类	多孔跨径总长 L(m)	单孔跨径 L_0(m)
特大桥	$L>1000$	$L_0>150$
大桥	$1000 \geq L \geq 100$	$150 \geq L_0 \geq 40$
中桥	$100>L>30$	$40>L_0 \geq 20$
小桥	$30 \geq L \geq 8$	$20>L_0 \geq 5$

2. 简述导流方案选择的理由。

【参考答案】

(1)导流明渠施工简单,方便、灵活,速度快,造价低,过流能力大。

(2)现场具备导流条件(河道窄、水浅、两岸平坦开阔)。

(3)支架法旱地作业更易保证桥梁施工安全。

【解析】

在选择适用的工法时,本工程的场地条件是一个重要的考虑因素。河道宽度为36m,水深为2m,两岸平坦开阔,提供了充足的施工场地。然而,场地条件只是选择特定工法的一个因素,选择工法的关键是工法本身的优点。在介绍工法的优点时,可以使用极端描述,例如工期短(施工速度快)、方便灵活、造价低、效果优异等词语。

在河道中施工桥梁时,除了明渠导流,还有其他可选的技术措施,如设置水上作业平台、建立围堰或筑岛、埋设导流管涵等。在考核到选择哪种措施时,需要综合考虑现场条件,例如水深、流速、河道宽度、岸边场地,以及造价、工艺难度和安全等因素。

导流明渠

3. 写出施工工艺流程中 A 工序名称，简述该工序的目的和作用。

【参考答案】

（1）A 的名称是支架预压。

（2）目的和作用：检验结构的承载能力和稳定性、消除其非弹性变形、观测结构弹性变形及基础沉降情况。

【解析】

支架及其基础预压是市政专业高频考点。对于支架预压这道工序，既有在箱梁底模安装前进行的，也有在箱梁底模安装后进行的，本工程属于后者。支架预压的目的是新大纲调改内容，该知识点很可能会重复性考核。

4. 指出项目部拟定预应力施工做法的不妥之处，给出正确做法，并简述伸长值校核的规定。

【参考答案】

（1）不妥之处：参照类似工程经验数值确定理论伸长值。

正确做法：张拉前应对孔道的摩阻损失进行实测（实测孔道摩阻损失），以便确定张拉控制应力值，验证预应力筋的理论伸长值。

（2）实际伸长值与理论伸长值的差值符合设计要求。设计无要求时，实际伸长值与理论伸长值差值控制在 6% 以内。

【解析】

本题第一小问属于送分题，考试中一般遇到施工单位根据经验或习惯的施工做法都可以被判断为错误。因此，即使无法给出具体做法，先否定错误选项也可以得分。正确做法通常围绕实测和试验展开。

第二小问考核的是钢绞线张拉理论伸长值和实际伸长值之间的差值要求，要求控制在 6% 以内。需要明确的是，规定的 6% 是指理论伸长值和实际伸长值之间的差值。例如，如果某段钢绞线的张拉理论伸长值为 100mm，则实际伸长值应在 94~106mm。根据《公路桥涵施工技术规范》JTG/T 3650—2020 的规定，理论伸长值与实际伸长值的偏差应控制在 ±6% 以内。在选择题考试中，如果出现 ±6% 的描述，那么该选项是正确的。

5. 危大工程公告牌应标明哪些内容？

【参考答案】

应标明危大工程名称、实施时间、具体责任人员。

【解析】

危大工程公告牌应标明的内容，这个知识点在教材中的一道案例题中有介绍。对于"两专"的知识点，新版大纲下的教材有一定的删减，但作为一建市政超高频考点，备考时，可以依据住房城乡建设部令第 37 号和建办质〔2018〕31 号文件系统地学习一遍。

案例 83　模拟题三十一

背景资料

某市政公司承建水厂升级改造工程，其中包括新建容积 1600m³ 的清水池等构筑物，采用整体现浇钢筋混凝土结构，混凝土设计等级为 P8、C35。清水池结构断面如下图所示。在调研基础上项目部确定了施工流程、施工方案和专项施工方案，编制了施工组织设计，获得批准后实施。

施工过程中发生下列事件。

事件一：清水池地基土方施工遇到不明构筑物，经监理工程师同意后拆除并换填处理，增加了 60 万元的工程量。

事件二：为方便水厂运行人员，施工区未完全封闭。发生了一名取水样人员跌落基坑受伤事件，监理工程师要求项目部采取纠正措施。

事件三：清水池满水试验时，建设方不认同项目部制定的三次注水方案，主张增加底板部位试验，双方协商后达成一致。

事件四：清水池内模拆除前，项目技术负责人要求施工作业班组按照有限空间作业规定，必须严格执行"先通风、再检测、后作业"的原则，施工班组按规定对相关气体进行了检测。

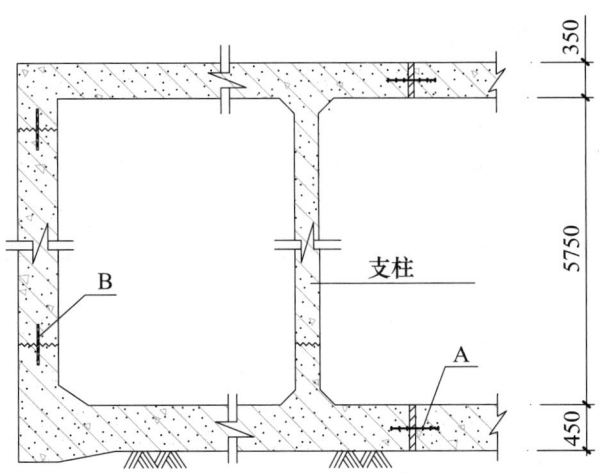

清水池断面示意图（单位：mm）

问题

1. 事件一增加的 60 万元能索赔吗？说明理由。
2. 指出上图中 A 和 B 的名称与用处。
3. 简述事件二项目部应采取的纠正措施。

4. 分析事件三中建设方主张的意图，简述正确做法。
5. 事件四中，施工作业班组应对哪些气体的含量进行检测？

参考答案

1. 事件一增加的 60 万元能索赔吗？说明理由。
【参考答案】
能（可以）索赔。
理由：施工遇到不明构筑物，致使工程量增加，依据相关标准规范，不属于承包人的行为责任（属于建设方风险责任），且换填处理经过监理工程师批准。

【解析】
索赔考点中，最常考核的一个知识点是判断某个事件是否可以提出索赔，并说明理由。这类问题通常需要按照以下四点来回答：第一，背景描述；第二，造成的损失；第三，找出相关依据；第四，区分责任。在区分责任时，如果不能进行索赔，通常是施工单位自己应承担的责任（或风险），而在可以进行索赔的情况下，采分点既可能是属于建设方应承担的责任（或风险），也可能是不属于承包人的行为责任（非施工方承担的责任）。在考试中，我们可以按照本题参考答案的形式，提供这两种回答方式。

新版教材中对索赔的具体内容进行了弱化，但是专业实务考试除了考核专业教材的相关知识，对管理和法规的公共课也经常进行考核，所以索赔、变更等通用的管理知识在未来考试中仍可能出现。

2. 指出上图中 A 和 B 的名称与用处。
【参考答案】
（1）A—中埋式橡胶止水带。
作用：用在变形缝中，保证变形缝不漏水，是构筑物分块浇筑施工的依据。
（2）B—止水钢板（或金属止水板）。
作用：用在施工缝中，延长施工缝处渗水路径，是构筑物分层浇筑施工的依据。

【解析】
构筑物在不均匀沉降和温度变化下会产生变形，导致开裂，变形缝是针对这种情况而预留的构造缝。在变形缝位置钢筋混凝土是完全断开的，为避免结构漏水，在变形缝位置加设中埋式橡胶止水带。混凝土施工缝位置是薄弱环节，非常容易漏水，所以在施工缝中间设置止水钢板，可以延长水的渗漏路径。

3. 简述事件二项目部应采取的纠正措施。
【参考答案】
纠正措施：施工现场必须封闭管理，围挡连续设置，不留缺口、安装牢固、整洁美观，围挡设有警示标志和警示红灯。

【解析】

关于围挡施工的相关要求是市政专业的高频考点。早年间的考核方式一般围绕围挡的高度和材质进行考核，而近些年来考核的内容更注重一些细节描述。

4. 分析事件三中建设方主张的意图，简述正确做法。

【参考答案】

（1）建设方主张的意图是：关注水池底板缝部的施工质量。

（2）正确做法：设计容积1600m³的水池属于大、中型蓄水构筑物，应采用四次注水试验。第一次注水应至池壁施工缝以上，检查底板抗渗质量。如果出现渗漏应尽快处理，合格后方可继续进行试验。

【解析】

在本题中，建设方对施工单位提出的三次注水方案持有异议，题目要求简述正确做法。由此可见，命题人认为施工单位的三次注水方案是错误的。因此，唯一需要做的是将三次注水改为四次注水。四次注水的依据是认定水池为大、中型水池，其中底板施工缝以上的部分被视为一次注水。尽管有人对水池容积为1600m³是否属于大、中型水池提出了质疑，但这并不是本题的关键所在。在市政专业考试的案例题中，不能脱离案例背景。既然命题人意图要求四次注水，那么就是认为1600m³的水池属于大、中型水池。

5. 事件四中，施工作业班组应对哪些气体的含量进行检测？

【参考答案】

应对氧气、可燃性气体、硫化氢、一氧化碳等气体的含量进行检测。

【解析】

有限空间作业是当前市政专业热门考点，市政工程施工现场作业常见的有限空间有：地下管廊、隧道、施工竖井、人工挖孔桩、桥梁箱室、污水池、沼气池、化粪池、雨污水井和电力井等各类井室。

案例84 模拟题三十二

地铁工程某标段包括A、B两座车站，以及两座车站之间的区间隧道（下图）。区间隧道长1500m，设2座联络通道。隧道埋深为1～2倍隧道直径，地层为典型的富水软土，沿线穿越房屋、主干道路及城市管线等。区间隧道采用盾构法施工，联络通道采用冻结加固暗挖施工。本标段由甲公司总承包，施工过程中发生下列事件。

事件一：甲公司将盾构掘进施工（不含材料和设备）分包给乙公司，联络通道冻结加固施工（含材料和设备）分包给丙公司。建设方委托第三方进行施工环境监测。

事件二：在1#联络通道暗挖施工过程中发生局部坍塌事故，导致停工10天，直接经济损失100万元。事发后进行了事故调查，认定局部冻结强度不够是导致事故的直接原因。

事件三：丙公司根据调查报告，并综合分析现场情况后决定采取补打冻结孔、加强冻结等措施，并向甲公司项目部和监理工程师进行了汇报。

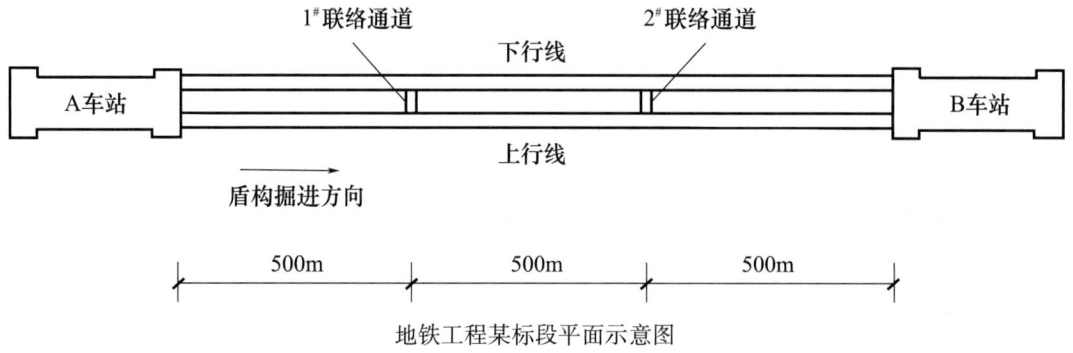

地铁工程某标段平面示意图

问题

1. 结合本工程特点，简述区间隧道选择盾构法施工的理由。
2. 盾构掘进施工环境监测内容应包括哪些？
3. 事件一中，甲公司与乙、丙公司分别签订哪种分包合同？
4. 在事件二所述的事故中，甲公司和丙公司分别承担何种责任？
5. 冻结加固专项施工方案应由哪个公司编制？事件三中，恢复冻结加固施工前需履行哪些程序？

参考答案

1. 结合本工程特点，简述区间隧道选择盾构法施工的理由。

【参考答案】

理由如下：

（1）盾构在富水软土地层施工更安全。

（2）对建（构）筑物保护有利，环境影响小。

（3）覆土（埋深）满足盾构施工要求且可以长距离作业。

（4）不受天气影响，不影响交通及周围居民，掘进速度快、机械化程度高。

【解析】

本小问属于给出一种施工工法，让考生写出采用这种工法的理由题目，属于当前考试热门题型。回答该题型的思路如下：首先，找到案例背景中所描述的施工环境实质性内容［如本题中的盾构覆土深度、富水软土地层以及周边建（构）筑物等］；其次，强调该工法比较符合、适合案例背景中的环境；最后，需要强调所采用工法本身的优点（速度快、精度高等）。

2. 盾构掘进施工环境监测内容应包括哪些？

【参考答案】

包括地表沉降、房屋沉降（房屋倾斜）、管线沉降（管线位移）、道路沉降。

【解析】

很多考生作答时，可能出现审题不清的情况。本小问的问题是"盾构掘进施工环境监测内容"，即需要监测盾构施工过程对周边设施或构筑物造成的影响。根据背景资料提供的信息，隧道穿越段为富水软土地层，地面上存在房屋、主干道路及城市管线等设施。因此，在回答本小问时，应根据背景资料中提供的建（构）筑物展开监测。具体监测内容可以包括对道路、管线和建筑物的空间变化进行监测，例如沉降、隆起、位移、变形、倾斜或裂缝等。

3. 事件一中，甲公司与乙、丙公司分别签订哪种分包合同？

【参考答案】

甲公司与乙公司签订劳务分包合同，甲公司与丙公司签订专业分包合同。

【解析】

甲公司将盾构掘进施工（不含材料和设备）分包给乙公司，也就是说，材料和设备由甲公司供应，乙公司只负责输出人员去工作，所以甲公司与乙公司应签订劳务分包合同。联络通道冻结加固施工（含材料和设备）分包给丙公司，也就是说，联络通道冻结加固施工的人、材、机均由丙公司负责，故甲公司与丙公司应签订专业分包合同。

4. 在事件二所述的事故中，甲公司和丙公司分别承担何种责任？

【参考答案】

在事件二的事故中丙公司承担主要责任，甲公司承担连带责任。

【解析】

从前一小问得知，丙公司是专业分包，而在《建设工程安全生产管理条例》中有如下内容：第二十四条建设工程实行施工总承包的，由总承包单位对施工现场的安全生产负总责。总承包单位应当自行完成建设工程主体结构的施工。总承包单位依法将建设工程分包给其他单位的，分包合同中应当明确各自的安全生产方面的权利、义务。总承包单位和分包单位对分包工程的安全生产承担连带责任。分包单位应当服从总承包单位的安全生产管理，分包单位不服从管理导致生产安全事故的，由分包单位承担主要责任。条例规定总承包单位（本工程的甲公司）需要承担的是连带责任，而分包单位（本工程的丙公司）需要承担主要责任。

5. 冻结加固专项施工方案应由哪个公司编制？事件三中，恢复冻结加固施工前需履行哪些程序？

【参考答案】

（1）冻结加固专项方案应由丙公司编制。
（2）需履行的程序：
① 方案修改（补充）。
② 对新方案重新组织专家论证并审批。
③ 复工申请。
④ 复工检查。

【解析】

丙公司是联络通道冻结法施工的专业分包单位，所以冻结加固的专项方案应该由专业施工单位进行编制。而在暗挖施工过程中因冻结强度不足造成了事故，说明冻结加固专项方案可能存在问题，所以在恢复冻结施工前需要修改补充原方案，并重新组织专家论证并审批。同时在事故发生后进行了停工，所以开工前还应进行复工申请，并对现场及新方案进行检查后再开工。

案例 85　模拟题三十三

背景资料

某城市供热外网一次线工程，管道为 DN500 钢管，设计供水温度 110℃，回水温度 70℃，工作压力 1.6MPa。沿现况道路敷设段采用 $D2600mm$ 钢筋混凝土管作为套管，泥水平衡机械顶进，套管位于卵石层中，卵石最大粒径 300mm，顶进总长度 421.8m。顶管与现况道路的位置关系如图 1 所示。

开工前，项目部组织相关人员进行现场调查，重点是顶管影响范围地下管线的具体位置和运行状况，以便加强对道路、地下管线的巡视和保护，确保施工安全。

项目部编制顶管专项施工方案：在永久检查井处施做工作竖井，制定道路保护和泥浆处理措施。

项目部制定应急预案，现场配备了水泥、砂、注浆设备、钢板等应急材料，保证道路交通安全。

套管顶进完成后，在套管内安装供热管道，断面布置如图 2 所示。

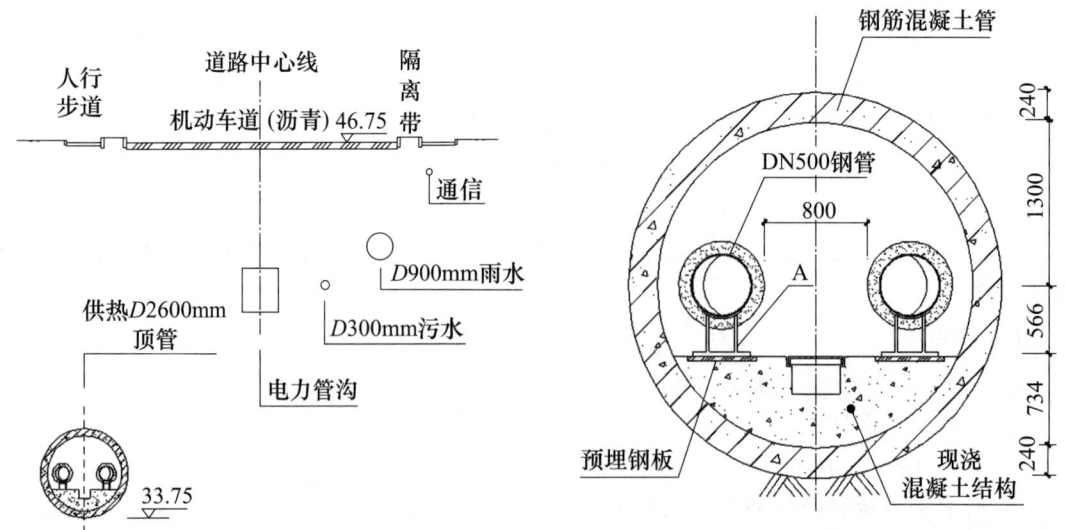

图 1　顶管与道路的位置关系示意图　　图 2　供热管道安装断面图

（高程单位：m；尺寸单位：mm）

> 问题

1. 根据图 2，指出供热管道顶管段属于哪种管沟敷设类型？
2. 顶管临时占路施工需要哪些部门批准？
3. 为满足绿色施工要求，项目部可采取哪些泥浆处理措施？
4. 如出现道路沉陷，项目部可利用现场材料采取哪些应急措施？
5. 指出构件 A 的名称，简述构件 A 安装技术要点。

参 考 答 案

1. 根据图 2，指出供热管道顶管段属于哪种管沟敷设类型？

【参考答案】

供热管道顶管段属于通行管沟。

【解析】

热力管道分为架空敷设、直埋敷设和管沟敷设三种形式，而管沟敷设又分为通行管沟、半通行管沟和不通行管沟三种形式。

拓展知识点：通行管沟净高不小于 1.8m，人行通道宽不小于 0.6m。

2. 顶管临时占路施工需要哪些部门批准？

【参考答案】

顶管施工临时占路，施工前须经道路主管部门（市政工程行政主管部门）和公安交通管理部门批准。

【解析】

占用城市道路需要办理相关手续，这是市政一、二建考试中经常考核的知识点。办理手续的第一个单位是公安交通管理部门，这个没有争议。然而，另一个办理手续的单位让广大考生感到困惑，不知道是回答道路主管部门还是市政工程行政主管部门。不过，考试和实际情况是有一定区别的，考试按照采分点来评分，问题要求列举哪些单位，因此，在大多数情况下，我们可以将公安交通管理部门、道路主管部门和市政工程行政主管部门都列出来。这样能够提高回答的准确性。

3. 为满足绿色施工要求，项目部可采取哪些泥浆处理措施？

【参考答案】

为满足绿色施工要求，项目部可采取现场装配式泥沙分离（沉淀）、泥水分离（泥浆分离）、泥浆脱水预处理设施，进行泥浆循环利用。

【解析】

本工程采用泥水平衡机械顶管法进行施工，其原理类似泥水平衡盾构施工。该方法通过全断面切削土体，利用泥水压力平衡土压力和地下水压力，并以泥水作为输送弃土的介质，实现机械自动化的顶管施工。类似的施工方法还包括钻孔灌注桩和水平定向钻。在这些方法中，泥浆扮演着重要的角色，需要持续进行工作。因此，在施工过程中，需要建立现场泥沙分离设施、泥水分离设施及泥浆脱水预处理设施，以实现对产生的泥浆混合物的分离处理。

通过这些设施,可以有效地将泥浆中的固体颗粒和杂质分离出来,并进行泥浆的脱水处理,从而实现泥浆的循环利用。

4. 如出现道路沉陷,项目部可利用现场材料采取哪些应急措施?

【参考答案】

当出现道路局部沉陷时,项目部立即启动应急预案,通知相关管理部门,应在沉陷部位临时封闭道路、暂时停工、满铺钢板,保证道路畅通;对路基空洞、松散部位可进一步采用砂石料回填、注浆加固措施。

【解析】

本小问需要结合案例背景作答。背景资料中介绍项目部准备了砂、水泥、注浆设备和钢板等应急材料,那么出现问题时,就需要将这些材料全部派上用场。另外,从管理角度将暂停施工、封闭道路、启动应急预案也要有所体现。

5. 指出构件 A 的名称,简述构件 A 安装技术要点。

【参考答案】

(1)构件 A:滑动支架(滑动支托、滑动支座、滑靴)。

(2)安装技术要点:支架接触面应平整、光滑;不得有歪斜及卡涩现象,支架应与管道焊接牢固,不得有漏焊(欠焊、咬肉或裂纹)等缺陷。

【解析】

这种写出图中某一部位名称,简述其作用、施工要求或安装要点的题目是当下考试热门考点。如果不能准确描述其名称,那么不妨利用考试规则多写几个。对于施工要求或安装要点也有技巧,可以先夸后贬,夸就是平整、直顺、光滑、牢固,而贬就是不得或不能有歪斜、卡涩、移位、漏焊、裂纹等缺陷。

热力滑动支架

案例 86 模拟题三十四

【背景资料】

某公司承建一座城郊跨线桥工程,双向四车道,桥面宽度 30m,横断面路幅划分为 2m

（人行道）+5m（非机动车道）+16m（车行道）+5m（非机动车道）+2m（人行道）。上部结构为5×20m预制预应力混凝土简支空心板梁；下部结构为构造A及φ130cm圆柱式墩，基础采用φ150cm钢筋混凝土钻孔灌注桩；重力式U形桥台；桥面铺装结构层包括厚10cm沥青混凝土、构造B、防水层。桥梁立面如图所示。

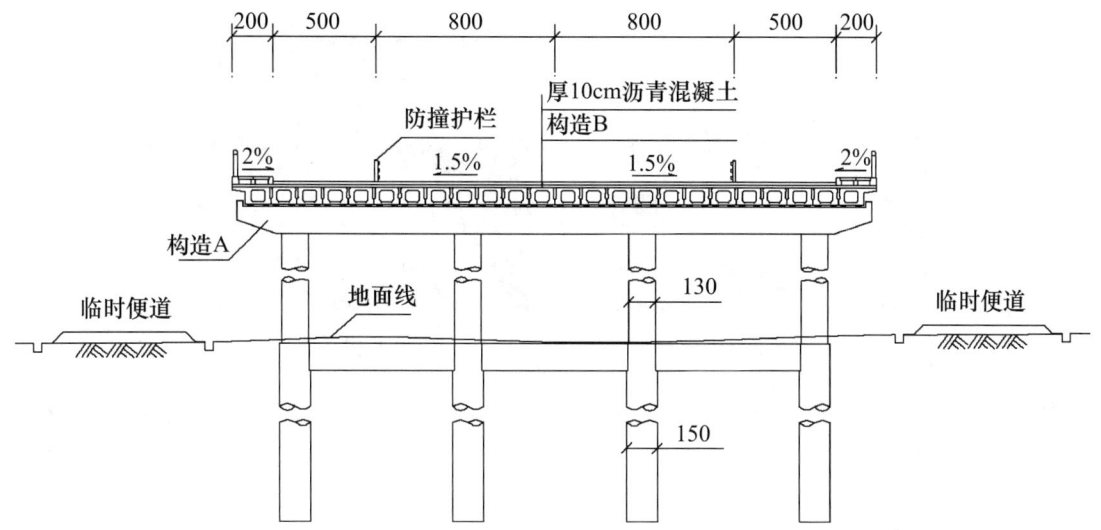

桥梁立面示意图（尺寸单位：cm）

项目部编制的施工组织设计明确了如下事项。

(1) 桥梁的主要施工工序编号为：①桩基；②支座垫石；③墩台；④安装空心板梁；⑤构造A；⑥防水层；⑦现浇构造B；⑧安装支座；⑨现浇湿接缝；⑩摊铺沥青混凝土及其他。施工工艺流程为：①桩基→③墩台→⑤构造A→②支座垫石→⑧安装支座→④安装空心板梁→C→D→E→⑩摊铺沥青混凝土及其他。

(2) 公司具备梁板施工安装的技术且拥有汽车起重机、跨墩门式起重机、穿巷式架桥机、浮吊、梁体顶推等设备。经方案比选，确定采用汽车起重机安装。

(3) 空心板梁安装前，对支座垫石进行检查验收。

> 问题

1. 写出示意图中构造A、B的名称。
2. 写出施工工艺流程中C、D、E的名称或工序编号。
3. 依据公司现有设备，除了采用汽车起重机安装空心板梁外，还可采用哪些设备？
4. 指出项目部选择汽车起重机安装空心板梁考虑的优点。
5. 写出支座垫石验收的质量检验主控项目。

> 参 考 答 案

1. 写出示意图中构造A、B的名称。

【参考答案】

构造A的名称：盖梁（或帽梁）。

构造B的名称：混凝土整平层（找平层）。

【解析】

本小问属于市政专业考试的主流题型之一,即在试卷上给出一个图形,要求应试者写出图形某一部位的名称。这种题目可以稍加难度,变成写出所给图形局部名称,简述其作用或施工要求。

桥梁盖梁

桥面找平层

盖梁指的是为支承、分布和传递上部结构的荷载,在排桩或墩顶部设置的横梁(多为钢筋混凝土结构),又称帽梁。有桥桩直接连接盖梁的,也有桥桩接立柱再连接盖梁的。

整平层又称找平层,也称为调平层,一般是指在桥面防水下面浇筑的一层 8~10cm 的钢筋混凝土。整平层也是桥面防水的基层。

2. 写出施工工艺流程中 C、D、E 的名称或工序编号。

【参考答案】

施工工序 C 的名称:⑨现浇湿接缝。

施工工序 D 的名称:⑦混凝土整平层(混凝土找平层、现浇构造 B)。

施工工序 E 的名称:⑥防水层。

【解析】

本小问属于按照施工顺序将工序对号入座的考点,属于当前市政考试热门考点之一。本题待选的工序有三个:⑥防水层、⑦现浇构造 B 和⑨现浇湿接缝。在案例背景描述中有"桥面铺装结构层包括厚 10cm 沥青混凝土、构造 B、防水层",现浇湿接缝施工是在桥面铺装层之前,也就是说,现浇湿接缝一定在防水层和构造 B 这两个工序之前,所以工序 C 为⑨现浇湿接缝,在第一小问中已经分析出现浇构造 B 这个工序为整平层(找平层),整平层也是桥面防水层的基层,所以⑦现浇构造 B 在防水层之前。

3. 依据公司现有设备,除了采用汽车起重机安装空心板梁外,还可采用哪些设备?

【参考答案】

安装空心板梁还可采用的设备有跨墩门式起重机、穿巷式架桥机。

【解析】

本题背景资料中给出的五个吊装设备中,浮吊是用于河道或海洋桥梁施工。梁体顶推设备施工烦琐,一般用于不具备常规吊装的场地采用,而本工程中现场有施工便道,并且空心板总体质量不大,不适合采用顶推设备。

一般情况下，主观题（案例分析题）给分遵循的一个原则是多答不扣分，所以在控制篇幅的情况下，答题时可以尽量多罗列采分点。不过凡事都有例外，例如本小问就相当于一个多选题，只不过是以案例题的形式展现出来，这类题目绝不能多选，没有把握的答案切记不可写出来。

4. 指出项目部选择汽车起重机安装空心板梁考虑的优点。
【参考答案】
优点有：
（1）施工方便（灵活），操作简便，速度快，造价低（节省造价），可实时吊装。
（2）本工程空心板自重小、用量少，且可充分利用施工便道。
【解析】
本小问要求指出采用汽车起重机安装空心板考虑的优点，既然考虑的是优点，那么一定是围绕着方便、灵活、快速、节省造价（降低造价）、利用已有设施（现有施工便道）这些角度来罗列采分点。从本题中我们也可以得到一个启示，就是不能放过背景资料图形中的任何细节，例如本题图形中，命题人在桥梁两侧给出施工便道的图示，显然是为了吊装这个考点而准备的。

5. 写出支座垫石验收的质量检验主控项目。
【参考答案】
支座垫石验收的质量检验主控项目有顶面高程、平整度、坡度、坡向、位置、混凝土强度。
【解析】
按照规范，支座垫石的主控项目只有"顶面高程、平整度、坡度、坡向"这几项，不过在规范和教材中也有关于支座施工的一般规定："墩台帽、盖梁上的支座垫石和挡块宜二次浇筑，确保其高程和位置的准确。垫石混凝土的强度必须符合设计要求。"很多工法的主控项目都会有测量方向的内容，且测量中高程、位置又几乎是不可分割的两个方向，所以在作答时，完全可以将"位置"作为一个采分点写出来。同理，既然垫石是现浇混凝土，那么在写主控项目时，很可能首先想到的就是混凝土强度。

另外，本题要求考生写主控项目，属于开口题，不会因为多写而被倒扣分，所以在考场中遇到比较纠结的内容时，可以放心地展示在答题卡上。

案例87 模拟题三十五

某公司承建一污水处理厂扩建工程，新建AAO生物反应池等污水处理设施，采用综合箱体结构形式，基础埋深为5.5~9.7m，采用明挖法施工，基坑围护结构采用ϕ800mm钢筋混凝土灌注桩，止水帷幕采用ϕ600mm高压旋喷桩。基坑围护结构与箱体结构位置立面如图所示。

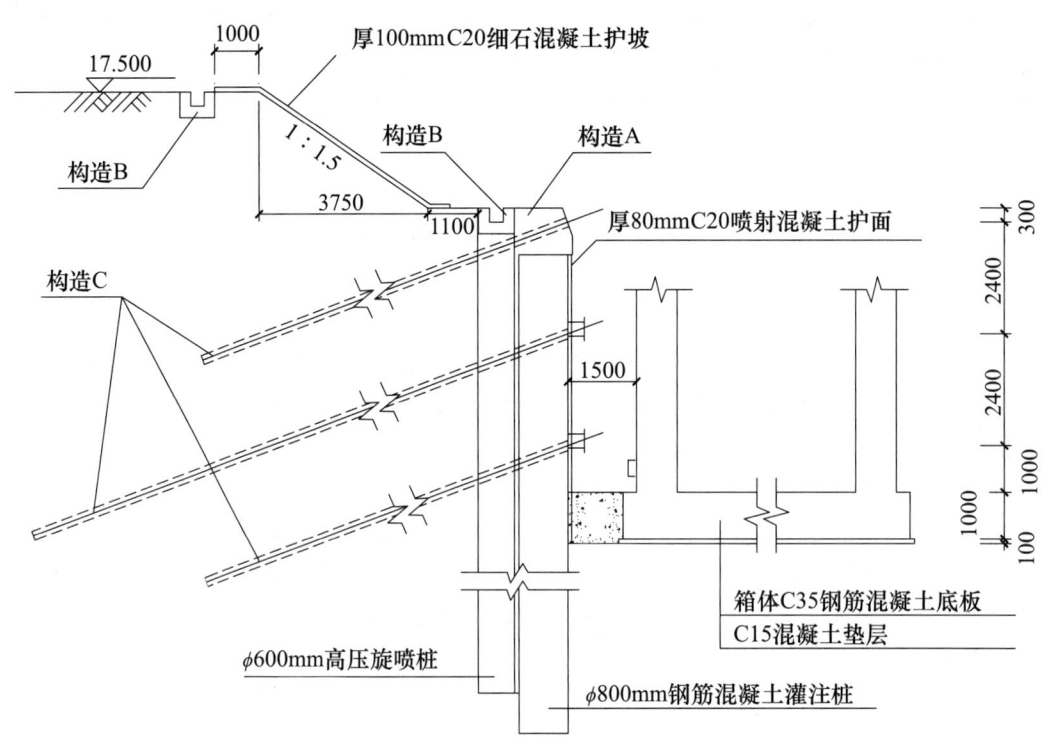

基坑围护结构与箱体结构位置立面示意图
（高程单位：m；尺寸单位：mm）

施工合同专用条款约定如下：主要材料市场价格浮动在基准价格±5%以内（含）不予调整，超过±5%时对超出部分按月进行调整；主要材料价格以当地造价行政主管部门发布的信息价格为准。

施工过程中发生如下事件。

事件一：施工前，项目部测量员依据上图测放开挖上口线。施工期间，建设单位委托具有相应资质的监测单位对基坑施工进行第三方监测。当开挖至坑底高程时，监测结果显示，局部地表沉降测点数据变化超过规定值。项目部及时启动了稳定坑底应急措施。

事件二：项目部根据当地造价行政主管部门发布的3月份材料信息价格和当月部分工程材料用量，申报当月材料价格调整差价。3月份部分工程材料用量及材料信息价格见下表。

3月份部分工程材料用量及材料信息价格表

材料名称	单位	工程材料用量	基准价格（元）	材料信息价格（元）
钢材	t	1000	4600	4200
商品混凝土	m³	5000	500	580
木材	m³	1200	1590	1630

事件三：为加快施工进度，项目部增加劳务人员。施工过程中，一名新进场的模板工发生高处坠亡事故。当地安全生产行政主管部门的事故调查结果显示，这名模板工上岗前未进行安全培训，违反作业操作规程，被认定为安全责任事故。根据相关法规，对有关单位和个

人做出处罚决定。

> 问题

1. 写出示意图中构造 A、B、C 的名称。
2. 事件一中,项目部可采用哪些应急措施?
3. 依据示意图,计算该基坑坑底标高,以及主体结构与开挖上口线之间的距离。
4. 事件二中,列式计算价格表中工程材料价格调整总额。
5. 依据有关法规,写出安全事故划分等级及事件三中安全事故等级。

参 考 答 案

1. 写出示意图中构造 A、B、C 的名称。
【参考答案】
构造 A 的名称:冠梁(或顶圈梁、锁口梁)。
构造 B 的名称:排水沟(或截水沟)。
构造 C 的名称:锚杆(或锚索)。
【解析】
当排桩用作围护结构时,需要设置一条横向的梁将排桩连接在一起,这有利于整体受力,并将支撑力均匀传递给围护结构。位于排桩顶部且与排桩竖向投影重合的梁被称为冠梁,排桩中部呈外挂形式的梁称为腰梁。冠梁也被称为顶圈梁或锁口梁,腰梁统称为围檩或圈梁。作答时,最好将这些相同意义的不同名称都写在答题卡上,这样会增加得分机会。此外,基坑顶部需要设置防止地表水进入的设施,根据图形很容易回答出 B 是截水沟或排水沟。在本案例中,排桩围护结构没有设置内支撑,而是采用外拉锚形式。图中所示的结构可以是锚杆或锚索。

本小题中考核的是写出图形局部名称,这是当前图形案例中的主流题型。在学习这类案例时,可以深入挖掘题目的考点,尽量将考点进行延伸,例如本题中 A、B、C 在图中的作用或施工要求。

2. 事件一中,项目部可采用哪些应急措施?
【参考答案】
可采取的应急措施:坑底土体加固,坑内井点降水,及时施作底板结构等措施。
【解析】
本题案例背景描述情况为:"当开挖至坑底高程时,监测结果显示,局部地表沉降测点数据变化超过规定值。项目部及时启动稳定坑底应急措施。"本题要求写出项目部对此应采取的措施。由于此时已经开挖至坑底,无法再对围护结构入土深度增加,只能采取对坑底土体加固、坑内井点降水和适时施作底板等几项措施。

3. 依据示意图,计算该基坑坑底标高,以及主体结构与开挖上口线之间的距离。
【参考答案】
(1)基坑坑底标高:17.500−3.75÷1.5−0.3−2.4−2.4−1−1−0.1=7.800m

（2）主体结构与开挖上口线距离：1.5+0.8+0.6+1.1+3.75＝7.75m

【解析】

本题是一道基于图形进行计算的题目，只要理解图形的基本原理并确保图形中的数字没有遗漏，这道题相对容易得分。

4. 事件二中，列式计算价格表中工程材料价格调整总额。

【参考答案】

（1）钢材：(4200-4600)/4600×100%＝-8.70%<-5%，应调整价差。

应调减价差：[4600×(1-5%)-4200]×1000＝170000元。

（2）商品混凝土：(580-500)/500×100%＝16%>5%，应调整价差。

应调增价差：[580-500×(1+5%)]×5000＝275000元。

（3）木材：(1630-1590)/1590×100%＝2.52%<5%，不调整价差。

（4）3月份部分材料价格调整总额合计：275000-170000＝105000元。

【解析】

本小问属于依据信息价调整价差的题目，2011年一建曾经考核过。对于这类题目可以按照以下方法作答：用信息价减去基准价的差值除以基准价再乘以100%，如果得出的是负值就与-5%（案例规定的基数）比小，小于基数则进行调减。如果得出的是正数，就与5%（案例规定的基数）比大，大于基数进行调增。确定调减时，用基准价的0.95（1-案例规定的基数）去减信息价，差值乘以工程量，即可得出调减价差。确定是调增时，用信息价减基准价的1.05（1+案例规定的基数），差值乘以工程量，即为调增价差。

5. 依据有关法规，写出安全事故划分等级及事件三中安全事故等级。

【参考答案】

（1）安全事故划分为：特别重大安全事故、重大安全事故、较大安全事故、一般安全事故。

（2）本工程属于一般安全事故。

【解析】

根据《生产安全事故报告和调查处理条例》，安全事故划分为特别重大安全事故、重大安全事故、较大安全事故、一般安全事故。虽然在专业实务教材中没有内容介绍，但是在法规和管理的公共课中均有该知识点。建造师建筑和机电等专业对该知识点进行考核，但考核内容通常相对简单，也没有争议点。因此，考生只需要记住条例规定的人员伤亡和财产损失的标准即可应对考试。

以下内容是《生产安全事故报告和调查处理条例》关于事故等级划分的要求。

第三条 根据生产安全事故（以下简称事故）造成的人员伤亡或者直接经济损失，事故一般分为以下等级：

（一）特别重大事故，是指造成30人以上死亡，或者100人以上重伤（包括急性工业中毒，下同），或者1亿元以上直接经济损失的事故。

（二）重大事故，是指造成10人以上30人以下死亡，或者50人以上100人以下重伤，或者5000万元以上1亿元以下直接经济损失的事故。

（三）较大事故，是指造成3人以上10人以下死亡，或者10人以上50人以下重伤，或者1000万元以上5000万元以下直接经济损失的事故。

（四）一般事故，是指造成3人以下死亡，或者10人以下重伤，或者1000万元以下直接经济损失的事故。

本条所称的"以上"包括本数，所称的"以下"不包括本数。

案例88 模拟题三十六

背景资料

某公司承建沿海某开发区路网综合市政工程，道路等级为城市次干路，沥青混凝土路面结构，总长度约10km。随路敷设雨水、污水、给水、通信和电力等管线。其中污水管道为HDPE缠绕结构壁B型管（以下简称HDPE管），承插-电熔接口，开槽施工，拉森钢板桩支护，流水作业方式。污水管道沟槽与支护结构断面如图所示。

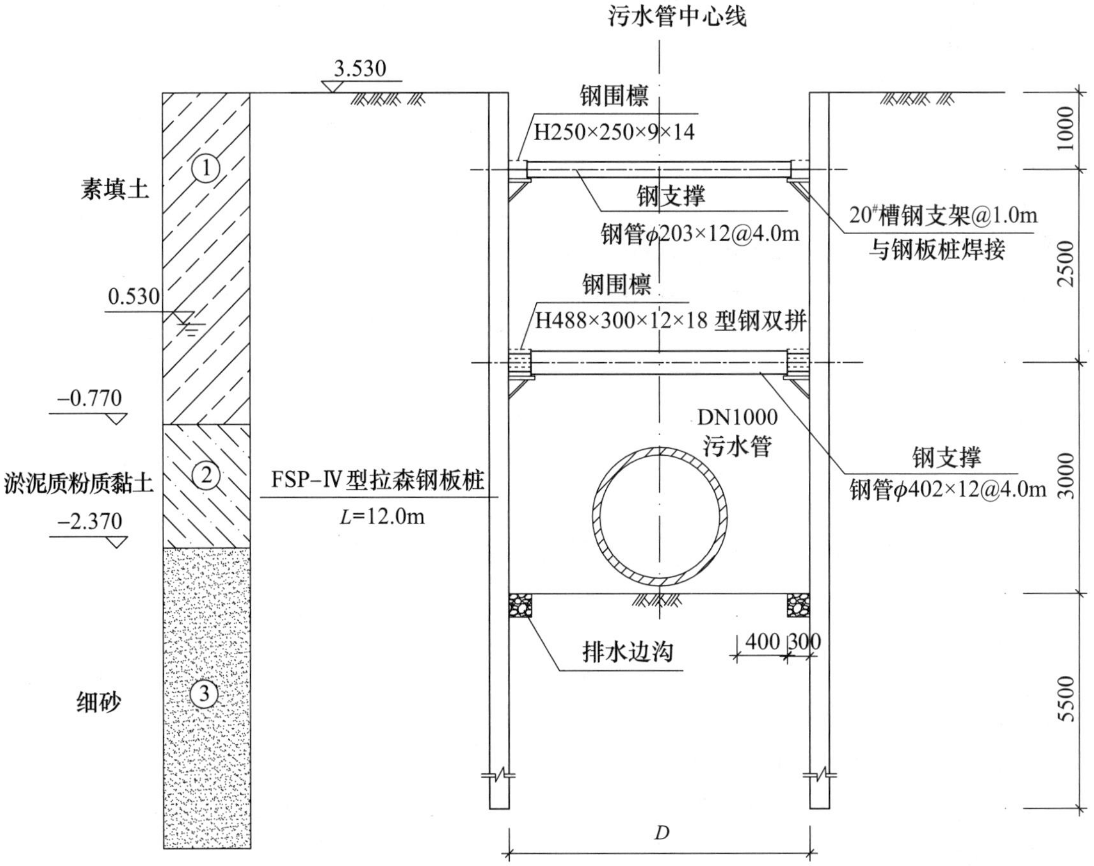

污水管道沟槽与支护结构断面图（高程单位：m；尺寸单位：mm）

施工过程中发生如下事件。

事件一：HDPE 管进场，项目部有关人员收集、核验管道产品质量证明文件、合格证等技术资料，抽样检查管道外观和规格尺寸。

事件二：开工前，项目部编制污水管道沟槽专项施工方案，确定开挖方法、支护结构安装和拆除等措施，经专家论证、审批通过后实施。

事件三：为保证沟槽填土质量，项目部采用对称回填、分层压实、每层检测等措施，以保证压实度达到设计要求，且控制管道径向变形率不超过 3%。

> 问题

1. 根据断面图列式计算地下水埋深 h（单位为 m），指出可采用的地下水控制方法。
2. 事件一中的 HDPE 管进场验收存在哪些问题？给出正确做法。
3. 结合工程地质情况，写出沟槽开挖应遵循的原则。
4. 从受力体系转换角度，简述沟槽支护结构拆除作业要点。
5. 根据事件三叙述，给出污水管道变形率控制措施和检测方法。

> 参 考 答 案

1. 根据断面图列式计算地下水埋深 h（单位为 m），指出可采用的地下水控制方法。

【参考答案】

（1）地下水埋深：$h = 3.530 - 0.530 = 3.000 \text{m}$。

（2）可采用的地下水控制方法：井点降水（真空井点、管井）辅以集水明排。

【解析】

本小问关于地下水埋深计算本质上是考核识图，只要知道图中地下水水头的标志，并且清楚地下水埋深就是现况地面到地下水水头之间的距离，那么本题就没有任何难度。

本案例中地下水控制方法也需要结合图形给出的相关条件，例如，图中画出了排水沟，所以答案中除了井点降水以外还要考虑集水明排。本题严格来说采用真空井点是不妥的，因为沟槽挖深已经达到 6.5m，降水降至槽底以下 0.5m，那么降水深度达到了 7m，如果采用真空井点也必须采用多级井点，但是本工程采用的是钢板桩围护结构，并非放坡开挖，多级井点不能实现，所以用管井更为合理。只不过从采分点规则考虑，本题还是写成上述答案的形式更加合理。

2. 事件一中的 HDPE 管进场验收存在哪些问题？给出正确做法。

【参考答案】

（1）管件外观质量检验方法不正确。

正确做法：对进入现场的管件逐根进行检验；管件不得有影响结构安全、使用功能和接口连接的质量缺陷，内外壁光滑，无气泡、无裂纹。

（2）缺少检验项目（或检验项目不全）。

正确做法：对 HDPE 管件取样进行环刚度复试，管件环刚度应满足设计要求。

【解析】

材料进场检验遵循看、检、验（看外观、检查证书、验证取样做复试）这三个环节。案例背景中只介绍了"看"和"检"这两个环节，但是"验"的环节没有写出来。HDPE

管道属于柔性管道，而柔性管道最主要的技术指标就是环刚度试验，所以需要补充对 HDPE 管进行环刚度复试。另外，案例背景中对管道外观的检查采用的是抽检形式，也不难得出需逐根（全部）检验的这个采分点。

3. 结合工程地质情况，写出沟槽开挖应遵循的原则。
【参考答案】
（1）遵循分段、分层（或分步）、均衡对称开挖原则。
（2）降水至基底以下 0.5m 后，由上而下、先支撑后开挖。
（3）基底预留 200~300mm 土层人工清理。
【解析】
本小问内容比较综合，作答时一定要结合案例背景中涉及的地下水、支撑、人工清理基底等内容。例如，本案例背景资料中有地下水，就需要有降水之后进行开挖的文字。

4. 从受力体系转换角度，简述沟槽支护结构拆除作业要点。
【参考答案】
（1）应配合回填施工拆除。
（2）每层横撑应在填土高度达到支撑底面时拆除。
（3）先拆除支撑再拆除围檩、槽钢支架，全部支撑围檩拆除后拔钢板桩。
（4）板桩拔除后及时回填桩孔。
【解析】
围护结构拆除回填与开挖支撑是逆向操作，只要掌握了支撑开挖的核心知识，那么拆除回填就可以清晰地写出来。开挖支撑的核心是先撑后挖，那么围护结构拆除与回填的核心就是交替进行。最后需要注意本案例采用的是钢板桩，那么在钢板桩拔除后要及时对桩孔进行回填。

5. 根据事件三叙述，给出污水管道变形率控制措施和检测方法。
【参考答案】
（1）控制措施：在管道内设置竖向支撑、胸腔填土时形成竖向反向变形、按现场试验取得的施工参数回填压实。
（2）检测方法：可采用钢尺量测、圆度测试板、圆形芯轴仪、闭路电视等方法。
【解析】
对于直径大于 800mm 的柔性管道，控制变形措施是在管道内加竖向支撑，但是如果管道直径小于 800mm，不能在管道内部加竖向支撑，那么可以在管道两侧回填土时进行对称压实，使管道形成竖向反变形，后期回填管顶上部土方时，下压的土方会使管道变形恢复。

对于管道变形的检测方法，方便时用钢尺直接量测，不方便时用圆度测试板或芯轴仪在管内拖拉量测管道变形值。

该题目属于教材延伸知识点，也是当前市政考核形式之一。

案例 89　模拟题三十七

【背景资料】

某公司承接了某市高架桥工程,桥幅宽25m,共14跨,跨径为16m,为双向六车道,上部结构为预应力空心板梁,半幅桥断面如图所示,合同约定4月1日开工,国庆通车,工期6个月。

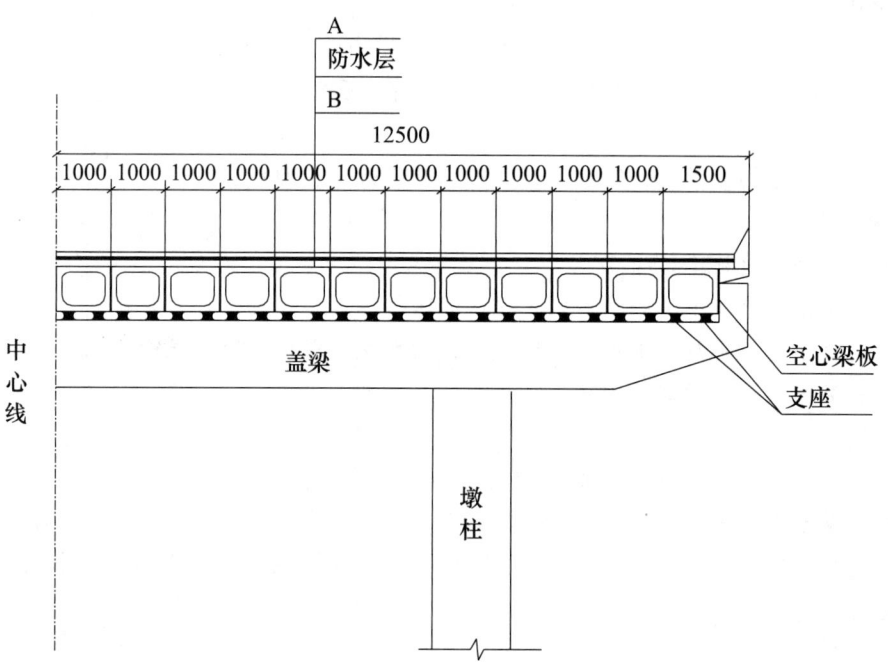

半幅桥断面示意图（单位：mm）

其中,预制梁场（包括底模）建设需要1个月,预应力空心板梁预制（含移梁）需要4个月,制梁期间正值高温,后续工程施工需要1个月。每片空心板梁预制只有7天时间,项目部制定的空心板梁施工工艺流程依次为钢筋安装→C→模板安装→钢绞线穿束→D→养护→拆除边模→E→压浆→F→移梁让出底模。项目部采购了一批钢绞线共计80t,进行钢绞线伸长值测定时,其中一盘不符合要求。项目部按要求从同一批未经检验的钢绞线卷中取双倍数量的试样进行该不合格项目的复验,复验结果均合格,项目部认定该批钢绞线合格,整批钢绞线予以交货。

【问题】

1. 写出示意图桥面铺装层中A、B的名称。
2. 写出图中桥梁支座的作用,以及支座的名称。
3. 列式计算预应力空心板梁加工至少需要的模板数量。（每月按30天计算）

4. 补齐项目部制定的预应力空心板梁施工工艺流程，写出 C、D、E、F 的工序名称。
5. 项目部对钢绞线检验做法是否正确，说明理由。

参考答案

1. 写出示意图桥面铺装层中 A、B 的名称。
【参考答案】
A：沥青混凝土面层或水泥混凝土面层。
B：整平层（找平层）。
【解析】
本小问考核图形局部名称，题目难度系数并不高，从常识上也可以分析出来桥梁防水层上面的 A 为沥青混凝土面层或水泥混凝土面层。本题背景中并未介绍桥面系铺装层为沥青混凝土还是水泥混凝土，不过常规情况下的桥面铺装多为沥青混凝土。防水层下面的 B 没有什么争议，就是装配式梁的找平层或整平层。

2. 写出图中桥梁支座的作用，以及支座的名称。
【参考答案】
（1）支座的作用：将桥梁上部结构承受的荷载和变形（位移和转角）可靠地传递给桥梁下部结构，是桥梁的重要传力装置，具备减震和抗震能力。
（2）支座名称：板式橡胶支座（固定支座）。
【解析】
本题中支座的作用为教材原文内容，二建曾经在 2017 年进行过考核，教材中内容重复考核间隔的年份一般也就是 3~4 年，所以对于教材中一些知识点考核过 3~4 年之后，一定要注意是否会重复考核。本题图形和背景都已经明确桥跨结构为空心板，一般情况下每一片空心板需要设置四个支座，且为固定支座即板式橡胶支座。

3. 列式计算预应力空心板梁加工至少需要的模板数量。（每月按 30 天计算）
【参考答案】
空心板总数：（12×2）×14＝336 片。
空心板预制时间：4×30＝120 天。
每片需要预制 7 天，120÷7＝17.14≈17 次，即 120 天模板只能周转 17 次。
模板数量：336÷17＝19.76≈20 套，即至少需要模板 20 套。
【解析】
在计算资源周转问题时，需要首先计算题目中的关键要素。对本题中的空心板情况，总数量为（12×2）×14＝336 片；预制总工期为 4×30＝120 天；每次预制空心板所需时间为 7 天。因此，本工程需要进行预制空心板的次数为 120÷7＝17.14≈17 次，即 17 次。模板的需求量为 336÷17＝19.76 套≈20 套，即 20 套。

这个问题看似简单，但很多考生在回答时常常出现逻辑错误。例如，有些考生会采用以下方式计算：336÷（120÷7），或者（336×7）÷120，计算结果也是 19.6，即至少需要 20 套模板。然而，这种算法存在问题。

让我们用这种错误的算法来更换一下参数，假设每片梁的预制时间为11天。如果按照同样的方法计算，(336×11)÷120＝30.8≈31套，即需要31套模板。反向验证一下：120÷11＝10.9≈10次，即模板的周转次数为10次。然而，使用31套模板进行10次周转，只能完成310片梁（31×10＝310片），远远少于336片。

按照正确的方法进行计算：首先计算预制梁需要的周转次数，120÷11＝10.9≈10次，即可以进行10次周转；接下来计算模板的需求量，336÷10＝33.6≈34套，即需要34套模板。可以看出，这种资源周转问题不能采用综合计算。因为在这里，周转次数的计算结果，只要有小数，小数点之后的数值无论大小都会进行"舍"处理，而最终模板的数量计算结果，只要有小数，小数点之后的数值无论大小都会进行"入"处理。综合计算会导致第一步计算的小数部分没有被舍去，从而引发累计误差，这也是实际操作和纯数学计算之间的区别。

4. 补齐项目部制定的预应力空心板梁施工工艺流程，写出C、D、E、F的工序名称。
【参考答案】
C：预应力孔道安装。D：混凝土浇筑。E：预应力张拉。F：封锚。
【解析】
在预制预应力梁板的施工过程中，存在两种方法：先张法和后张法。后张法是指在混凝土构件浇筑完成后进行的预应力张拉。具体操作为，在混凝土构件的孔道中穿过钢束，待混凝土达到所需强度后，进行预应力张拉，张拉完成后在两端进行锚固，并进行压浆和封锚处理。

根据本案例的背景资料，空心板梁的施工工艺流程顺序为：钢筋安装→C→模板安装→钢绞线穿束→D→养护→拆除边模→E→压浆→F，移梁让出底模。通过流程中的"钢绞线穿束"及"压浆"两个工序，可以确定本工程采用的预应力张拉方式为后张法。后张法预应力在操作中，钢绞线必须穿入预应力孔道中，所以在钢绞线穿束之前的工序C是预应力孔道安装。在混凝土构件浇筑完成后，只有混凝土需要养护，因此养护工序之前的工序D是浇筑混凝土。按照后张法的施工顺序，应该是先张拉后压浆作业，所以工序E是预应力张拉，而压浆之后的工序F则是封锚工作。

5. 项目部对钢绞线检验做法是否正确，说明理由。
【参考答案】
项目部做法不正确。
理由：还应对首次检验出现的不合格卷取双倍试样进行该不合格项的复验，如果复验结果均合格，则可随该批次钢绞线交货，如果有一个试样不合格，则该卷钢绞线不应交货。
【解析】
本题内容属于教材调改内容。材料的检查与验收也属于当前的高频考点，备考中对于各种材料的存储、验收均应引起重视。

案例 90　模拟题三十八

背景资料

某公司承建一项目地铁车站土建工程,车站长 236m,标准宽度 19.6m,深度 16.2m,地下水位标高为 12.5m。车站为地下二层三跨岛式结构,采用明挖法施工。围护结构为地下连续墙,内支撑第一道为钢筋混凝土支撑,其余为 ϕ800mm 钢管支撑,基坑内设管井降水,车站围护结构及支撑断面示意图如图 1 所示。

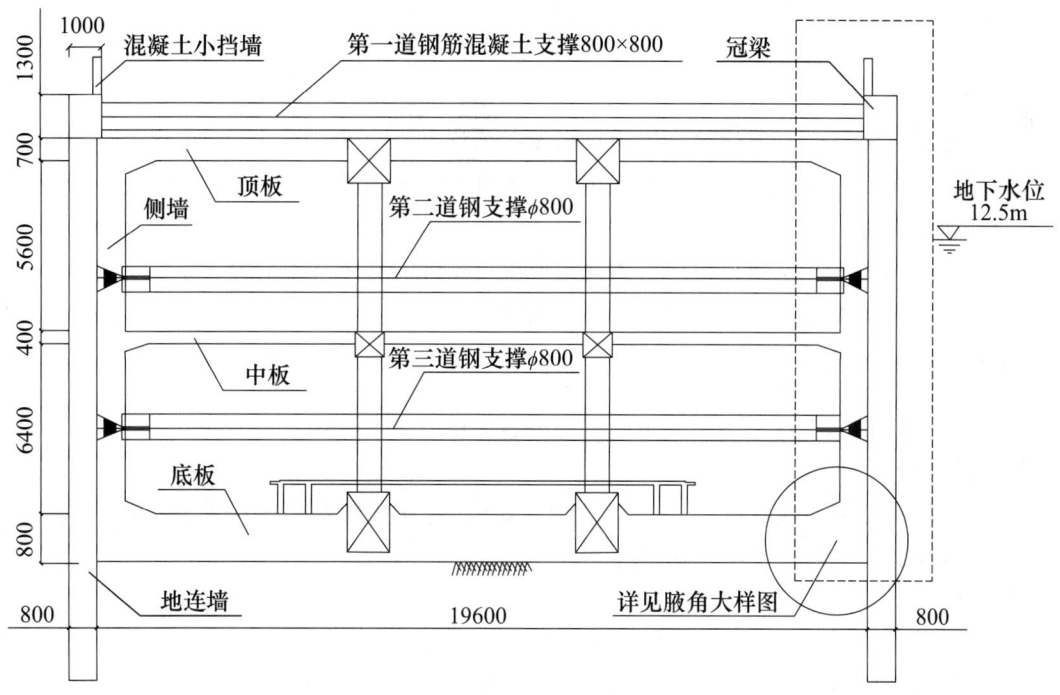

图 1　车站围护结构及支撑断面示意图(单位:mm)

项目部将整个车站划分为 12 仓施工,标准段每仓长度为 20m。每仓的混凝土浇筑顺序为垫层→底板→负二层侧墙→中板→负一层侧墙→顶板,按照上述工序和规范要求设置了水平施工缝,其中底板与负二层侧墙的水平施工缝设置如图 2 所示。

标准段某仓顶板施工时,日均气温 23℃,为检验评定混凝土强度,控制模板拆除时间,项目部按相关要求留置了混凝土试件。

顶板模板支撑体系采用盘扣式满堂支架,项目部编制了支架搭设专项方案,由于搭设高度不足 8m,项目部认为该方案不必经过专家论证。

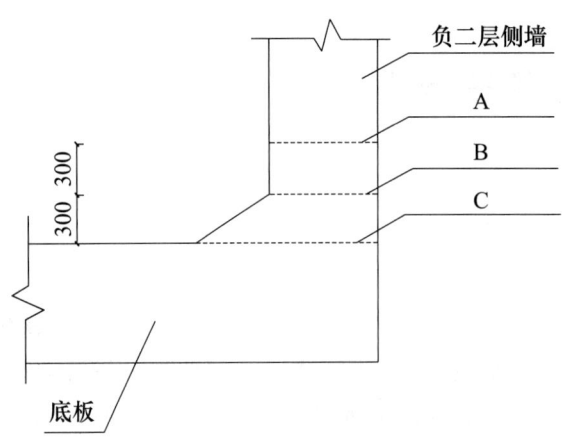

图 2 腋角大样图（单位：mm）

> 问题

1. 写出施工现场混凝土浇筑常用的机械设备名称。
2. 图 1 右侧虚线范围断面内应设几道水平施工缝？写出图 2 中底板与负二层侧墙水平施工缝正确位置对应的字母。
3. 该仓顶板混凝土浇筑过程应留置几组混凝土试件？写出对应的养护条件。
4. 支架搭设方案是否需要专家论证？写出原因。

> 参 考 答 案

1. 写出施工现场混凝土浇筑常用的机械设备名称。
【参考答案】
混凝土施工常用机械有地泵、泵车（汽车泵）、混凝土罐车（运输车）、布料机、振动棒、平板振动器、塔式起重机、收面机。
【解析】
市政工程施工中，根据不同的工法使用各种不同的施工机械设备。在市政专业考试中，道路施工、钢梁安装、沉井作业、SMW 工法桩施工等不同工法的题目均涉及过施工机械设备。
现场浇筑混凝土是市政工程中一个极为重要的环节，涉及各个专业的施工过程。在回答与浇筑混凝土相关的机械设备题目时，需要从混凝土的运输、浇筑和振捣等几个方面进行详细展开。首先，混凝土的运输阶段通常会使用混凝土罐车（运输车），将搅拌好的混凝土从搅拌站运送到施工现场。这些罐车具有大容量和高效性，能够确保混凝土的均匀性和流动性。其次，现场浇筑需要使用地泵或泵车（汽车泵）来将混凝土输送到高处或深基坑等需要远距离输送的地方。地泵和泵车能够提供强大的泵送能力，确保混凝土能准确到达施工位置，提高施工效率。在混凝土浇筑过程中，布料后需要采用振动棒和平板振动器等振动设备，在混凝土中施加振动力，以排除气泡和提高混凝土的密实性和均匀性。这些振动设备能够使混凝土更加坚固和耐久，从而提高工程质量。

2. 图 1 右侧虚线范围断面内应设几道水平施工缝？写出图 2 中底板与负二层侧墙水平施工缝正确位置对应的字母。

【参考答案】

应设置 4 道水平施工缝。

底板与负二层侧墙水平施工缝正确位置为 A。

【解析】

通过本题背景资料中每仓的混凝土浇筑顺序"垫层→底板→负二层侧墙→中板→负一层侧墙→顶板"，可以得出在车站结构的虚线范围内，底板与负二层侧墙之间需要设置第一道施工缝。负二层侧墙与中板之间设置第二道施工缝。中板与负一层侧墙之间设置第三道施工缝。负一层侧墙与顶板之间需要设置第四道施工缝。底板与负二层侧墙的施工缝既不能设置在底板与腋角衔接位置，也不能设置在侧墙与腋角衔接位置。所以本题底板与负二层侧墙水平施工缝应留置在 A 处。

3. 该仓顶板混凝土浇筑过程应留置几组混凝土试件？写出对应的养护条件。

【参考答案】

应留置 3 组混凝土试件。

养护条件：与顶板混凝土同条件养护，不少于 14 天。

【解析】

混凝土试件有两种类型，分别是同条件养护试件和标养试件。标养试件用于检验已浇筑混凝土的质量，而同条件养护试件则用于确定混凝土模板的拆除时间。根据题目中提供的背景信息，即"为检验评定混凝土强度，控制模板拆除时间，项目部按相关要求留置了混凝土试件"，可以确定本题中的试件是用于控制混凝土拆模时间的，因此是同条件养护试件。

根据题目给出的工程信息，车站标准宽度为 19.6m，标准段每仓长度为 20m，顶板厚度为 0.7m（700mm）。因此，该仓顶板的混凝土体积为 $20×19.6×0.7 = 274.4m^3$。混凝土方量未超过 $300m^3$，根据混凝土试件的取样频率和数量要求：每 100 盘，但不超过 $100m^3$ 的同配合比混凝土，取样次数不应少于一次；每一工作班拌制的同配合比混凝土，不足 100 盘和 $100m^3$ 时其取样次数不应少于一次。因此，在本工程中需要留置 3 组试件。

4. 支架搭设方案是否需要专家论证？写出原因。

【参考答案】

需要专家论证。

原因：车站宽度 19.6m，每仓宽度 20m，支架搭设跨度超过 18m，且顶板混凝土厚度为 700mm，属于超过一定规模的危险性较大的分部分项工程，应当组织专家论证。

【解析】

本小问需要组织专家论证，理由有两个：一是分仓浇筑宽度 20m，也就是混凝土顶板支架搭设跨度超过 18m；二是从图形上看，顶板厚度为 700mm，按照常识，混凝土重度为 $25kN/m^3$，混凝土的自重荷载为 $25kN/m^3 × 0.7m = 17.5kN/m^2$，超过 $15kN/m^2$。而混凝土模板支撑工程搭设跨度 18m 及以上或施工总荷载（设计值）$15kN/m^2$ 及以上，应当组织专家论证。

案例 91　模拟题三十九

背景资料

某城镇道路局部为路堑路段，两侧采用浆砌块石重力式挡土墙护坡，挡土墙高出路面约 3.5m，顶部宽度 0.6m，底部宽度 1.5m，基础埋深 0.85m，如图 1 所示。

在夏季连续多日降雨后，该路段一侧约 20m 挡土墙突然坍塌，该侧行人和非机动车无法正常通行。

调查发现，该段挡土墙坍塌前顶部荷载无明显变化，坍塌后基础未见不均匀沉降，墙体块石砌筑砂浆饱满、粘结牢固，后背填土为杂填土，泄水孔淤塞不畅。

为恢复正常交通秩序，保证交通安全，相关部门决定在原位置重建现浇钢筋混凝土重力式挡土墙，如图 2 所示。同时列出了施工的主要工序：①模板安装；②模板拆除；③混凝土浇筑与养护；④搭设脚手架；⑤拆除脚手架；⑥基底清理；⑦绑扎钢筋；⑧墙后回填；⑨安装泄水孔。

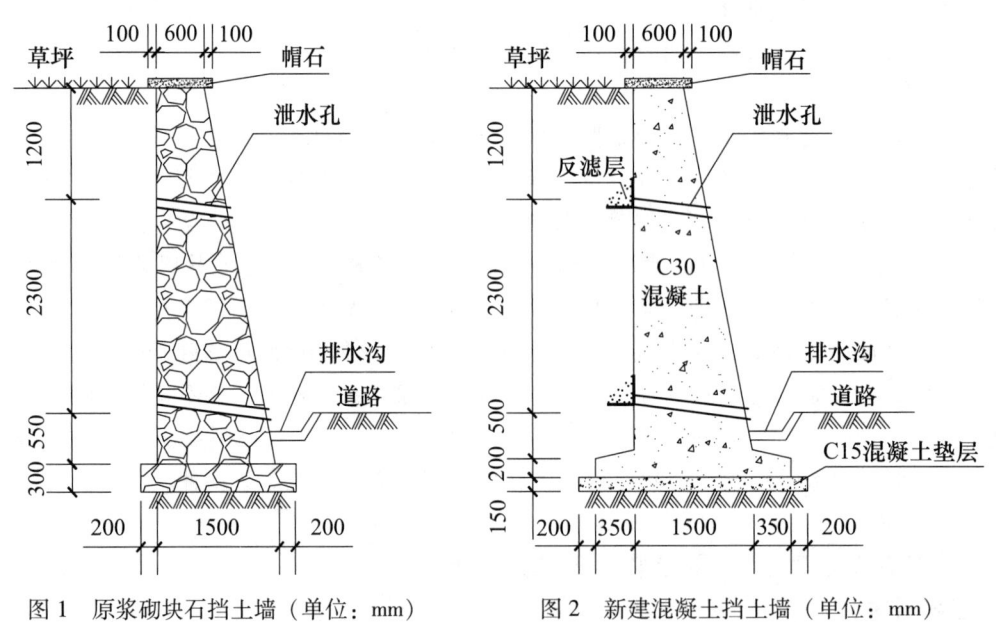

图 1　原浆砌块石挡土墙（单位：mm）　　图 2　新建混凝土挡土墙（单位：mm）

施工单位编制了钢筋混凝土重力式挡土墙混凝土浇筑施工方案，其中包括：提前与商品混凝土厂沟通混凝土强度、方量及到场时间；第一车混凝土到场后立即开始浇筑；按每层 600mm 水平分层浇筑混凝土，下层混凝土初凝前进行上层混凝土浇筑；新旧挡土墙连接处增加钢筋使两者紧密连接；如果发生交通拥堵导致混凝土运输时间过长，可适量加水调整混凝土和易性；提前了解天气预报并准备雨期施工措施等内容。

施工单位在挡土墙排水方面拟采取以下措施：在边坡潜在滑塌区外侧设置截水沟；挡土墙内每层泄水孔上下对齐布置；挡土墙后背回填黏土并压实等。

问题

1. 从受力角度分析挡土墙坍塌原因。
2. 将案例背景中现浇挡土墙施工工序按照常规流程进行排序。
3. 写出混凝土浇筑前钢筋验收除钢筋品种规格外应检查的内容。
4. 改正混凝土浇筑方案中存在的错误之处。
5. 改正挡土墙排水设计中存在的错误之处。

参考答案

1. 从受力角度分析挡土墙坍塌原因。

【参考答案】

（1）砌筑挡土墙泄水孔处未设置反滤层造成堵塞，使墙背排水不畅（积水过多）、墙背压力过大（主动土压力）导致挡土墙失稳坍塌。

（2）挡土墙高宽比设计不合理，基础埋深较浅。

【解析】

根据调查发现的关键点"坍塌前挡土墙顶部荷载无明显变化，坍塌后基础未见不均匀沉降，墙体块石砌筑砂浆饱满、粘结牢固"可以得出以下结论，挡土墙的坍塌不是由于墙顶荷载、基础沉降或砌筑问题引起的。

但是，调查还发现，后背填土为杂填土，且泄水孔存在淤塞问题。结合图1挡土墙中泄水孔后未设置反滤层的情况可以推断，泄水孔堵塞导致墙后土体含水率增加，进而增加了主动土压力，最终导致挡土墙的坍塌。

此外，在案例背景中对挡土墙进行介绍时，提到了挡土墙的高度、顶部宽度、底部宽度以及基础埋深，并且在图中再次呈现了这些信息。这种重复展示可能意味着这些数据是导致挡土墙坍塌的其他因素，例如高宽比设计不合理或基础埋深过浅。

这类题目属于实操题，考生在考试中需要进行问题分析。采分点主要依据案例背景展开，因此作答时，不能忽视案例背景中的任何细节。为了确保答案全面，应从多个角度进行回答，充分考虑各方面的信息。

2. 将案例背景中现浇挡土墙施工工序按照常规流程进行排序。

【参考答案】

⑥→④→⑦→⑨→①→③→②→⑤→⑧

【解析】

为了适应当前考试形势，新版大纲体系下教材增加了大量的施工工序。但是市政专业考试未必完全按照教材中的工序进行考核，有可能某些专业的工法并未介绍其施工流程，但在考试中有可能考核该工法的施工工序。

3. 写出混凝土浇筑前钢筋验收除钢筋品种规格外应检查的内容。

【参考答案】

应检查钢筋间距、绑扎（焊接）质量、混凝土保护层厚度，以及锚固方式、连接方式、弯钩和弯折等内容。

【解析】

浇筑混凝土前对钢筋的检查属于隐蔽工程验收，验收合格即可浇筑混凝土，有过结构施工经验的考生不难写出检查内容。本题采分点主要是钢筋间距、绑扎（焊接）、保护层厚度这类文字。

4. 改正混凝土浇筑方案中存在的错误之处。

【参考答案】

（1）应查验开盘鉴定，检查混凝土出厂、进场时间和外观，测试坍落度和留置试块后浇筑。

（2）现场应该有多辆混凝土车后才开始浇筑，每层浇筑厚度应小于300mm，下层混凝土初凝前上层混凝土浇筑完毕。

（3）新旧挡土墙之间应设置沉降缝（变形缝）。

（4）应加减水剂或同配比（原水灰比）水泥浆进行搅拌。

【解析】

本题涉及多个知识点，每个知识点都可以单独成为一个问题。第一个知识点是混凝土进场后在浇筑前需要完成哪些工作，这个考点在2018年二建市政专业曾经进行过案例考核。第二个知识点是一道综合题，涉及挡土墙混凝土浇筑层厚的数值修改，以及纠正第一车混凝土到达施工现场后立即进行浇筑的错误做法。可以参考高等级道路摊铺沥青混凝土时，在摊铺机前等候的运料车不少于5辆，以避免施工缝的做法。同样，为了避免施工缝，在挡土墙浇筑混凝土前，也应该等待多辆混凝土运料车到场后进行浇筑。第三个知识点是一个常被忽视的考点，即新旧挡土墙的连接问题。新施工的挡土墙是现浇钢筋混凝土挡土墙，而原来的挡土墙是砌筑挡土墙。考虑到这两种挡土墙的材质和施工时间等方面的不同，根据挡土墙施工要求，应按照一定距离设置沉降缝。第四个考点也是2018年二建考核中涉及的知识点。

5. 改正挡土墙排水设计中存在的错误之处。

【参考答案】

（1）泄水孔应交错布置。

（2）挡土墙后背泄水孔周围应回填砂石类（透水性）材料。

【解析】

题目要求直接改正挡土墙排水设计中的错误，无须提及不妥（或错误）之处，那么在考试中，直接给出正确做法即可，这样可以节约答题的时间。

这道题目并非要求基于教材原文内容回答，而是根据改错题的规则进行作答。大多数改错题可以按照题干描述的相反方向进行答题。例如，背景资料描述泄水孔上下对齐，那么作答时可以选择错开布置。背景中提到使用黏土，那么在作答时可以改为使用透水性好的砂石类材料。

案例 92　模拟题四十

背景资料

某公司承建一座城市桥梁。上部结构采用 20m 预应力混凝土简支板梁；下部结构采用重力式 U 形桥台，明挖扩大基础。地质勘察报告揭示桥台处地质自上而下依次为杂填土、粉质黏土、黏土、强风化岩、中风化岩、微风化岩。桥台立面如图所示。

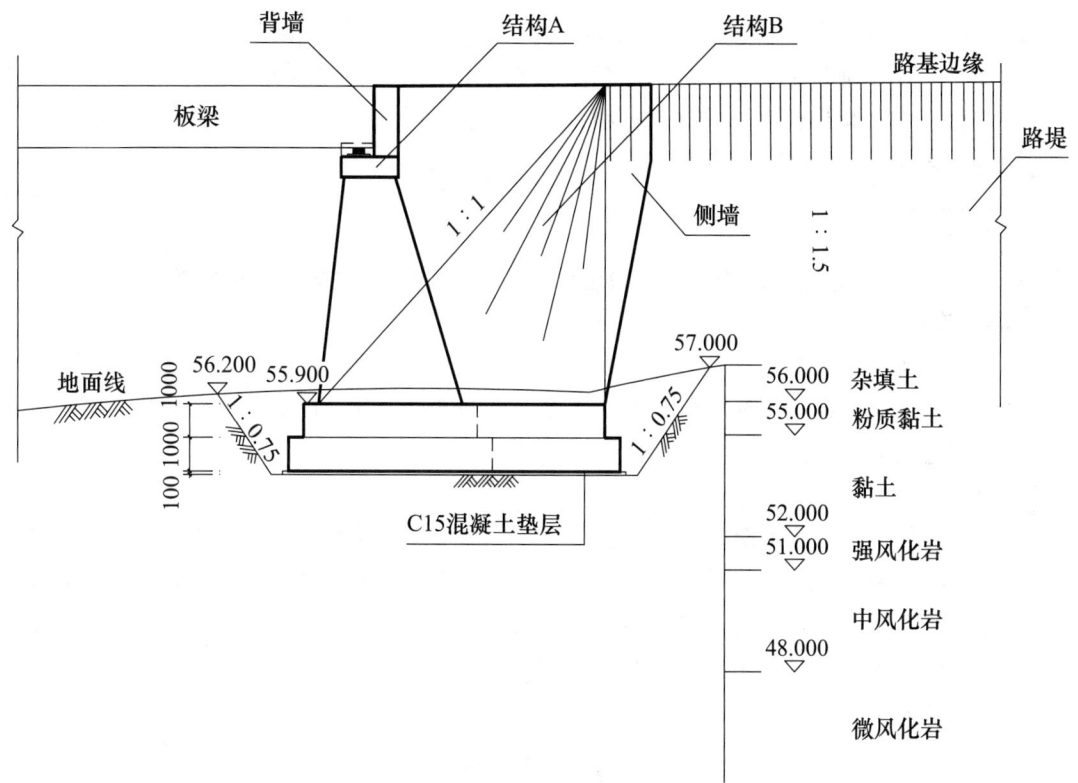

桥台立面布置与基坑开挖断面示意图（标高单位：m；尺寸单位：mm）

施工过程中发生如下事件。

事件一：开工前，项目部会同相关单位将工程划分为单位、分部、分项工程和检验批，编制了隐蔽工程清单，以此作为施工质量检查、验收的基础，并确定了桥台基坑开挖在该项目划分中所属的类别。

桥台基坑开挖前，项目部编制了专项施工方案，上报监理工程师审查。

事件二：按设计图纸要求，桥台基坑开挖完成后，项目部在自检合格基础上，向监理单位申请验槽，并参照下表通过了验收。

扩大基础基坑开挖与地基质量检验标准

序号	项目		允许偏差（mm）	检验方法
1	一般项目	基底高程 土方	0~-20	用水准仪测，四角和中心
2		基底高程 石方	+50~-200	
3		轴线偏位	50	用C，纵横各2点
4		基坑尺寸	不小于设计规定	用D，每边各1点
5	主控项目	地基承载力	符合设计要求	检查地基承载力报告

> 问题

1. （1）写出示意图中结构 A、B 的名称。（2）简述桥台在桥梁结构中的作用。
2. 事件一中，项目部"会同相关单位"参与工程划分指的是哪些单位？
3. 事件一中，指出桥台基坑开挖在项目划分中属于哪几类。
4. 写出表中 C、D 代表的内容。

参考答案

1.（1）写出示意图中结构 A、B 的名称。（2）简述桥台在桥梁结构中的作用。

【参考答案】

结构 A 的名称是台帽；结构 B 的名称是锥形护坡。

桥台的作用：桥台一边与路堤相接，以防止路堤坍塌；另一边支承桥跨结构的端部，传递上部结构荷载至地基。

【解析】

在背景资料中绘制施工图时，要求应试者写出图中某一具体部位的名称，这类题目在当前一、二建市政专业考试中是超高频考点，几乎每年都会出现。对于桥梁而言，考核各部位名称的重点更多地体现在桥台位置，因为桥台中可以考核到耳墙（侧墙）、背墙（前墙）、桥台挡块、桥头搭板、台帽等多个构件。本题中，桥台顶部的结构 A 明显是指台帽，而结构 B 则是指锥形护坡。

台帽

锥形护坡

台帽一般位于桥台位置，所谓的台帽和盖梁其实是一个概念。一般在桥台的叫台帽，在桥墩的叫盖梁。台帽就是做在台身上面，用来放置梁板等上部结构的一种构件。

2. 事件一中，项目部"会同相关单位"参与工程划分指的是哪些单位？

【参考答案】

指的是建设单位和监理单位。

【解析】

本题考核的内容来自《城市桥梁工程施工与质量验收规范》CJJ 2—2008 中内容。该规范第 23.0.1 规定：开工前，施工单位应会同建设单位、监理单位将工程划分为单位、分部、分项工程和检验批，作为施工质量检查、验收的基础。

市政专业经常考核道路工程、桥梁工程和给排水管线工程的工程验收。然而，这些考核内容通常在教材中未涉及，而主要依据《城镇道路工程施工与质量验收规范》CJJ 1—2008、《城市桥梁工程施工与质量验收规范》CJJ 2—2008 和《给水排水管道工程施工及验收规范》GB 50268—2008 这三项规范。

3. 事件一中，指出桥台基坑开挖在项目划分中属于哪几类。

【参考答案】

桥台基坑开挖属于分项工程、隐蔽工程。

【解析】

《城市桥梁工程施工与质量验收规范》CJJ 2—2008 规范中表 23.0.1 内容如下：

表 23.0.1 城市桥梁分部（子分部）工程与相应的分项工程、检验批对照表

序号	分部工程	子分部工程	分项工程	检验批
1	地基与基础	扩大基础	基坑开挖、地基、土方回填、现浇混凝土（模板与支架、钢筋、混凝土）、砌体	每个基坑
		沉入桩	预制桩（模板、钢筋、混凝土、预制混凝土）、钢管桩、沉桩	每根桩

4. 写出表中 C、D 代表的内容。

【参考答案】

C 代表的内容：经纬仪（或全站仪）测量。

D 代表的内容：钢尺量。

【解析】

本题考核的知识点依然是《城市桥梁工程施工与质量验收规范》CJJ 2—2008 表 10.7.2-1 内容，见下表。即便没看过规范内容，凭常识也可以写出本题的答案，轴线偏差的检验方法当然是采用经纬仪或者全站仪进行测量，而基坑尺寸最简单的方法就是采用钢尺进行量测了。

表 10.7.2-1 基坑开挖允许偏差

序号项目		允许偏差（mm）	检验频率		检验方法
			范围	点数	
基底高程	土方	0 −20	每座基坑	5	用水准仪测量四角和中心
	石方	+50 −200		5	
轴线偏差		50		4	用经纬仪测量，纵横各 2 点
基坑尺寸		不小于设计规定		4	用钢尺量每边各 1 点

案例 93　模拟题四十一

某公司承建一座再生水厂扩建工程。项目部进场后，结合地质情况，按照设计图纸编制了施工组织设计。

基坑开挖尺寸为 70.8m（长）×65m（宽）×5.2m（深），基坑断面如下图所示。图中

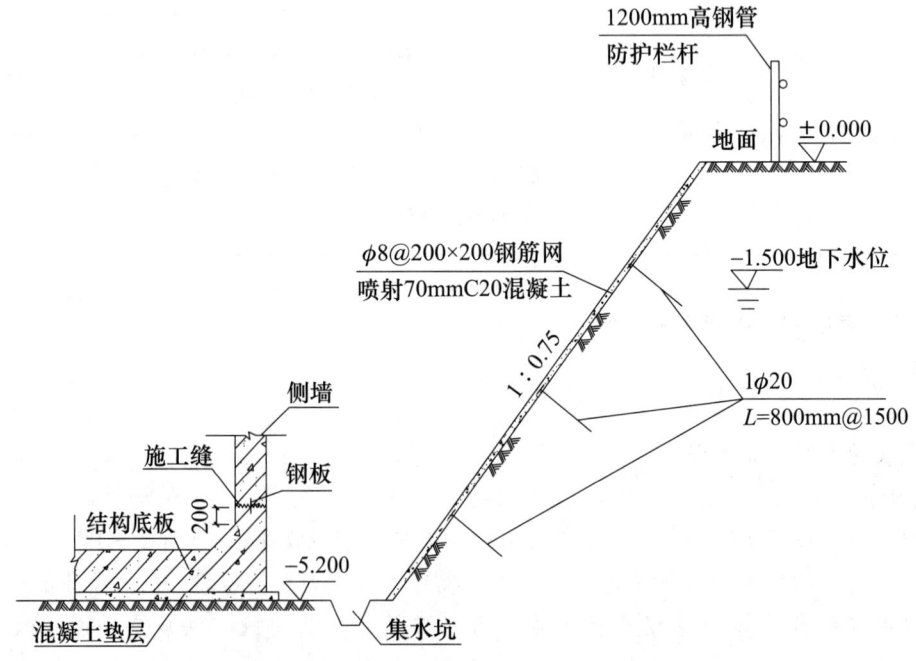

基坑断面示意图（高程单位：m；尺寸单位：mm）

可见地下水位较高，为-1.5m，方案中考虑在基坑周边设置真空井点降水。项目部按照以下流程完成了井点布置：高压水套管冲击成孔→冲洗钻孔→A→填滤料→B→连接水泵→漏水漏气检查→试运行。调试完成后开始抽水。

因结构施工恰逢雨期，项目部采用1∶0.75放坡开挖，挂钢筋网喷射C20混凝土护面，施工工艺流程为：修坡→C→挂钢筋网→D→养护。

基坑支护开挖完成后项目部组织了坑底验收，确认合格后开始进行结构施工。监理工程师现场巡视发现钢筋加工区部分钢筋锈蚀、不同规格钢筋混放、加工完成的钢筋未经检验即投入使用，要求项目部整改。

结构底板混凝土分6仓施工，每仓在底板腋角上200mm高处设施工缝，并设置了一道钢板。

> **问题**

1. 补充井点降水工艺流程中A、B工作内容，并说明降水期间应注意的事项。
2. 请指出基坑挂网护坡工艺流程中C、D的内容。
3. 坑底验收应由哪些单位参加？
4. 项目部现场钢筋存放应满足哪些要求？
5. 请说明施工缝处设置钢板的作用和安装技术要求。

> 参 考 答 案

1. 补充井点降水工艺流程中A、B工作内容，并说明降水期间应注意的事项。
【参考答案】
（1）A为安放井点管；B为井口填黏土压实。
（2）降水期间应注意的事项：
①地下水监测，不间断降水。
②保障降水设备、配电设施安全。
③雨期采用集水明排方式辅助降水。

【解析】
本题第一小问考核点是降水井施工工序的名称，属于按照施工顺序补充施工工序的考点。任何井点降水都离不开井管，所以在降水井施工中填充滤料前需要将井管安装完毕，然后才可以向井管周围填充滤料。当然填充滤料以后一定要将井口距离地面1~2m的高度进行黏土封堵，目的就是在进行井管抽真空时，不至于出现漏气现象。所以A、B两个工序，是安放井点管和井口填黏土压实。

本小题的第二小问"降水期间应注意事项"需要综合阐述，既要结合教材中降水运行维护的规定，又要考虑到雨期施工，采用集水明排辅助的针对性要求。但切忌生搬硬套，例如，本题背景资料是雨期施工，所以就不要写冬期的施工措施。

2. 请指出基坑挂网护坡工艺流程中C、D的内容。
【参考答案】
C：打入锚杆（摩擦土钉、锚筋）。
D：喷射混凝土。

【解析】

作答此题需要从背景资料中的图形和文字描述两个角度进行分析。因为基坑围护形式是挂网喷射混凝土，需要确定这个网挂在哪里。根据图中显示的钢筋网和垂直于坡面的锚杆，可以推断工序C是打入锚杆（摩擦土钉、锚筋）。而工序D则更为明显，由于背景资料中提到了挂网喷混凝土，因此在挂网后养护之前必定需要进行喷射混凝土的工序。

值得注意的是，本题的考点还可以升级，如考核土钉墙施工。这种情况下，工序会比锚杆喷射混凝土更加复杂。考生后期可以尝试练习土钉墙的施工工序，这样可以更全面地准备相关考点。

3. 坑底验收应由哪些单位参加?

【参考答案】

坑底验收应该由勘察单位、设计单位、施工单位、监理单位和建设单位参加。

【解析】

关于验槽的知识点，二建市政2018—2023年考核了四次，是这几年案例考点中的最牛"钉子户"。验槽的考点基本上围绕着谁组织、谁参加、验哪些内容设问。

4. 项目部现场钢筋存放应满足哪些要求?

【参考答案】

① 钢筋不得直接堆放在地面上，须垫高（下设垫木）、覆盖、防腐蚀、防雨露。

② 时间不宜超过6个月。

③ 不同规格钢筋需分类码放。

④ 加工好的钢筋应有检验合格标识牌。

【解析】

本题答案除了钢筋存放的常识外，还应结合案例背景进行回答。例如，案例背景中提到"加工完成的钢筋未经检验即投入使用"，此时可以将加工后检验合格的钢筋应悬挂标识牌等内容作为采分点。这样能更好地与案例背景相结合，争取得分机会。

5. 请说明施工缝处设置钢板的作用和安装技术要求。

【参考答案】

(1) 作用：止水。

(2) 安装技术要求：

① 钢板除锈。

② 搭接长度不少于20mm。

③ 双面连续满焊。

④ 安装居中、对称、垂直、稳定、牢固。

【解析】

施工缝设置的止水钢板要求属于市政专业超高频考点，曾经考核过钢板本身的要求、搭接长度、安装要求、接缝要求、开口方向等内容，并且一般都是以图形方式进行考核。

施工缝位置止水钢板

案例 94　模拟题四十二

背景资料

某公司承建一项路桥结合城镇主干路工程，桥台设计为重力式 U 形结构。基础采用扩大基础，持力层位于砂质黏土层、地层中有少量潜水；台后路基平均填土高度大于 5m。场地地质自上而下分别为腐殖土层、粉质黏土层、砂质黏土层、砂卵石层等。桥台及台后路基立面如图 1 所示，路基典型横断面及路基压实度分区如图 2 所示。

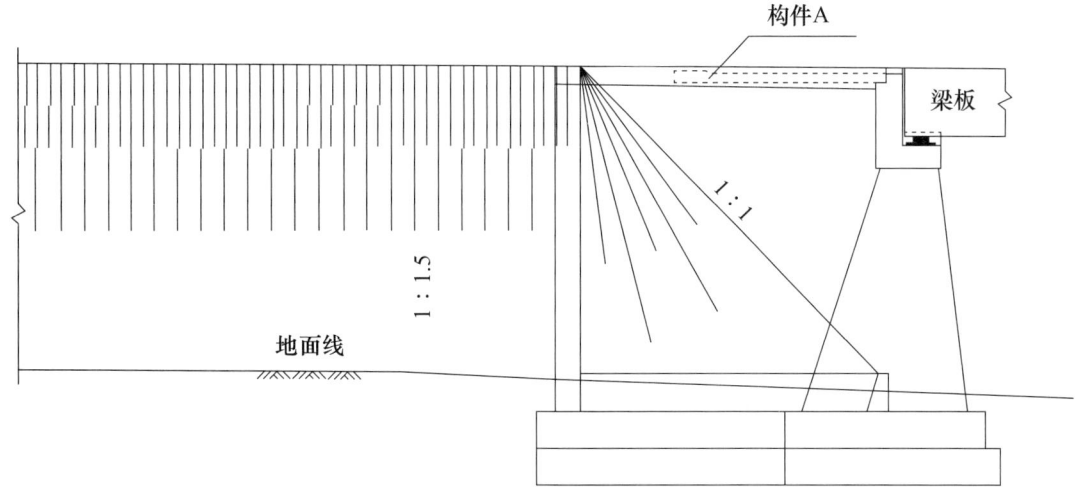

图 1　桥台及台后路基立面示意图

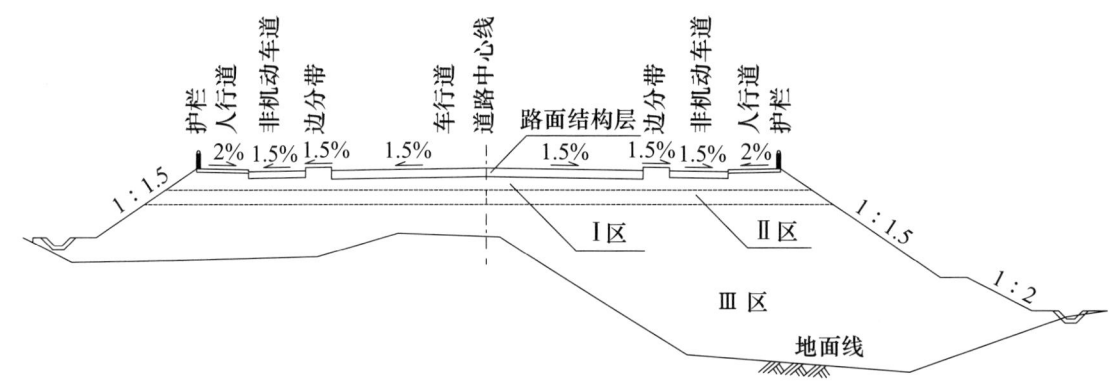

图 2 路基典型横断面及路基压实度区分示意图

施工过程中发生如下事件。

事件一：桥台扩大基础开挖施工过程中，基坑坑壁有少量潜水出露，项目部按施工方案要求，采取分层开挖和做好相应的排水措施，顺利完成了基坑开挖施工。

事件二：扩大基础混凝土结构施工前，项目部在基坑施工自检合格的基础上，邀请监理等单位进行实地验槽，检验项目包括轴线偏位、基坑尺寸等。

事件三：路基施工前，项目部技术人员开展现场调查和测量复测工作，发现部分路段原地面横向坡度陡于1:5。在路基填筑施工时，项目部对原地面的植被及腐殖土层进行清理，并按规范要求对地表进行相应处理后，开始路基填筑施工。

事件四：路基填筑采用合格的黏性土，项目部严格按规范规定的压实度对路基填土进行分区如下。①路床顶面以下80cm范围内为Ⅰ区；②路床顶面以下80~150cm范围为Ⅱ区；③路床顶面以下大于150cm为Ⅲ区。

> 问题

1. 写出图1中构件A的名称及其主要作用。
2. 指出事件一中基坑排水最适宜的方法。
3. 补全事件二中实地验槽时基坑质量检验项目。
4. 事件三中，路基填筑前，项目部应如何对地表进行处理？
5. 写出图2中各压实度分区的压实度值（重型击实）。

参 考 答 案

1. 写出图1中构件A的名称及其主要作用。

【参考答案】

构件A的名称：桥头搭板（桥台搭板）。

主要作用：防止桥端连接处因不均匀沉降出现错台，车辆行至此处可起到缓冲作用，从而避免发生桥头跳车现象。

【解析】

桥头搭板是桥梁附属结构分部工程中的一个分项工程，设置在桥台或悬臂梁板端部和填土之间，随着填土的沉降能够少量发生转动的结构，是为防止桥端连接部分的沉降而采取的措施。车辆行驶时可起到缓冲作用，即使台背填土沉降也不至于产生凹凸不平。

图形考试是近几年市政考试的新宠，对于现场施工人员而言，应该没有难度。不过对于没有现场施工经验的考生，平时多看看施工图纸，有方向地了解一些施工工法和视频，也可以弥补自身的不足。

 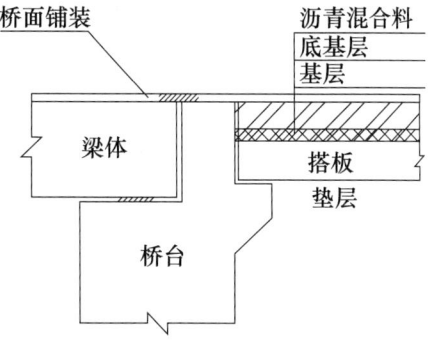

桥头搭板

2. 指出事件一中基坑排水最适宜的方法。

【参考答案】

集水明排法，即在开挖过程中，采取边开挖、边用排水沟和集水井进行集水明排的方法。

【解析】

案例背景中基础采用扩大基础，持力层位于砂质黏土层、地层中有少量潜水。场地地质自上而下分别为腐殖性土、粉质黏土层、砂质黏土层、砂卵石层等，而基础开挖施工过程中，基坑坑壁只有少量潜水出露。那么从经济性角度考虑，最适宜的排水方法就是集水明排。

3. 补全事件二中实地验槽时基坑质量检验项目。

【参考答案】

基坑施工质量检验项目还有：基底高程（标高）、地基承载力、基底土质等。

【解析】

验槽这个知识点属于二级建造师市政专业超高频考点，但是一建市政专业考核频次并不太高。考试一般会围绕着组织者、参加者和检验的内容展开。

4. 事件三中，路基填筑前，项目部应如何对地表进行处理？

【参考答案】

（1）排除原地面积水。

（2）对原路基进行地基承载力检测。

（3）将清理后的地面进行夯实。

（4）原地面横向坡度陡于1∶5时，需修成台阶形式，每层台阶宽度不应小于1m。

【解析】

填土路基施工要点：①地基承载力满足要求；②原路基处理（清表，处理不合格地面，必要时修台阶）；③土质合格且填土方式符合规范要求（填土要分层，碾压有原则）。本题目问的是地表处理，那么针对问题答出对应项即可。

5. 写出图2中各压实度分区的压实度值（重型击实）。

【参考答案】

Ⅰ区压实度≥95%；Ⅱ区压实度≥93%；Ⅲ区压实度≥90%。

【解析】

本题图中Ⅰ区、Ⅱ区和Ⅲ区对应的是路床、上路堤和下路堤。路面结构层以下80cm范围内的部分为路床。上路堤是指路面结构层以下80~150cm的填方路基，下路堤是指上路堤以下的填方路基。关于《城镇道路工程施工与质量验收规范》CJJ1—2008 表6.3.12-2内容如下。

表6.3.12-2　路基压实度标准

填挖类型	路床顶面以下深度（cm）	道路类型	压实度（%）	检验频率 范围	检验频率 点数	检验方法
挖方	0~30	城市快速路、主干路	≥95	每1000m²	每层一组（3点）	细粒土用环刀法，粗粒土用灌水法或灌砂法
挖方	0~30	次干路	≥93			
挖方	0~30	支路及其他小路	≥90			
填方	0~80	城市快速路、主干路	≥95			
填方	0~80	次干路	≥93			
填方	0~80	支路及其他小路	≥90			
填方	>80~150	城市快速路、主干路	≥93			
填方	>80~150	次干路	≥90			
填方	>80~150	支路及其他小路	≥90			
填方	>150	城市快速路、主干路	≥90			
填方	>150	次干路	≥90			
填方	>150	支路及其他小路	≥87			

注：表中数字为重型击实标准压实度，以相应的标准击实试验法求得最大干密度为100%。

案例95　模拟题四十三

背景资料

某公司承接给水厂升级改造工程，其中新建容积10000m³清水池一座，钢筋混凝土结构，混凝土设计强度等级为C35、P8，底板厚650mm；垫层厚100mm，混凝土设计强度等级为

C15；底板下设抗拔混凝土灌注桩，直径 $\phi 800mm$，满堂布置。桩基施工前，项目部按照施工方案进行施工范围内地下管线迁移和保护工作，对作业班组进行了全员技术安全交底。

施工过程中发生如下事件。

事件一：在吊运废弃的雨水管节时，操作人员不慎将管节下的燃气钢管兜住，起吊时钢管被拉裂，造成燃气泄漏，险些酿成重大安全事故。总监理工程师下达工程暂停指令，要求施工单位限期整改。

事件二：桩基首个验收批验收时，发现个别桩有如下施工质量缺陷。桩基顶面设计高程以下约 1.0m 范围内混凝土不够密实，达不到设计强度。监理工程师要求项目部提出返修处理方案和预防措施。项目部获准的返修处理方案所附的桩头与杯口细部做法如图所示。

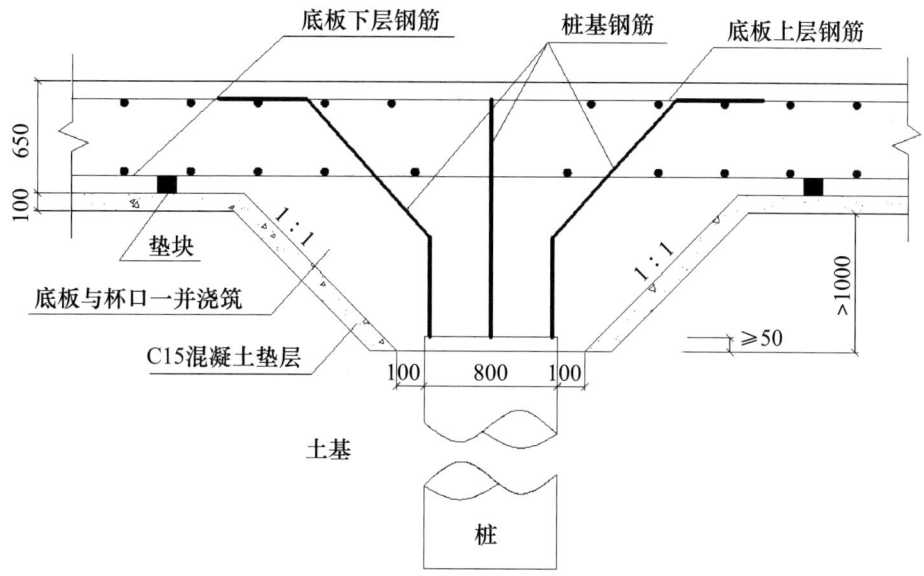

桩头与杯口细部做法示意图（尺寸单位：mm）

> 问题

1. 指出事件一中项目部安全管理的主要缺失，并给出正确做法。
2. 列出事件一整改与复工的程序。
3. 分析事件二中桩基质量缺陷的主要成因，并给出预防措施。
4. 依据桩头与杯口细部做法示意图给出返修处理步骤（请用文字叙述）。

> 参 考 答 案

1. 指出事件一中项目部安全管理的主要缺失，并给出正确做法。

【参考答案】

（1）主要缺失：

① 未对施工区域管线进行调查。

② 未编制吊装方案、未进行试吊。

③ 未对危险性较大的吊运节点进行安全验收（或动态监控）。

(2) 正确做法：
① 应依据风险控制方案，对易发生生产安全事故的部位（燃气管道）进行标识。
② 正式吊装前进行试吊。
③ 对起吊作业进行旁站监控（或检查），设置专职安全员（或指挥人员）。

【解析】
在案例背景中提到"在吊运废弃的雨水管节时，操作人员不慎将管节下的燃气钢管兜住，起吊时钢管被拉裂，造成燃气泄漏，险些酿成重大安全事故"。这一描述表明施工单位在管线调查方面存在缺失，并且现场可能没有进行试吊作业，或者动态监控方面存在问题。正确的做法与管理缺失之间存在对应关系。只要解答出前面的缺失，后面的正确做法基本可以得到相应的分数。

2. 列出事件一整改与复工的程序。

【参考答案】
程序为项目部停工并提出整改措施（方案）→总监理工程师批准整改措施（方案）→验证整改措施（方案）→项目部提出复工申请→总监理工程师下达复工令。

【解析】
在回答该问题时，请注意要求"列出事件一整改与复工的程序"，确保答案中涵盖整改与复工两个方面。按照正确的程序，首先进行整改。整改的流程应该是施工单位提出整改方案，经总监理工程师批准后执行方案，然后准备复工。复工相对较简单，同样需要施工单位提出复工申请，然后由总监理工程师下达复工令。

3. 分析事件二中桩基质量缺陷的主要成因，并给出预防措施。

【参考答案】
造成桩基缺陷的主要原因：超灌高度不够、混凝土浮浆太多、孔内混凝土面测定不准。
预防措施：根据现场情况灌注混凝土超灌 0.5~1m；桩顶 10m 内的混凝土应适当调整配合比，增大碎石含量；在灌注最后阶段，孔内混凝土面测定应采用硬杆筒式取样法。

【解析】
钻孔灌注桩施工质量问题一直是市政专业考试的高频考点。考核内容主要涵盖钻孔偏斜、堵管、夹渣断桩、桩身混凝土不符合设计要求，以及桩顶混凝土不密实等情况。考试形式通常包括质量问题的原因分析、预防措施及后期处理。在备考这个考点时，除了记忆教材中已经涉及的质量问题，还需要额外关注其他尚未考核的钻孔灌注桩质量问题，以充分准备考试。

4. 依据桩头与杯口细部做法示意图给出返修处理步骤（请用文字叙述）。

【参考答案】
（1）按照方案高程和坡度挖出桩头、形成杯口。
（2）凿除桩身（桩头）不密实部分，将别出主筋清理。
（3）浇筑杯口混凝土垫层。

（4）安放垫块并绑扎底板钢筋。
（5）桩头主筋按设计要求弯曲并与底板上层钢筋焊接。
（6）混凝土浇筑并养护。

【解析】

本题相当于"看图说话"的题目。根据案例背景，水池底板下面设置了抗拔桩，但施工时发现个别桩的桩顶混凝土不密实，因此需要对这些问题桩进行处理。由于问题仅限于桩顶混凝土，处理方法是开挖桩头形成杯口，并将不密实的混凝土全部凿除。然后，将桩顶的钢筋与底板进行整体连接后，与顶板混凝土一起统一浇筑。作答时需要注意案例背景图中的细节信息，如杯口的挖深和坡度等，在答案中应有所体现。另外，桩的钢筋与底板上层钢筋的连接，也显示出该工程中采用了抗拔桩。这道题目设计得非常新颖，将来可能出现类似形式的题目。

案例 96　模拟题四十四

背景资料

某施工单位承建的一项城市污水主干管道工程，全长 1000m。设计管材采用Ⅱ级承插式钢筋混凝土管，管道内径 D_i1000mm，壁厚 100mm；沟槽平均开挖深度为 3m，底部开挖宽度设计无要求。场地地层以硬塑粉质黏土为主，土质均匀，地下水位于槽底设计标高以下，施工期为旱季。

项目部编制的施工方案明确了下列事项：

（1）将管道的施工工序分解为：①沟槽放坡开挖；②砌筑检查井；③下（布）管；④管道安装；⑤管道基础与垫层；⑥沟槽回填；⑦闭水试验。

施工工艺流程为：①→A→③→④→②→B→C。

（2）依据现场施工条件、管材类型及接口方式等因素确定了管道沟槽底部一侧的工作面宽度为 500mm，沟槽边坡坡度为 1∶0.5，如图所示。

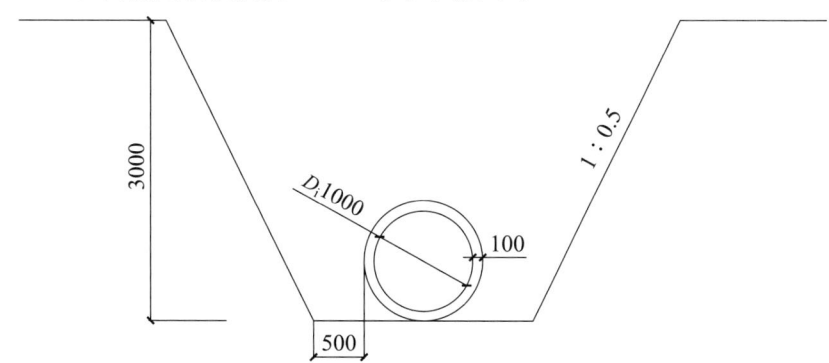

沟槽开挖断面示意图（单位：mm）

(3) 质量管理体系中，管道施工过程质量控制实行企业的"三检制"流程。

(4) 根据沟槽平均开挖深度及沟槽开挖断面估算沟槽开挖土方量（不考虑检查井等构筑物对土方量估算值的影响）。

(5) 由于施工场地受限及环境保护要求，沟槽开挖土方必须外运，土方外运量依据《土方体积换算系数表》估算。外运用土方车辆容量为 10m³/（车·次），外运单价为 100 元/（车·次）。

土方体积换算系数表

虚方	松填	天然密实	夯填
1.00	0.83	0.77	0.67
1.20	1.00	0.92	0.80
1.30	1.09	1.00	0.87
1.50	1.25	1.15	1.00

【问题】

1. 写出施工方案（1）中管道施工工艺流程中 A、B、C 的名称（用背景资料中提供的序号①~⑦或工序名称作答）。

2. 写出确定管道沟槽边坡坡度的主要依据。

3. 写出施工方案（3）中"三检制"的具体内容。

4. 依据施工方案（4）、（5），列式计算管道沟槽开挖土方量（天然密实体积）及土方外运的直接成本。

5. 指出本工程闭水试验管段的抽取原则。

【参考答案】

1. 写出施工方案（1）中管道施工工艺流程中 A、B、C 的名称（用背景资料中提供的序号①~⑦或工序名称作答）。

【参考答案】

施工工艺流程中 A 的名称为⑤（管道基础与垫层），B 的名称为⑦（闭水试验），C 的名称为⑥（沟槽回填）。

【解析】

在背景中①是沟槽放坡开挖，③是下（布）管，④是管道安装，从常识上也可以判断出在下管、安管之前要施工管道的基础与垫层，所以工序 A 不难得出。排序最后两项是⑥沟槽回填和⑦闭水试验，而排水管道施工的闭水试验必须在回填前进行，由此可得最终排序。

本题目属于排序题类型，但比传统的全程排序题目要相对简单。回答这类题目的关键是要明白题目中已列工序名称的含义，继而就很容易确定工序的先后顺序了。

2. 写出确定管道沟槽边坡坡度的主要依据。

【参考答案】

确定边坡坡度的主要依据是土的类别（或土质情况）、坡顶荷载、地下水位、沟槽开挖深度、沟槽支撑。

【解析】

本题的答案在教材中有相应介绍"当地质条件良好、土质均匀、地下水位低于沟槽底面高程，且开挖深度在5m以内、沟槽不设支撑时，沟槽边坡最陡坡度应符合表……的规定。"即使对这个知识点记忆不深刻，根据案例背景中提供的信息"沟槽平均开挖深度为3m，场地地层以硬塑粉质黏土为主，土质均匀，地下水位于槽底设计标高以下"，仍然可以得出相应的采分点。

3. 写出施工方案（3）中"三检制"的具体内容。

【参考答案】

"三检制"的具体内容是班组自检、工序或工种间互检、专业检查（专检）。

【解析】

当前市政专业考核多以技术为主，这类纯管理的题目考核得较少，不过本题涉及的知识点属于管理中的常识性内容，不难作答。

4. 依据施工方案（4）、（5），列式计算管道沟槽开挖土方量（天然密实体积）及土方外运的直接成本。

【参考答案】

（1）沟槽底宽：$1000 \div 1000 + 100 \div 1000 \times 2 + 500 \div 1000 \times 2 = 2.2m$

沟槽顶宽：$2.2 + 3 \times 0.5 \times 2 = 5.2m$

沟槽开挖土方量：$(5.2 + 2.2) \times 3 \div 2 \times 1000 = 11100 m^3$

（2）外运土方量（虚方）：$11100 \times 1.3 = 14430 m^3$

土方外运直接成本：$14430 \div 10 \times 100 = 144300$ 元

【解析】

本小问属于沟槽开挖土方量计算类型。实际上是考核计算梯形面积，并根据梯形面积乘以沟槽长度来得出开挖土方体积的题目。难度系数不高，需要注意题干中不同单位之间的换算。

在本小题的第二问中，要求计算土方外运的直接成本。土方外运是指经过挖掘后的松散土方体积，也称为虚方体积。根据题目提供的表格信息，可以得知天然密实体积与虚方体积之间的折算系数为1:1.3。通过已计算出的天然密实体积，可以很容易计算得到虚方体积，并进而得出土方外运的直接成本。

以下是四个名词的解释。

（1）天然密实体积：指挖掘前未扰动的土方体积。在土石方工程量计算一般规则中，土方体积通常以挖掘前的天然密实体积为基准进行计算。

（2）虚方体积：指经过挖掘后的松散土方体积。在使用松散土方进行回填时，需要将天然密实体积进行折算，折算系数为 1 : 0.77。

（3）松填体积：土方回填过程中，未进行压实作业的土方体积。在这种情况下，回填土方的体积被称为松填体积。

（4）夯填（夯实）体积：回填土方过程中经过压实（夯实）后的土方体积。进行压实（夯实）后，土方体积被称为夯填（夯实）体积。

5. 指出本工程闭水试验管段的抽取原则。

【参考答案】

抽取原则：

（1）试验管段应按井距分隔，抽样选取，带井试验，一次试验不超过 5 个连续井段。

（2）按管道井段数量抽样选取 1/3 进行试验。试验不合格时，抽样数量应在原抽样基础上加倍进行试验。

【解析】

本工程管道内径为 1000mm，大于 700mm，所以可按管道井段数量抽样选取 1/3 进行试验。本题基本上算是教材原文考点。

案例 97　模拟题四十五

A 公司中标承建一项热力站安装工程，该热力站位于某公共建筑物的地下 1 层，一次给回水设计温度为 125℃/65℃，二次给回水设计温度为 80℃/60℃，设计压力为 1.6MPa。热力站主要设备包括板式换热器、过滤器、循环水泵、补水泵、水处理器、控制器、温控阀等，采取整体隔声降噪综合处理。热力站系统工作原理如图所示。

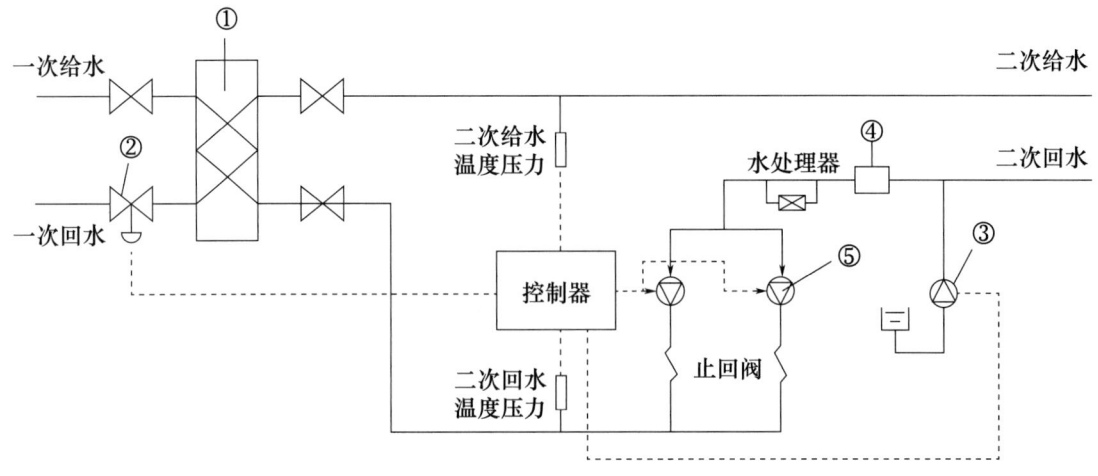

热力站系统工作原理图

工程实施过程中发生如下事件。

事件一：安装工程开始前，A公司与公共建筑物的土建施工单位在监理单位的主持下对预埋吊点、设备基础、预留套管（孔洞）进行了复验，划定了纵向、横向安装基准线和标高基准点，并办理了书面交接手续。设备基础复验项目包括纵轴线和横轴线的坐标位置、基础面上的预埋钢板和基础平面的水平度、基础垂直度、外形尺寸、预留地脚螺栓孔中心线位置。

事件二：鉴于工程的专业性较强，A公司决定将工程交由具有独立法人资格和相应资质，且具有多年施工经验的下属B公司来完成。

事件三：为方便施工，B公司进场后拟利用建筑结构作为起吊、搬运设备的临时承力构件，并征得了建设、监理单位的同意。

事件四：工程施工过程中，质量监督部门对热力站工程进行监督检查，发现施工资料中施工单位一栏均填写B公司，且A公司未在施工现场设立项目管理机构，根据《建筑法》，A公司与B公司涉嫌违反相关规定。

> 问题

1. 写出图中编号为①、②、③、④、⑤的设备名称。
2. 事件一中，设备基础的复验项目还应包括哪些内容？
3. 事件三中，B公司的做法还应征得哪方的同意？说明理由。
4. 结合事件二与事件四，写出A公司与B公司的违规之处。

参考答案

1. 写出图中编号为①、②、③、④、⑤的设备名称。

【参考答案】

图中编号为①、②、③、④、⑤的设备名称分别为：①板式换热器；②温控阀；③补水泵；④过滤器；⑤循环水泵。

【解析】

按照分值分布，本小问应为5分题目，每写对一个设备名称，得1分。可能很多考生都未曾接触过热力站设备图纸，对于各种设备名称及图例更是知之甚少，所以此类题目并不考核知识储备，而最可能考核的是分析能力、理解能力和判别能力。案例背景只给出了图形和设备名称这些信息，那么我们就从这些点着手分析。

在案例背景中罗列出7个设备，即板式换热器、过滤器、循环水泵、补水泵、水处理器、控制器、温控阀，其中水处理器和控制器两个设备已经在图上进行了标记，剩下的5个设备与①~⑤——对应。

在背景的设备名称中有循环水泵和补水泵，属于同类，这时可以在设备图形中找到相同的图例③和⑤（圆圈中带着三角），所以可以将③和⑤与循环水泵和补水泵绑定。此时如果想保守地拿分，可以拿到2分，即将③和⑤都写为补水泵，将①、②、④都写为过滤器即可。当然按照上述思路进一步分析，还可以得到更多分数。图形中③和⑤虽然都是水泵，那么到底哪个是循环水泵哪个是补水泵呢？我们还可以从水泵所处的位置进行分析，⑤是在一个闭路系统中，而③所处的位置是系统末端，是一个敞口位置，从常理上也可以分析得出⑤是循环水泵，而③是补水泵。

对于板式换热器这个设备，所有考生都感到陌生，安装过热力站设备的更是寥寥无几，所以想要找出这个设备对应图上哪一个图例，只能靠文字分析。顾名思义，板式换热器是热交换装置，这里的②和④有一个共同的特点，都单一地处在一次回水或二次回水管线上，显然与换热器名称不相符。而这里的①处一次给、回水和二次给、回水都有通过，符合"换"这个最核心文字的意思。另一个佐证是，板式换热器应该是一个"板子"的形状，所以①是最合理的。

剩下②和④是温控阀和过滤器，管道施工中用得最多的就是阀门，图中与②相同的形状有4个，所以②是温控阀最合理。最后④只能是过滤器了。退一步讲，即便不能分辨出最后两个设备名称，也可以将②和④全部写成过滤器或温控阀，这样也可以拿到2分中的1分。

2. 事件一中，设备基础的复验项目还应包括哪些内容？
【参考答案】
基础混凝土质量，不同平面的高程（标高），预留地脚螺栓孔的深度和尺寸。
【解析】
本题案例背景中提到对预埋吊点、设备基础和预留套管（孔洞）进行了复验。然而，问题只要求补充设备基础的复验项目。因此，作答时无须补充预留套管和预埋吊点的复验项目。设备基础的复验项目包括位置、表面质量、几何尺寸、标高和混凝土质量。案例背景中已经提供了位置、表面质量和几何尺寸的信息，因此需要补充混凝土质量和标高的内容。此外，背景资料中特别强调了预留螺栓孔中心线位置。因此，作答时除了标高和混凝土质量外，还要根据问题要求补充预埋螺栓孔的深度和尺寸。

3. 事件三中，B 公司的做法还应征得哪方的同意？说明理由。
【参考答案】
还应征得建筑结构原设计单位和施工单位的同意。
理由：建筑结构承受附加荷载，可能引发结构安全问题，原设计单位要对结构的承载力（受力）进行核算（验算、复核），符合要求后方可使用。
【解析】
B 公司拟利用建筑结构作为起吊、搬运设备的临时承力构件，这种做法首先要经过原设计单位的验算，如果验算结果不能满足吊装、搬运设备的要求，那么就绝对不能采取上述形式施工。

4. 结合事件二与事件四，写出 A 公司与 B 公司的违规之处。
【参考答案】
A 公司与 B 公司的违规之处：转包。
【解析】
在《建筑工程施工发包与承包违法行为认定查处管理办法》第八条列举了应当认定为转包情形：(1) 承包单位将其承包的全部工程转给其他单位（包括母公司承接建筑工程后将所承接工程交由具有独立法人资格的子公司施工的情形）或个人施工的；(2) 承包单位

将其承包的全部工程肢解以后，以分包的名义分别转给其他单位或个人施工的；（3）施工总承包单位或专业承包单位未派驻项目负责人、技术负责人、质量管理负责人、安全管理负责人等主要管理人员，或派驻的项目负责人、技术负责人、质量管理负责人、安全管理负责人中一人及以上与施工单位没有订立劳动合同且没有建立劳动工资和社会养老保险关系，或派驻的项目负责人未对该工程的施工活动进行组织管理，又不能进行合理解释并提供相应证明的；……

本案例背景中，事件二与事件四属于《建筑工程施工发包与承包违法行为认定查处管理办法》第八条列举的应当认定为转包情形（1）和（3）。

案例 98　模拟题四十六

背景资料

某桥梁工程项目的下部结构已全部完成，受政府指令工期的影响，业主将尚未施工的上部结构分成 A、B 两个标段，将 B 段重新招标。桥面宽度 17.5m，桥下净空 6m。上部结构设计为钢筋混凝土预应力现浇箱梁（三跨一联），共 40 联。

原施工单位甲公司承担 A 标段，该标段施工现场系既有废弃公路，无须处理，满足支架法施工条件，甲公司按业主要求对原施工组织设计进行了重大变更调整。新中标的乙公司承担 B 标段，因 B 标施工现场地处闲置弃土场，地域宽广平坦，满足支架法施工部分条件，其中纵坡变化较大部分为跨越既有正在通行的高架桥段，新建桥下净空高度达 13.3m，如下图所示。

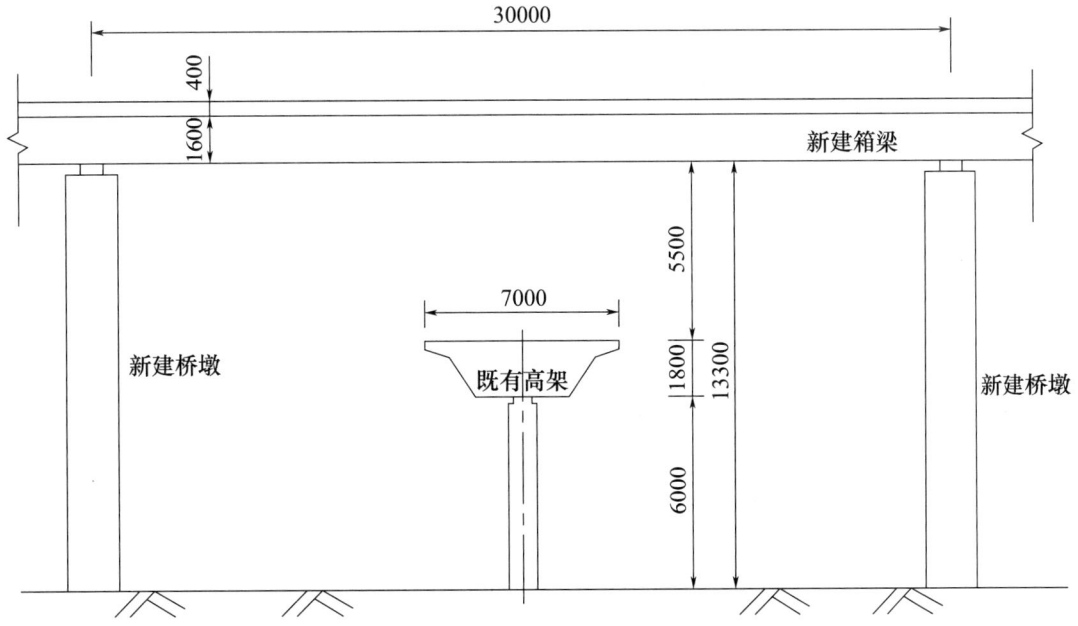

跨越既有高架桥断面示意图（单位：mm）

甲、乙两公司接受任务后立即组织力量展开了施工竞赛。甲公司利用既有公路作为支架基础，地基承载力符合要求。乙公司为赶工期，将原地面稍作整平后即展开支架搭设工作，很快进度超过甲公司。支架全部完成后，项目部组织了支架质量检查，并批准模板安装，模板安装完成后开始绑扎钢筋。指挥部在检查中发现乙公司施工管理存在问题，下发了停工整改通知单。

问题

1. 原施工组织设计中，主要施工资源配置有重大变更调整，项目部应如何处理？重新开工之前技术负责人和安全负责人应完成什么工作？
2. 满足支架法施工的部分条件指的是什么？
3. B标支架搭设场地是否满足支架的地基承载力？应如何处置？
4. 支架搭设前技术负责人应做好哪些工作？桥下净高13.3m部分如何办理手续？
5. 支架拼装间隙和地基沉降在桥梁建设中属哪一类变形？采用什么方法解决这种变形对施工的影响？
6. 跨越既有高架部分的桥梁施工需到什么部门补充办理手续？

参考答案

1. 原施工组织设计中，主要施工资源配置有重大变更调整，项目部应如何处理？重新开工之前技术负责人和安全负责人应完成什么工作？

【参考答案】

（1）项目部应重新启动施工组织设计的编制，并重新进行审批程序。

（2）技术负责人：进行技术交底，相关方案的编制与审核工作。

（3）安全负责人：进行安全交底，安全专项方案的审核与报批工作。

【解析】

"重新开工之前技术负责人和安全负责人应完成什么工作"并非教材内容，但属于施工管理常识。技术负责人在开工前一定围绕着技术方面的工作展开，而技术方面的工作主要是技术交底、技术方案编制、审批等内容。同样，安全负责人开工前的工作一定围绕安全方面展开，可以回答安全交底、安全专项施工方案的审批与报批等。

2. 满足支架法施工的部分条件指的是什么？

【参考答案】

（1）箱梁基础部分均为闲置弃土场，场地宽广，无支架搭设障碍。

（2）地域平坦，无须整平工作。

【解析】

问题是本工程中满足支架法施工的部分条件指的是什么。案例背景中，地域平坦满足了支架搭设基础平整的要求，而位于闲置的弃土场的宽广场地满足了支架搭设无障碍物的要求。然而，仅满足这两个条件还不足以进行支架搭设。支架搭设前的场地要求包括场地平整坚实、有排水设施、无障碍物。在本案例中，地处弃土场的场地证明地基松软，无法满足支架基础坚实这一最重要的条件。此外，支架基础还需要具备排水设施，以保证施工过程中的正常排水。因此，可以说案例背景中的现场条件满足了支架搭设的部分条件。

这道题目的形式较为新颖，考核考生的知识应用能力和表达能力。

3. B标支架搭设场地是否满足支架的地基承载力？应如何处置？
【参考答案】
(1) 不满足。
(2) 需对地基彻底平整后碾压，地基预压合格后硬化地面，支架基础四周设排水沟。
【解析】
本小问相当于是前面一个小问的延续。支架搭设的地基处理考核过多次，对于支架地基处理的题目的采分点基本上围绕着夯实（压实）、换填、预压、硬化、排水等文字。

4. 支架搭设前技术负责人应做好哪些工作？桥下净高13.3m部分如何办理手续？
【参考答案】
(1) 技术负责人应做好如下工作：
① 对支架及地基进行验算。
② 编写支架方案并送审，经批准后方可施工。
③ 进行安全技术交底。
(2) 桥下净高13.3m部分应编写安全专项施工方案并组织专家论证，根据论证报告修改完善专项方案后实施。
【解析】
本小题考核两个方向。第一个方向是技术负责人在支架搭设前需要进行的工作。在施工过程中，项目技术负责人的职责主要包括验算、组织编制方案、重要方案的送审及安全技术交底等工作。

第二个方向是变相考核专家论证的审批手续，因为桥下净高已经达到13.3m（搭设高度超过8m），所以支架专项方案必须组织专家论证，需要办理论证和审批的手续。

5. 支架拼装间隙和地基沉降在桥梁建设中属哪一类变形？采用什么方法解决这种变形对施工的影响？
【参考答案】
(1) 属于非弹性变形（塑性变形）。
(2) 采用预压方法解决这种变形对施工的影响。
【解析】
支架搭设后，承受施工荷载会产生弹性变形和非弹性变形，顾名思义，弹性变形是材料在外力作用下产生变形，当外力去除后变形会随即消失的现象，而非弹性变形是在产生形变后不能恢复原状。显然支架拼装间隙和地基沉降属于后者。

解决非弹性变形最有效的方式就是对支架进行预压，将支架拼接间隙在浇筑混凝土前通过重压进行消除，同时使地基在支架预压过程中沉降到位，不至于在后期浇筑混凝土过程中再出现变化。

6. 跨越既有高架部分的桥梁施工需到什么部门补充办理手续?

【参考答案】

需到市政工程行政主管部门和公安交通管理部门办理手续。

【解析】

办理手续属于市政高频考点，一、二建市政对这一类考点考核过十几次，而且后期还会不定期出现。对于办理手续的题目，不能完全拘泥于教材内容。例如，施工中跨越（或下穿）、占用铁路、市政道路、河道等情况，开工前均应到相关部门办理手续。

案例99 模拟题四十七

某公司项目部施工的桥梁基础工程，灌注桩混凝土强度为 C25，直径 1200mm，桩长 18m。承台、桥台的位置如图 1 所示，承台的桩位编号如图 2 所示。

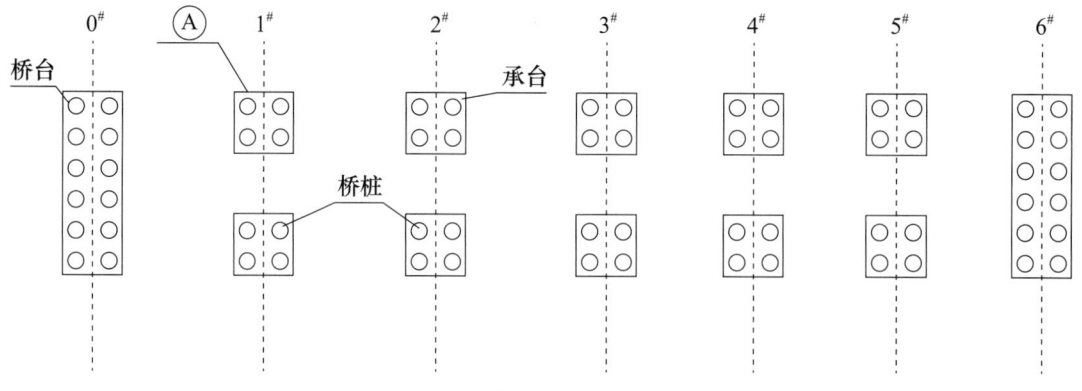

图 1　承台桥台位置示意图

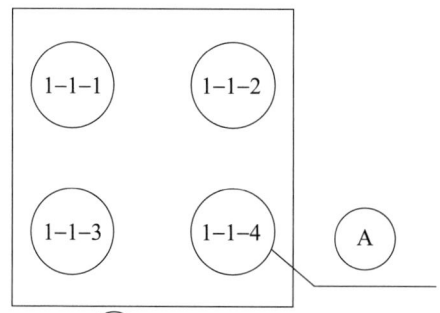

注：1-1-4 表示 1 轴-1 号承台-4 号桩

图 2　承台钻孔编号图

事件一：项目部依据工程地质条件，安排 4 台反循环钻机同时作业，钻机工作效率（1 根桩/2 天）。在前 12 天，完成了桥台的 24 根桩，后 20 天要完成 10 个承台的 40 根桩。承台施工前项目部对 4 台钻机作业划分了区域（图 3），并提出了要求：①每台钻机完成 10 根桩；②一座承台只能安排 1 台钻机作业；③同一承台两桩施工间隙时间为 2 天。1#钻机工作进度安排及 2#钻机部分工作进度安排如图 4 所示。

事件二：项目部对已加工好的钢筋笼做了相应标识，并且设置了桩顶定位吊环连接筋，钻机成孔、清孔后，监理工程师验收合格，立刻组织吊车吊放钢筋笼和导管，导管底部距孔底 0.5m。导管直径 30cm，护筒口至桩底距离为 22.5m。泥浆重度按照 $11kN/m^3$，混凝土重度按照 $25kN/m^3$ 计算。

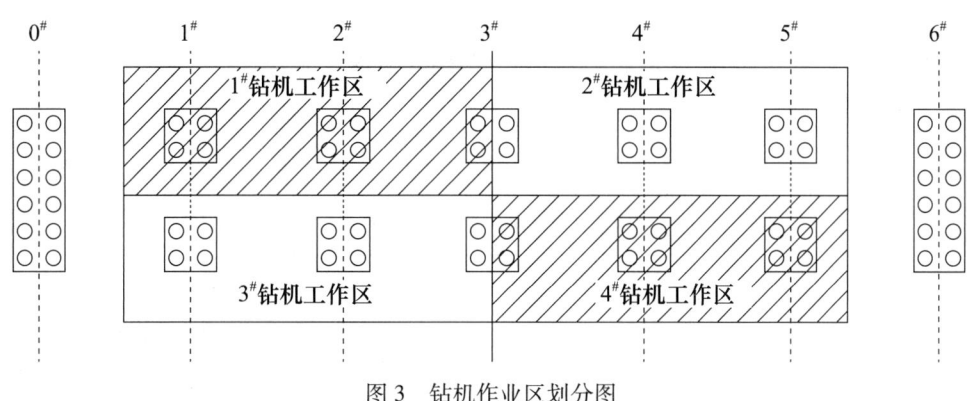

图 3 钻机作业区划分图

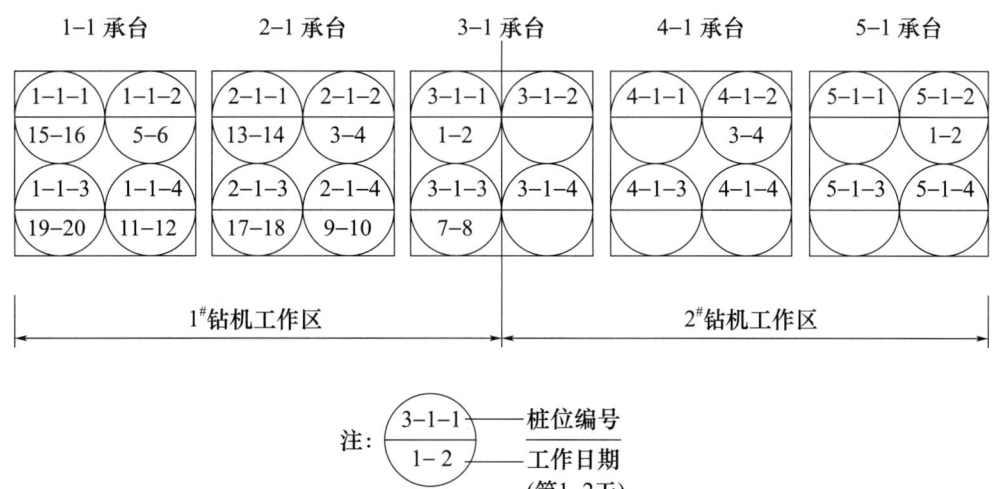

图 4 1#钻机、2#钻机工作进度安排示意图

事件三：经计算，编号为 3-1-1 的钻孔灌注桩混凝土用量为 Am^3，商品混凝土到达现场后施工人员通过在导管内安放隔水球、导管顶部放置储灰斗等措施灌注了首罐混凝土，经测量，导管埋入混凝土的深度为 2m。

> **问题**

1. 事件一中补全 $2^\#$ 钻机工作区作业计划，用图 4 的形式表示。
2. 钢筋笼标识应有哪些内容？
3. 事件二中吊放钢筋笼入孔时桩顶高程定位吊环连接筋长度如何确定，用计算公式（文字）表示。
4. 按照灌注桩施工技术要求，事件三中 A 值和首罐混凝土最小用量各为多少？（计算中 π 取 3.14）
5. 混凝土灌注前项目部质检员对到达现场的商品混凝土应做哪些工作？

参考答案

1. 事件一中补全 $2^\#$ 钻机工作区作业计划，用图 4 的形式表示。
【参考答案】

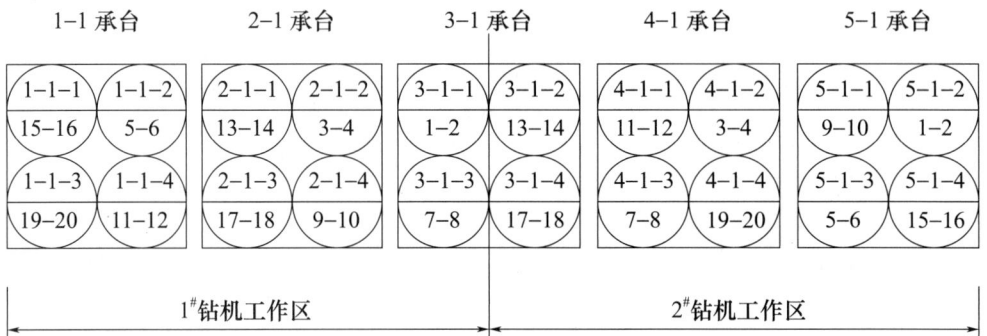

【解析】
非常新颖的题目，不过本题只要读懂题意，就不难作答。案例背景中的条件是"钻机工作效率（1 根桩/2 天）""一座承台只能安排 1 台钻机作业""同一承台两桩施工间隙时间为 2 天"。由这三个条件可知，每一个承台施工 2 天后，必须间隔 2 天施工。本题需要注意 3-1 承台，因为受到 $1^\#$ 钻机施工的影响，所以 $2^\#$ 钻机在施工 3-1-2 和 3-1-4 两根桩时不能在"5~10 天"任一时间段内进行施工。

本题答案有几十种排列方式，不过只要排列顺序满足背景中条件即可。例如，3-1 承台和 4-1 承台安排时间不变，5-1 承台的打桩时间可以将 5-1-1 与 5-1-4 对调，也可以将 5-1-1 与 5-1-3 对调，还可以将 5-1-3 与 5-1-4 对调。当然也可以 3-1 与 5-1 承台不变，4-1 承台打桩时每根桩施工时间进行更换。考试只要回答出符合条件的一种形式即可。

2. 钢筋笼标识应有哪些内容？
【参考答案】
钢筋笼标识应有轴号、承台（桥台）编号、桩号、钢筋笼节段号，以及检验合格的标识牌。
【解析】
在桥梁桩基施工现场，需要提前预制灌注桩的钢筋笼。然而，如果提前预制的钢筋笼没有清晰的标识，很容易在后期使用时发生位置错误的情况。为了避免这种情况发生，每段加工完成的钢筋笼都需要进行身份标记，类似于为其提供一个"身份证"。在本工程中，承台（桥台）位于不同的轴线位置（也可以称为里程桩号），每个轴线上都有不同的承台（桥台），每个承台上又有不同的桩，每根桩可能会分节制作。因此，对加工完成的钢筋笼进行标识是必要的，包括轴线号、承台号、桩号、节段号等内容。

由于施工现场的钢筋笼数量庞大，加工完成后必须经过检验合格才能使用，因此现场经过检验合格的钢筋笼必须悬挂检验合格的标识牌。

3. 事件二中吊放钢筋笼入孔时桩顶高程定位吊环连接筋长度如何确定，用计算公式（文字）表示。

【参考答案】

吊环连接筋长度＝孔口垫木顶高程－桩顶高程－桩顶预留筋长度＋焊口搭接长度

【解析】

本小问与施工现场密切相关，许多没有现场施工经验的考生可能对"桩顶高程定位吊环连接筋"这个术语不太熟悉。实际上，钢筋笼的底部与孔底之间存在一定距离。此外，钻孔灌注桩的桩顶部分嵌入埋在地下的承台中，因此桩顶位置与现有地面（孔口）之间存在一定距离，需要在钢筋笼的最后一节焊接一个吊环连接筋，将整个钢筋笼悬挂在孔口的垫木上，如下图所示。

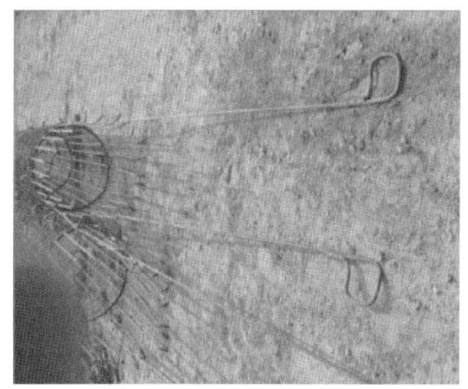

钢筋笼吊环连接筋

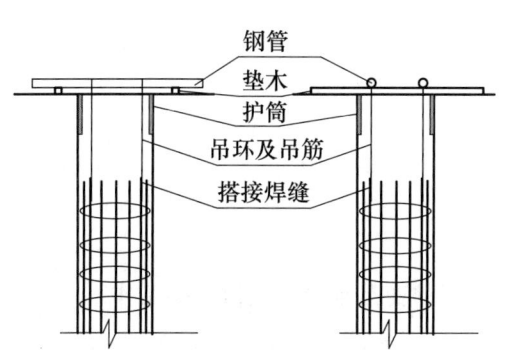

钢筋笼安装图

由图示可知，吊环连接筋的长度是孔口垫木顶部高程减去桩顶高程，并减去桩顶预留钢筋的长度后，再加上搭接焊缝的长度。这类问题可能在未来的考试中继续出现，只不过在考试中，出题人很可能绘制出示意图，列出地面标高、垫木厚度、桩顶标高、钢筋直径、桩顶预留筋长度等信息，考生只需根据相关信息进行计算即可。

4. 按照灌注桩施工技术要求，事件三中 A 值及首罐混凝土最小用量各为多少？（计算中 π 取 3.14）

【参考答案】

（1）A 值：

$A = \pi R^2 h$，而 h = 桩长 + 超灌量（超灌量为 0.5~1m）

$3.14 \times 0.6^2 \times (18+0.5) = 20.9\text{m}^3$

$3.14 \times 0.6^2 \times (18+1) = 21.5\text{m}^3$

所以 A 值为 20.9~21.5m^3。

（2）首罐混凝土最小用量：

① $3.14 \times 0.6^2 \times (2+0.5) = 2.83\text{m}^3$

② $25 \times h_1 = 11 \times (22.5-2.5)$

　$h_1 = 8.8\text{m}$

　$3.14 \times 0.15^2 \times 8.8 = 0.62\text{m}^2$

③ $2.83 + 0.62 = 3.45\text{m}^2$

【解析】

本题的问法是"按照灌注桩施工技术要求，事件三中 A 值及首罐混凝土最小用量各为多少"，按照灌注桩的技术要求，每根混凝土灌注桩需要超灌 0.5~1m，那么混凝土灌注量也应该是一个区间。

相对而言，本题中的"首罐混凝土最小用量"有一些难度。首罐混凝土完成后，混凝土与泥浆液处于平衡状态（如右图所示），此时首罐混凝土的最小用量应由两部分组成，一部分是桩底 $H_1 + H_2$ 部分的混凝土，本题中是2.5m，桩的直径是1.2m；另一部分是导管内部的混凝土，其中 h_1 可以通过公式计算得出，$h_1 = H_w \gamma_w / \gamma_c$，其中，$H_w$ 表示桩孔内水或泥浆的深度（m）；γ_w 表示桩孔内水或泥浆的重度（kN/m^3）；γ_c 表示混凝土拌合物的重度（kN/m^3）。导管直径为30cm，可以分别计算出这两部分混凝土方量，两者相加即为首罐混凝土最小用量。

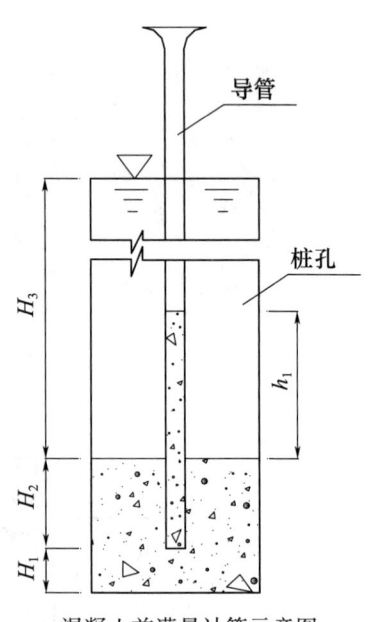

混凝土首灌量计算示意图

5. 混凝土灌注桩前项目部质检员对到达现场的商品混凝土应做哪些工作？

【参考答案】

检查混凝土的开盘鉴定书；查验混凝土出厂时间、到场时间和混凝土外观；测试混凝土的坍落度；留置混凝土试块等工作。

【解析】

当前施工现场基本上全部要求使用商品混凝土。然而，商品混凝土到场后不能马上进行浇筑，必须先完成以下工作后才能进行正式浇筑。

首先，需要查看混凝土的开盘鉴定书，以避免错用混凝土的情况发生。其次，要检查混凝土的出厂时间、到场时间和外观，主要目的是避免混凝土出厂时间过长或接近初凝时间。最后，两项工作所有考生都不陌生，就是对准备浇筑的混凝土测试坍落度，并留置混凝土试块（试件）等工作。

案例100　模拟题四十八

某公司承建一座城市桥梁。该桥上部结构为6×20m简支预制预应力混凝土空心板梁，每跨设置边梁2片，中梁24片；下部结构为盖梁及φ1000mm圆柱式墩，重力式U形桥台，基础均采用φ1200mm钢筋混凝土钻孔灌注桩。桥墩构造如下图所示。

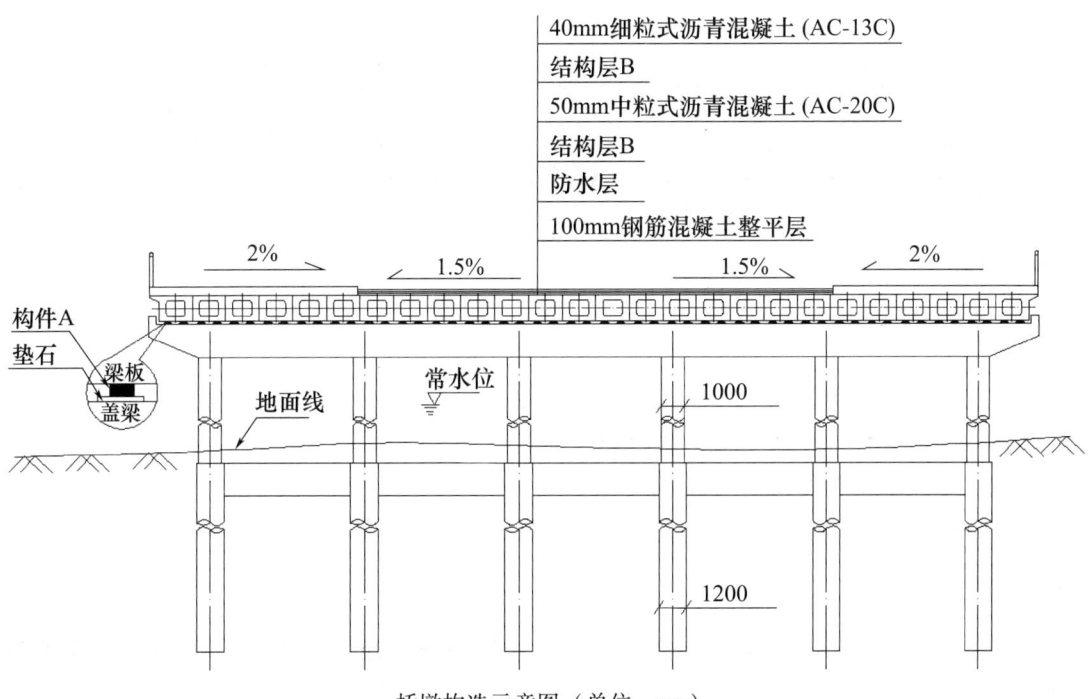

桥墩构造示意图（单位：mm）

开工前，项目部对该桥划分了相应的分部、分项工程和检验批，作为施工质量检查、验收的基础。划分后的分部（子分部）、分项工程及检验批对照表如下。

桥梁分部（子分部）分项工程及检验批对照表（节选）

序号	分部工程	子分部工程	分项工程	检验批
1	地基与基础	灌注桩	机械成孔	54（根桩）
			钢筋笼制作与安装	54（根桩）
			C	54（根桩）
		承台	…	…
2	墩台	现浇混凝土墩台	…	…
		台背填土	…	…
3		盖梁	D	E
			钢筋	E
			混凝土	E
…	…	…	…	…

工程完工后，项目部立即向当地市场监督管理部门申请工程竣工验收，该申请未被受理。此后，项目部按照工程竣工验收规定对工程进行全面检查和整修，确认工程符合竣工验收条件后，重新申请工程竣工验收。

> 问题

1. 写出上图中构件 A 和桥面铺装结构层 B 的名称，并说明构件 A 在桥梁结构中的作用。
2. 列式计算上图中构件 A 在桥梁中的总数量。
3. 写出上表中 C、D 和 E 的内容。
4. 施工单位应向哪个单位申请工程竣工验收？
5. 工程完工后，施工单位在申请工程竣工验收前应做好哪些工作？

> 参考答案

1. 写出上图中构件 A 和桥面铺装结构层 B 的名称，并说明构件 A 在桥梁结构中的作用。

【参考答案】

（1）构件 A 的名称：支座。结构层 B 的名称：粘结层（油）。

（2）构件 A（支座）的作用：将桥梁上部结构承受的荷载和变形（位移和转角）可靠地传递给桥梁下部结构，是桥梁的重要传力装置，具备减震和抗震能力。

【解析】

桥梁的结构可分为上部结构和下部结构,其中桥梁基础、墩台和盖梁属于下部结构,而桥跨结构属于上部结构。上部结构和下部结构之间的分界点就是桥梁支座,它是设置在桥跨结构与桥墩或桥台的支承位置上的传力装置。

支座的主要功能是传递上部结构的支承反力,包括来自恒载和活载所引起的竖向力和水平力。同时,支座能够确保在活载、温度变化、混凝土收缩和徐变等因素的作用下,桥梁结构自由变形,以使上部结构和下部结构的实际受力情况符合结构的静力图式。

桥梁支座根据位移的可能性可以分为固定支座和活动支座。固定支座传递竖向力和水平力,允许上部结构在支座处自由旋转但不能水平移动。活动支座则只传递竖向力,允许上部结构在支座处既能自由旋转又能水平移动。活动支座可进一步分为多向活动支座(可在纵向和横向上自由移动)和单向活动支座(只能在一个方向上自由移动)。根据材料的不同,支座可以分为简易支座、钢支座、钢筋混凝土支座、橡胶支座和特种支座(如减震支座和拉力支座)等。

2. 列式计算上图中构件 A 在桥梁中的总数量。

【参考答案】

全桥空心板数量:(24+2)×6=156 片

构件 A 的总数量:4×156=624 个

【解析】

需要了解桥梁的一项基本知识:在安装预制的 T 形梁时,通常需要使用两个支座,而安装预制空心板则需要 4 个支座,因为每个空心板的两个端头都需要设置两个支座。即使没有相关经验,也可以通过观察本案例背景提供的图纸,直接清点每个横断面的支座数量。

案例背景中还有一个重要信息需要注意:"该桥上部结构为 6×20m 简支预制预应力混凝土空心板梁,每跨设置边梁 2 片,中梁 24 片。"这意味着每个跨度桥梁需要安装 26 片空心板,整座桥梁共有 26×6=156 片空心板。由于每片空心板有 4 个支座,因此整座桥梁共有 156×4=624 个支座。

3. 写出上表中 C、D 和 E 的内容。

【参考答案】

(1) C 的名称:混凝土灌注。

(2) D 的名称:模板与支架。

(3) E 的名称:5(个盖梁)。

【解析】

本题考点依据《城市桥梁工程施工与质量验收规范》CJJ 2—2008。该规范表 23.0.1 城市桥梁分部(子分部)工程与相应的分项工程、检验批对照表如下(节选)。

城市桥梁分部（子分部）工程与相应的分项工程、检验批对照表

序号	分部工程	子分部工程	分项工程	检验批
1	地基与基础	扩大基础	基坑开挖、地基、土方回填、现浇混凝土（模板与支架、钢筋、混凝土）、砌体	每个基坑
		沉入桩	预制桩（模板、钢筋、混凝土、预应力混凝土）、钢管桩、沉桩	每根桩
		灌注桩	机械成孔、人工挖孔、钢筋笼制作与安装、混凝土灌注	每根桩
		沉井	沉井制作（模板与支架、钢筋、混凝土、钢壳）、浮运、下沉就位、清基与填充	每节、座
		地下连续墙	成槽、钢筋骨架、水下混凝土	每个施工段
		承台	模板与支架、钢筋、混凝土	每个承台
2	墩台	砌体墩台	石砌体、砌块砌体	每个砌筑段、浇筑段、施工段或每个墩台、每个安装段（件）
		现浇混凝土墩台	模板与支架、钢筋、混凝土、预应力混凝土	
		预制混凝土柱	预制柱（模板、钢筋、混凝土、预应力混凝土）、安装	
		台背回填	填土	
3		盖梁	模板与支架、钢筋、混凝土、预应力混凝土	每个盖梁
…	…	…	…	…

通过该表可以得出 C 的名称是混凝土灌注，D 的名称是模板与支架。不过，案例背景中的表格与规范中的表格略有不同。根据规范，钻孔灌注桩的检验批是每根桩，而盖梁的检验批是每个盖梁。然而，在案例背景的表格中，桩的检验批表达为 54（根桩）。因此，在相应的盖梁处应按照这种格式写为×（个盖梁）。

根据案例背景中提供的信息"该桥上部结构为 6×20m 简支预制预应力混凝土空心板梁……下部结构为盖梁及 φ1000mm 圆柱式墩，重力式 U 形桥台"，可以得出以下结论：该桥共有 6 跨，下部结构包括 7 排墩台用于支撑，而每一侧有一个桥台。因此，中间部分有 5 排桥墩，也就是说共有 5 个盖梁。

本题还可以延伸考点：每个桥台下有多少根钻孔灌注桩？案例图显示，每个盖梁下有 6 个墩柱，而每个墩柱下有一根钻孔灌注桩。因此，在中间的盖梁下共计有 30 根钻孔灌注桩。而背景中的表格显示该工程有 54 根桩，那么两个桥台总共有 24 根桩，每个桥台下设有 12 根钻孔灌注桩。

4. 施工单位应向哪个单位申请工程竣工验收?

【参考答案】

工程完工后,施工单位向建设单位提交工程竣工报告,申请工程竣工验收。

【解析】

本题中最简单的一问,属于常识。即便在备考中没有注意到教材上这句话,也可以凭借常识进行回答。本知识点也是法规教材中一个重要知识点。

5. 工程完工后,施工单位在申请工程竣工验收前应做好哪些工作?

【参考答案】

施工单位应做好以下工作:

(1) 施工单位自检合格,且技术档案和施工管理资料完整。

(2) 提交了工程竣工报告,并签署了工程质量保修书。

(3) 建设主管部门及市场监督管理部门责令整改的问题全部整改完毕。

【解析】

本题目需要认真审题。题目问的是:工程完工后,施工单位在申请工程竣工验收前应做好哪些工作?这里不能眉毛、胡子一把抓,将建设单位、勘察单位、设计单位和监理单位需要做的工作全部罗列出来。施工单位几个主要的工作就是自检合格、资料完整、工程竣工报告、工程质量保修书及整改。其他内容均不属于施工单位工作范畴。

案例 101　模拟题四十九

某公司承建一项天然气管道工程,全长 1380m,公称外径 DN110mm,采用聚乙烯燃气管道(SDR11PE100),直埋敷设,热熔连接。

工程实施过程中发生如下事件:

事件一:开工前,项目部对现场焊工的执业资格进行检查。

事件二:管材进场后,监理工程师检查发现聚乙烯直管现场露天堆放,堆放高度达1.8m,项目部既未采取安全措施,又未采用棚护。监理工程师签发通知单要求项目部进行整改,并按下表所列项目及方法对管材进行检查。

聚乙烯管材进场检查项目及检查方法

检查项目	检查方法
A	查看资料
检测报告	查看资料
使用聚乙烯原材料级别和牌号	查看资料

续表

检查项目	检查方法
B	目测
颜色	目测
长度	量测
不圆度	量测
外径及壁厚	量测
生产日期	查看资料
产品标志	目测

事件三：管道焊接前，项目部组织焊工进行现场试焊，试焊后，项目部相关人员对管道连接接头的质量进行了检查，并依据检查情况完善了焊接作业指导书。

> 问题

1. 事件一中，本工程管道焊接的焊工应具备哪些资格条件？
2. 事件二中，直管堆放的最高高度应为多少米？应采取哪些安全措施？管道采用棚护的主要目的是什么？
3. 写出上表中检查项目 A 和 B 的名称。
4. 事件三中，指出热熔对接连接工艺评定检验与试验项目有哪些？
5. 事件三中，聚乙烯管道连接接头质量检查包括哪些项目？

参考答案

1. 事件一中，本工程管道焊接的焊工应具备哪些资格条件？

【参考答案】

本工程管道焊接焊工必须具备如下条件：

（1）经过专门培训，并经考试合格（或具有相应资格证书）。

（2）间断安装时间超过 6 个月，再次上岗前应重新考试和技术评定。

【解析】

一建 2011 年曾经考核过类似的考点，只不过当时是焊接钢管的焊工，这里是焊接热熔管道的焊工，其实大同小异。但是不要完全照搬钢制管道焊接焊工的内容，例如这里绝不要再写动火证等相关内容。

2. 事件二中，直管堆放的最高高度应为多少米？应采取哪些安全措施？管道采用棚护的主要目的是什么？

【参考答案】

（1）堆放的最高高度应为 1.5m。

（2）应采取防止直管滚动的安全保护措施，如管材分层交叉码放、梯形码放、货架存放或两侧加支撑保护的矩形堆放。

(3) 棚护的目的：防止暴晒（或紫外线的照射），减缓管材老化现象的发生。

【解析】

本题设置了三个小问题，每个小问的分值不会太高。为了避免PE管滚动，可以采取以下措施进行管道存放：一是将管道分层交叉码放或堆叠成梯形形状；二是将其存放在固定的货架上；三是采用两侧加支撑的矩形码放。这样的存放方式都可以有效防止管道滚动。需要注意的是，PE管属于化学管材，阳光或紫外线长时间照射会导致管材老化，因此需要采用棚护措施对管材进行保护。

交叉码放

梯形码放

货架存

两侧加支撑保护的矩形码放

3. 写出上表中检查项目A和B的名称。

【参考答案】

检验项目A的名称：检验合格证。检验项目B的名称：外观。

【解析】

材料进场后的检查与验收是建造师考试中的高频考点。考试形式包括对材料外观检查、资料（证书）检查、见证取样及材料存放要求。在本题的表格中，项目A属于材料资料（证书）检查范畴，其中必不可少的内容包括材料的检验合格证和检测报告。因此，本题中的项目A应该是检验合格证。

材料外观检查通常采用目测的方式进行。在表格中，项目B对应的内容即外观检查。如果进一步考核PE管管道的外观要求，可以回答如下：管道应保持顺直，管道的内外壁应平整，不得有破损、划痕、凹陷或任何妨碍安装的缺陷。

4. 事件三中，指出热熔对接连接工艺评定检验与试验项目有哪些？

【参考答案】

聚乙烯管道热熔对接连接工艺的评定检验和试验项目有拉伸性能试验、耐压（静液压）强度试验。

【解析】

此知识点在《聚乙烯燃气管道工程技术标准》CJJ 63—2018 中，管道连接的一般规定如下：

5.1.7 聚乙烯燃气管道连接完成后，应按本标准第 5.2 节和第 5.3 节的有关规定进行接头质量检查。不合格应返工，返工后应重新进行接头质量检查。当对焊接质量有争议时，应按表 5.1.7-1～表 5.1.7-3 的规定进行检验。

表 5.1.7-1 热熔对接焊接的检验与试验要求

序号	检验与试验项目	检验与试验参数	检验与试验要求	检验与试验方法
1	拉伸性能	23℃±2℃	试验到破坏为止： （1）韧性，通过。 （2）脆性，不通过	《聚乙烯（PE）管材和管件热熔对接接头拉伸强度和破坏形式的测定》GB/T 19810
2	耐压（静液压）强度试验	（1）密封接头，A 型。 （2）方向，任意。 （3）试验时间，165h。 （4）环应力： ① PE80，4.5MPa； ② PE100，5.4MPa。 （5）试验温度，80℃	焊接处无破坏，无渗漏	《流体输送用热塑性塑料管道系统 耐内压性能的测定》GB/T 6111

5. 事件三中，聚乙烯管道连接接头质量检查包括哪些项目？

【参考答案】

连接接头质量检查的项目应包括卷边（翻边）对称性、接头对正性（或错边量）、卷边（翻边）切除。

【解析】

注意本题的背景信息是"试焊后，项目部相关人员对管道连接接头的质量进行了检查"，因此，这里考核的检查项目主要是针对焊接完成的管道焊缝，而不包括对接口的一系列检查。针对 PE 管焊接后的管道焊缝，应进行以下几个项目的检查：焊接的卷边（翻边）对称性、接头对正性（或错边量）及卷边（翻边）切除。此外，本题还可以进一步考核卷边（翻边）切除后的要求，可以回答如下：卷边切除后的切面不应夹有杂质、小孔、扭曲和损坏，切面中线附近不应有开裂或裂缝，并且接缝处不得露出熔合线。

案例 102　模拟题五十

背景资料

某盾构工程，其中工作井的平面尺寸为 18.6m×18.8m，深 28m，位于砂性土、卵石地层，地下水埋深为地表以下 23m。施工影响范围内有现状给水、雨水、污水等多条市政管线。盾构工作井采用明挖法施工，围护结构为钻孔灌注桩加钢支撑，盾构工作井周边设降水管井。设计要求基坑土方开挖分层厚度不大于 1.5m，基坑周边 2~3m 范围内堆载不大于 30MPa，地下水位需在开挖前 1 个月降至基坑底以下 1m。

项目部编制的施工组织设计有如下事项：

（1）施工现场平面布置如下图所示，布置内容有施工围挡范围 50m×22m，东侧围挡距居民楼 15m，西侧围挡与现状路步道路缘平齐，搅拌设施及堆土场设置于基坑外缘 1m 处，布置了临时用电、临时用水等设施，场地进行硬化等。

（2）考虑盾构工作井基坑施工进入雨期，基坑围护结构上部设置挡水墙，防止水浸入基坑。

（3）基坑开挖监测前，项目部对现场监测对象进行了统计，包括支护结构、基坑及周围岩土体、地下水、周边环境中的被保护对象、其他应监测的对象等。

（4）应急预案分析了基坑土方开挖过程中可能引起基坑坍塌的因素，包括钢支撑架设不及时、未及时喷射混凝土支护等。

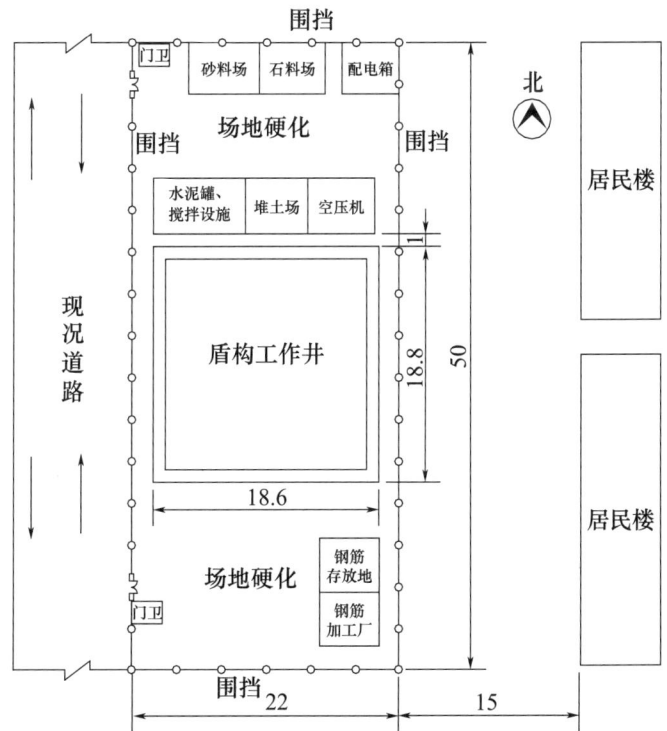

盾构工作井施工现场平面布置示意图（单位：m）

> **问题**
1. 基坑施工前有哪些危险性较大的分部分项工程的安全专项施工方案需要组织专家论证?
2. 施工现场平面布置图还应补充哪些临时设施?请指出布置不合理之处。
3. 周边环境中的被保护对象包括哪些内容?
4. 基坑坍塌应急预案还应考虑哪些危险因素?

参考答案

1. 基坑施工前有哪些危险性较大的分部分项工程的安全专项施工方案需要组织专家论证?

【参考答案】

盾构工作井的基坑降水工程,基坑土方开挖工程,基坑支护工程,门式起重机起重设备安装和拆卸工程,盾构工程。

【解析】

基坑工程比较容易理解,不过盾构工程本身就属于地下暗挖,需要进行专家论证,而且盾构井设置的门式起重机需要吊装大型的盾构机,所以起重量要大于30t,需要组织专家论证。

2. 施工现场平面布置图还应补充哪些临时设施?请指出布置不合理之处。

【参考答案】

(1) 还要补充如下临时设施:

① 大门出入口设洗车池、沉淀池和排水沟。

② 消防设施及五牌一图。

③ 垂直提升设备、水平运输设备。

④ 料具间、机修间、管片堆放场、防雨棚等。

(2) 不合理的地方:

① 搅拌设施和堆土场与工作井的距离不满足设计要求。

② 砂石料场紧挨围挡内侧。

③ 砂石料场未与搅拌设施放在一起。

④ 空压机设在居民区一侧。

⑤ 钢筋加工厂与钢筋存放场地位置颠倒。

【解析】

本小题是当前典型的图形找错题,对于这一类题目,很多答案可以在案例背景中找出来。作答这种题目的一个核心就是图上画出来的内容可以认为都有问题,然后检查画得对不对,如果是对的,再看全不全。这一类题目也可能是原来考试中文字描述案例题中的改错和补充题目的变形。

3. 周边环境中的被保护对象包括哪些内容?

【参考答案】

包括周边建筑、管线、轨道交通、铁路及重要的道路等。

【解析】

本小问考核内容为教材原文，与案例背景关系不大。基坑监测属于高频考点，但一定要注意监测项目和监测对象的区别。监测对象是监测谁，即监测支护结构、监测周围岩土体等。而监测项目是监测支护结构的沉降或倾斜位移等，是监测对象的空间几何变化形式或受力。

4. 基坑坍塌应急预案还应考虑哪些危险因素？

【参考答案】

还应考虑：
（1）每层开挖深度超出设计要求。
（2）基坑周边堆载超限或行驶的车辆距离基坑边缘过近。
（3）支撑中间立柱不稳。
（4）基坑周边长时间积水。
（5）基坑周边给排水现况管线渗漏。
（6）降水措施不当引起基坑周边土粒流失。

【解析】

对于基坑失稳坍塌这一类题目，需要从影响基坑的几个因素入手，即坑边的荷载、降排水、暴露时间、开挖深度。另外，需要注意基坑尺寸为18.6m×18.8m，如果采用钢管支撑，则需要在竖向的支撑下面设置钢格构柱，那么钢格构柱的稳定也是影响基坑的主要因素。

案例103  模拟题五十一

背景资料

某公司承建城市桥区泵站调蓄工程，其中调蓄池为地下式现浇钢筋混凝土结构，混凝土强度等级为C35，池内平面尺寸为62.0m×17.3m，筏板基础。场地地下水类型为潜水，埋深6.6m。设计基坑长63.8m，宽19.1m，深12.6m，围护结构采用ϕ800mm钻孔灌注桩排桩+2道ϕ609mm钢支撑，桩间挂网喷射C20混凝土，桩顶设置钢筋混凝土冠梁。基坑围护桩外侧采用厚度700mm止水帷幕，如下图所示。

施工过程中，基坑土方开挖至深度8m处，侧壁出现渗漏，并夹带泥沙，迫于工期压力，项目部继续开挖施工，同时安排专人巡视现场，加密地表沉降、桩身水平变形等项目的监测频率。

按照规定，项目部编制了模板支架及混凝土浇筑专项施工方案，拟在基坑单侧设置泵车浇筑调蓄池结构混凝土。

问题

1. 列式计算池顶模板承受的结构自重分布荷载 q（kN/m²）（混凝土重度，旧称容重，

$\gamma = 25\text{kN/m}^3$);根据计算结果,判断模板支架安全专项施工方案是否需要组织专家论证,说明理由。

2. 计算止水帷幕在地下水中的高度。
3. 指出基坑侧壁渗漏后,项目部继续开挖施工存在的风险。
4. 指出基坑施工过程中风险最大的时段,并简述稳定坑底应采取的措施。
5. 写出图中细部构造 A 的名称,并说明其留置位置的有关规定。

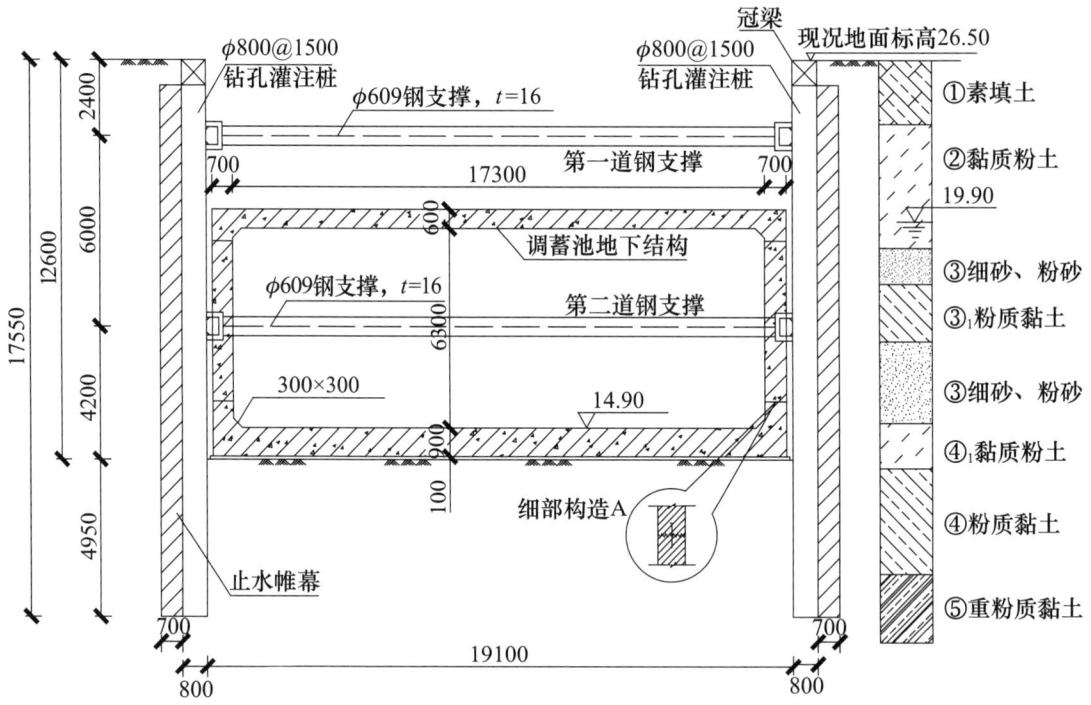

调蓄池结构与基坑围护断面图(单位:结构尺寸为 mm,高程为 m)

参考答案

1. 列式计算池顶模板承受的结构自重分布荷载 q（kN/m^2）(混凝土重度,旧称容重, $\gamma = 25\text{kN/m}^3$);根据计算结果,判断模板支架安全专项施工方案是否需要组织专家论证,说明理由。

【参考答案】

(1) 顶板模板承受结构自重分布荷载 $q = 25\text{kN/m}^3 \times 0.6\text{m} = 15\text{kN/m}^2$。

(2) 模板支架专项方案需要组织专家论证。

理由:顶板模板承受的总分布荷载 $q > 15\text{kN/m}^2$,依据建办质〔2018〕31 号文件规定,属于超过一定规模的危险性较大的分部分项工程。

【解析】

根据建办质〔2018〕31 号文件的规定,施工总荷载达到 15kN/m^2 及以上的混凝土模板支撑工程需要组织专家进行论证。施工总荷载包括混凝土的自重分布荷载,以及模板、施工人员和机具等荷载。换句话说,施工总荷载必定大于混凝土的自重分布荷载。混凝土结构的自重分布荷载计算只与混凝土的重度（密度）和板厚有关，即 q（自重分布荷载）= h（板厚）×γ（混凝土重度）。将本题中的数值代入计算，即 $q=h\times\gamma=0.6\text{m}\times25\text{kN/m}^3=15\text{kN/m}^2$，因此需要组织专家进行论证。

2. 计算止水帷幕在地下水中的高度。

【参考答案】

止水帷幕在地下水中的高度为：

19.90−（26.5−17.55）= 10.95m

或 17.55−6.60 = 10.95m

或 19.90−14.90+1.0+4.95 = 10.95m

【解析】

潜水即埋藏在地表以下第一稳定隔水层之上，具有自由表面的重力水。潜水的自由表面称潜水面，潜水面的绝对标高称为潜水位，潜水面距地面的距离称为潜水埋藏深度，即地下水埋深。在图上 19.90 这个数字就是地下水位的高程，也可以计算出来（26.5−6.6=19.90）。本题考核的一个知识点是绝对标高，另一个就是考核看图的仔细程度。

3. 指出基坑侧壁渗漏后，项目部继续开挖施工存在的风险。

【参考答案】

可能风险：造成围护结构后背土体流失，导致地面或周边构筑物沉降过大（或超标），产生基坑失稳（或围护结构倾覆）。

【解析】

基坑渗漏是深基坑开挖过程中的质量通病，因此在实际施工中通常将其作为一个质量控制要点进行管理。基坑渗漏若不及时处理，可能导致整个基坑围护结构朝着渗漏的一侧倾斜，进而引发基坑坍塌。在考试中，这类问题通常属于分析题目，要求运用所学的基坑开挖相关知识进行分析和推断。例如，本题中基坑侧壁渗漏以后，推导因为基坑渗漏可能带来的风险，已经成为当前考试中的一个主流方向。

4. 指出基坑施工过程中风险最大的时段，并简述稳定坑底应采取的措施。

【参考答案】

风险最大的时段为土方开挖到坑底至底板混凝土浇筑前。

坑底稳定措施有加深围护结构入土深度、坑底土体加固、坑内井点降水等措施，并适时（及时）施作底板结构。

【解析】

在基坑施工过程中，随着深度增加，风险不断加大。尤其是在土方开挖至坑底但尚未施作底板的时段，风险达到最大值。此时，基坑面临的主要风险包括坑底土体的隆起、坑底突涌、围护结构变形及周围地表沉降等因素。

5. 写出图中细部构造 A 的名称，并说明其留置位置的有关规定。

【参考答案】

（1）名称：带止水钢板（或止水带）的施工缝。

（2）有关规定：应高于腋角（八字）以上 200mm。

【解析】

此题目的考核非常经典，无论是考核内容还是考核形式，都具有代表意义。在地下混凝土构筑物的施工中，侧墙与底板相接处的施工缝位置是一个关键的施工重点。由于此处容易发生漏水现象，《给水排水构筑物工程施工及验收规范》GB 50141—2008 中 6.2.14-3 的规定：构筑物处地下水位或设计运行水位高于底板顶面 8m 时，施工缝处宜设置高度不小于 200mm、厚度不小于 3mm 的止水钢板。

案例 104　模拟题五十二

背景资料

某公司承建城市道路改扩建工程，工程内容包括：①在原有道路两侧各增设隔离带、非机动车道及人行道；②在北侧非机动车道下新增一条长 800m、直径为 DN500mm 的雨水主管道，雨水口连接支管直径为 DN300mm，管材均采用 HDPE 双壁波纹管，胶圈柔性接口；主管道两端接入现状检查井，管底埋深为 4m，雨水口连接管位于道路基层内；③在原有机动车道上加铺厚 50mm 改性沥青混凝土上面层，道路横断面布置如图所示。

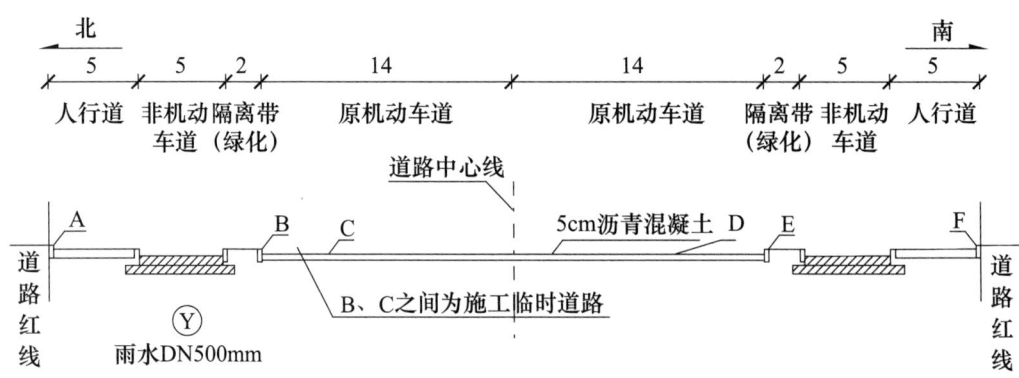

道路横断面布置示意图（单位：m）

施工范围内土质以硬塑粉质黏土为主，土质均匀，无地下水。

项目部编制的施工组织设计将工程项目划分为三个施工阶段：第一阶段为雨水主管道施工；第二阶段为两侧隔离带、非机动车道、人行道施工；第三阶段为原机动车道加铺沥青混凝土面层。同时编制了各施工阶段的施工技术方案，内容如下：

（1）为确保道路正常通行及文明施工要求，根据三个施工阶段的施工特点，在图中 A、B、C、D、E、F 所示的 6 个节点上分别设置各施工阶段的施工围挡。

（2）主管道沟槽开挖由东向西按井段逐段进行，拟定的槽底宽度为1600mm，南北两侧的边坡坡度分别为1：0.50和1：0.67，采用机械挖土，人工清底。回用土存放在沟槽北侧，南侧设置管材存放区，弃土运至指定存土场地。

（3）原机动车道加铺改性沥青路面施工，安排在两侧非机动车道施工完成并导入社会交通后，整幅分段施工，加铺前对旧机动车道面层进行铣刨、裂缝处理、井盖高度提升、清扫、喷洒（刷）粘层油等准备工作。

> **问题**

1. 本工程雨水口连接支管施工应有哪些技术要求？
2. 用图中所示的节点代号，分别写出三个施工阶段设置围挡的区间。
3. 写出确定主管道沟槽底开挖宽度及两侧槽壁放坡坡度的依据。
4. 现场土方存放与运输时应采取哪些环保措施？
5. 加铺改性沥青面层施工时，应在哪些部位喷洒（刷）粘层油？

> **参考答案**

1. 本工程雨水口连接支管施工应有哪些技术要求？

【参考答案】

（1）定位放线后破除道路结构层、开挖沟槽后铺砂基础。

（2）管口涂抹润滑剂后安装，并保证其直顺、稳定。

（3）承口朝向雨水口（来水）方向且坡度符合设计要求。

（4）支管应做强度等级C25的混凝土全（360°）包封，且在包封混凝土达到设计强度75%前不得放行交通。

【解析】

本工程中非机动车道、隔离带、人行步道及雨水主管道均为新增工程，而原机动车道为既有工程，只需最后在其表面加铺50mm改性沥青混凝土面层。正常的道路断面形式皆是中间高两边低，所以雨水口的位置都设在道路两边的路缘石根部，而本工程中原机动车道未设置雨水主管线和雨水口及连接管，在增设雨水主管线后也需要在原机动车道两边对应位置增加雨水口及连接支管。由图可知，雨水口位置需设置在B、E位置，所以本次施工的雨水口连接支管需修建在原机动车道下面。对于雨水口连接支管施工的技术要求，需从支管上面的道路破除、开挖、垫层、安管、管道保护几个方向简述。

另外，本案例中背景介绍采用的是HDPE双壁波纹管，管道强度较差，所以施工中需要对管底铺一层中粗砂，管道安装前检查管道、密封橡胶圈、涂抹润滑剂、承口对着来水方向等属于承插口管道施工的常识。而管道安装平直、通顺、稳定、牢固以及坡度符合规范要求，是管道安装工艺的总体要求，按照套路回答即可。

2. 用图中所示的节点代号，分别写出三个施工阶段设置围挡的区间。

【参考答案】

第一阶段围挡设置区间为AC；第二阶段围挡设置区间为AC和DF；第三阶段围挡设置区间为BE。

【解析】

在本题中，第二阶段和第三阶段施工围挡的设置区间几乎没有争议。然而，第一阶段围挡设置在 AB 区间还是 AC 区间有争议。背景资料显示，沟槽的南侧设置了管材存放区。如果围挡设置在 AB 区间，将很难满足管材堆放的要求。此外，BC 区间被用作施工便道。将施工便道设置在围挡外侧可能对社会交通造成影响。综合考虑这些因素，可以得出第一阶段围挡应设置在 AC 区间的结论。

3. 写出确定主管道沟槽底开挖宽度及两侧槽壁放坡坡度的依据。

【参考答案】

（1）槽底开挖宽度的依据：槽底宽度应符合设计要求；当设计无要求时，可按经验公式计算确定（管道外径、工作面、基础模板厚度）。

（2）确定边坡坡度的依据：土的类别、基坑深度、地下水位、荷载情况，以及沟槽暴露时间等。

【解析】

在回答本题时，很难准确揣摩命题人的考核意图。首先，如果根据教材，槽底宽度应符合设计要求。如果设计中没有具体要求，可以按照经验公式进行计算以确定槽底宽度。另一方面，可以从管道外径、工作面、基础模板厚度等具体内容的角度进行回答。这些因素都会对槽底宽度产生影响。当无法确定应从哪个角度回答时，可以尽量将这两个角度都展示出来，以全面回答问题，覆盖更多的可能性，符合题目的要求。

需要注意第二小问是"两侧槽壁放坡坡度的依据"。根据案例背景，南北两侧的边坡坡度分别为 1∶0.50 和 1∶0.67，这是因为回用土被存放在沟槽的北侧，而南侧则设置了管材存放区，考虑到本工程所使用的管材为直径仅为 500mm 的 HDPE 双壁波纹管，说明南北两侧承受的荷载不同，因此边坡的坡度也不同。所以，荷载情况是确定边坡坡度的一个重要依据。此外，教材中还提到了确定沟槽边坡坡度的其他依据，如土的类别、基坑深度和地下水位等。另外，沟槽施工的暴露时间也是确定边坡坡度的一个因素，即从沟槽开挖到回填之间的时间间隔。如果时间间隔较长，边坡的坡度应适度放缓，而如果时间间隔较短，边坡的坡度可以适当陡一些。

4. 现场土方存放与运输时应采取哪些环保措施？

【参考答案】

（1）现场存放土方：现场洒水降尘；存土及时覆盖，如时间较长，可进行绿化、固化或硬化处理。

（2）外运土方：门口设冲洗池和吸湿垫；运输车辆封闭苫盖（覆盖），拐弯、上坡路段需减速慢行；有遗撒时派专人清扫（清理）。

【解析】

环保文明施工是许多专业都经常考核的内容。在市政专业中，对环保文明施工的介绍主要包括防治大气污染、液体污染、固体废弃物污染、噪声污染和照明（光）污染等方面。在建筑和机电专业中，夜间施工是一个常见的考核点，主要关注噪声污染和照明（光）污染的内容。市政专业更侧重大气污染和固体废弃物污染的考核，重点体现在土方的存储和运输措施上。相关题目的评分点通常包括洒水、覆盖、硬化、绿化、固化、冲洗池、吸湿垫、冲洗车辆、苦盖和清理等。

5. 加铺改性沥青面层施工时，应在哪些部位喷洒（刷）粘层油？

【参考答案】

喷洒（刷）粘层油的部位有铣刨后的面层表面、路缘石（侧石）与沥青接触的侧面、检查井和雨水口侧面。

【解析】

在案例背景中，旧机动车道面层需要进行铣刨和井盖高度提升等工作。此外，背景图形显示机动车道两侧有路缘石（侧石）。基于这些信息，为了确保新铺装的改性沥青与路缘石、检查井、雨水口等侧面接触部位，以及铣刨后的道路表面之间的黏附性，需要进行喷洒或涂刷粘层油。

案例105 模拟题五十三

某公司承建的市政桥梁工程中，桥梁引道与现有城市次干道为T形平面交叉，次干道路堤采用植草防护。引道位于种植滩地，线位上距离拟建桥台15m现存池塘一处（长15m，宽12m，深1.5m）。引道两侧边坡采用挡土墙支护：桥台采用重力式桥台，基础为直径120cm混凝土钻孔灌注桩。引道纵断面如图1所示，挡土墙横截面如图2所示。

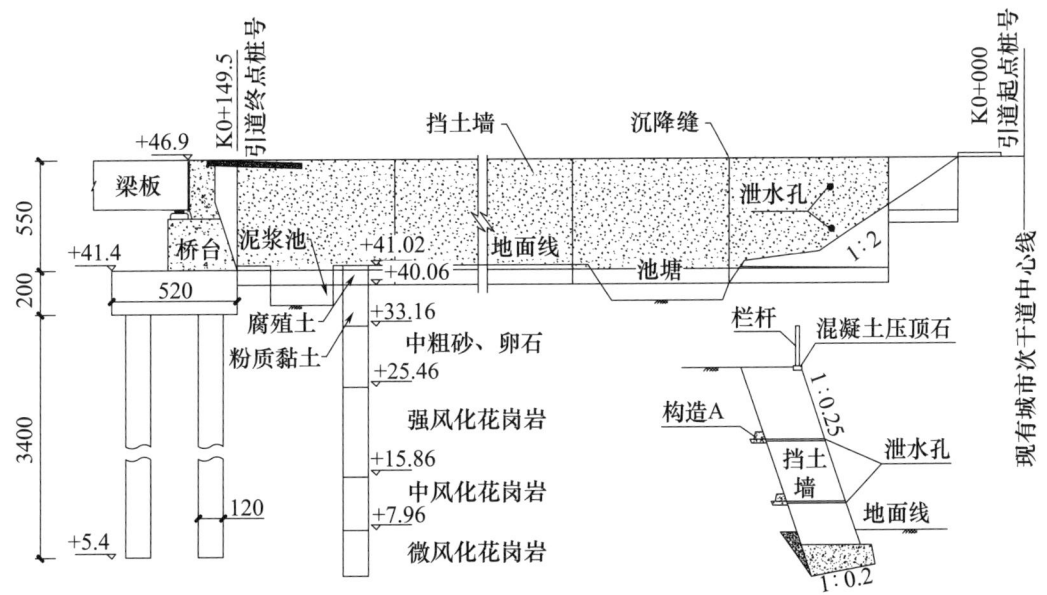

图1 引道纵断面示意图　　图2 挡土墙横断面示意图

（标高单位：m；尺寸单位：cm）

项目部编制的引道路堤及桥台施工方案有如下内容:

(1) 桩基泥浆池设置于台后引道滩地上（图1），公司现有如下桩基施工机械可供选用：正循环钻机、反循环钻机、潜水钻、冲击钻、长螺旋钻机、静力压桩机。项目部准备采用反循环钻机进行成孔。

(2) 引道路堤在挡土墙及桥台施工完成后进行，路基用合格的土方从现有城市次干道直接倾倒入路基后，用推土机运输后摊铺碾压。施工工艺流程图如图3所示。

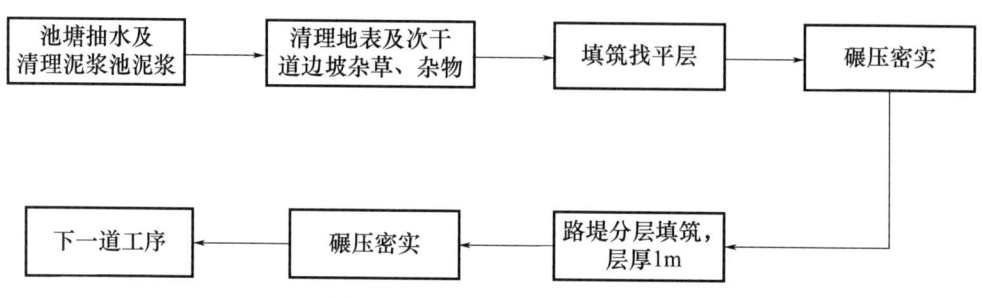

图3 引道路堤施工工艺流程图

监理工程师在审查施工方案时指出：施工方案（2）中施工组织存在不妥之处；施工工艺流程图存在较多缺漏和错误，要求项目部改正。

在桩基施工期间，发生一起行人滑入泥浆池事故，但未造成人员伤亡。

问题

1. 施工方案（1）中，项目部做法有何不妥？说明理由。
2. 指出施工方案（2）中引道路堤填土施工组织存在的不妥之处，并改正。
3. 结合图1，补充并改正施工方案（2）中施工工艺流程的缺漏和错误之处。（用文字叙述）
4. 图2所示挡土墙属于哪种结构形式（类型）？写出图2中构造A的名称，简述其功用。
5. 针对"行人滑入泥浆池"的安全事故，指出桩基施工现场应采取哪些安全措施。

参考答案

1. 施工方案（1）中，项目部做法有何不妥？说明理由。

【参考答案】

(1) 采用反循环钻机成孔不妥。

理由：由图1可见，桩基础部分穿过中风化花岗岩，进入微风化花岗岩，应采用冲击钻机成孔。

(2) 单独开挖泥浆池不妥。

理由：应利用现有的池塘作为泥浆池，减少施工作业量，降低施工成本。

【解析】

市政专业经常考核根据现场条件选择施工方法或施工机械。本题第一小问要求根据图形判断所需的桩基施工机械。从施工图可以得知，强风化岩与中风化岩的分界点为15.86m，中风化岩与微风化岩的分界点为7.96m，桩底标高为5.4m。因此，桩身有超过十米的位置位于中风化岩和微风化岩之间。针对坚硬的岩层，应选择冲击钻进行成孔。本题第二小问涉及合理利用现场设施的问题。背景中指出距离桩基 15m 处有一个池塘，在施工过程中应对该池塘进行处理，将其作为桩基泥浆池，以减少开挖和回填的工作量。这种根据施工现场条件出题的形式是市政专业考试的主要趋势之一，对此类型的题目应进行深入研究。

2. 指出施工方案（2）中引道路堤填土施工组织存在的不妥之处，并改正。
【参考答案】
（1）从现有城市次干道直接将土倒入路基不妥。
正确做法：土方运至不影响现况交通的滩地倾倒。
（2）用推土机运输后摊铺碾压不妥。
正确做法：土方应按里程桩号分开堆放，用推土机摊平。
【解析】
在案例背景中，施工单位选择在现有城市次干道上倾倒填筑路基的土方，并使用推土机进行运输和摊铺。然而，这种做法存在问题：首先，直接从城市次干道倾倒土方会对社会交通造成一定的影响；其次，集中倾倒土方会导致后续错误的推土机运输。需要明确的是，推土机的主要优势并非在于运输，而是用于将土方摊平的工作。因此，施工单位应该按照里程桩号将土方分开堆放，然后使用推土机进行摊铺。这样做可以避免对交通造成干扰，更有效地发挥推土机的功能。

3. 结合图1，补充并改正施工方案（2）中施工工艺流程的缺漏和错误之处。（用文字叙述）
【参考答案】
（1）错误之处：路堤填土层厚1m。
正确做法：机械填筑碾压路堤时，层厚不超过300mm。
（2）施工工艺流程的缺漏：
① 池塘和泥浆池基底处理；
② 施工前做试验段；
③ 次干路1：2的边坡修成台阶状；
④ 桥台台背路基填土加筋；
⑤ 压实度和弯沉值的检测。
【解析】
本题是一个综合题目，需要进行错误修改和补充工作。首先，回填土的层厚1m太厚，每层厚度不应超过300mm。此外，根据案例背景，本工程在填土路堤的施工中，还应包括以下施工工序：在修筑道路时，除了抽水、清理泥浆池和池塘外，还需要对其基底进行处理；次干道边坡的坡度为1：2，因此需要修筑台阶。根据图纸显示，桥台后填土高度超过6m，所以在台背填土过程需要台背加筋。本工程引道的长度为149.5m，在施工前应做一个试验段来确定施工参数。为确保填土的碾压质量符合要求，每层填土后都需要进行压实度检测。最后，需要测定路床的弯沉值。

4. 图 2 所示挡土墙属于哪种结构形式（类型）？写出图 2 中构造 A 的名称，简述其功用。

【参考答案】

（1）图 2 所示挡土墙属于重力式挡土墙。

（2）图 2 中构造 A 的名称是反滤层。作用：滤土排水。

【解析】

本题直接使用教材中的图形进行考核，并不常见。尽管教材中的重力式挡土墙没有提及反滤层这一设施，但从图中可以看到构件 A 位于挡土墙泄水孔后方，因此可以推断出它的名称。反滤层的名称和作用是挡土墙常见的考核知识点。

挡土墙泄水孔与反滤层

5. 针对"行人滑入泥浆池"的安全事故，指出桩基施工现场应采取哪些安全措施。

【参考答案】

（1）泥浆池周围设置防护栏杆并挂密目安全网，底部设置踢脚板，悬挂警示标志，夜间有警示红灯，有专人巡视。

（2）施工现场设置连续封闭的施工围挡，大门口安排门卫值守。

泥浆池防护

【解析】

在这道题目中，需要关注两个关键点，即"行人"滑入"泥浆池"。然而，很多考生作答时只专注于泥浆池本身，忽略了行人这一重要主体本不应进入施工现场的要求。为了防止人员滑入泥浆池，必须在其周围设置相应的安全防护设施，例如，围栏、挂密目网、设置警示红灯和警示标志等。但是，题目明确指出滑入泥浆池的主体是行人，这表明施工现场外围的安全防护存在问题。因此，施工现场的密闭围挡和门口的门卫也是可以得分的方向之一。